“十二五”职业教育国家规划立项教材
国家卫生健康委员会“十三五”规划教材
全国高职高专规划教材

供眼视光技术专业用

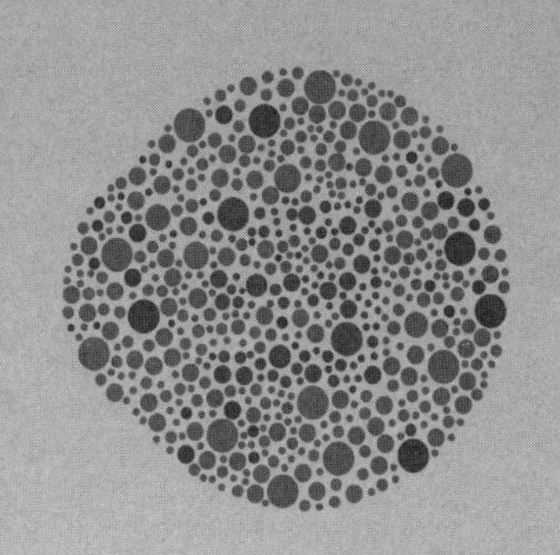

眼镜维修检测技术

第2版

主　编　杨砚儒　施国荣

副主编　刘　意　姬亚鹏

编　者（以姓氏笔画为序）

白云峰（辽宁何氏医学院）
刘　意（郑州铁路职业技术学院）
杨砚儒（天津职业大学）
陈立辉（常州卫生高等职业技术学校）
施国荣（常州卫生高等职业技术学校）
高平平（镇江万新光学有限公司）
姬亚鹏（长治爱尔眼科医院）
黄建峰（南京科技职业学院）
董光平（万新光学集团）

融合教材数字资源负责人　杨砚儒

融合教材数字资源秘书　郝志红

人民卫生出版社

图书在版编目(CIP)数据

眼镜维修检测技术/杨砚儒,施国荣主编. —2版
. —北京:人民卫生出版社,2019
ISBN 978-7-117-29238-2

Ⅰ.①眼… Ⅱ.①杨… ②施… Ⅲ.①眼镜-维修-
医学院校-教材②眼镜检法-医学院校-教材 Ⅳ.
①TS959.6②R778.2

中国版本图书馆CIP数据核字(2019)第252144号

人卫智网 www.ipmph.com 医学教育、学术、考试、健康,
购书智慧智能综合服务平台
人卫官网 www.pmph.com 人卫官方资讯发布平台

眼镜维修检测技术

第2版

主　　编:杨砚儒　施国荣
出版发行:人民卫生出版社(中继线 010-59780011)
地　　址:北京市朝阳区潘家园南里19号
邮　　编:100021
E - mail:pmph @ pmph.com
购书热线:010-59787592　010-59787584　010-65264830
印　　刷:中农印务有限公司
经　　销:新华书店
开　　本:850×1168　1/16　**印张**:13　**插页**:4
字　　数:349千字
版　　次:2012年5月第1版　2019年12月第2版
2022年11月第2版第6次印刷(总第11次印刷)
标准书号:ISBN 978-7-117-29238-2
定　　价:48.00元
打击盗版举报电话:010-59787491　E-mail:WQ @ pmph.com
质量问题联系电话:010-59787234　E-mail:zhiliang @ pmph.com

全国高职高专院校眼视光技术专业
第二轮国家卫生健康委员会规划教材（融合教材）修订说明

全国高职高专院校眼视光技术专业第二轮国家卫生健康委员会规划教材，是在全国高职高专院校眼视光技术专业第一轮规划教材基础上，以纸质为媒体，融入富媒体资源、网络素材、慕课课程形成的“四位一体”的全国首套眼视光技术专业创新融合教材。

全国高职高专院校眼视光技术专业第一轮规划教材共计13本，于2012年陆续出版。历经了深入调研、充分论证、精心编写、严格审稿，并在编写体例上进行创新，《眼屈光检查》《验光技术》《眼镜定配技术》《眼镜维修检测技术》和《眼视光技术综合实训》采用了“情境、任务”的形式编写，以呼应实际教学模式，实现了“老师好教，学生好学，实践好用”的精品教材目标。其中，《眼科学基础》《眼镜定配技术》《接触镜验配技术》《眼镜维修检测技术》《斜视与弱视临床技术》《眼镜店管理》《眼视光常用仪器设备》为高职高专“十二五”国家级规划教材立项教材。本套教材的出版对于我国眼视光技术专业高职高专教育以及专业发展具有重要的、里程碑式的意义，为我国眼视光技术专业实用型人才培养，为促进人民群众的视觉健康和眼保健做出历史性的巨大贡献。

本套教材第二轮修订之时，正逢我国医疗卫生和医学教育面临重大发展的重要时期，教育部、国家卫生健康委员会等八部门于2018年8月30日联合印发《综合防控儿童青少年近视实施方案》（以下简称《方案》），从政策层面对近视防控进行了全方位战略部署。党中央、国务院对儿童青少年视力健康高度重视，对眼视光相关工作者提出了更高的要求，也带来了更多的机遇和挑战。我们贯彻落实《方案》、全国卫生与健康大会精神、《“健康中国2030”规划纲要》和《国家职业教育改革实施方案》（职教20条），根据教育部培养目标、国家卫生健康委员会用人要求，以及传统媒体和新型媒体深度融合发展的要求，坚持中国特色的教材建设模式，推动全国高职高专院校眼视光技术专业第二轮国家卫生健康委员会规划教材（融合教材）的修订工作。在修订过程中体现三教改革、多元办学、校企结合、医教协同、信息化教学理念和成果。

本套教材第二轮修订遵循八个坚持，即①坚持评审委员会负责的职责，评审委员会对教材编写的进度、质量等进行全流程、全周期的把关和监控；②坚持按照遴选要求组建体现主编权威性、副主编代表性、编委覆盖性的编写队伍；③坚持国家行业专业标准，名词及相关内容与国家标准保持一致；④坚持名词、术语、符号的统一，保持全套教材一致性；⑤坚持课程和教材的整体优化，淡化学科意识，全套教材秉承实用、够用、必需、以职业为中心的原则，对整套教材内容进行整体的整合；⑥坚持“三基”“五性”“三特定”的教材编写原则；⑦坚持按时完成编写任务，教材编写是近期工作的重中之重；⑧坚持人卫社编写思想与学术思想结合，出版高质量精品教材。

本套教材第二轮修订具有以下特点：

1. 在全国范围调研的基础上，构建了团结、协作、创新的编写队伍，具有主编权威性、副主编代表性、编委覆盖性。全国15个省区市共33所院校（或相关单位、企业等）共约90位专家教授及一线教师申报，最终确定了来自15个省区市，31所院校（或相关单位、企业等），共计57名主编、副主编组成的学习型、团结型的编写团队，代表了目前我国高职眼视光技术专业发展的水平和方向，教学思想、教学模式和教学理念。

2. 对课程体系进行改革创新，在上一轮教材基础上进行优化，实现螺旋式上升，实现中高职的衔接、高职高专与本科教育的对接，打通眼视光职业教育通道。

3. 依然坚持中国特色的教材建设模式，严格遵守"三基""五性""三特定"的教材编写原则。

4. 严格遵守"九三一"质量控制体系确保教材质量，为打造老师好教、学生好学、实践好用的优秀精品教材而努力。

5. 名词术语按国家标准统一，内容范围按照高职高专眼视光技术专业教学标准统一，使教材内容与教学及学生学习需求相一致。

6. 基于对上一轮教材使用反馈的分析讨论，以及各学校教学需求，各教材分别增加各自的实训内容，《眼视光技术综合实训》改为《眼视光技术拓展实训》，作为实训内容的补充。

7. 根据上一轮教材的使用反馈，尽可能避免交叉重复问题。《眼屈光检查》《斜视与弱视临床技术》《眼科学基础》《验光技术》，《眼镜定配技术》《眼镜维修检测技术》，《眼镜营销实务》《眼镜店管理》，有可能交叉重复的内容分别经过反复的共同讨论，尽可能避免知识点的重复和矛盾。

8. 考虑高职高专学生的学习特点，本套教材继续沿用上一轮教材的任务、情境编写模式，以成果为导向、以就业为导向，尽可能增加教材的适用性。

9. 除了纸质部分，新增二维码扫描阅读数字资源，数字资源包括：习题、视频、彩图、拓展知识等，构建信息化教材。

10. 主教材核心课程配一本《学习指导及习题集》作为配套教材，将于主教材出版之后陆续出版。

本套教材共计 13 种，为 2019 年秋季教材，供全国高职高专院校眼视光技术专业使用。

第二届全国高职高专眼视光技术专业教材建设评审委员会名单

第二轮教材（融合教材）目录

眼科学基础（第2版）	主　编　贾　松　赵云娥 副主编　王　锐　郝少峰　刘院斌
眼屈光检查（第2版）	主　编　高雅萍　胡　亮 副主编　王会英　杨丽霞　李瑞凤
验光技术（第2版）	主　编　尹华玲　王立书 副主编　陈世豪　金晨晖　李丽娜
眼镜定配技术（第2版）	主　编　闫　伟　蒋金康 副主编　朱嫦娥　杨　林　金婉卿
接触镜验配技术（第2版）	主　编　谢培英　王海英 副主编　姜　珺　冯桂玲　李延红
眼镜光学技术（第2版）	主　编　朱世忠　余　红 副主编　高玉娟　朱德喜
眼镜维修检测技术（第2版）	主　编　杨砚儒　施国荣 副主编　刘　意　姬亚鹏
斜视与弱视临床技术（第2版）	主　编　崔　云　余新平 副主编　陈丽萍　张艳玲　李　兵
低视力助视技术（第2版）	主　编　亢晓丽 副主编　陈大复　刘　念　于旭东
眼镜营销实务（第2版）	主　编　张　荃　刘科佑 副主编　丰新胜　黄小明　刘　宁

获取融合教材配套数字资源的步骤说明

1. 扫描封底圆形图标中的二维码，注册并登录激活平台。

2. 刮开并输入激活码，获取数字资源阅读权限。

3. 在激活页面查看使用说明，下载对应客户端或通过 PC 端浏览。

4. 使用客户端“扫码”功能，扫描教材中二维码即可快速查看数字资源。

前

眼镜维修检测技术是眼视光技术专业学生必修的一门专业课程，是一门实践性非常强的技能课程。随着新技术、新材料、新工艺在眼镜制造、检测、维修中的应用，大大扩展了原有眼镜维修检测技术的内涵，使眼镜维修检测工作涉及的技术领域越来越宽，对操作技能要求越来越高。由此，对眼镜维修检测技术教材的需求也越来越迫切。

根据眼视光技术专业高职高专学生培养目标，为使教材更有效地与"教、学、做"教学模式相结合，《眼镜维修检测技术》(第2版）一书采用了"情境、任务"的形式进行编写。将眼镜维修检测技术的教学内容，归纳为4个教学情境——眼镜检测技术情境、眼镜整形技术情境、眼镜校配技术情境和眼镜维修技术情境，并以这4个教学情境作为本教材的编写主线。围绕情境这条主线，以13项任务的授课形式将教学内容展开。4个教学情境和13项工作任务，基本涵盖了眼镜维修检测技术的教学内容。

本教材以贯彻国家标准作为准则，从名词概念、检测指标到检测方法都依从于相关国家标准中的规定（标准中提到的顶焦度又称屈光力、焦度或镜度）。实际操作则是依据国家职业标准及要求。编写力争做到教学情境明确，工作任务清晰，理论概念到位，技术要求科学，实际操作规范。

为了更好地方便读者，本教材在第1版的基础上，增加了富媒体资源，包括视频、课件、单元自测题、动画等，采用二维码扫码形式阅读。

本教材的编写工作得到辽宁何氏医学院、常州卫生高等职业技术学校、南京科技职业学院、长治爱尔眼科医院、天津职业大学、万新光学集团、郑州铁路职业技术学院的鼎力支持。在本教材的编写工作中，施国荣老师负责编写单光眼镜检测任务；陈立辉老师负责编写双光眼镜检测任务；白云峰老师负责编写渐变焦眼镜检测任务；黄建峰老师负责编写太阳镜检测任务；姬亚鹏老师负责编写接触镜检测任务；刘意老师负责编写特殊眼镜检测任务；杨砚儒老师负责编写眼镜整形、眼镜校配任务、前言和绪论，并参编了眼镜维修部分；董光平和高平平两位老师负责编写眼镜维修任务，教材编写秘书郝志红老师在教材编写过程中做了大量工作。在此对上述单位的鼎力支持和编委们的努力工作致以诚挚的感谢。

本教材将眼镜维修检测技术的知识要点和实际操作系统地编写成文，是一个新的尝试。特别是眼镜焊接维修和美容等部分能参考和借鉴的文献资料有限，加之编写任务时间紧且受编者水平的限制，本教材难免会存在一些问题，恳请读者反馈宝贵意见，我们期待并感谢读者对本教材的关心和指正。

杨砚儒

2019年12月

目　　录

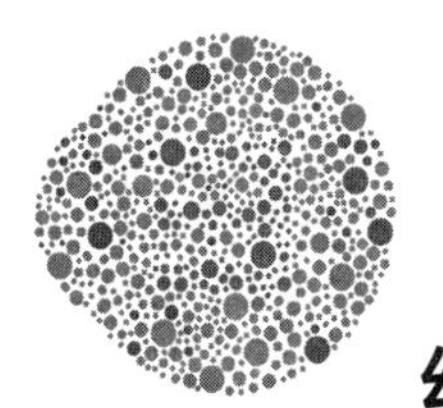

绪　论

一、眼镜维修检测技术的目的和意义

眼镜维修技术是使用专用的工具，针对眼镜制作或使用过程中出现的损坏、缺失进行维修的专门技术。眼镜检测技术是指根据眼镜行业的国家标准，使用专用的检测工具对眼镜产品的各项参数和制作、装配等质量进行检测的专门技术。眼镜维修检测技术是眼视光技术专业中的主干核心课程之一，也是操作实用性强的专业课程。

眼镜是一种用以矫正视力，保护眼睛，治疗眼疾和美容的光学器具。按其功能可分为单焦点眼镜、多焦点眼镜、渐变焦眼镜、接触镜、太阳镜、滑雪镜、儿童镜、运动镜等。眼镜产品包括眼镜片、眼镜架、脚套、眼镜装配用的零部件、眼镜附件、接触镜护理用品、眼镜护理用品、眼镜盒/袋/布等。

随着学习及工作压力的逐渐加大，人们的近视率普遍提高，国家卫生健康委员会介绍，我国近视患病人数超过6亿人，已居世界首位。中国儿童近视率自小城镇、中等城市到大城市都有逐步上升的趋势，儿童青少年的近视问题日益严重且低龄化趋势明显。同时随着我国经济和科技的迅速发展，人民生活水平和物质需求不断提高，爱眼护眼意识的加强，对眼镜产品的需求也日益精细化、个性化、多元化。对于眼镜的加工和安全及美观的要求也相应提高。眼镜消费的个性化、时尚化、品牌化、高档化的趋势日益显著，消费的关注点转向了镜片防蓝光、抗冲击、抗疲劳等方面的功能性镜片的需求。同时时尚太阳镜、美容接触镜也日趋风靡。

目前我国已经成为世界主要眼镜消费国和生产国，同时也是眼镜最大的出口国。中商产业研究院发布的《2018—2023年中国眼镜市场前景调查及投融资战略研究报告》指出，2017年中国眼镜零售市场规模730亿元，预计2020年中国眼镜行业市场规模将进一步扩大，市场规模将达850亿元。

我国的眼镜需求量在不断增加，人们在关注眼镜产品质量优劣的同时更加注重眼镜加工产品的专业性，这直接影响到我国几亿人的视力健康。如何专业地对眼镜产品质量进行检测，如何进行眼镜产品的调整、配适、维修及美容，是当前眼视光技术从业人员需要熟知并掌握的技术。由此，眼镜维修和检测技术成为眼视光技术从业人员必备的技术之一。

作为一名专业的眼镜验光员或者眼镜定配工，必须要掌握眼镜维修检测技术的专业基本知识。这些知识包括眼镜的结构、常用工具的使用和检测仪器的操作方法、国家质检标准的检测要求等。比如作为眼镜验光人员，如果遇到顾客反映戴镜后出现视觉问题或头晕等症状，除了考虑验光处方是否正确、眼镜加工环节是否出现问题外，很多时候需要能够运用眼镜整形和校配的知识技能，帮助戴镜者寻找配镜后出现问题的原因，进行有针对性的校配，从多个方面思考并解决戴镜者的困扰。在眼镜定配工作人员制作眼镜后，需要对眼镜进行检测和整形，整形后的眼镜要符合国家配装眼镜质检标准才能发放到戴镜者的手中。这些都需要眼视光技术从业人员掌握专业的检测维修技术，并将其应用到实际工作中。

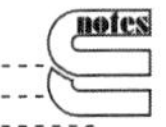

二、眼镜维修检测技术的工作范畴

眼镜维修检测技术是一门综合性强的技术，涉及的内容包括：屈光学、眼镜光学、验光技术、配镜技术、眼镜材料、力学、眼镜加工机械、电子电工技术、光学、机械维修等多项内容。主要包括了眼镜检测技术、眼镜整形技术、眼镜校配技术、眼镜维修技术4个基本情境模块，细分为13个主要的工作任务。

（一）眼镜检测技术

眼镜检测技术包括对镜架、镜片、单光眼镜、双光眼镜、渐变焦眼镜、太阳镜及接触镜等的一系列检测技术。

在眼镜加工前，通常进行眼镜镜片的顶焦度检测及外观检查，均要符合GB 10810.1—2005《眼镜镜片 第1部分：单光和多焦点镜片》和（或）GB 10810.2—2006《眼镜镜片 第2部分：渐变焦镜片》。进行镜架的外观检查时，要符合GB/T 14214—2003《眼镜架通用要求和试验方法》。

在眼镜加工完成后，需要进行配装眼镜的光学参数测量，其中包括镜片顶焦度（又称屈光力，镜度，光度，以下同）、柱镜轴位方向、水平和垂直移心量是否符合配镜处方的要求。双焦眼镜还需要测量子镜片顶焦度、子镜片光学中心水平偏差和垂直互差。渐变焦眼镜则需要测量单侧光学中心水平偏差、配镜十字高度及垂直互差的检测、镜片标记的标定等。参数均要符合GB 13511.1—2011《配装眼镜 第1部分：单光和多焦点》和GB 13511.2—2011《配装眼镜 第2部分：渐变焦》中的各项检测要求。其中光学参数主要采用顶焦度计和游标卡尺测量，外观质量检查主要采用肉眼或符合要求的放大镜检测。以上各类测量及检测，都要求从业人员必须熟悉国家眼镜行业质检标准和熟练使用顶焦度计等常用检测仪器。

（二）眼镜整形技术

一副合格的眼镜必须严格按配镜加工单各项技术参数及要求加工制作，通过GB 13511.1—2011《配装眼镜 第1部分：单光和多焦点》和GB 13511.2—2011《配装眼镜 第2部分：渐变焦》检测。眼镜加工装配后，需要进行整形，但不涉及戴镜者的感受。眼镜的整形主要针对配装完成后的眼镜整体外观进行调整，配装眼镜的桩头、鼻托和镜腿等部位是主要整形的要点。整形要求主要包括配装眼镜的外观检查、左右镜片是否平整对称、镜片托叶是否对称、镜腿外张角、身腿倾斜角等是否符合质检标准要求。在操作过程中，即使是同样的待整形部位，也需要根据镜架本身的材质、加工工艺和镜架的类型，选择合适的整形工具，避免整形过程中由于操作不当损坏镜架。整形工具主要包括加热器、各种规格和用途的整形钳、螺丝刀等，有些特殊镜架还需选用专用的整形工具。作为从业人员应当熟练掌握整形工具的名称、用途及操作方法，确保整形后的眼镜符合整形要求。

（三）眼镜校配技术

配装眼镜除了要保证参数稳定，符合国家质检标准外，还需要符合戴镜者的实际需求，从而达到舒适眼镜的要求。眼镜的校配操作就是操作者将合格眼镜根据戴镜者个性化需求加以适当的调整，使之达到舒适眼镜要求的过程。

戴镜者的个性化需求包括配戴眼镜时的使用环境和要求，戴镜者的头型、脸型的实际情况，用眼习惯、戴镜后的反应等方面。而我们要使每一位戴镜者都达到满意的配戴效果，就必须根据戴镜者实际情况进行调整。例如戴镜者的眼睛位置、鼻梁高低、耳骨位置、使用环境等，调整眼镜与人面部接触部分的支点压力大小，使压力均匀分布，保证戴镜者能够戴镜舒适，无压痛。根据面部的实际情况调整眼镜身腿倾斜角、镜眼距离、鼻托高低等，保证镜片光学中心与人眼视轴保持正确位置，减少棱镜度或像差产生，避免戴镜者由于眼镜配戴位置不正确引起的不良反应，如视物模糊、头晕、眼胀、眼痛、恶心等不舒适的感觉。特别

notes

是渐变焦眼镜的校配，如果校配不当，不考虑戴镜者的实际感受，可能使配戴者无法持续戴镜或戴镜失败。作为操作人员，不仅要求能够熟练地使用工具进行校配，而且更需要具备能够熟练分析眼镜为何校配不当的能力，并根据戴镜者的实际情况进行正确调整，达到舒适眼镜的要求。

眼镜的校配要求不仅仅是使戴镜者看得清楚、感觉舒适，同时要能为戴镜者修正面部各种缺陷，提升气质。所以眼镜校配是为戴镜者服务必不可少的工序。

（四）眼镜维修技术

眼镜在使用过程中，可能会出现各种程度的损坏。常见的损坏原因包括螺钉、托叶、镜腿和镜片等零配件损坏和丢失、镜架各部分断裂、镜片崩边脱膜等。作为戴镜者，特别是配戴高档品牌的眼镜的顾客，很大程度上希望能够将坏损眼镜修复后继续使用。还有些戴镜者需要对眼镜镜片或镜架进行更换或改装，这就需要从业人员掌握眼镜的改装技术。

随着社会的发展，人们对眼镜的美容要求也日益提高。许多戴镜者不满足于批量生产的镜架或镜片的选择，而希望能够对眼镜进行一些装饰，满足个人喜好或彰显个性。例如雕花镶钻技术、镜片染色技术等，都是近年来眼镜市场上的流行趋势。如何掌握这些技术，或对特殊设计的眼镜进行检测、维修和加工，从业人员比以往需要掌握更多的高新技术来适应行业的发展变化。

在掌握眼镜检测、整形、校配和维修等相关技术操作技能后，从业人员应当明白，在整个眼镜检测和维修过程中，每一副眼镜出现的问题都不可能一样，能够熟练迅速地寻找原因，并提出正确的解决方案，才是真正掌握眼镜维修与检测技术。

三、我国眼镜质检标准的历史沿革及现状

20 世纪 80 年代前，眼镜行业的规范和标准并未统一，缺乏对眼镜产品质量的监控手段。直到 20 世纪 80 年代初，组建、成立了全国眼镜标准化中心，负责眼镜产品国家标准和行业标准的制订、修订工作，才开始有了眼镜行业的统一标准。

国家眼镜玻璃搪瓷制品质量监督检验中心前身是轻工业部玻璃搪瓷研究所标准检测室，始建于 1956 年，主要承担玻璃、眼镜、搪瓷和保温瓶等产品的检测工作。1979 年 5 月，轻工业部委托轻工业部玻璃搪瓷研究所成立“全国玻璃搪瓷标准化质量检验站”，并承担全国玻璃瓶罐、玻璃器皿、日用搪瓷制品和保温容器的评比检测工作。1981 年 5 月，经轻工业部批准成立了“中国玻璃工业标准化质量检测中心站”，并组建、成立了“全国眼镜标准化中心”。1983 年，由全国眼镜标准化中心组织行业有关人员共同起草、制定了《普通眼镜镜片》《普通眼镜镜片毛坯》《光学眼镜镜片》《光学眼镜镜片毛坯》《眼镜架》等五项轻工行业产品标准。1985 年 7 月，国家经委批准正式授权“中国玻璃工业标准化质量检测中心站”为“国家玻璃搪瓷产品质量监督检验测试中心”。1992 年，正式更名为“国家眼镜玻璃搪瓷制品质量监督检验中心”。为促进我国标准化事业的发展，加快国家标准的制修订速度，提高标准水平，国家标准化工作的技术管理职能逐渐移向各技术领域的标准化技术委员会。1997 年，经国家技术监督局批准成立全国光学与光学仪器标准化技术委员会眼镜光学分技术委员会。国家眼镜玻璃搪瓷制品质量监检验中心主要职责是承担国内眼镜产品行业标准的制修订工作；参与国际标准化组织 ISO/TC172/SC7 眼科光学和仪器组织的各项活动及国内外有关眼镜标准的传递和宣传贯彻工作；承担国家、市和区等各类监督抽查任务和法院等机构委托的产品质量仲裁检验任务；在全国范围内从事眼镜光学标准化工作的技术工作；负责全国眼镜光学技术领域的标准化工作，主要包括配装眼镜、眼镜镜架、眼镜镜片（包括毛坯）、接触镜及配套物品、零部件、原材料、辅助材料及设备等标准的制定和相关产品检测。

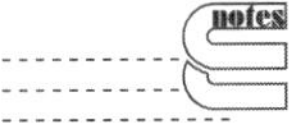

1992 年，国家质量技术监督局对全国十大城市的眼镜零售企业进行了第一次分区域监

督抽查。从1995年开始，国家质量监督检验检疫总局几乎每年都委托国家眼镜玻璃搪瓷制品质量监督检验中心对定配眼镜和老视镜的质量进行国家监督抽查。

日前，国家质量监督检验检疫总局发布了2017年第5批眼镜产品质量国家监督抽查结果，共抽查了北京、河北、上海、江苏、浙江、安徽、福建、江西、山东、河南、广东、广西壮族自治区、陕西等13个省、自治区、直辖市651家企业生产的696批次眼镜产品。重点抽查太阳镜、老视成镜、眼镜架、树脂镜片、玻璃镜片（车房片）5种产品，对眼镜产品的球镜顶焦度偏差等48个项目进行了检验。有109批次产品不合格，587批次产品合格，不合格产品检出率为15.7%，合格率仅为84.3%。其中抽检结果显示，不合格产品主要涉及：球镜顶焦度偏差、棱镜度偏差、材料和表面的质量、色散系数、紫外透射比、防紫外性能、片间距离偏差、镜腿长度偏差、抗拉性能、耐疲劳、镀层结合力、抗汗腐蚀等指标不合格。

据不完全统计，全国眼镜零售店的数量从20世纪70年代末的数百家发展到2017年的8万多家，特别是近十几年，中国眼镜零售业迎来了一个快速发展期，2013年全国眼镜零售业销售总额近600亿元。验配眼镜产品从2004年下半年开始发放工业产品生产许可证。历经8年工业产品生产许可证的实施，有效促进了定配眼镜产品质量的提升，抽样合格率从生产许可证实施初期的80%上升到2011年的97.5%，这也是各级质量技术监督部门对眼镜产品加强质量监管的结果。2012年9月23日，国务院以国发〔2012〕52号文《国务院关于第六批取消和调整行政审批项目的决定》，取消了验配眼镜生产许可证。

眼镜行业市场规模的不断扩大，眼镜产品质量合格率也出现了令人担忧的趋势，而提高眼镜产品质量的合格率必须让生产企业有一个统一的标准来遵守。

目前我国现行的与眼镜检测相关的主要标准有以下几个：

GB 10810.1—2005《眼镜镜片　第1部分：单光和多焦点镜片》：规定了单光和多焦点毛边眼镜镜片光学和几何特性的要求。

GB 10810.2—2006《眼镜镜片　第2部分：渐变焦镜片》：规定了渐变焦毛边眼镜镜片的要求、试验方法、标志。

GB 10810.3—2006《眼镜镜片及相关眼镜产品　第3部分：透射比规范及测量方法》：规定了眼镜镜片及相关眼镜产品的透射比特性要求。

GB 11417.1—1989《硬性角膜接触镜》：规定了由聚甲基丙烯酸甲酯等材料制得的硬性角膜接触镜的要求、试验方法、检验规则及标志、包装、运输、贮存。

GB 11417.2—1989《软性亲水接触镜》：规定了由亲水性材料制得的接触镜的要求、试验方法、检验规则及包装、标志、贮存。

GB 13511—2011《配装眼镜》：规定了配装眼镜产品的分类、要求、试验方法、检验规则和标志、包装、运输、贮存。

GB/T 14214—2003《眼镜架通用要求和试验方法》：规定了眼镜架的产品分类、要求、试验方法及标志。

QB 2457—1999《太阳镜》：规定了光密度一致的平光太阳镜的要求、试验方法、检验规则及标志、包装、运输、贮存。

CCGF 201.1—2008《产品质量监督抽查实施规范 定配眼镜》：适用于国家及省级质量技术监督部门组织的定配眼镜产品质量监督抽查，抽查范围为单光和多焦点的验光处方定配眼镜。

QB/T 2506—2017《光学树脂镜片》。

四、国际眼镜质检的现行标准

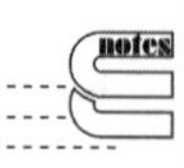

目前，ISO标准体系是国际上普遍采用的标准体系，2008年中国在第31届国际化标准组织大会上成为正式常任理事国。

ISO 标准是指由国际标准化组织（International Organization for Standardization，ISO）制订的标准。其宗旨是：在世界范围内促进标准化工作的发展，以利于国际物资交流和互助，并扩大知识、科学、技术和经济方面的合作。其主要任务是：制定国际标准，协调世界范围内的标准化工作，与其他国际性组织合作研究有关标准化问题。

目前ISO标准中与眼镜检测相关的主要标准有：

ISO 21987—2009：Ophthalmic optics—Mounted spectacle lenses《眼科光学—配装眼镜标准》。

ISO 14889：Ophthalmic optics—Spectacle lenses—Fundamental requirements for uncut finished lenses《眼科光学—眼镜镜片—眼镜毛坯镜片基本要求》。

ISO 13666—1998：Ophthalmic optics—Spectacle lenses—Vocabulary《眼科光学—眼镜镜片—词汇》。

ISO 12870—2004：Ophthalmic optics—Spectacle frames—Requirements and test methods《眼科光学—眼镜镜架—检测要求和方法》。

ISO 18369 系列：Ophthalmic optics-Contact lenses《眼科光学接触镜》，共分 4 部分。

ISO 8980 系列：Uncut finished spectacle lenses《眼镜毛坯镜片标准》，共分 5 部分。

我国的眼镜架、眼镜镜片等检测标准的制订和修订基本与ISO同步。

五、眼镜维修技术新趋势

眼镜在我国已经有上千年的历史，中国作为人口大国的同时也是消费大国，来自捷孚凯（GfK 中国）数据显示，2017 年中国光学眼镜线上和线下市场整体规模达到 505 亿人民币，但是业内专业人士估计，中国光学眼镜市场规模远不止 505 亿人民币。正是由于消费者市场的增长，人们对于视力和眼镜的质量越来越重视，眼镜维修技术开始受到业内人士的关注和思考，技术水平也在不断进步中。这给眼镜维修行业和眼镜美容行业带来了巨大的市场。以往的眼镜维修仅仅停留在单纯修补损坏的部件的阶段，更换托叶、螺钉等。如果眼镜发生较为严重的损坏，可能无法进行维修，或者维修过后会留下较为明显的痕迹。但当今的眼镜维修技术已经可以做到对断裂镜架实现无痕焊接、抛光和补色；对镜架镀层脱落修补更新；对镜片边缘抛光处理；对镜片膜层更新等。

在眼镜维修同时，除了还顾客一个完好的配戴舒适的眼镜外，还能针对顾客的指定需求，对眼镜各个部位进行改装和装饰，赋予眼镜新的附加价值，这也被称为眼镜美容技术。这包括镜框和镜腿变形改装技术、镜架刻字技术、镜片染色技术、镜片雕花镶钻技术等。眼镜美容技术的发展大大满足了许多戴镜人群的时尚化需求。

随着眼镜在人们日常生活中的多元化应用，眼镜美容已经成为眼镜消费的流行趋势，也是行业调整和提升的重要环节，这进一步催生了中国眼镜市场新的商机。为了满足人们的需求，行业内已经出现了专门以维修和美容镜架为主的商业模式。将眼镜维修技术和眼镜美容技术转化为统一技术、统一服务和流程规范的标准化管理。未来的眼镜行业、眼镜技术体系将得到更全面、更规范的指导，除了更多的材料更新，光学设计更新，美学设计更新外，维修技术、保养技术和美容技术也仍在不断更新中。作为从业人员，应当与时俱进，更新观念，不断学习，提高自身水平，掌握最新技术，成为合格的眼视光技术专业人才。

（杨砚儒　郑　琦）

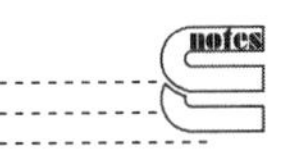

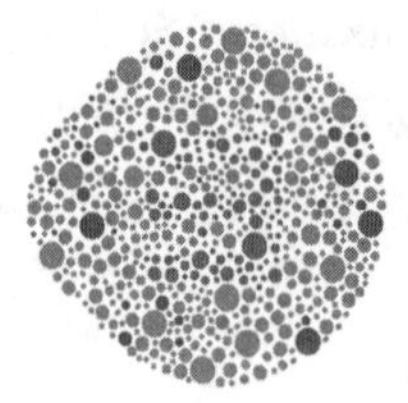

情境一 眼镜检测技术

任务一 单光眼镜检测

学习目标

知识目标

1. 掌握单光眼镜检测常用术语、定义、相关国家标准和规范。

2. 掌握单光眼镜镜片材料和表面质量、光学参数检验相关知识。

3. 熟悉单光眼镜镜架外观质量、光透射比、镜片基准点最小厚度、装配质量检验相关知识。

4. 了解标志检验相关知识。

能力目标

1. 会进行单光眼镜的镜片顶焦度偏差、光学中心水平偏差、光学中心垂直互差、柱镜轴位方向偏差、处方棱镜度偏差等五项光学参数检验的操作。

2. 会对单光眼镜的光学参数检验数据进行分析，并能做出检验结果的判定。

3. 会对单光眼镜镜架外观质量、镜片材料和表面质量、装配质量等进行检验，并能做出检验结果的判定。

4. 会对单光眼镜镜片基准点最小厚度、标志进行检验，并能做出检验结果的判定。

素质目标

1. 正确使用各种眼镜检测仪器、设备、量具，严格按照工作程序，进行规范操作，养成安全操作、文明生产、保护环境的习惯。

2. 结合工作任务，注重新知识、新技能的学习，提高自身综合素质和可持续发展的能力。

3. 具有自主分析问题、解决问题的能力和一定的创新精神。

4. 形成良好的职业道德和职业操守，爱岗敬业，具备工作岗位所需的各项素质。

ER 1-1-1 PPT 任务一：单光眼镜检测

任务描述

顾客任某，女，43 岁，公务员，配镜处方为 R：−5.25DS/−1.25DC×175，L：−4.00DS/−0.75DC×180，PD=62mm，选择一副 52 □ 18-135 的金属全框眼镜架和一副折射率为 1.597 的非球面加硬多层膜防辐射树脂镜片。眼镜配装后，作为眼镜质量检测人员，应如何开展并完成此项工作？

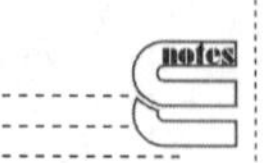

随着社会经济的高速发展，人民群众生活质量普遍提高，视觉保健需求也日益增大，对视觉保健供给侧也提出了更高的要求。同时，我国不断制定并逐步完善了一系列眼镜产品相关的国家标准和法律法规，其中涉及眼镜质量检测的主要有GB 10810.1—2005《眼镜镜片 第1部分：单光和多焦点镜片》、GB 10810.3—2006《眼镜镜片及相关眼镜产品 第3部分：透射比规范及测量方法》、GB 10810.4—2012《眼镜镜片 第4部分：减反射膜规范及测量方法》、QB/T 2506—2017《光学树脂镜片》、GB 13511.1—2011《配装眼镜 第1部分：单光和多焦点》、GB 13511.2—2011《配装眼镜 第2部分：渐变焦》、GB/T 14214—2003《眼镜架通用要求和试验方法》、GB/T 26397—2011《眼科光学术语》、CCGF 208.1—2010《产品质量监督抽查实施规范 定配眼镜》、WS 219—2015《儿童少年矫正眼镜卫生要求》等，对眼镜产品提出了更多的质量要求，对一些性能指标的要求也进一步加强。眼视光技术专业人员熟悉眼镜行业相关的标准、规范和制度，熟练掌握眼镜质量检测技术是非常必要的。

一、单光眼镜检测中涉及的术语和定义

1. 折射率　电磁波在真空中的速度与不同波长的单色辐射波在媒质中的相速度之比，符号$n(\lambda)$。说明：①实际应用中，用空气中的速度代替真空中的速度；②光学材料的折射率通常用氦黄线d（波长λ_d为587.56nm）的折射率n_d或汞绿线e（波长λ_e为546.07nm）的折射率n_e来表示。

2. 阿贝数　阿贝数又称色散系数，是表征光学材料色散现象的一种数学表达式，一般用符号v_d、v_e来表示。

3. 几何中心　与镜片毛坯或未割（磨）边镜片外形相切的矩形框水平中心线和垂直中心线的交点。

4. 光学中心　在实际应用中，镜片前表面与光轴的交点。

5. 设计基准点　由生产者在镜片毛坯或已完成光学加工的镜片前表面上所定的一个或数个点，所设计的各技术参数适用于这些点。

6. 配戴视野角　在铅垂面上，眼镜镜片前表面的方框法中心的法线与人眼在基本眼位时水平视线之间的夹角，如果镜片底部朝面部方向倾斜，该角取正值。配戴视野角示意图见图1-1-1。

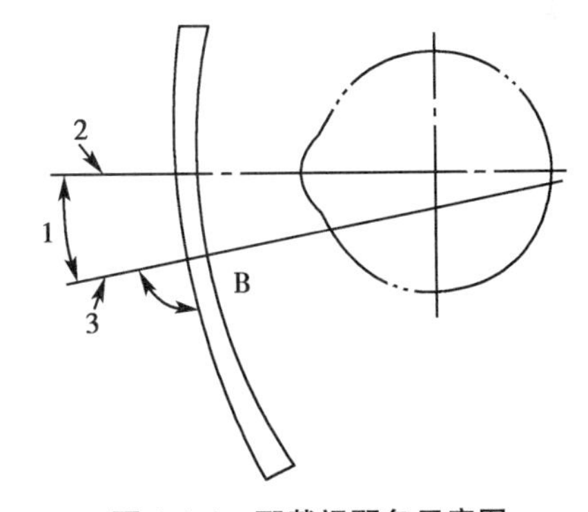

图1-1-1　配戴视野角示意图

1. 配戴视野角；2. 基本眼位的水平视线；3. 眼镜镜片前表面的方框法中心的法线；B. 方框法中心

7. 中心厚度　在镜片光学中心或设计基准点测得的镜片厚度。

8. 边缘厚度　沿近似平行于光轴测得的割边或未割（磨）边镜片边缘点处的厚度。说明：带有散光度、渐变焦、棱镜度的镜片通常有一个可变的边缘厚度。

9. 中心点　在验光处方无棱镜度，或有减薄棱镜，或棱镜度被抵消后，所指中心点为光学中心、设计基准点或配适点，用符号*CP*表示。

10. 光学中心距离　配装眼镜两镜片的光学中心之间的水平距离，用符号*OCD*表示。

11. 中心距离　一副眼镜的中心点之间所要求的水平距离，用符号*CD*表示。

12. 镜眼距（顶距）　沿着垂直于眼镜架前框平面的视线测得的镜片的后表面和角膜顶点之间的距离。

13. 瞳距　两眼平视正前方无穷远处的目标时，两瞳孔中心间的距离，通常用符号*PD*

表示，其单位用毫米(mm)表示。

14. 单侧瞳距　人眼在基本眼位时，瞳孔中心与鼻梁或眼镜架中线的距离。

15. 单光镜片　设计为具有单一屈光(焦)度的镜片。

16. 未割(磨)边成品眼镜镜片　两表面已完成光学加工，但未割(磨)边的镜片。

17. 已割(磨)边镜片　已切割成最终尺寸和形状的成品镜片。

18. 安全倒角　在镜片的前表面或后表面和边缘之间，环绕已割(磨)边镜片外围的小平面。

19. 焦度　该术语通常涵盖眼镜镜片的球镜度和柱镜度。

20. 屈光(焦)度　该术语一般指眼镜镜片的焦度(单位为 m^{-1})，有时也包括眼镜镜片的棱镜度(单位为 cm/m)。

21. 顶焦度　以米为单位测得的镜片近轴顶焦距的倒数。一个镜片含有两个顶焦度，通常把眼镜片的后顶焦度定为眼镜片的顶焦度。顶焦度的表示单位为 m^{-1}，单位名称为屈光度，符号为 D 表示。

22. 后顶焦度　垂直于后表面测得的近轴后顶焦距的倒数，顶焦距示意图见图 1-1-2。

23. 棱镜(基)底取向　在棱镜的主截面内，从棱镜顶到棱镜(基)底的连线方向。

24. 棱镜差异　一副眼镜的左右两片中心点测得的残留棱镜效应的代数差值。

25. 球镜度　是指球镜片的后顶焦度，或是散光镜片两个主子午线中，所选用的基准主子午线的顶焦度，通常球镜度用符号 S 表示。

26. 散光镜片　使近轴平行光束会聚于两条相互分离、相互正交的焦线的镜片，因此仅在两个主子午面上取顶焦度。

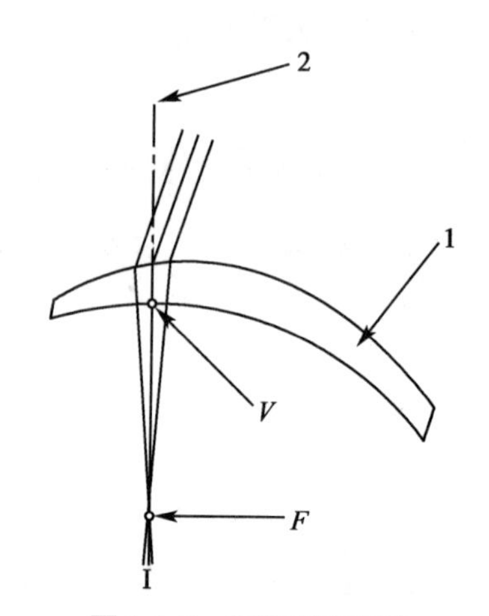

图 1-1-2　顶焦距示意图

1. 被测镜片；2. 表面法线；V. 参考面与法线的交点；F. 光束焦点，位于表面法线上；V_F. 周边区的顶焦距

27. 主子午面　散光镜片中与两条焦线平行且相互垂直的子午面之一。

28. 第一主子午面　散光镜片上对应于代数值低的顶焦度的主子午面。

29. 第二主子午面　散光镜片上对应于代数值高的顶焦度的主子午面。

30. 主焦度　散光镜片的两个主子午面所对应的后顶焦度。

31. 散光度　第二主子午面的顶焦度减去第一主子午面的顶焦度。

32. 柱镜度　柱镜度的正负取决于所选的参考主子午面，其绝对值等于散光度，通常用符号 C 表示。

33. 柱镜轴位　眼镜片中所选参考主子午面的方向。

34. 光透射比　镜片或滤光片的透射光通量与入射光通量之比，符号 τ_v。

35. 光学中心水平偏差　光学中心水平距离的实测值与标准(如瞳距、光学中心距离)的差值。

36. 光学中心单侧水平偏差　光学中心单侧水平距离与二分之一标称值的差值。

37. 光学中心垂直互差　两镜片光学中心高度的差值。

38. 定配眼镜　根据验光处方或特定要求定制的框架眼镜。

39. 老视成镜　由生产单位批量生产的用于近用的装成眼镜，其顶焦度范围规定为：+1.00～+5.00D。

notes

二、单光眼镜检测标准及要素

1. 单光眼镜检测要素　依据 CCGF 208.1—2010《产品质量监督抽查实施规范　定配眼镜》的要求，需对单光眼镜以下项目进行检验：

（1）球镜顶焦度偏差（D）；

（2）柱镜顶焦度偏差（D）；

（3）柱镜轴位方向偏差（°）；

（4）光学中心水平偏差（mm）；

（5）光学中心单侧水平偏差（mm）；

（6）光学中心垂直互差（mm）；

（7）镜片基准点的最小厚度（mm）；

（8）镜片材料和表面质量；

（9）可见光透射比 τ_v（380～780mm）；

（10）镜架外观质量；

（11）棱镜度偏差；

（12）装配质量；

（13）标志。

2. 单光眼镜检测中涉及的标准及法规

（1）镜架外观质量：依据标准 GB 13511.1—2011 中 5.4 规定：镜架使用的材料、外观质量和应满足 GB/T 14214 中规定的要求。GB/T 14214—2003 中 5.1 规定：生产商不应选用由于镜架与皮肤的接触而对大多数正常使用者产生不良刺激反应的材料制作镜架。GB/T 14214—2003 中 5.4 规定：在不借助于放大镜或其他类似装置的条件下目测检查镜架的外观，其表面应光滑、色泽均匀、没有 $\Phi \geq 0.5$mm 的麻点、颗粒和明显擦伤。

（2）镜片材料和表面质量：GB 13511.1—2011 中 5.2 规定：镜片的顶焦度、厚度、色泽、表面质量应满足 GB 10810.1—2005 中规定的要求。GB 10810.1—2005 中 5.1.6 规定：在以基准点为中心，直径为 30mm 的区域内，及对于子镜片尺寸小于 30mm 的全部子镜片区域内，镜片的表面或内部都不应出现可能有害视光的各类疵病。若子镜片的直径大于 30mm，鉴别区域仍为以近用基准点为中心，直径为 30mm 的区域。在此鉴别区域之外，可允许孤立、微小的内在或表面缺陷。

（3）可见光透射比（%）：依据标准 GB 13511.1—2011 中 5.3 规定：配装眼镜的光透射性能应满足 GB 10810.3 中规定的要求。GB 10810.3—2006 中 5.2 规定：眼镜类的透射比要求见表 1-1-1。

表 1-1-1　眼镜类的透射比指标要求

分类	可见光谱区	紫外光谱区	
	τ_v（380～780）nm	τ_{SUVA}（315～380）nm	τ_{SUVB}（280～315）nm
UV-1	>80%	≤1%	≤1%
UV-2		1%<τ_{SUVA}≤10%	
UV-3		10%<τ_{SUVA}≤30%	

注 1：装成老视镜或近用镜只需满足可见光谱区的透射比要求即可；

注 2：装成镜左片和右片的光透射比相对偏差不应超过 15%

（4）紫外光透射比（%）：应符合 GB 10810.3—2006 中 5.2 规定，眼镜类紫外光透射比要求见表 1-1-1。

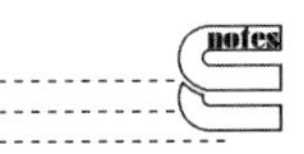

（5）镜片顶焦度偏差（D）：GB 13511.1—2011 中 5.2 规定：镜片的顶焦度、厚度、色泽、表面质量应满足 GB 10810.1—2005 中规定的要求。GB 10810.1—2005 中 5.1.2.1 规定：镜片顶焦度偏差应符合表 1-1-2 规定。球面、非球面及散光镜片的顶焦度，均应满足每子午面顶焦度允差 A 和柱镜顶焦度允差 B。镜片顶焦度允许偏差见表 1-1-2。

表 1-1-2　镜片顶焦度允差

<table>
<tr><th rowspan="2">顶焦度绝对值最大的子午面上的顶焦度值 /D</th><th rowspan="2">每主子午面顶焦度允差 A/D</th><th colspan="4">柱镜顶焦度允差 B/D</th></tr>
<tr><th>≥0.00 和≤0.75</th><th>>0.75 和≤4.00</th><th>>4.00 和≤6.00</th><th>>6.00</th></tr>
<tr><td>≥0.00 和≤3.00</td><td rowspan="3">±0.12</td><td>±0.09</td><td rowspan="2">±0.12</td><td rowspan="3">±0.18</td><td rowspan="5">±0.25</td></tr>
<tr><td>>3.00 和≤6.00</td><td rowspan="3">±0.12</td></tr>
<tr><td>>6.00 和≤9.00</td><td rowspan="2">±0.18</td></tr>
<tr><td>>9.00 和≤12.00</td><td>±0.18</td><td rowspan="2">±0.25</td></tr>
<tr><td>>12.00 和≤20.00</td><td>±0.25</td><td>±0.18</td><td rowspan="2">±0.25</td></tr>
<tr><td>>20.00</td><td>±0.37</td><td>±0.25</td><td>±0.37</td><td>±0.37</td></tr>
</table>

GB 13511.1—2011 中 5.6.9 规定：老视成镜两镜片顶焦度互差应不大于 0.12D。

（6）光学中心水平偏差（mm）：GB13511.1—2011 中 5.6.1 规定：定配眼镜的两镜片光学中心水平距离偏差应符合表 1-1-3 的规定。

表 1-1-3　定配眼镜的两镜片光学中心水平距离偏差

顶焦度绝对值最大的子午面上的顶焦度值 /D	0.00～0.50	0.75～1.00	1.25～2.00	2.25～4.00	≥4.25
光学中心水平距离允差	0.67△	±6.0mm	±4.0mm	±3.0mm	±2.0mm

GB 13511.1—2011 中 5.6.6 规定：老视成镜需标明光学中心水平距离，光学中心水平距离允差为 ±2.0mm。

（7）光学中心单侧水平偏差（mm）：GB 13511.1—2011 中 5.6.2 规定：定配眼镜的水平光学中心与眼瞳的单侧偏差均不应大于表 1-1-3 中光学中心水平距离允差的二分之一。

GB 13511.1—2011 中 5.6.7 规定：老视成镜光学中心单侧水平允差为 ±1.0mm。

（8）光学中心垂直互差（mm）：GB 13511.1—2011 中 5.6.3 规定：定配眼镜的光学中心垂直互差应符合表 1-1-4 的规定。GB 13511.1—2011 中 5.6.8 规定：老视成镜光学中心垂直互差应符合表 1-1-4 的规定。

表 1-1-4　定配眼镜的光学中心垂直互差

顶焦度绝对值最大的子午面上的顶焦度值 /D	0.25～0.50	0.75～1.00	1.25～2.50	>2.50
光学中心垂直允差	≤0.50△	≤3.0mm	≤2.0mm	≤1.0mm

（9）柱镜轴位方向偏差：GB 13511.1—2011 中 5.6.4 规定：定配眼镜的柱镜轴位方向偏差应符合表 1-1-5 的规定。

表 1-1-5　定配眼镜的柱镜轴位方向偏差

柱镜顶焦 /D	0.25～≤0.50	>0.50～≤0.75	>0.75～≤1.50	>1.50～≤2.50	>2.50
轴位允差 /°	±9	±6	±4	±3	±2

（10）处方棱镜度偏差：GB 13511.1—2011 中 5.6.5 规定：定配眼镜的处方棱镜度偏差应符合表 1-1-6 的规定。

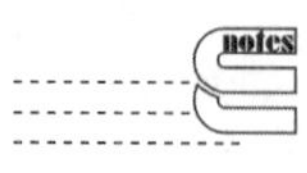

表 1-1-6　定配眼镜的处方棱镜度偏差

棱镜度 /△	水平棱镜允差 /△	垂直棱镜允差 /△
≥0.00～≤2.00	对于顶焦度≥0.00～≤3.25D：0.67△ 对于顶焦度>3.25D：偏心 2.00mm 所产生的棱镜效应	对于顶焦度≥0.00～≤5.00D：0.50△ 对于顶焦度>5.00D：偏心 1.00mm 所产生的棱镜效应
>2.00～≤10.00	对于顶焦度≥0.00～≤3.25D：1.00△ 对于顶焦度>3.25D：0.33△+ 偏心 2.00mm 所产生的棱镜效应	对于顶焦度≥0.00～≤5.00D：0.75△ 对于顶焦度>5.00D：0.25△+ 偏心 1.00mm 所产生的棱镜效应
>10.00	对于顶焦度≥0.00～≤3.25D：1.25△ 对于顶焦度>3.25D：0.58△+ 偏心 2.00mm 所产生的棱镜效应	对于顶焦度≥0.00～≤5.00D：1.00△ 对于顶焦度>5.00D：0.50△+ 偏心 1.00mm 所产生的棱镜效应
例如：镜片的棱镜度为 3.00△，顶焦度为 4.00D，其水平棱镜允差为 0.33△+(4.00D×0.2cm)=1.13△		

（11）镜片基准点的最小厚度（mm）：QB/T 2506—2017 中 5.1.3 规定：光学树脂镜片的基准点厚度不应小于 1.0mm。

（12）装配质量：GB 13511.1—2011 中 5.8 规定：定配眼镜的装配质量应符合表 1-1-7 的规定。

表 1-1-7　装配质量

项目	要求
两镜片材料的色泽	应基本一致
金属框架眼镜锁接管的间隙	≤0.5mm
镜片与镜架的几何形状	应基本相似且左右对齐，装配后无明显隙缝
整形要求	左、右两镜面应保持相对平整、托叶应对称
外观	应无崩边、钳痕、镀（涂）层剥落及明显擦痕、零件缺损等疵病

（13）标志：GB 13511.1—2011 中 7.1 对标志进行了如下相关规定：①应标明产品名称、生产厂厂名、厂址；产品所执行的标准及产品质量检验合格证明、出厂日期或生产批号；②定配眼镜应标明顶焦度值、轴位、瞳距等处方参数；③老视成镜每副应标明型号、顶焦度、光学中心水平距离等；④需要让消费者事先知晓的其他说明及其他法律法规规定的内容。

GB 10810.1—2005 中 7.1 对标志进行了如下相关规定：镜片的包装上或附带文件中，应该加以说明的镜片特性，至少应标明下列参数：顶焦度值（D）、镜片标称尺寸（mm）、设计基准点位置（如无标明，则视该点位于镜片的几何中心）、色泽（若非无色）、镀层的种类、材料的贸易名或折射率、生产商或供片商的名称；若对配戴位置已作校正，标明光学中心和棱镜度的校正值。

GB 10810.1—2005 中 7.2 对标志进行了如下相关规定：有要求时应可获得以下数据：①中心或边缘厚度（mm）；②基弯（D）；③光学特性（包括阿贝数，光谱透过性能）；④减薄棱镜。

QB/T 2506—2017 中 8.1 对标志进行了如下相关规定：镜片的包装上或附带文件中至少应标明：①产品名称、商标；②制造商名称和地址；③执行标准号；④顶焦度（D 或 m^{-1}）；⑤镜片尺寸（mm）；⑥基准点厚度（mm）；⑦设计基准点位置（如未标明，则该点即为镜片的几何中心）；⑧镀层的情况（如加硬、加膜等）；⑨光透射比分类；⑩材料折射率（4 位有效数字）和基准波长（若未标明，则默认为 e 谱线）；⑪阿贝数（色散系数）（3 位有效数字）和基准波长（若未标明，则默认为 d 谱线）；⑫生产日期或批号。

对单光眼镜检测的要素及涉及的标准情况汇总见表 1-1-8。

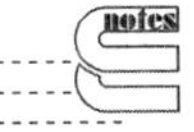

表 1-1-8　单光眼镜检测要素及涉及标准汇总表

序号	检测要素	依据法律法规或标准条款	检测方法	重要程度分类	
				A类	B类
1	镜架外观质量	GB 13511.1 中 5.4	GB/T 14214 中 5.4		√
2	镜片材料和表面质量	GB 13511.1 中 5.2	GB 10810.1 中 6.6	√	
3	可见光透射比 /%	GB 13511.1 中 5.3	GB 10810.3 中 6.4		√
4	紫外透射比 /%	GB 13511.1 中 5.3	GB 10810.3 中 6.4		√
5	镜片顶焦度偏差 /D	GB 13511.1 中 5.2	GB 10810.1 中 6.1	√	
6	光学中心水平偏差 /mm	GB 13511.1 中 5.6.1	GB 13511.1 中 6.4	√	
7	光学中心单侧水平偏差 /mm	GB 13511.1 中 5.6.2	GB 13511.1 中 6.4	√	
8	光学中心垂直互差 /mm	GB 13511.1 中 5.6.3	GB 13511.1 中 6.4	√	
9	柱镜轴位方向偏差 /°	GB 13511.1 中 5.6.4	GB 13511.1 中 6.4	√	
10	处方棱镜度偏差	GB 13511.1 中 5.6	GB 13511.1 中 6.5	√	
11	镜片基准点的最小厚度 /mm	QB/T 2506 中 5.1.3	QB/T 2506 中 6.2.1		√
12	装配质量	GB 13511.1 中 5.8	GB 13511.1 中 5.8		√
13	标志	GB 13511.1 中 7.1a）b）	目测		√
备注	1. 重要程度分类中，A 类指极重要质量项目，B 类指重要质量项目； 2. 定配眼镜所用镜片有染色时透射比应符合 GB 10810.3 中 5.3 要求，使用光致变色镜片时应符合 GB 10810.3 中 5.5 要求，当定配眼镜明示可适合作驾驶镜时应符合 GB 10810.3 中 5.4 要求； 3. 当处方中包含本表中未列的参数，这些参数也应符合 GB 13511.1—2011 要求				

三、单光眼镜外观质量检测

（一）眼镜架的外观质量检验

1. 检验方法　GB/T 14214—2003《眼镜架基本要求和试验方法》中 5.4 款规定：在不借助于放大镜或其他类似装置的条件下目测检查镜架的外观，其表面应光滑、色泽均匀，没有 $\Phi \geq 0.5$mm 的麻点、颗粒和明显擦伤。

在不借助于放大镜或其他类似装置的条件下，将镜架置于两支 30W 日光灯的照射下，面对黑色消光背景，用目视方法检测。

2. 操作步骤

（1）检验镜架的表面是否光滑。

（2）检验镜架的色泽是否均匀。

（3）检验镜架上是否有 $\Phi \geq 0.5$mm 的麻点、颗粒和明显擦伤。

（二）眼镜片的材料和表面质量检验

1. 检验方法　GB 10810.1—2005 中 5.1.6 的规定：在以基准点为中心，直径 30mm 的区域内，及对于子镜片尺寸小于 30mm 的全部子镜片区域内，镜片的表面或内部都不应出现可能有害视觉的各类疵病。若子镜片的直径大于 30mm，鉴别区域仍为以近用基准点为中心，直径为 30mm 的区域。在此鉴别区域之外，可允许孤立、微小的内在或表面缺陷。

不借助于放大装置，在明视场、暗背景中通过目视方法进行检测。

2. 检验环境及条件要求　检验室周围光照度约为 200lx，检验灯的光通量至少为 400lm，例如可用 15W 的荧光灯或带有灯罩的 40W 无色白炽灯。目视法检验镜片疵病的示意装置，如图 1-1-3 所示。

notes

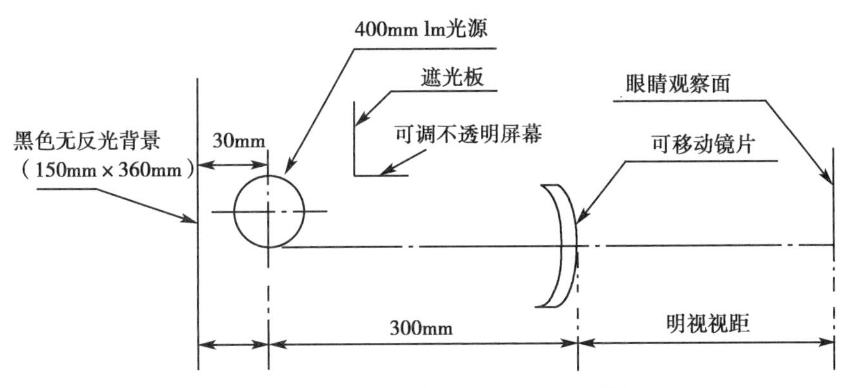

图 1-1-3　目视法检验镜片疵病的示意装置

遮光板可调节到遮住光源的光直接射到眼睛，但能使镜片被光源照明；本观察方法具有一定的主观性，需相当的实践经验

3. 操作步骤

（1）选定检验区域：选定以基准点为中心，直径 30mm 的区域为检验区域。

（2）检验镜片的内部是否存在可能有害视觉的各类疵病。

（3）检验镜片的表面是否光洁、透视是否清晰、表面是否有橘皮或霉斑等。

（三）镜片基准点的最小厚度测量

1. 标准要求　依据标准 GB 10810.1—2005 中 5.2.2 款规定：有效厚度应在镜片基准点上，并与该表面垂直进行测量，测量值与标称值的允差为 ±0.3mm。QB/T 2506—2017 中 5.1.3 款规定：光学树脂镜片的基准点厚度不应小于 1.0mm。

2. 测量工具　使用镜片测厚仪或测厚卡尺测量镜片基准点的最小厚度，镜片测厚仪外形，如图 1-1-4 所示。

3. 镜片测厚仪介绍

（1）用途：适用于测量玻璃镜片和其他材料制成的镜片厚度。

（2）特点：手持测量，可随身携带，操作方便，仪表精确度高。

（3）测量范围：0～10mm，示值误差：±0.01mm。

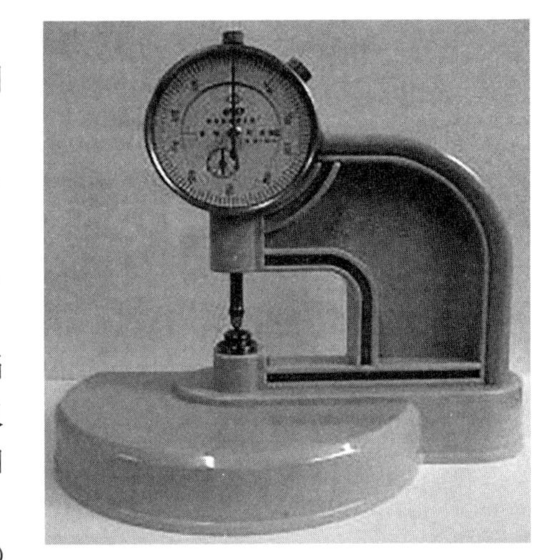

图 1-1-4　镜片测厚仪

4. 操作步骤

（1）镜片测厚仪归零：按下测厚仪正上方的掐动按钮，检查指针是否归“0”，若有偏差，则旋转仪器外圈的齿轮卡装置，至准确归零。镜片测厚仪归零状态如图 1-1-5A 所示。

（2）将配装眼镜（按先右镜片后左镜片顺序）镜片凸面朝下，镜片基准点对准顶针正中，两镜片端平。

（3）读取数值，并对照 QB/T 2506—2017 中 5.1.3 和 GB 10810.1 中 5.2.2 的规定，判断是否合格。镜片基准点厚度测量如图 1-1-5B 所示。

（四）装配质量检验

1. 配装眼镜的装配质量要求　GB 13511.1—2011《配装眼镜第 1 部分：单光和多焦点》中 5.8 规定，配装眼镜的装配质量要求为：

（1）两镜片材料的色泽应基本一致。

（2）金属框架眼镜锁接管的间隙≤0.5mm。

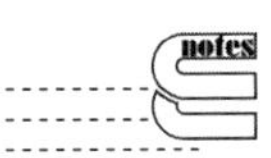

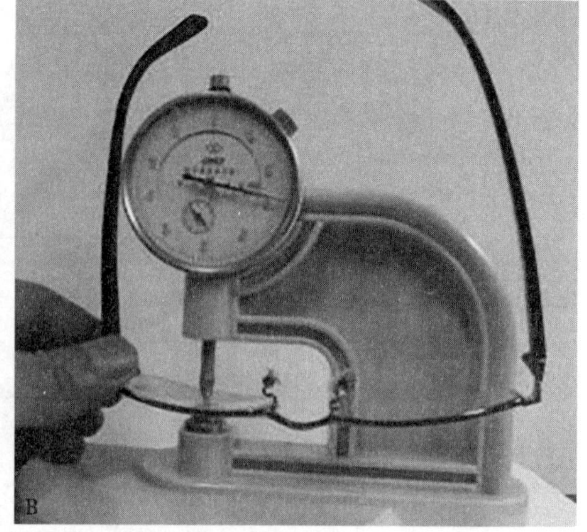

图 1-1-5 镜片基准点厚度测量
A. 归零；B. 测量

（3）镜片与镜圈的几何形状应基本相似且左右对齐，装配后无明显隙缝。

（4）配装眼镜的整形要求为左、右两镜面应保持相对平整，托叶应对称。

（5）配装眼镜的外观应无崩边、钳痕、镀（涂）层剥落及明显擦痕、零件缺损等疵病。

2. 配装眼镜的装配质量检验程序与检验方法

（1）检验两镜片材料的色泽是否基本一致，用目视方法检验。

（2）检验金属全框眼镜锁接管的间隙大小是否符合要求，用塞尺或游标卡尺测量。金属框架眼镜锁接管的间隙如图 1-1-6 所示。

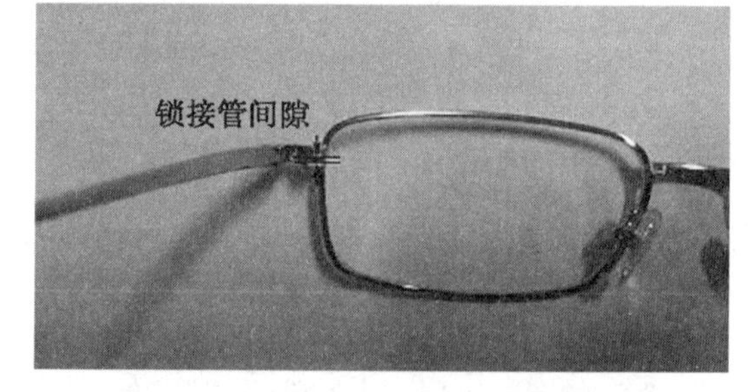

图 1-1-6 金属全框眼镜锁接管的间隙

（3）检验镜片与镜圈的几何形状是否基本相似且左右对齐，装配后有无明显隙缝，用目视方法检验。

（4）检验配装眼镜的外观有无崩边、钳痕、镀（涂）层剥落及明显擦痕、零件缺损等疵病，用目视方法检验。

（5）检验配装眼镜的整形质量

1）把配装眼镜反置在平板上，检查镜架有否扭曲、左右两镜面是否在保持相对平整、托叶是否对称等，用目视方法检验。配装眼镜平放状态见图 1-1-7；配装眼镜倒放状态见图 1-1-8；配装眼镜折叠状态见图 1-1-9。

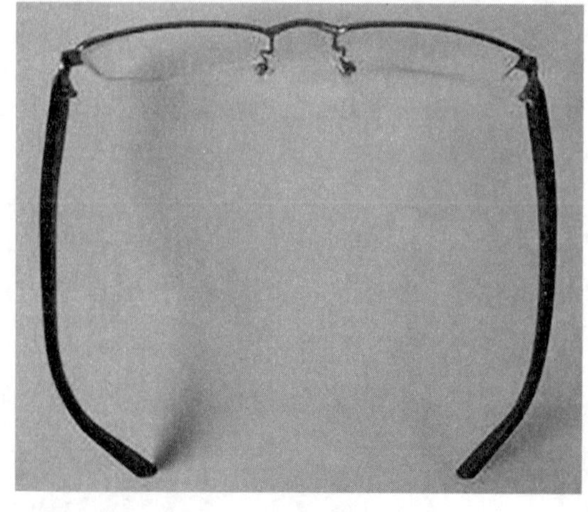

图 1-1-7 配装眼镜平放

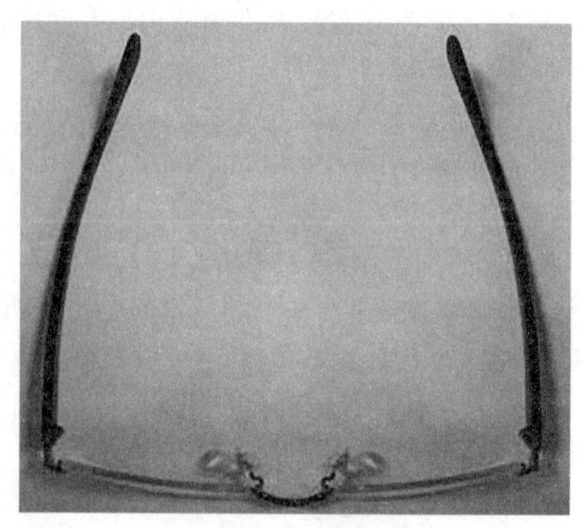

图 1-1-8 配装眼镜倒放

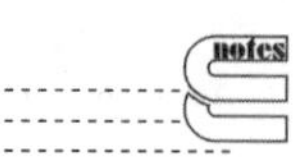

2）检验半框眼镜的拉丝松紧度：①左手拿住镜架，右手拇指和示指夹持镜片；②右手拇指和示指向顺时针或逆时针方向旋转镜片：当不易旋转时，说明拉丝的长度合适；稍用力就能转动镜片，说明镜片安装太松，可适当缩短拉丝的长度。半框眼镜的拉丝松紧度检验如图 1-1-10 所示。

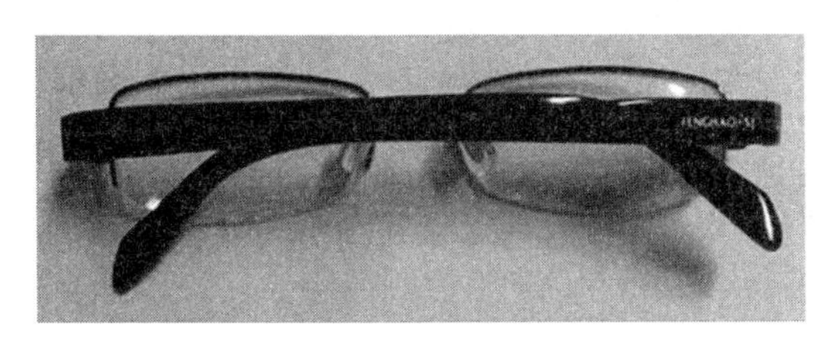

图 1-1-9　配装眼镜折叠

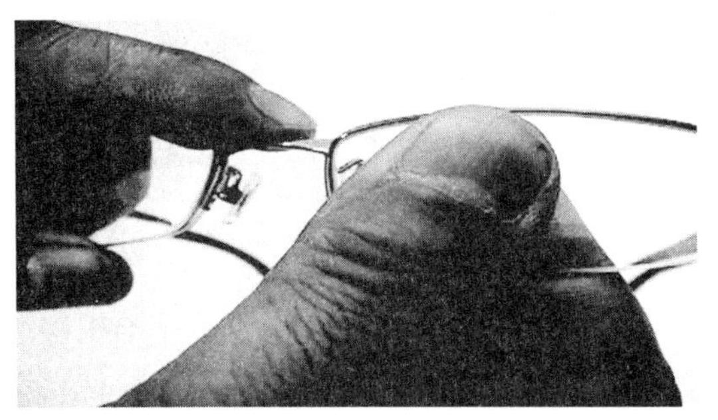

图 1-1-10　半框眼镜拉丝松紧度检验

3）检验半框眼镜镜片 U 形槽：①检验 U 形槽位置：根据镜片的性质与特点，检验镜片 U 形槽槽型、位置是否正确，用目视方法检验；②检验 U 形槽宽度与深度：拉丝的直径与 U 形槽的宽度是否匹配、槽的深度是否将 2/3 或 3/4 的拉丝纳入，用目视方法检验；③检验镜片的开槽部分是否存在崩边、缺损，镜片的抛光是否均匀，用目视方法检验。半框眼镜镜片 U 形槽检验见图 1-1-11。

4）检验无框眼镜打孔质量：①检验中梁固定孔的连线与桩头固定孔的连线是否水平并平行，用目视方法检验；②检验左、右两镜片打孔的位置是否基本对称，用目视方法检验；③检验左、右两镜片上螺丝孔的周边是否光滑、有无裂纹，用目视方法检验；④检验镜片和定片扣之间是否松动、有无明显隙缝，用目视方法检验。

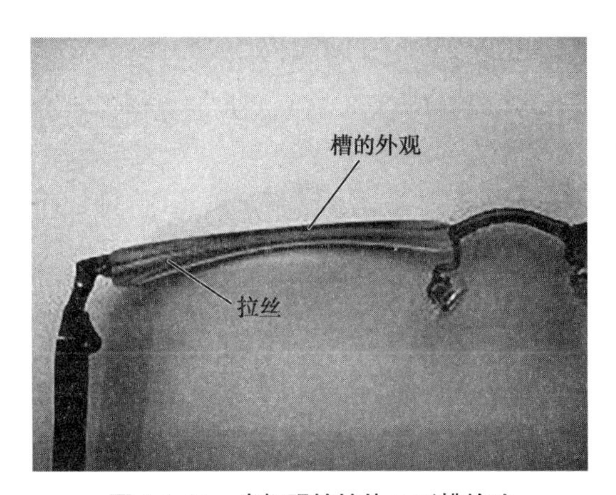

图 1-1-11　半框眼镜镜片 U 形槽检验

四、单光眼镜光学参数检测

焦度计为单光眼镜光学参数检测所使用的最主要仪器，其主要用于测量眼镜片（包括角膜接触镜片）的顶焦度（D）、棱镜度（$^{\triangle}$），确定柱镜片的柱镜轴位方向，在未切边镜片上打印标记并可检查镜片是否正确安装在镜架中等。

（一）单光眼镜顶焦度偏差测量

使用电脑焦度计，对单光眼镜的顶焦度进行测量，具体程序如下：

1. 测量前的准备工作

（1）连接好电源线。

（2）打开电源开关，进行预热，一些显示将在屏幕上持续几秒钟。

（3）检测人员端坐在电脑焦度计前，转动镜片台。

（4）如图 1-1-12 所示，把配装眼镜放在电脑焦度计镜片支架上，眼睛正好平视电脑焦度计的镜片支架。

（5）放下镜片固定器，将眼镜固定好，如图 1-1-13 所示。

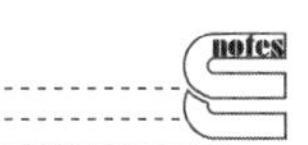

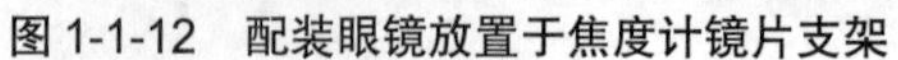

图 1-1-12　配装眼镜放置于焦度计镜片支架

图 1-1-13　眼镜固定

（6）右手转动基准板手柄，让基准板缓缓靠住待检测的眼镜。

（7）检验人员左手同时扶住眼镜，使眼镜保持水平状态。

2. 操作步骤

（1）右手转动基准板手柄，移动基准板，基准板推动眼镜作前后方向移动，基准板移动过程保持匀速。

（2）左手推动眼镜水平方向小心移动。

（3）将右眼镜片的光学中心移到与电脑焦度计分划板的十字线重合，按下记忆按钮，锁住显示屏显示的数字，即为该右眼镜片的顶焦度值。

（4）用打点器在右眼镜片的光学中心打点，如图 1-1-14 所示。

（5）把配装眼镜移到左眼镜片，进行同样的操作。

3. 注意事项

（1）测量配装眼镜的顶焦度时，为防止左右镜片混淆，坚持先右后左的原则，即先测量右眼镜片的顶焦度，然后测左眼镜片的顶焦度。

（2）镜片移动过程要保持匀速。

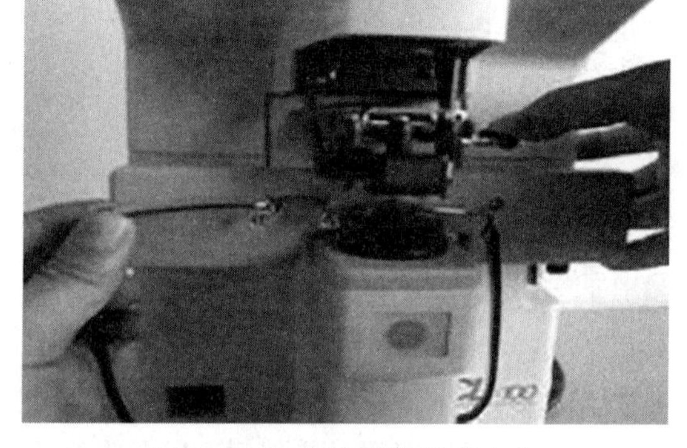

图 1-1-14　打印镜片光学中心

（3）在配装眼镜的整个检测过程中，眼镜上的两镜圈一定要始终紧靠在电脑焦度计上的基准板上，并前后、左右移动眼镜，当眼镜的两镜圈有一边偏离基准板，可导致所测得的轴位数据产生误差。

4. 单光眼镜顶焦度测量结果分析

（1）单光眼镜镜片顶焦度偏差的计算：将顶焦度测量值减去验光处方中的顶焦度值，其差值即为顶焦度实际偏差。

（2）单光眼镜顶焦度偏差结果分析：对照国家标准 GB10810.1—2005《眼镜镜片第 1 部分：单光和多焦点镜片》5.1.2.1 中表 1 镜片顶焦度允差的规定：当实际偏差小于或等于镜片顶焦度允差，则此项指标质量合格，若实际偏差大于标准中的允差时，则此项指标质量不合格。

例 1：配镜处方 R：0.00DS，L：0.00DS，PD=64mm，现对加工好的眼镜进行镜片顶焦度测量，测量结果如下，R：−0.21DS/−0.08DC×180，L：−0.16DS/−0.05DC×180，试问该副配装眼镜镜片顶焦度是否合格？

解：

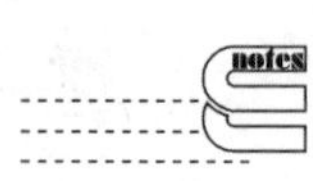

（1）标准解读：根据配镜处方分析，此副眼镜镜片为平光镜片，表 1-1-2 镜片顶焦度允

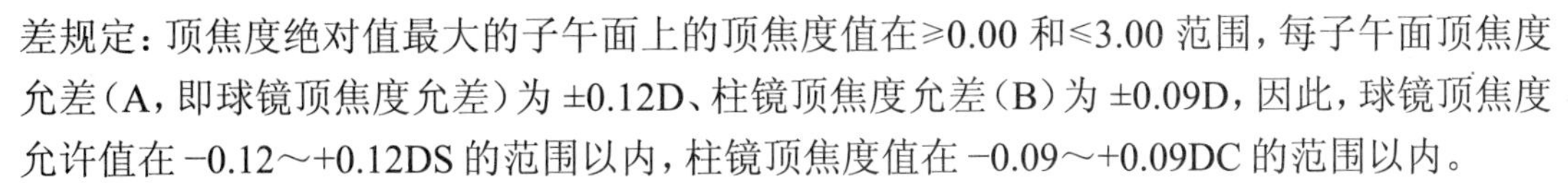

差规定：顶焦度绝对值最大的子午面上的顶焦度值在≥0.00 和≤3.00 范围，每子午面顶焦度允差（A，即球镜顶焦度允差）为 ±0.12D、柱镜顶焦度允差（B）为 ±0.09D，因此，球镜顶焦度允许值在 −0.12～+0.12DS 的范围以内，柱镜顶焦度值在 −0.09～+0.09DC 的范围以内。

（2）计算偏差：右眼镜片球镜顶焦度偏差为：−0.21−0.00=−0.21DS，柱镜顶焦度偏差为：−0.08−0.00=−0.08DC；左眼镜片球镜顶焦度偏差为：−0.16−0.00=−0.16DS，柱镜顶焦度偏差为：−0.05−0.00=−0.05DC。

（3）结果分析：因右眼镜片球镜顶焦度偏差大于表 1-1-2 镜片顶焦度允差的规定，则此项指标不合格。因左眼镜片柱镜顶焦度偏差小于表 1-1-2 镜片顶焦度允差的规定，但因球镜顶焦度偏差大于表 1-1-2 镜片顶焦度允差的规定，则此项指标不合格。

例 2：配镜处方 R：−11.00DS，L：−13.00DS，PD=64mm，现对加工好的眼镜进行镜片顶焦度测量，测量结果如下，R：−10.84DS/−0.07DC×180，L：−12.710DS/−0.09DC×180，试问该副眼镜镜片顶焦度是否合格？

解：

（1）标准解读：按照表 1-1-2 镜片顶焦度允差的规定：R：−11.00DS，顶焦度绝对值最大的子午面上的顶焦度值在>9.00D 和≤12.00D 范围，其球镜顶焦度允差为 ±0.18D，柱镜顶焦度允差为 ±0.12D，因此，球镜顶焦度允许值在 −10.82～−11.18DS 的范围以内，柱镜顶焦度在 −0.12～+0.12DC 的范围以内。L：−13.00DS，顶焦度绝对值最大的子午面上的顶焦度值在>12.00D 和≤20.00D 范围，其球镜顶焦度允差为 ±0.25D，柱镜顶焦度允差为 ±0.18D，因此，球镜顶焦度允许值在 −12.75～−13.25DS 的范围以内，柱镜顶焦度在 −0.18～+0.18DC 的范围以内。

（2）计算偏差：右眼镜片球镜顶焦度偏差为：−10.84−（−11.00）=+0.16DS，柱镜顶焦度偏差为：−0.07−0.00=−0.07DC；左眼镜片球镜顶焦度偏差为：−12.71−（−13.00）=+0.29DS，柱镜顶焦度偏差为：−0.09−0.00=−0.09DC。

（3）结果分析：因右眼镜片球镜顶焦度偏差和柱镜顶焦度偏差均小于表 1-1-2 镜片顶焦度允差的规定，则此项指标合格。左眼镜片柱镜顶焦度偏差小于表 1-1-2 镜片顶焦度允差的规定，但因球镜顶焦度偏差大于表 1-1-2 镜片顶焦度允差的规定，则此项指标不合格。

例 3：配镜处方 R：−12.00DS/−1.00DC×180，L：−12.00DS/−0.75DC×180，PD=64mm，现对加工好的眼镜进行镜片顶焦度测量，测量结果如下，R：−11.84DS/−0.86DC×180，L：−11.760DS/−0.68DC×180，试问该副眼镜镜片顶焦度是否合格？

解：

（1）标准解读：按照表 1-1-2 镜片顶焦度允差的规定，R：−12.00DS/−1.00DC，顶焦度绝对值最大的子午面上的顶焦度值在>12.00D 和≤20.00D 范围，球镜顶焦度允差为 ±0.25D，柱镜顶焦度允差为 ±0.25D，因此，球镜顶焦度允许值在 −11.75～−12.25D 的范围以内，柱镜顶焦度允许值在 −0.75～−1.25DC 的范围以内。L：−12.00DS/−0.75DC，顶焦度绝对值最大的子午面上的顶焦度值在>12.00D 和≤20.00D 范围，其球镜顶焦度允差为 ±0.25D，柱镜顶焦度允差为 ±0.25D，因此，球镜顶焦度允许值在 −11.75～−12.25DS 的范围以内；柱镜顶焦度允许值在 −0.50～−1.00DC 的范围以内。

（2）计算偏差：右眼镜片球镜顶焦度偏差为：−11.84−（−12.00）=+0.16DS

右眼镜片柱镜顶焦度偏差为：−0.86−（−1.00）=+0.14DC

左眼镜片球镜顶焦度偏差为：−11.76−（−12.00）=+0.24DS

左眼镜片柱镜顶焦度偏差为：−0.68−（−0.75）=+0.07DC

（3）结果分析：因右眼镜片球镜顶焦度偏差和柱镜顶焦度偏差均小于表 1-1-2 镜片顶焦度允差的规定，则此项指标合格。左眼镜片球镜顶焦度偏差和柱镜顶焦度偏差均小于

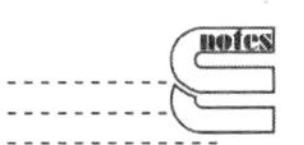

表 1-1-2 镜片顶焦度允差的规定，则此项指标合格。

（二）单光眼镜光学中心水平距离测量

1. 测量仪器和工具　电脑焦度计、瞳距尺或游标卡尺、标记笔。

2. 操作步骤

（1）用经检验合格的电脑焦度计，分别确定配装眼镜右、左镜片的光学中心，用打点器在右、左镜片的光学中心处打点并标记。

（2）依据基准线法或方框法，确定右、左镜圈几何中心。

（3）经右、左两镜片光学中心做平行于镜圈几何中心连线的平行线。

（4）用瞳距尺或游标卡尺，测量两镜片光学中心水平方向的距离，即为光学中心水平距离。如图 1-1-15 所示，*OD* 即为两镜片光学中心水平距离。

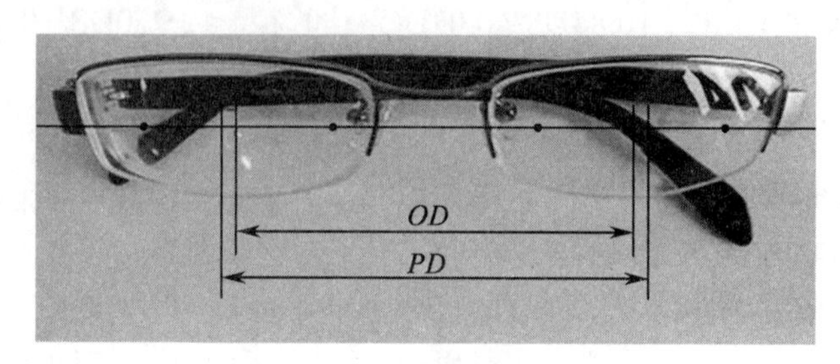

图 1-1-15　光学中心水平距离

OD：光学中心水平距离　*PD*：瞳距

3. 单光眼镜光学中心水平偏差测量结果分析

（1）计算光学中心水平偏差：根据光学中心水平偏差的定义，假设配镜处方中瞳距值为 PD，则：

光学中心水平偏差 = 光学中心水平距离 − 瞳距 =*OD*−*PD*

（2）光学中心水平距离允差按 GB 13511.1—2011《配装眼镜》国家标准查表可得出，见表 1-1-3 光学中心水平距离允差所示。

4. 注意事项

（1）无特殊要求的前提下，在配镜时要做到，配装眼镜的两镜片光学中心与配镜者的两瞳孔中心一致，即配装眼镜的两镜片光学中心水平距离与配镜者的瞳孔距离相等，即 *OD*=*PD*，这样确保配镜者用眼最舒适。

（2）配戴眼镜最理想的状态是眼的视线总是通过镜片的光学中心，但实际上由于眼的集合作用，当目标由远移近时，瞳距会随之变小，但制成的框架眼镜光心是固定不变的，这样就会产生一定的棱镜效应。解决的办法是，在保证不影响双眼视功能的前提条件下，根据使用目的不同，按其眼看某距离的瞳距来确定框架眼镜的光学中心水平距离。一般光学中心水平距离确定方法如下：

1）远用和常用眼镜：眼镜的光学中心水平距离选用看远时的瞳距（远用瞳距）。

2）近用眼镜：眼镜的光学中心水平距离选用看近时的瞳距（近用瞳距）。

（3）特殊情况下，配装眼镜的光学中心水平距离与配镜者的瞳距不相等，如原戴眼镜光学中心水平距离偏大或偏小造成配戴者已适应原眼镜的棱镜效果，或配镜者本身存在斜视等。

例 4：配镜处方为 R：−5.00DS，L：−3.50DS，*PD*=63mm，现测得配装眼镜光学中心水平距离 *OD* 为 68mm，试问该配装眼镜光学中心水平偏差是否合格？

解：

（1）计算光学中心水平偏差：光学中心水平偏差 = 光学中心水平距离 − 瞳距 =*OD*−*PD*= 68−63=+5mm

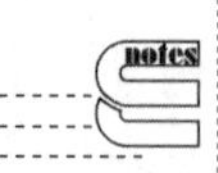

（2）查表 1-1-3 定配眼镜的两镜片光学中心水平距离偏差，顶焦度绝对值最大的子午面上的顶焦度值 5.00DS，对应的光学中心水平距离允差为 ±2.0mm。

（3）现因光学中心水平偏差为 +5mm，超出了光学中心水平距离允差为 ±2.0mm 范围，则判定该配装眼镜光学中心水平偏差不合格。

例 5：配镜处方为 R：−4.50DS/−1.00DC×30，L：−3.250DS/−1.00DC×30，*PD*=63mm，现测得配装眼镜光学中心水平距离 *OD* 为 68mm，试问该配装眼镜光学中心水平偏差是否合格？

解：

（1）计算光学中心水平偏差：光学中心水平偏差 = 光学中心水平距离 − 瞳距 =*OD*−*PD*=68−63=+5mm

（2）查表 1-1-3 定配眼镜的两镜片光学中心水平距离偏差，顶焦度绝对值最大的子午面上的顶焦度值 5.50DS，对应的光学中心水平距离允差为 ±2.0mm。

（3）现因光学中心水平偏差为 +5mm，超出了光学中心水平距离允差为 ±2.0mm 范围，判定该配装眼镜光学中心水平偏差不合格。

（三）单光眼镜光学中心单侧水平偏差测量

1. 测量仪器和工具　电脑焦度计、瞳距尺或游标卡尺、标记笔。

2. 操作步骤

（1）用经检验合格的电脑焦度计，分别确定配装眼镜右、左眼镜片的光学中心，用打点器在右、左眼镜片的光学中心处打点并标记。

（2）用瞳距尺或游标卡尺测量出右、左眼镜片光学中心至镜框鼻梁中心处的水平距离 *ROD*、*LOD*，如图 1-1-16 所示。

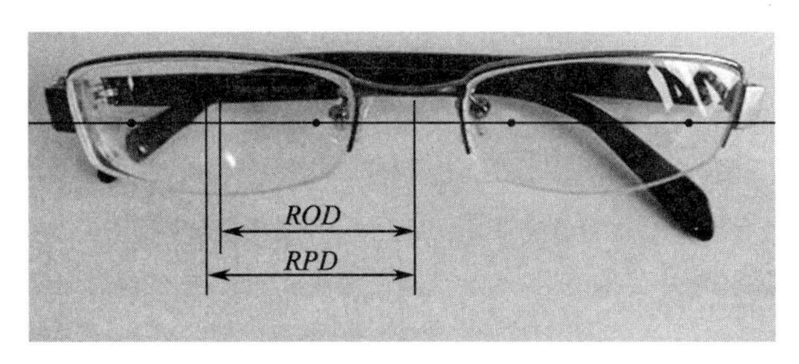

图 1-1-16　光学中心单侧水平偏差

ROD：右眼镜片光学中心至镜框鼻梁中心处的水平距离 *RPD*：右眼单侧瞳距

3. 计算光学中心单侧水平偏差　假设配镜处方中瞳距值为 *PD*，右眼、左眼单侧瞳距分别为 *RPD*、*LPD*，则：

右眼镜片光学中心单侧水平偏差 =*ROD*−*RPD*

左眼镜片光学中心单侧水平偏差 =*LOD*−*LPD*

4. 单光眼镜光学中心单侧水平偏差测量结果分析

（1）光学中心水平距离允差查表 1-1-3 定配眼镜的两镜片光学中心水平距离偏差可得出。

（2）GB 13511.1—2011 中 5.6.2 规定：光学中心单侧水平偏差均不应大于表 1-1-3 定配眼镜的两镜片光学中心水平偏差规定的光学中心水平距离允差的二分之一。

例 6：配镜处方为 R：−5.00DS，L：−3.50DS，*PD*=63mm，现检测配装眼镜光学中心水平距离 *OD* 为 68mm，右眼镜片光学中心至镜框鼻梁中心处的水平距离为 33mm，左眼镜片光学中心至镜框鼻梁中心处的水平距离为 35mm，试问该配装眼镜光学中心单侧水平偏差是否合格？

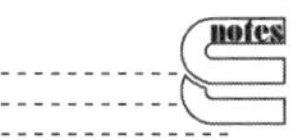

解：

（1）计算光学中心水平偏差：光学中心水平偏差 = 光学中心水平距离 − 瞳距 =$OD-PD$= 68−63=+5mm

（2）计算光学中心单侧水平偏差：右眼镜片光学中心单侧水平偏差 =$ROD-RPD$=33−31.5=+1.5mm

左眼镜片光学中心单侧水平偏差 =$LOD-LPD$=35−31.5=+3.5mm

（3）查表 1-1-3 定配眼镜的两镜片光学中心水平偏差，顶焦度绝对值最大的子午面上的顶焦度值 5.00DS，对应的光学中心水平距离允差为 ±2.0mm。

（4）GB 13511.1—2011 中 5.6.2 规定：光学中心单侧水平偏差均不应大于表 1-1-3 定配眼镜的两镜片光学中心水平偏差规定的光学中心水平距离允差的二分之一，即光学中心单侧水平距离允差为 ±1.0mm。

（5）现因右眼镜片光学中心单侧水平偏差为 +1.5mm，左眼镜片的光学中心单侧水平偏差为 +3.5mm，皆超出了光学中心单侧水平距离允差范围，则判定该配装眼镜光学中心单侧水平距离允差不合格。

（四）单光眼镜光学中心垂直互差测量

1. 测量仪器和工具　电脑焦度计、瞳距尺或游标卡尺、标记笔。

2. 操作步骤

（1）按方框法或基准线法先标出镜圈的几何中心。

（2）用经检验合格的全自动电脑焦度计，分别确定配装眼镜右、左眼镜片的光学中心，用打点器在右、左眼镜片的光学中心处打点并标记。

（3）用瞳距尺或游标卡尺测量出右、左眼镜片光学中心至右、左眼镜圈几何中心的垂直距离，如图 1-1-17 所示。

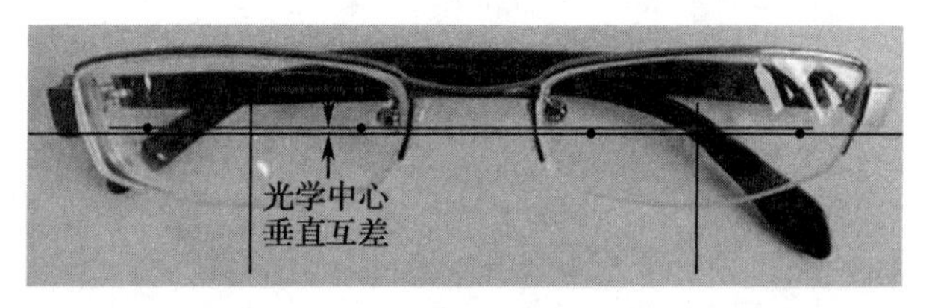

图 1-1-17　光学中心垂直互差

3. 计算光学中心垂直互差

光学中心垂直互差 = 左眼镜片光学中心高度 − 右眼镜片光学中心高度。

4. 光学中心垂直互差测量结果分析　表 1-1-4 定配眼镜的光学中心垂直互差规定了配装眼镜光学中心垂直互差的允许范围。

例 7：配镜处方为 R：−3.50DS，L：−2.75DS，现测得配装眼镜右眼镜片光学中心高度为 1.5mm，左眼镜片光学中心高度为 2.5mm，试问该配装眼镜光学中心垂直互差是否合格？

解：

（1）计算光学中心垂直互差

光学中心垂直互差 = 左眼镜片光学中心高度 − 右眼镜片光学中心高度 =2.5−1.5=+1.0mm。

（2）配镜处方为 R：−3.50DS，L：−2.75DS，顶焦度绝对值最大的子午面上的顶焦度值 3.50D，查表 1-1-4 定配眼镜的光学中心垂直互差，>2.50D 的光学中心垂直互差允差为 ≤1.0mm。

（3）该配装眼镜光学中心垂直互差在光学中心垂直互差的允许范围内，所以，该配装眼镜光学中心垂直互差指标合格。

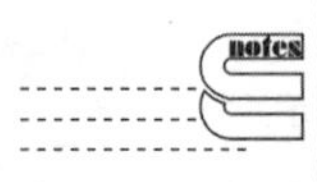

5. 注意事项

（1）由于人眼在观察不在水平面内的目标时，双眼视轴会同时向下或向上转动，但无论什么原因使左、右眼视轴在垂直平面内的转角不相等，例如仅有 15′～20′，眼睛要维持双眼单视也十分困难，故国家标准对配装眼镜光学中心垂直互差作了很严格的规定。

（2）为了将配装眼镜光学中心垂直互差控制在表 1-1-4 定配眼镜的光学中心垂直互差规定的允许范围内，建议尽量配备高精度的焦度计及自动磨边机，提高眼镜制造与装配技术和加强质量检测。

（3）光学中心垂直互差测量，必须在光学中心高度符合要求即两镜片的光学中心合格的情况下进行测量。

（五）单光眼镜柱镜轴位方向偏差测量

1. 测量仪器和工具　电脑焦度计。

2. 测量　用电脑焦度计分别测量配装眼镜右眼镜片、左眼镜片柱镜轴位方向并记录。

3. 计算柱镜轴位方向偏差

柱镜轴位方向偏差 = 柱镜轴位方向的实际测量值 - 配镜处方中的柱镜轴位方向值

4. 测量结果分析　如表 1-1-5 所示，定配眼镜的柱镜轴位方向偏差规定了配装眼镜的柱镜轴位允差，从表中可以看出，检查柱镜轴位允差时只看其柱镜顶焦度大小。

例 8：配镜处方 R：−3.50DS/−0.75DC×90 及 L：−6.00DS/−1.00DC×90，PD=63mm，现对加工好的眼镜进行柱镜轴位方向测量，测量结果为 R：−3.43DS/−0.82DC×94，L：−5.91DS/−0.89DC×87，试问该副眼镜柱镜轴位方向偏差是否合格？

解：

（1）标准解读：按照表 1-1-5 定配眼镜的柱镜轴位方向偏差规定：对应柱镜顶焦度 0.75DC 的轴位允差为 ±5°、对应柱镜顶焦度 1.00D 的轴位允差为 ±4°。

（2）计算柱镜轴位方向偏差：右眼镜片柱镜轴位方向偏差 = 柱镜轴位方向实际测量值 − 配镜处方中轴位方向值 =94−90=+4°

左眼镜片柱镜轴位方向偏差 = 柱镜轴位方向实际测量值 − 配镜处方中轴位方向值 = 87−90=−3°

（3）结果分析：因右眼镜片柱镜顶焦度为 0.75DC，其轴位方向允差为 ±5°，现右眼镜片柱镜轴位方向偏差为 +4°，故其柱镜轴位方向偏差合格，左眼镜片柱镜顶焦度为 1.00DC，其轴位允差为 ±4°，现左眼镜片柱镜轴位方向偏差为 −3°，故其柱镜轴位方向偏差合格，所以该副眼镜柱镜轴位方向偏差合格。

5. 注意事项

（1）如果配装眼镜无柱镜成分，此项检测可省略。

（2）柱镜轴位（散光轴位）方向偏差是指配装眼镜镜片的柱镜实际轴位与验光处方给出的散光轴不一致的程度。当柱镜轴位方向偏差较大时，会出现双像、视物高低不平等症状。

（六）定配眼镜处方棱镜度偏差测量

1. 测量仪器和工具　电脑焦度计、瞳距尺或游标卡尺、记号笔。

2. 测量过程　按照国家标准 GB 13511.1—2011《配装眼镜》国家标准中 6.5 规定：分别标记左、右眼镜片处方规定的测量点，并在左、右眼镜片规定点上测量水平和垂直的棱镜度数值。

3. 测量结果处理　如果左、右眼镜片的基底取向相同方向，其测量值应相减；如果左、右眼镜片的基底取向方向相反，其测量值应相加。

4. 注意事项　左右两眼镜片顶焦度有差异时，按镜片顶焦度绝对值大的一侧进行考核。

5. 测量结果分析　应根据定配眼镜的处方棱镜度所在范围、测量所得的水平棱镜度数值和垂直棱镜度数值，查表 1-1-6 定配眼镜的处方棱镜度偏差，判定其处方棱镜度偏差是否合格。

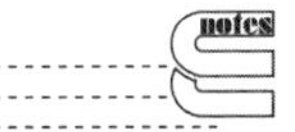

五、实训项目及考核标准

（一）实训项目

顾客戚某：男，46岁，中学教师，配镜处方为R：−6.50DS/−1.25DC×175，L：−4.00DS/−0.75DC×180，PD=60mm，选择一副50□18-140的金属全框眼镜架和一副折射率为1.553的加硬加膜抗辐射树脂镜片。眼镜配装后，请你完成该配装眼镜的相关质量检验，并将检验结果记录于下表中，并对照相关国家标准，判定该副配装眼镜合格与否。

1. 实训目的

（1）会进行配装单光眼镜顶焦度偏差、光学中心水平偏差、光学中心单侧水平偏差、光学中心垂直互差、柱镜轴位方向偏差、处方棱镜度偏差等光学参数检验操作。

（2）会进行配装单光眼镜镜架外观质量、镜片材料和表面质量、装配质量、镜片基准点的厚度、标志等项目的检验。

2. 实训工具　电脑焦度计、瞳距尺或游标卡号、镜片测厚仪、塞尺、量角器、记号笔等。

3. 实训内容

（1）配装单光眼镜顶焦度偏差的检验

（2）配装单光眼镜光学中心水平偏差的检验

（3）配装单光眼镜光学中心单侧水平偏差的检验

（4）配装单光眼镜光学中心垂直互差的检验

（5）配装单光眼镜柱镜轴位方向偏差的检验

（6）配装单光眼镜处方棱镜度偏差的检验

（7）配装单光眼镜镜架外观质量的检验

（8）配装单光眼镜镜片基准点最小厚度的检验

（9）配装单光眼镜镜片材料和表面质量的检验

（10）配装单光眼镜装配质量的检验

（11）配装单光眼镜标志的检验

4. 实训记录单

序号	检测项目	单位	标准要求	检验结果		单项评价
				R	L	
1	球镜顶焦度偏差 （主子午面一）（A类）	m^{-1}				
2	球镜顶焦度偏差 （主子午面二）（A类）	m^{-1}				
3	柱镜顶焦度偏差	m^{-1}				
4	镜片基准点的最小厚度（B类）	mm				
5	镜片材料和表面质量（A类）	—				
6	镜架外观质量（B类）	—				
7	光学中心水平偏差（A类）	mm				
8	光学中心单侧水平偏差（A类）	mm				
9	光学中心垂直互差（A类）	mm				
10	柱镜轴位方向偏差（A类）	°				
11	处方棱镜度偏差	△				
12	装配质量	—				
13	标志					
备注	A类：极重要质量项目　　B类：重要质量项目					

5. 撰写实训报告

（二）考核标准

项目		总分100	要求	得分	扣分	说明
素质要求		5	着装整洁，仪表大方，举止得体，态度和蔼，符合职业标准			
操作前准备		5	环境准备：专业实训室。 用物准备：焦度计、瞳距尺或游标卡尺、镜片测厚仪、塞尺、量角器等。 检查者准备：穿工作服			
操作过程	1. 配装单光眼镜顶焦度偏差的检验	10	1. 熟练使用电脑焦度计、瞳距尺或游标卡尺等仪器、设备和工具。 2. 正确进行配装单光眼镜顶焦度偏差检验的操作			
	2. 配装单光眼镜光学中心水平偏差的检验	5	1. 使用电脑焦度计、瞳距尺或游标卡尺等仪器、设备和工具。 2. 正确进行配装单光眼镜光学中心水平偏差检验的操作			
	3. 配装单光眼镜光学中心单侧水平偏差的检验	5	1. 使用电脑焦度计、瞳距尺或游标卡尺等仪器、设备和工具。 2. 正确进行配装单光眼镜光学中心单侧水平偏差检验的操作			
	4. 配装单光眼镜光学中心垂直互差的检验	5	1. 使用电脑焦度计、瞳距尺或游标卡尺等仪器、设备和工具。 2. 正确进行配装单光眼镜光学中心垂直互差检验的操作			
	5. 配装单光眼镜柱镜轴位方向偏差的检验	10	使用电脑焦度计进行配装单光眼镜柱镜轴位方向偏差检验的操作			
	6. 配装单光眼镜处方棱镜度偏差的检验	5	1. 使用电脑焦度计、瞳距尺或游标卡尺、记号笔等仪器、设备和工具。 2. 正确进行配装单光眼镜处方棱镜度偏差检验的操作			
	7. 配装单光眼镜镜片基准点最小厚度的检验	5	1. 使用电脑焦度计、瞳距尺或游标卡尺等仪器、设备和工具。 2. 正确进行配装单光眼镜镜片基准点厚度检验的操作			
	8. 配装单光眼镜镜片材料和表面质量的检验	5	正确进行配装单光眼镜镜片材料和表面质量检验的操作			
	9. 配装单光眼镜装配质量的检验	5	正确进行配装单光眼镜装配质量检验的操作			
	10. 配装单光眼镜标志的检验	5	正确进行配装单光眼镜标志检验的操作			
记录		10	记录结果准确			
操作后		5	整理及清洁用物			
熟练程度		5	顺序准确，操作规范，动作熟练			
操作总分		90				
口试总分		10				
总得分		100				

ER 1-1-2
扫一扫，测一测

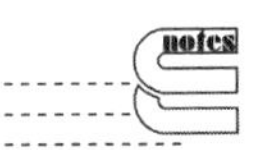

（施国荣）

任务二　双光眼镜检测

学习目标

知识目标

1. 掌握双光眼镜检测中涉及的术语及定义。
2. 熟悉双光眼镜检测中涉及的相关国家标准。

能力目标

1. 能看懂双光眼镜的验配处方。
2. 能判断双光眼镜外观质量。
3. 能检测双光眼镜主片、子镜片中主要的参数并参照国家标准进行判断。

素质目标

1. 培养学生思考问题、分析问题、解决问题的能力；
2. 培养学生的团队意识、组织协调能力、与人协作能力和表达能力；
3. 培养学生形成严谨的工作态度。

任务描述

经某：女，50 岁，高校教师，配镜处方为 R：-4.50DS，L：-4.50DS，Add 为 1.25DS，PD=62mm，选择一副 54 □ 18-135 的金属全框眼镜架和一副折射率为 1.553 的加硬加膜抗辐射树脂双光镜片。眼镜装配后，作为眼镜质量检测人员，应如何开展并完成以下工作任务？

使用顶焦度计和瞳距尺对该配装眼镜进行顶焦度检测、光学中心水平偏差检测、光学中心水平互差检测、光学中心高度检测、光学中心垂直互差检测、子镜片顶点落差、子镜片顶点垂直互差是否合格。

ER 1-2-1 PPT 任务二：双光眼镜检测

一、双光眼镜检测标准及要素

（一）双光眼镜检测中涉及的术语和定义

1. 近瞳距　视近时瞳孔中心的距离，用 *NPD* 表示，一般以 mm 为单位。

2. 光学中心垂直互差　两镜片光学中心高度的差值。

3. 双光镜片　具有两个不同视距屈光矫正镜片。

4. 主镜片　附加有一个或几个子镜片从而成为双光镜片或多光镜片的镜片。

5. 子镜片　利用胶合或融合的方法添加在主镜片上的附加镜片，或在主镜片上根据配镜要求具有不同屈光力的附加曲面。

6. 子镜片顶点　子镜片上边界曲线之水平切线的切点，若上边界为直线，则该直线之中点为顶点。

7. 子镜片几何中心水平距离　右子片顶点到左子片顶点之间的水平距离。

8. 子镜片顶点高度　子镜片顶点到主镜片最低点水平切线的距离。

9. 阅读附加（近附加）　指近视区和视远区顶点屈光力（顶点度）的差值，在子片所在镜片表面进行测量。

10. 子片直径　子镜片界线圆弧的直径。

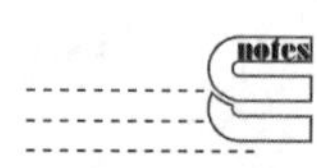

11. 子镜片顶点位置　子镜片顶点到基准线的垂直距离。

12. 子镜片顶点落差　远用光心到子镜片基点的垂直距离。

13. 子镜片（附加）顶焦度　等于子镜片顶焦度减去主镜片顶焦度。

（二）双光眼镜镜片外观质量检测

两镜片材料的色泽应基本一致，金属框架眼镜锁接管的间隙≤0.5mm，镜片与镜圈的几何形状应基本相似且左右对齐，装配后无明显隙缝。

依据 GB10810.1—2005 中 5.1.6 材料和表面质量要求检验镜片：在以基准点为中心，直径 30mm 的区域内，及对于子镜片尺寸小于 30mm 的全部子镜片区域内，镜片的表面或内部都不应出现可能有害视觉的各类疵病。若子镜片的直径大于 30mm，鉴别区域仍为以近用基准点为中心，直径为 30mm 的区域。在此鉴别区域之外，可允许孤立、微小的内在或表面缺陷。

二、双光眼镜子镜片位置的检测

（一）双光镜片子镜片顶点高度检测

常用的普通用途的双光镜子片形状有平顶子片、弧形顶子片、圆形顶子片。双光镜片子镜片位置的检测首先要确定子片的顶点。

1. 子镜片顶点高度检测

（1）检测使用的仪器和工具

全自动电脑焦度计、瞳距尺或游标卡尺、标记笔

（2）检测操作步骤

双光镜片子镜片位置的检测首先要确定子片的顶点。子镜片基点确定方法如下：用标记笔沿子片几何形状外边缘两端打上小点，用尺测出子片切口的几何中心水平点，如图 1-2-1 所示。

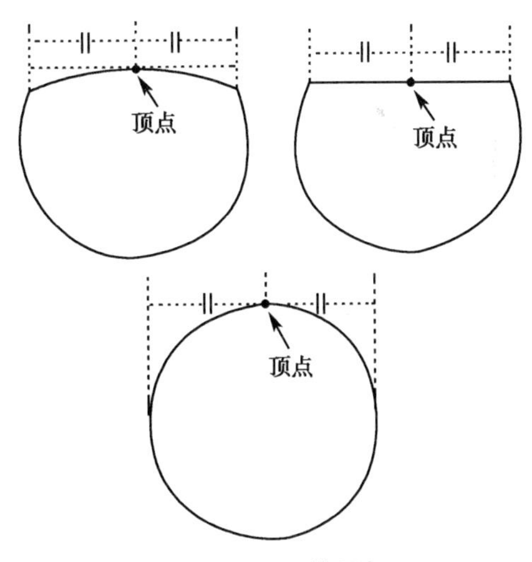

图 1-2-1　子片顶点

1）平顶双光镜片加工基准线的确定：①沿子片切口做水平切线，即子片水平基准线。②通过基点做子片水平基准线的垂直线，即为子片垂直基准线。

2）弧顶双光镜片加工基准线的确定：①在子片圆弧两端点上，分别打上小点将两点连成一条水平线，在圆弧顶处做一条平行于此线的切线，即子片水平基准线。②通过基点做子片水平基准线的垂直线，即为子片垂直基准线。

3）圆顶双光镜片加工基准线的确定：①为球镜的双光镜片：在主片上打印光学中心的三点连一条直线，即为主片的水平基准线；②在子片基点上做平行于主片水平基准线的平行切线，其水平切线即为子片水平基准线；③通过基点做子片水平基准线的垂直线；④含有柱镜成分的圆顶双光镜片：在主片上按柱镜轴位打印光学中心连一条水平线，即为主片水平基准线；⑤在子片基点上做一条平行于主片水平基准线的切线，即为子片水平基准线；⑥做垂直线方法同上。

用上述方法确定了顶点之后，分别测量该顶点至镜圈内缘最低点处的距离，称为子镜片顶点高度（图 1-2-2）。

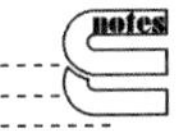

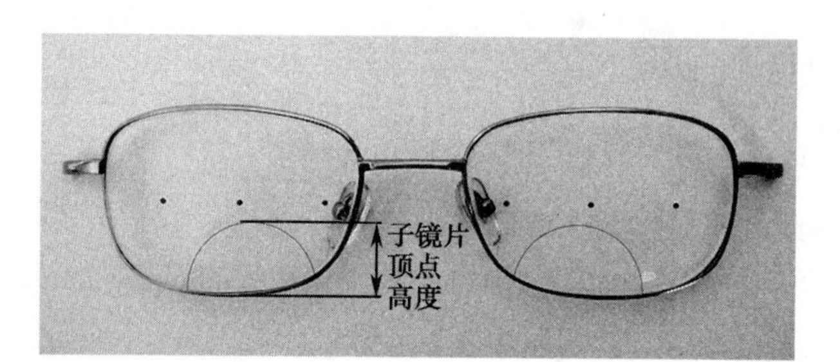

图 1-2-2　子镜片顶点高度

（二）双光镜片子镜片顶点落差检测

1. 检测使用的仪器和工具　电脑焦度计、瞳距尺或游标卡尺、标记笔。

2. 操作步骤

（1）用经检验合格的全自动电脑焦度计，分别确定配装眼镜右、左镜片的主片光学中心，用打点器在右、左镜片的主片光学中心处打点并标记。

（2）依据基准线法或方框法，确定右、左镜圈几何中心。

（3）经右、左两镜片光学中心做平行于镜圈几何中心连线的平行线。

（4）分别经右、左两镜片主片光学中心做以上平行线的垂直线。

（5）分别经右、左两镜片子片顶点做右、左镜圈几何中心连线的平行线分别与经过光心的垂直线相交。

（6）该交点与光心间的距离为子镜片顶点落差（图 1-2-3）。

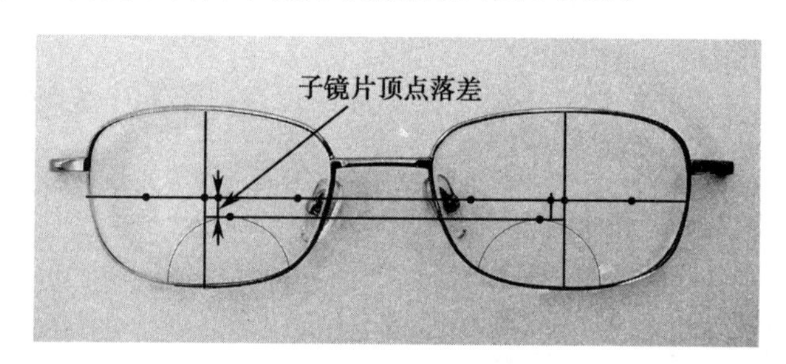

图 1-2-3　子镜片顶点落差

三、双光眼镜主镜片及子镜片（附加）顶焦度检测

电脑焦度计检查配装眼镜的顶焦度及光学中心位置的方法与测量眼镜片的顶焦度及光学中心的方法相同，但是操作有些差异。眼镜片测量是将单一眼镜片甚至是未成型的眼镜片放在电脑焦度计上，眼镜片可以随意转动。而配装眼镜的顶焦度测量时眼镜片已装在眼镜框上，要将整副眼镜按规范放在电脑焦度计上测量。眼镜片已固定了测量的方向，光学中心位置不能重新在眼镜架圈上定位，而是通过测量重现镜片光学中心位置。

（一）双光眼镜主镜片顶焦度的检测

1. 检测使用的仪器和工具　电脑焦度计。

2. 操作准备　打开电源开关，等待电脑焦度计显示屏显示进入测试状态。

3. 操作步骤

（1）将配装眼镜放在电脑焦度计的镜片测量位置，如图 1-2-4 所示。

（2）眼镜上的两镜圈底同时接触电脑焦度计上的基准板（图 1-2-4），并前后、左右移动眼镜。特别注意，当眼镜的两镜圈有一边离开基准板，此时所测得的轴位数据将是错误的。

（3）移动右镜片直至电脑焦度计显示屏上的十字变粗，此时的十字中心位置即为主镜片光学中心位置，如图 1-2-5 所示。

notes

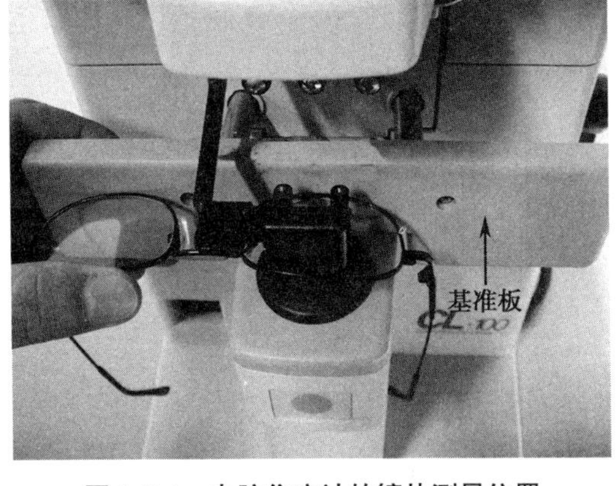

图 1-2-4　电脑焦度计的镜片测量位置

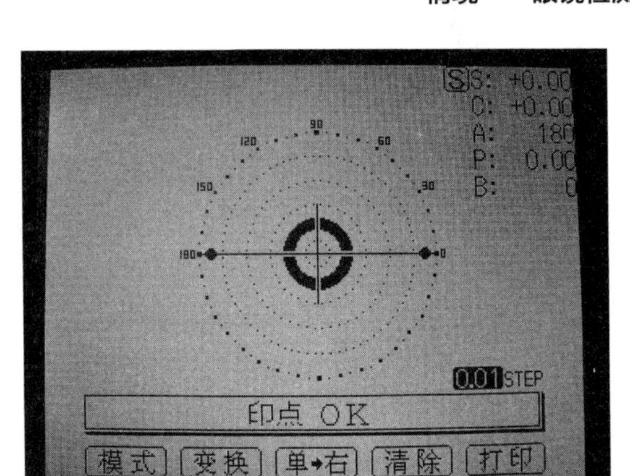

图 1-2-5　显示屏上的十字

(4) 利用电脑焦度计上的记忆装置进行记忆，并按下印点，如图 1-2-6 所示。

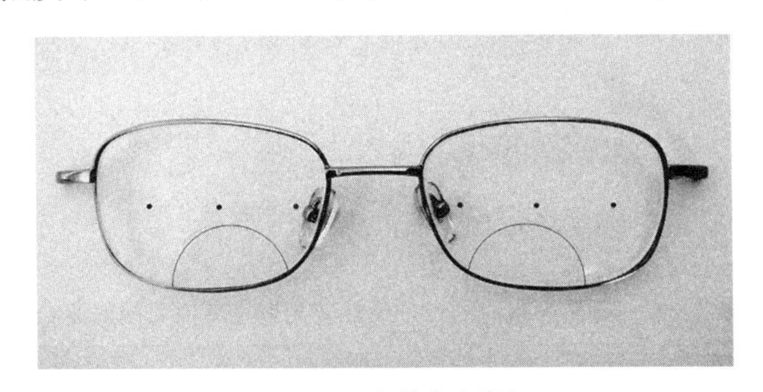

图 1-2-6　光学中心印记

(5) 读取电脑焦度计上的数值。

(6) 根据已测得的数值，可以判定此配装眼镜的顶焦度及轴位误差是否符合国家标准要求。

4. 结果分析　参照 GB10810.1—2005 中 5.1.2.1 规定：顶焦度偏差应符合表 1-5-4 规定。球面、非球面及与散光镜片的顶焦度，均应满足每子午面顶焦度允差 A 和柱镜顶焦度允差 B。

（二）子镜片（附加）顶焦度的测量

测量方法：

参照 10810.1—2005 要求，有两种附加顶焦度的测量方法：前表面和后表面测量方法。除非生产商有声明，应选择含有子镜片的镜片表面进行测量。

附加顶焦度的前表面测量方法：

建立远用顶焦度测定点 D，此点到远用基准点 B 的距离与近用顶焦度测定点 N 到 B 点的距离相等，且在 N 点的另一侧（图 1-2-7）。

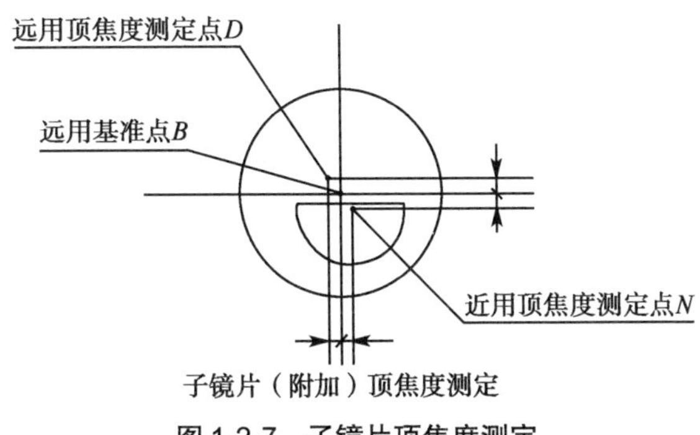

图 1-2-7　子镜片顶焦度测定

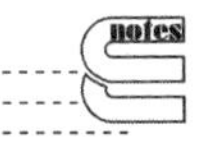

如果生产商没有说明 N 点的位置，应选择子镜片的顶端往下 5mm 为 N 点。把镜片的前表面放在电脑焦度计支座上。聚焦 N 点并测量近用顶焦度。

保持镜片的前表面对着电脑焦度计支座。聚焦 D 点，并测量远用区顶焦度。

由于大部分现代双光镜的子片是位于主片前表面的，所以子镜片（附加）顶焦度就是视近区和视远区前顶点屈光力之间的差值。

1. 检测使用的仪器和工具　电脑焦度计。

2. 操作准备　打开电源开关，等待电脑焦度计显示屏显示进入测试状态。

3. 操作步骤

(1) 选择检测合格的电脑焦度计，做好准备。

(2) 把镜片放置合适，使子镜片的顶焦度测定点在中心位置，测定子镜片的顶焦度。

(3) 测量双光镜的主镜片顶焦度。

(4) 镜片的附加顶焦度等于子镜片顶焦度减去主镜片顶焦度。

(5) 在镜片测度仪上测量前顶点屈光力时，要将镜片反方向放置，即前表面朝下，接触测帽。

4. 结果分析　参照 GB13511.2—2011 中 4.4.3 多焦点镜片的附加顶焦度允差规定（表 1-2-1）：

偏差 = 实际测得值 − 处方加光度。

表 1-2-1　多焦点镜片的附加顶焦度允差　单位为屈光度 D

附加顶焦度值	≤4.00	>4.00
允差	±0.12	±0.18

例如：

测量视远区的后顶点度数，为 +4.75DS（图 1-2-8），用于视远矫正；分别测量视近区、视远区的前顶点屈光度，分别为 +6.62DS 和 +4.62DS（图 1-2-9、图 1-2-10），则附加顶焦度为 +2.00D。

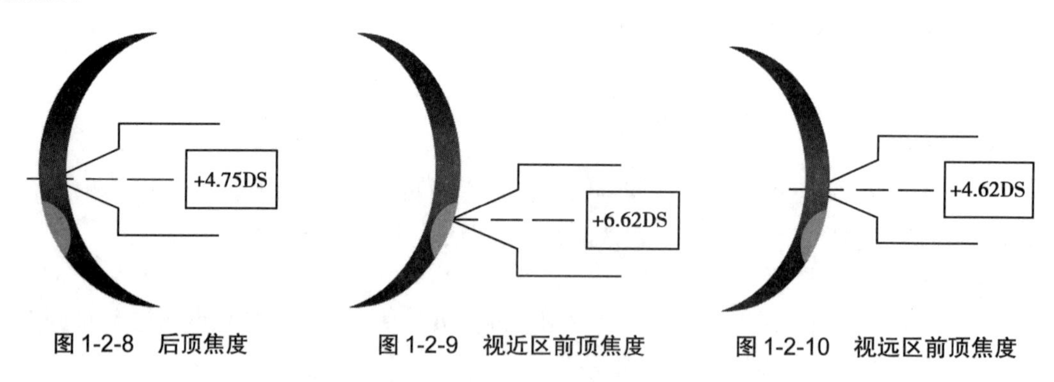

图 1-2-8　后顶焦度　　图 1-2-9　视近区前顶焦度　　图 1-2-10　视远区前顶焦度

四、双光眼镜主镜片几何中心水平距离的检测

1. 操作准备　测量用电脑焦度计、直尺或游标卡尺、标记笔。

2. 操作步骤

(1) 用经检验合格的电脑焦度计，预先确定眼镜右、左眼镜片的主片光学中心，并打好印点，如图 1-2-11 所示。

(2) 依据基准线法或方框法，确定右、左镜圈几何中心。

(3) 用直尺或游标卡尺，测量两镜框几何中心水平方向的距离，即为主镜片几何中心水平距离。如图 1-2-12 所示。

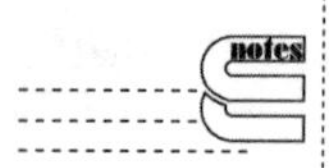

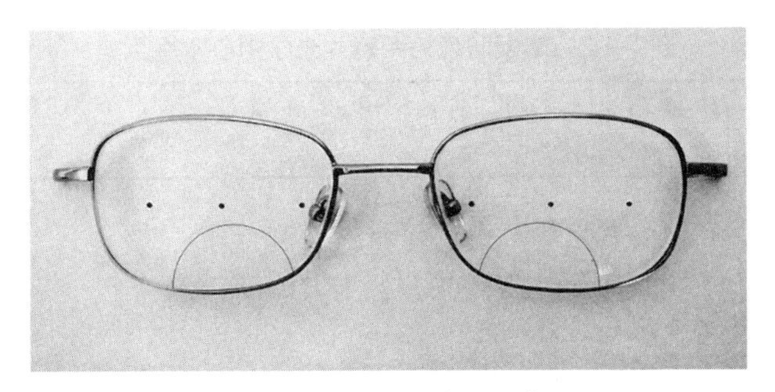

图 1-2-11　光学中心印点

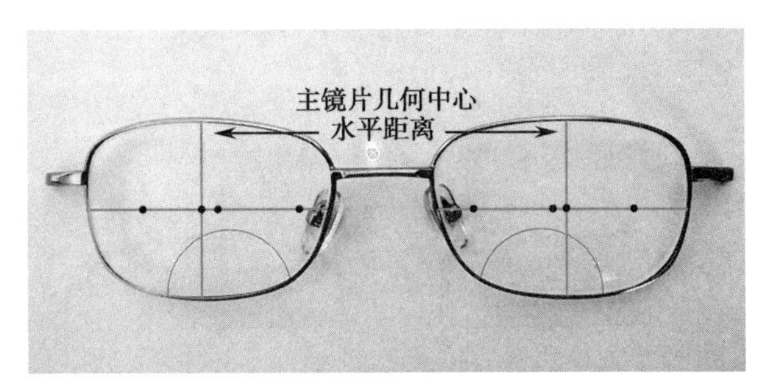

图 1-2-12　主镜片几何中心水平距离

五、双光眼镜光学中心水平偏差和垂直互差的检测

(一) 双光眼镜光学中心水平偏差的检测

1. 操作准备　电脑焦度计、瞳距尺或游标卡尺、标记笔。

2. 操作步骤

(1) 用经检验合格的全自动电脑焦度计，分别确定配装眼镜右、左镜片的主片光学中心，用打点器在右、左镜片的主片光学中心处打点并标记。

(2) 用瞳距尺或游标卡尺测量出右、左镜片光学中心水平距离 *OD*，如图 1-2-13 所示。

(3) 计算光学中心水平偏差。

根据光学中心水平偏差的定义，光学中心水平偏差 = 光学中心水平距离 − 瞳距

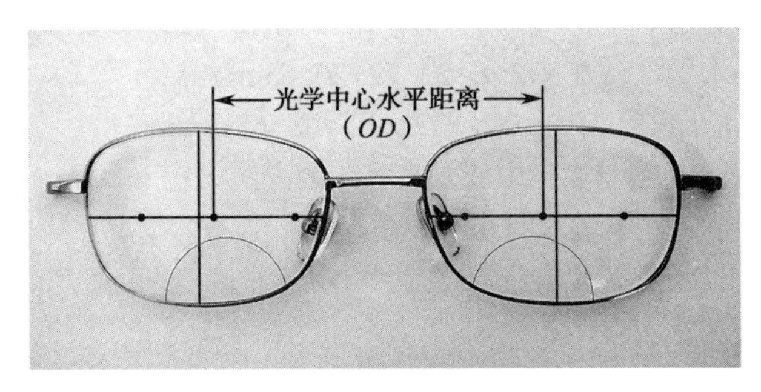

图 1-2-13　光学中心水平距离

3. 结果分析　光学中心水平允差按 GB13511—2011《配装眼镜》国家标准查表可得出。

(二) 双光眼镜光学中心水平互差、垂直互差检测

1. 眼镜光学中心水平互差与垂直互差的要求　在 GB13511—2011《配装眼镜》的有关国家标准中，对定配眼镜的两镜片光学中心水平距离偏差与垂直互差都提出了要求。

不同顶焦度的眼镜在标准中的具体要求如下：

验光处方定配眼镜的两镜片光学中心水平互差必须符合表 1-2-2 的规定。

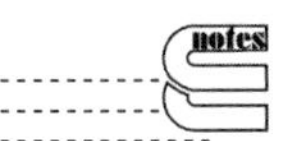

表 1-2-2　定配眼镜的两镜片光学中心水平互差

水平方向顶焦度绝对值 /D	0.25～1.00	1.25～2.00	2.25～4.00	4.25～6.00	≥6.25
光学中心水平互差 /mm	4.5	3	2	1.5	1.0

2. 双光眼镜光学中心水平互差及垂直互差的检测

（1）操作准备　电脑焦度计、瞳距尺或游标卡尺、标记笔。

（2）操作步骤

1）用直尺或游标卡尺测量光学中心水平互差的方法

①用顶电脑焦度计确定左右镜片的光学中心。

②用直尺或游标卡尺分别测量出左、右光学中心水平线上光学中心至中梁处镜框的距离 $D1$、$D2$ 及间距 E，如图 1-2-14 所示。

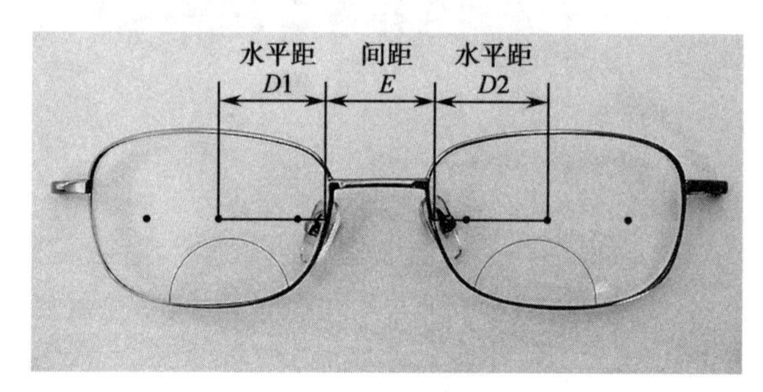

图 1-2-14　距离 $D1$、$D2$ 及间距 E

③计算光学中心水平互差

根据光学中心水平互差的定义，设验光处方的瞳距为 PD。

则：右镜片的光学中心水平互差 $=PD/2-(D1+E/2)$

左镜片的光学中心水平互差 $=PD/2-(D2+E/2)$

例如：验光处方的瞳距 PD 为 68mm，眼镜加工完成进行检验，实测数据为：

右镜片光学中心至中梁处镜框的距离 $D1$ 为 23mm，水平线上镜框间距 20mm。左镜片光学中心至中梁处镜框的距离 $D1$ 为 22mm，则计算如下：

右镜片的光学中心水平互差 $=PD/2-(D1+E/2)=68/2-(23+20/2)=1$mm

左镜片的光学中心水平互差 $=PD/2-(D2+E/2)=68/2-(22+20/2)=2$mm

而实测光学中心水平距 $=D1+D2+E=23+22+20=65$mm

所以，光学中心水平偏差 $=PD-(D1+D2+E)=68-65=3$mm

2）用直尺或游标卡尺测量光学中心垂直互差的方法

①用电脑焦度计确定左右镜片的光学中心。

②用直尺或游标卡尺分别测量出左、右光学中心至镜框底框的距离 $H1$、$H2$，如图 1-2-15 所示。

③光学中心垂直互差 $=H1-H2$

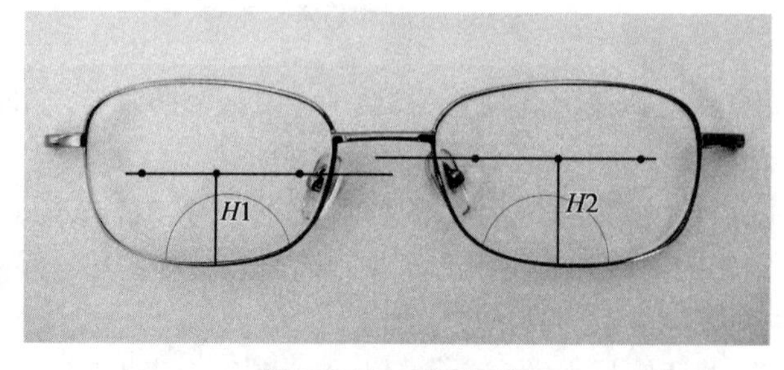

图 1-2-15　垂直互差

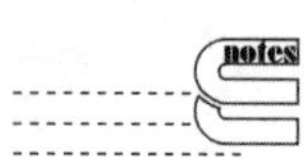

例如：右镜片的光学中心高度 $H1$ 为 16mm，左镜片的光学中心高度 $H2$ 为 15mm，则光学中心垂直互差 = $H1-H2=16-15=1$mm

（三）子镜片顶点垂直互差测量

1. 检测使用的仪器和工具　直尺或游标卡尺、标记笔。

2. 操作步骤

（1）依据基准线法或方框法，确定两镜圈几何中心。

（2）分别过左右两子镜片顶点做镜圈几何中心连线的垂直线。

（3）用直尺或游标卡尺，分别测量右、左子镜片顶点到镜圈几何中心连线的距离为 $A1$、$B2$。

（4）两距离之差即为子镜片顶点垂直互差（图 1-2-16）。

子镜片顶点垂直互差 = $A1-B2$

图 1-2-16　子镜片顶点高度

依据标准 GB13511—2011 中 5.6.3 规定：定配眼镜的光学中心垂直互差必须符合表 1-2-3 的规定。

表 1-2-3　定配眼镜的光学中心垂直互差

垂直方向顶焦度绝对值 /D	0.00～0.50	0.75～1.00	1.25～2.50	>2.50
光学中心垂直互差 /△	≤0.50△	≤3.0mm	≤2.0mm	≤1.0mm

注：镜片的光学中心应位于镜圈几何中心垂直方向上下 3mm 的范围内。

双光眼镜的子镜片顶点在垂直方向上应位于主镜片几何中心下方 2.5mm 至 5mm 处。两子镜片顶点在垂直方向上的互差不得大于 1mm。

六、实训项目及考核标准

（一）实训项目——双光眼镜的检测

1. 实训目的

（1）能熟练地对双光眼镜进行检测。

（2）熟悉国家标准中对双光眼镜装配的有关规定。

2. 实训工具

电脑焦度计、整形工具、双光眼镜等。

3. 实训内容

双光眼镜检测。

4. 实训记录单

序号	检测项目		单位	技术要求	检测结果		单项评价
					R	L	
1	顶焦度偏差（A类）	主子午面顶焦度 1	D				
		主子午面顶焦度 2					
		柱镜					

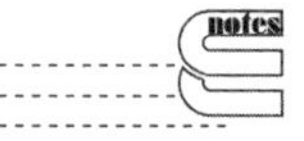

续表

序号	检测项目		单位	技术要求	检测结果		单项评价
					R	L	
2	柱镜轴位偏差（A类）		°				
3	光学中心水平互差（A类）		mm				
4	光学中心垂直互差（A类）		mm				
5	光学中心水平偏差（A类）		mm				
6	光学中心高度（B类）		mm				
7	装配质量（B类）	1	—				
		2	mm				
		3	—				
		4	—				
		5	—				
8	附加顶焦度允差		D				
9	子镜片顶点垂直互差		mm				
备注	A类：极重要质量项目　　B类：重要质量项目　　标志2：不参与综合评定						

5．总结实训过程，撰写实训报告

（二）考核标准

项目		总分100	要求	得分	扣分	说明
素质要求		5	着装整洁，仪表大方，举止得体，态度和蔼，符合职业标准			
操作前准备		5	环境准备：专业实训室 用物准备：电脑焦度计、瞳距尺或游标卡尺、镜片测厚仪、塞尺、量角器等 检查者准备：穿工作服			
操作过程	1．配装双光眼镜主片顶焦度检验	10	1．使用电脑焦度计、瞳距尺或游标卡尺等仪器、设备和工具 2．正确进行配装单光眼镜光学中心单侧水平偏差检验的操作			
	2．配装双光眼镜子片顶焦度检验	10	1．使用电脑焦度计、瞳距尺或游标卡尺等仪器、设备和工具 2．正确进行配装单光眼镜光学中心单侧水平偏差检验的操作			
	3．配装双光眼镜光学中心水平偏差的检验	10	1．使用电脑焦度计、瞳距尺或游标卡尺等仪器、设备和工具 2．正确进行配装单光眼镜光学中心单侧水平偏差检验的操作			
	4．配装双光眼镜光学中心垂直互差的检验	10	1．使用电脑焦度计、瞳距尺或游标卡尺等仪器、设备和工具 2．正确进行配装单光眼镜光学中心垂直互差检验的操作			
	5．配装双光眼镜柱镜轴位方向偏差的检验	5	使用电脑焦度计进行配装双光眼镜柱镜轴位方向偏差检验的操作			

续表

项目		总分 100	要求	得分	扣分	说明
操作过程	6．配装双光眼镜镜片材料和表面质量的检验	5	正确进行配装双光眼镜镜片材料和表面质量检验的操作			
	7．配装双光眼镜装配质量的检验	5	正确进行配装双光眼镜装配质量检验的操作			
	8．配装双光眼镜标志的检验	5	正确进行配装双光眼镜标志检验的操作。			
记录		10	记录结果准确			
操作后		5	整理及清洁用物			
熟练程度		5	顺序准确，操作规范，动作熟练			
操作总分		90				
口试总分		10				
总得分		100				

评分人：　　　　年　　月　　日　　　　核分人：　　　　年　　月　　日

（陈立辉）

ER 1-2-2 扫一扫，测一测

任务三　渐变焦眼镜检测

学习目标

知识目标

1．掌握渐变焦眼镜相关检测标准。

2．掌握渐变焦眼镜检测项目和方法。

3．了解渐变焦镜片的结构特点。

能力目标

1．掌握检测渐变焦眼镜的还原方法。

2．能独立操作电脑焦度计检测渐变焦眼镜。

3．能够判断渐变焦镜片及渐变焦眼镜是否合格，并能够提供相应标准作为依据。

素质目标

1．培养学生认真学习渐变焦镜片及渐变焦眼镜国家标准，并正确解读国家标准。

2．培养学生渐变焦眼镜国家标准的独立应用能力，严格按照国家标准判定眼镜是否合格。

3．尊重眼镜处方，严格按照检测流程进行操作，按照国家标准客观判定眼镜合格与否，以规范眼镜行业为己任。

任务描述

任务一

顾客王××，男，年龄 45 岁，多年近视戴眼镜，近来感觉看近时吃力，字体变小，看近时间稍长眼睛即感觉疲劳，还会伴随酸胀流泪等症状。到××眼镜公司验光检查，发现眼睛已出现老视。验光处方如下：

notes

××眼镜有限公司 NO.00137542

姓名：王×× 性别：男 年龄：45 职业：职员 日期：×年×月×日

		球镜 SPH/D	柱镜 CYL/D	轴位 AXIS/D	棱镜 PRISM/△	下加光（Add）/D	基底 BASE	视力 VISION	瞳距 PD/mm
远用 DV	右眼 OD	-3.50						1.0	33
	左眼 OS	-3.75						1.0	33
近用 NV	右眼 OD								
	左眼 OS								

下加光（Add）：+1.50D

验光师（签名）：××

验光师向其推荐了××品牌渐变焦镜片，王××在了解了这种镜片的特点和使用方法后同意购买。××眼镜公司为其向镜片厂家订配渐变焦镜片，该副镜片到货后，镜片被送到公司质检部门检验。

任务二

顾客肖×，女，年龄53岁，看远视力正常，从不戴眼镜。在出现老花眼后一直戴老花镜。为了避免重复摘戴眼镜的麻烦，于是在××眼镜店验光后配了一副渐变焦眼镜。其验配度数如下：

××眼镜专业店 NO.0007584

姓名：肖× 性别：女 年龄：53 职业：会计 日期：×年×月×日

		球镜 SPH	柱镜 CYL	轴位 AXIS	棱镜 PRISM	下加光（Add）	基底 BASE	视力 VISION	瞳距 PD/mm
远用 DV	右眼 OD	0.00						1.0	31
	左眼 OS	0.00						1.0	31
近用 NV	右眼 OD								
	左眼 OS								

下加光（Add）：+2.50D

验光师（签名）：××

由于是初次配戴渐变焦眼镜，感觉有一些不适应，于是将眼镜拿到××眼科医院配镜中心，要求为自己检测一下新配的渐变焦眼镜是否合格。

作为专业配镜中心的一名检验人员，在接到以上任务时，如何完成以下的工作任务：

1. 依据相关检测标准对渐变焦眼镜进行全面检测，确保眼镜合格。

2. 针对检测的项目向顾客说明渐变焦镜片的特点和检验相关内容、数据，给顾客提出配戴建议。

ER 1-3-1 PPT 任务三：渐变焦眼镜检测

渐变焦镜片解决了双光镜片、三光镜片设计上的缺陷，实现了配戴者由远至近的连续清晰视觉，集双光镜片、三光镜片的功能和单光镜片的外观于一体。

渐变焦镜片的设计构想始于1907年，由英国视光师 Owen Aves 首次提出，1910年 Henry orford Gowlland 在加拿大制作了类似的眼镜片，但没有成功。1959年法国光学及机械工程师 Bernard Maitenaz 获得突破性进展，研制出真正适合临床配戴的第一副渐变焦眼镜。

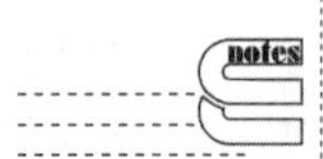

渐变焦镜片的总体发展趋势是由单一、硬式、对称、视远区球面设计向多样、软式、非对称、视远区非球面设计发展。由前表面单面设计发展到现如今前后表面的复合设计，并越来越趋向于渐变焦镜片“个性化定制”方向发展。

一、渐变焦镜片结构特点、术语和定义

渐变焦镜片是一种具有顶焦度渐变效应的透镜，能使配戴者对所有距离的物体有连续性的视觉。传统渐变焦镜片通过改变镜片前表面曲率半径而使镜片的屈光力发生变化，渐变焦镜片前表面的曲率从配适点开始，至视近区中心按照一定规律变化，近附加度数逐渐、连续地增加至一设定值，配戴者只需自然地沿着垂直方向转动眼睛即可获得由远及近的清晰视觉。

（一）渐变焦镜片的分区

渐变焦镜片按视觉效果分为四个区域，即视远区、视近区、渐变区和变形散光区。如彩图 1-3-1 所示。

1. 视远区　视远区位于渐变焦镜片上部，用于矫正远距屈光不正。

2. 视近区　视近区位于渐变焦镜片下部，从配适点下方起，渐变焦镜片的屈光力开始逐渐、连续地增加，直至在视近区达到所需的近附加度数。视近区顶点一般位于配适点向下 10～18mm，向鼻测偏移约 2.5mm，具体参数根据视近附加量及设计而异。

3. 渐变区　在镜片上部视远区和下部视近区之间有一过渡区，过渡区内具有渐变的镜度，称为渐变区。在渐变区域，通过镜片曲率半径的逐渐变小而达到镜片屈光力（度数）的逐渐增加，透镜的视远与视近部分没有分界线，从外观上看与普通单光镜片无异。其面形如彩图 1-3-2 所示。

4. 变形散光区　渐变焦镜片通过改变镜片表面曲率可为配戴者提供自远而近的全程连续清晰的视觉，但同时镜片表面曲率的变化会导致镜片两侧产生像差区，这个像差区称为变形散光区。

渐变焦镜片的优点是可以具有由远而近的连续性视觉，配戴者不需频繁更换眼镜以满足看远、看近的需要。缺点是由于渐变区内曲率半径逐渐变小而带来的镜片两侧存在像散和畸变，初期配戴时可能会干扰视觉。

（二）渐变焦镜片上的标志

为方便配装、检测和使用渐变焦镜片，在镜片表面会用一些标记标明各区域位置或镜片信息。其标记分为永久性标记和非永久性选择性标记。

1. 渐变焦镜片的永久性标记

（1）配装基准标记：由两个相距为 34mm 的圆形或十字标记点组成，两标记点分别与过配适点或棱镜基准点的垂线等距离，称为永久性标记或再生标记，用于恢复非永久性选择性标记使用。

（2）附加顶焦度值（D）：在配装基准线颞侧永久性标记之下，刻有镜片的下加光度，以屈光度为单位。用数字的形式标记。例如附加顶焦度为 +1.50D 则用数字 150 或 15 标示。

（3）制造厂家名或供应商名或商品名称或商标。通常位于配装基准线鼻侧永久性标记下的下方。

渐变焦镜片的永久性标志，如图 1-3-3 所示。

2. 渐变焦镜片非永久性选择性标记

（1）配装基准线：镜片中部水平向有一直线称为配装基准线或水平基准线，这是一个非永久性选择性标记，对应成镜水平向，确定镜片是否装配方向正确并检测散光轴位是否正确。在配装基准线正中位置，通常是棱镜基准点或配适点垂直线。

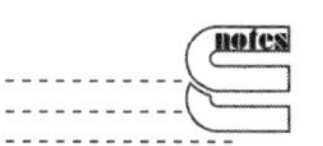

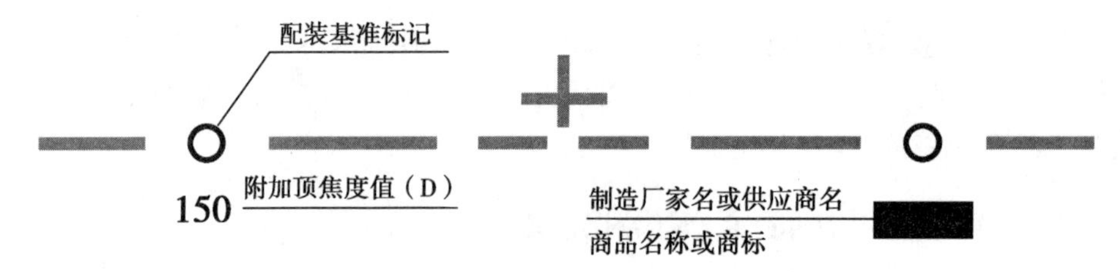

图 1-3-3　渐变焦镜片永久性标记示意图

（2）棱镜基准点（PRP）：位于镜片几何中心配装基准线上，在此测量渐变焦镜片的处方棱镜和减薄棱镜。

（3）配适点：配装基准线上方 2mm 或 4mm 处，有一临时标记“+”，此为配适点。该标记在装配好的眼镜上要对应人眼瞳孔位置，如图 1-3-4 所示。

图 1-3-4　配适点标记与眼睛位置示意图

（4）远用区基准点（DRP）：配适点上方的圆形区域为远用区基准点，这个区域曲率稳定。在这个区域可以测量远用顶焦度，人眼通过这个区域视远。

（5）近用区基准点：渐变焦镜片下部圆形区域是近用区基准点，在这个区域内曲率也是稳定的，在这个区域可以测量近用顶焦度，人眼通过这个区域视近。

（6）渐进带长度：在配适点与近用区基准点之间为渐变区，这个区域曲率不是稳定的，而是连续变化的，由远用度数逐渐过渡到近用度数。渐变区长度也称为渐进带长度，通常会在近用区基准点位置加以标注。

（7）左右眼标志：用来区分渐变焦镜片的眼别，一般右眼镜片用“R”表示，左眼镜片用“L”表示。

渐变焦镜片的非永久性选择性标记，如图 1-3-5 所示。

（三）渐变焦镜片渐进带长度

很多渐变焦镜片生产厂家提供不同的渐变区长度的渐变焦镜片，以满足人们对视觉的不同需求。

1. 较长渐进带的特点　较长的渐进带，渐变速度变化缓慢，也就是设计相对软，周边变形区域较大，但力量较弱。较长的渐进带，视远区域大，渐变区使用相对容易，也就是视远和视中较好。

2. 较短渐进带的特点　较短的渐进带，渐变速度变化较快，也就是设计相对硬，周边变形区域较小，但力量较强。较短的渐进带，视远和视近较好，渐变区使用相对困难。

3. 渐进带长度测量及近用内移　渐进带长度测量及近用内移位置，如图 1-3-6 所示。

近用基准点通常较远用基准点向内偏移 2.5mm，主要是因为人眼视近时眼球会向内转动，镜片的内移是为眼球内转而设计的。眼球视近内转示意图，如图 1-3-7 所示。

近用基准点通常较远用基准点向内偏移 2.5mm，是一个具有普遍性的数值。但并不是所有人眼睛的内转都对应这个数值。近用区内移量与远用瞳距、远用度数、近用工作距离有关，若精确计算某个体眼所需的近用内移量，可以应用公式 1-3-1 计算。

notes

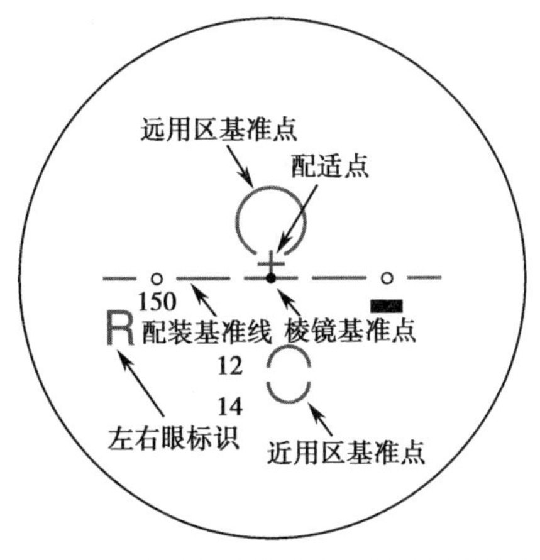

图 1-3-5　渐变焦镜片非永久性选择性标记

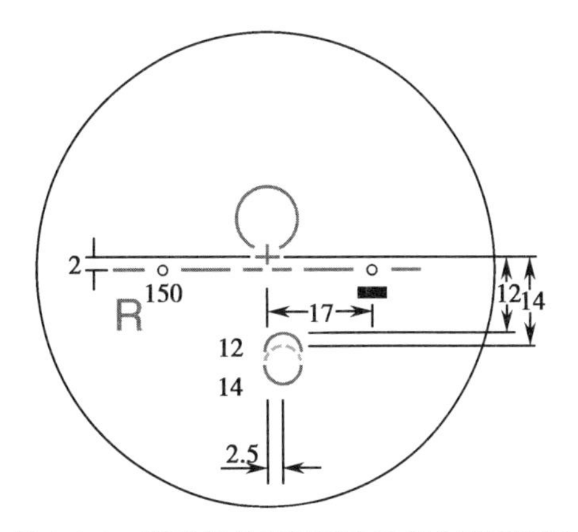

图 1-3-6　渐进带长度测量及近用内移示意图

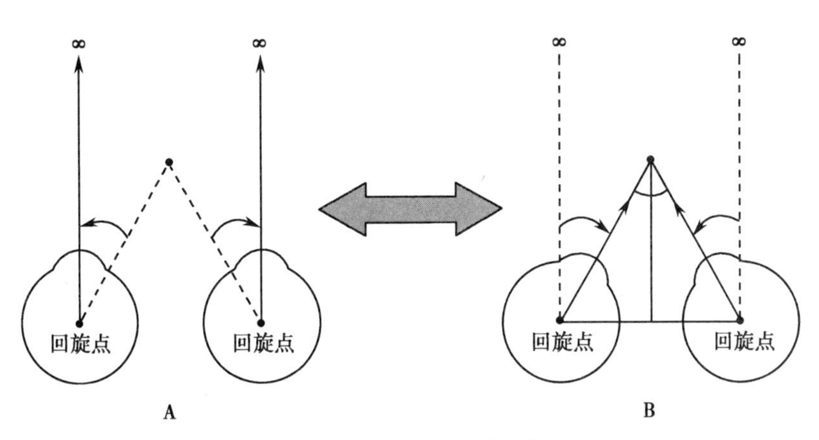

图 1-3-7　眼球视近内转示意图

A. 远视时视轴位；B. 近视时视轴位

$$I=\frac{P}{1+(\frac{1}{25}-\frac{R}{1\,000})\times(L-12)} \tag{1-3-1}$$

在式（1-3-1）中：

I：内移数值（mm）；

P：远用瞳距（mm）；

R= 远用度数（D）；

L= 近用工作距离（mm）。

应用式（1-3-1）计算的内移量数值，可以使近用区更符合配戴者看近视线位置，以获得更大的视近视野。

针对这种特殊定制内移量的镜片，制作厂商会在镜片上刻上内移量的具体数值，以供测量时参考。对于这种特殊定制内移量的渐变焦镜片，我们需要根据镜片标称的内移量数据来测量。

4. 渐进带长度对变形区的影响　渐进带长度对变形区影响的示意图，如彩图 1-3-8 所示。

（四）渐变焦眼镜检测的术语和定义

1. 渐变焦眼镜镜片　渐变焦眼镜镜片也称为渐变焦镜片，镜片的一个表面不是旋转对称的，在镜片的某一部分或整个镜片上，其顶焦度是连续变化的。

2. 配适点　在镜片或半成品前表面上一点，作为在配镜者眼前对镜片定位的基准点。

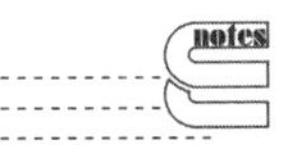

3. 配适点高度　配适点在镜片外缘最低点水平切线之上的垂直距离。若镜片已倒角，其外缘就是倒角的尖端。

（五）渐变焦镜片及渐变焦眼镜检测仪器

电脑焦度计是当前使用最广泛的一种形式的焦度计，如图1-3-9所示，是渐变焦镜片与配装渐变焦眼镜的主要检测设备，用于测量眼镜片的顶焦度和棱镜度，确定散光镜片的柱镜轴位方向，在镜片的光学中心上打印记，以及判定渐变焦镜片各位置光学参数。操作人员操作失误或不规范，将直接影响测量的准确性，造成配镜不合格。正确使用焦度计，是配装合格眼镜的关键。

图1-3-9　电脑焦度计示意图

二、渐变焦镜片的检测标准及要素

（一）渐变焦镜片的检测标准

对于渐变焦镜片，我们依据的检测标准为GB 10810.2—2006《眼镜镜片 第2部分：渐变焦镜片》。这个标准于2007年2月1日起开始实施。共有7章和2个附录，其中第4、6、7章为强制性，其余为推荐性，2个附录为资料性。该标准对毛边渐变焦眼镜镜片规定了要求、试验方法、标志，即标准针对的是没有割边配装的渐变焦镜片，而不包括已经配装完成的渐变焦眼镜。

针对任务描述中的第一个任务实例，检验人员准备检验的对象是还没有割边的渐变焦镜片。需要参照的标准是GB10810.2—2006《眼镜镜片 第2部分：渐变焦镜片》。在这个标准中，其中第4、6、7章为强制性，其余为推荐性。因此这一副毛边渐变焦镜片必须符合标准中的第4、6、7章之要求。其中主要的要点有：

（1）检验的环境条件必须是在温度为23℃±5℃的环境下进行检测。

（2）光学参数允差的测量应在镜片相应的测量基准点上进行测量并符合标准中相应的参数：

1）镜片顶焦度允差

2）柱镜轴位方向允差

3）附加顶焦度允差

4）光学中心和棱镜度的允差

（3）如果制造商声明用修正值补偿所谓的配戴位置，允差就适用于修正后的数值，制造商应在包装或附件上标明修正值。

（4）使用的焦度计应符合GB17341—1998《光学和光学仪器 焦度计》中规定的要求。

（5）镜片几何尺寸应测量镜片直径、厚度、观察表面质量和内在的瑕疵。

（6）镜片至少有以下几个永久性标记：

1）配装基准标记

2）附加顶焦度值（D）

3）制造厂家名或供应商名或商品名称或商标

（7）非永久性选择性标记：

1）配装基准线

2）远用区基准点

3）近用区基准点

4）配适点

5）棱镜基准点

notes

（8）应在镜片包装袋上注明或在附件中说明的参数和信息：

1）远用顶焦度（D）

2）附加顶焦度（D）

3）镜片标称尺寸（mm）

4）色泽（若非无色）

5）镀膜的情况

6）材料牌号或折射率及制造商或供应商的名称

7）右眼或左眼

8）设计款式或商标

（9）减薄棱镜：

1）中心或边缘厚度（mm）

2）基弯

3）光学特性（包括色散系数和光谱透射比）

4）减薄棱镜（若应用）

5）相对于永久性标记或非永久性选择性标记所需的中心通道的数据（远近用区基准点及配适点位置等）

以上为标准中强制性要求的项目和内容。其余为推荐性内容，例如检测方法等。在国家标准GB10810.2—2006《眼镜镜片 第2部分：渐变焦镜片》中，给出的渐变焦镜片各基准点位置示意图，如图1-3-10所示。

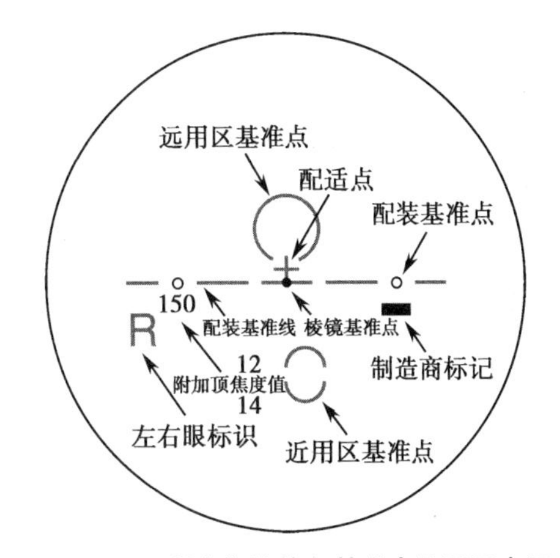

图1-3-10　渐变焦镜片各基准点位置示意图

（二）渐变焦镜片的检测要素

1. 渐变焦镜片外观的检测　镜片外观检测分为镜片标志及信息检测、镜片标记检测、表面质量和内在瑕疵检测、镜片几何尺寸的检测（直径及厚度）等内容的检测。

（1）镜片标志及信息检测：检测一副渐变焦镜片时，需检查镜片的外包装是否完好，有无破损；检查包装上的标志和信息是否完整。

每一片渐变焦镜片均应独立包装，在包装上应注明以下信息：

1）远用顶焦度（视远的度数，单位是D）

2）附加顶焦度（也称为下加度数，单位是D）

3）镜片标称尺寸（镜片的直径大小，单位是mm）

4）色泽（如果镜片有颜色需要标出颜色或者颜色代号）

5）镀膜的情况（或者镀膜的名称）

6）材料牌号或折射率及制造商或供应商的名称

7）右眼或左眼标志（R或L）

8）设计款式或商标

9）减薄棱镜（没有应用可以不写）

10）镜片中心或边缘厚度（渐变焦镜片标称的中心通常为镜片几何中心）

11）基弯

12）光学特性（包括色散系数和光谱透射比）

13）相对于永久性标记或非永久性选择性标记所需的中心通道的数据（远近用区基准

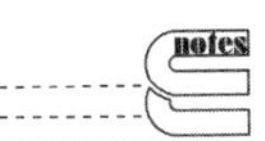

点及配适点位置等）

通过这些标志和信息就可以判断这片镜片的主要特征和特点，同时，为日后辨别镜片提供帮助。

（2）镜片标记检测：主要是检查渐变焦镜片表面永久性标记和非永久性选择性标记是否齐全，各标记位置是否正确，先找到渐变焦镜片的永久性标记，并根据永久性标记下方的附加顶焦度值，判定镜片的左右眼别，附加顶焦度值通常是在颞侧，然后根据永久性标记下方的制造商标记出来的产品系列、镜片所属的产品种类用图形或字母，找到相应的渐变焦镜片还原卡，将渐变焦镜片上永久性标记与渐变焦还原卡上的永久性标记重合，然后观察各个非永久性标记位置是否正确。渐变焦永久性标记和非永久性标记位置及内容如图 1-3-11 所示。

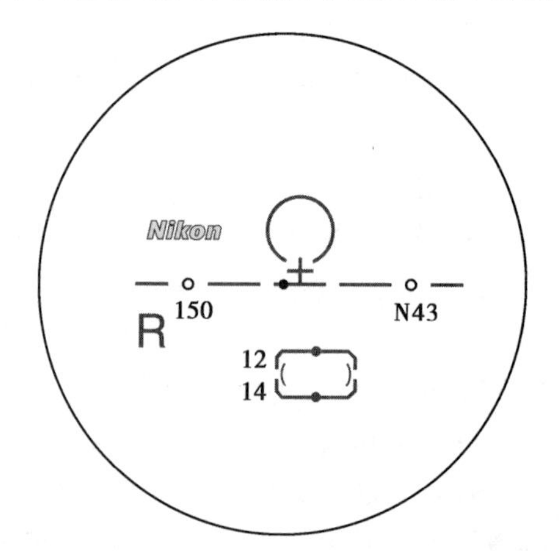

图 1-3-11　渐变焦镜片永久性标记和非永久性选择性标记

渐变焦镜片标记齐全就可以确认这副渐变焦镜片标记合格。同时，齐全的标志对割边加工以及日后重新验光配镜时，使用之前配戴的渐变焦镜片作验配参考都有非常大的帮助。在顾客希望重新验配一副新的渐变焦镜片时，旧镜片参考价值非常大，以永久性标志为基础，可以很方便地还原旧镜片的表面设计，顾客配戴位置和角度，知道旧镜片的品牌和种类。对于已经配戴过渐变焦眼镜的人，在验配新的渐变焦眼镜时，必须参考旧眼镜，否则配戴者很可能需要较长时间适应甚至不容易适应。

（3）表面质量和内在瑕疵检测

1）渐变焦镜片表面质量检查的要求：镜片表面应光洁，透视清晰，两镜片外观色泽应基本保持一致。手持镜片置于眼前 250～300mm 处观察镜片表面，不允许有橘皮和霉斑。在以棱镜基准点为中心，直径 30mm 区域内镜片表面或内部都不应出现可能有害视觉的各类疵病。

2）渐变焦镜片检测表面质量和内在瑕疵的方法：可不借助光学放大装置，在明 / 暗背景视场中进行镜片的检验。图详见单光外观检测推荐的检验系统。检验室内光照度约为 200lx。检验灯的光通量至少为 400lm，例如可用 15W 的荧光灯或带有灯罩的 40W 无色白炽灯，背景为黑色为佳。需要说明的是本观察方法具有一定的主观性，检验者需要通过实际检验训练，逐步掌握其操作技术。

（4）镜片几何尺寸的检测：镜片几何尺寸检测包括下面内容。

1）标称直径：由制造商标明的镜片直径。

2）有效直径：镜片的实际直径。实际测量的镜片直径（有效直径）与标称的镜片直径之间的允许误差值为：−1mm≤标称直径≤+2mm。

3）镜片厚度：检测镜片厚度时在镜片凸面的基准点上，垂直于该表面使用厚度仪测定镜片的有效厚度值，测定值不应偏离标称值 ±0.3mm。

如果是为处方特制的镜片，由于其尺寸和厚度必须要满足所配装的眼镜架的尺寸和形状的需要，其允差可以由供需双方协商确定。

检测镜片外观的同时还要对镜架外观进行检测，检测镜架外观采取目视鉴别。镜架外观应无崩边、钳痕、镀层（涂层）脱落及明显擦痕、零件缺损等明显瑕疵。具体检测方法与步骤见本教材单光眼镜外观检测部分。

2. 渐变焦镜片光学参数的检测　检测渐变焦镜片光学参数是检测镜片顶焦度允差（远用度数）、柱镜轴位方向允差、附加顶焦度允差以及棱镜度允差。光学参数允差应在镜片的

相应基准点上进行测量。

（1）使用电脑焦度计检测渐变焦镜片的步骤

1）取下焦度计防尘罩。

2）将电脑焦度计接通所需电源插座上。

3）打开焦度计开关，进行焦度计自检，自检完成后屏幕显示待检验状态时。

4）检测人员端坐在焦度计前，将电脑焦度计调至渐变焦模式和镜片包装标明的色散系数要求。

5）核对渐变焦镜片与镜片包装信息或将待检渐变焦眼镜进行还原。

6）按照先右后左的顺序依次把渐变焦镜片待测量表面放在焦度计镜片支座上。

7）检验人员平视焦度计的镜片支座，放下镜片压紧杆，将渐变焦镜片固定好。

8）微调渐变焦镜片的位置，达到检测要求。

9）检测附加顶焦度。

10）检测棱镜度。

11）检测人员对照国家标准判定镜片是否合格。

12）检测后关闭焦度计开关，拔下电源插座。

13）罩上防尘罩。

ER 1-3-2
视频　渐变焦镜片检测方法及步骤

（2）渐变焦镜片顶焦度值、柱镜轴位方向、附加顶焦度、棱镜度的测量方法

1）将焦度计调整至渐变焦模式。

2）在镜片上印制或粘贴的远用基准点（DRP）处测定镜片的远用顶焦度，将渐变焦镜片远用区基准点放置焦度计镜片支座上，基准点的位置如图 1-3-12 所示。

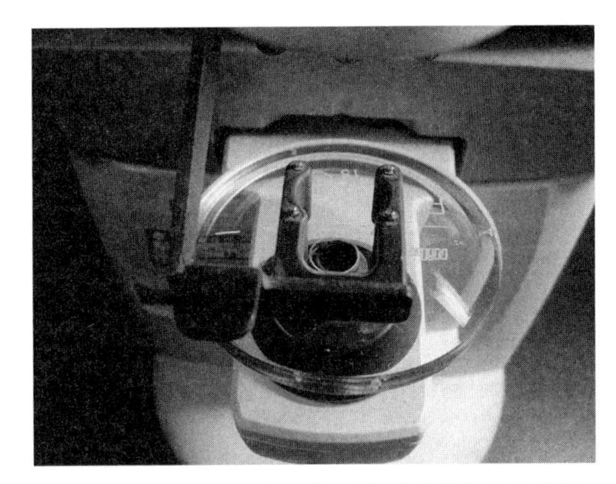

图 1-3-12　在远用基准点处检测后顶焦度示意图

3）微调镜片位置直至焦度计屏幕“十”字光标变粗，渐变焦镜片需将配装基准线旋转至与焦度计镜片移动台平行，同时放下镜片压紧杆，固定镜片。

4）按下记忆键，记录焦度计屏幕显示的顶焦度值。

5）抬起镜片压紧杆，轻抬镜片将镜片近用基准点位于焦度计支座上方直至焦度计“十”字光标变粗，显示出附加度数为止。

渐变焦镜片近用附加顶焦度的检测方法分为前表面和后表面两种测量方法，除非特殊声明，应选择在含有渐进面的表面上进行测量。

测量前表面时将镜片前表面对着焦度计支座，把镜片安放好，使镜片的近用基准点在镜片支座上对中并测量近用顶焦度。翻转镜片后表面对着焦度计支座，将镜片的远用基准点对中并测量远用顶焦度（后顶焦度）。近用顶焦度和远用顶焦度的差值为该渐变焦镜片近用附加顶焦度。测量过程分别如彩图 1-3-13、彩图 1-3-14、图 1-3-15A 所示。

测量后表面时将镜片后表面对着焦度计支座，把镜片安放好，使镜片的近用基准点在镜片支座上对准并测量近用顶焦度。保持镜片后表面对着焦度计支座，将镜片的远用基准点对准并测量远用顶焦度。近用顶焦度和远用顶焦度的差值为该渐变焦镜片近用附加顶焦度。测量过程分别如图 1-3-15B、彩图 1-3-16、彩图 1-3-17 所示。

6）检测镜片棱镜度时，把镜片后表面放在焦度计支座上，对准棱镜基准点进行测量，测定镜片的棱镜度及基底取向。

notes

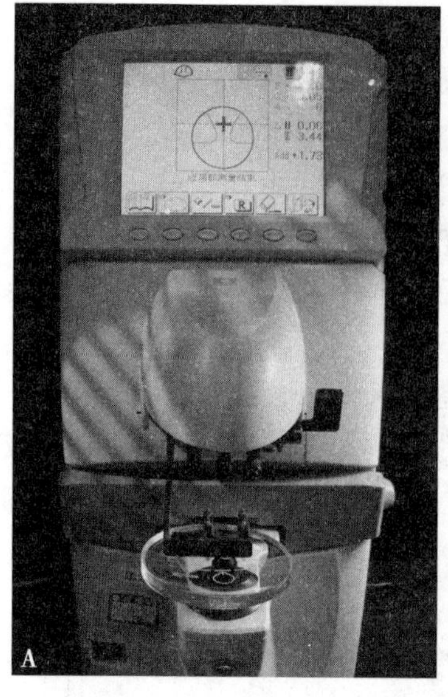

图 1-3-15　焦度计测量渐进片前后面

A. 前渐进面（前表面对准支座测量近用区）测量；B. 后渐进面（后表面对准支座测量近用区）测量

某些渐变焦镜片为达到减薄效果，在棱镜基准点处可能会出现垂直方向的棱镜度，称为棱镜减薄。棱镜减薄与渐变焦镜片度数有关，通常在远用度数为正度数、平光或轻度近视的情况下加入，目的是使镜片上下两部分厚度接近而同时使镜片不致产生较大的弯度。对于远用度数为中高度负度数的效果不明显。用于减薄的棱镜度数大部分情况下是：附加顶焦度 ×0.5 或 0.67，基底取向为 270°。例如，某镜片附加顶焦度为 +2.00D，那么其减薄棱镜度为 1.00$^{\triangle}$。

（3）渐变焦镜片参数标准

1）渐变焦镜片远用区后顶焦度应符合 GB10810.2—2006《眼镜镜片 第 2 部分：渐变焦镜片》中的规定，如表 1-3-1 所示各主子午面允差 A 及柱镜顶焦度允差 B。

表 1-3-1　镜片顶焦度允差（单位：D）

绝对值最大的主子午面上的顶焦度值	各主子午面顶焦度允差，A	柱镜顶焦度允差，B			
		0.00～0.75	>0.75～4.00	>4.00～6.00	>6.00
>0.00～6.00	±0.12	±0.12	±0.18	±0.18	±0.25
>6.00～9.00	±0.18	±0.18	±0.18	±0.18	±0.25
>9.00～12.00	±0.18	±0.18	±0.18	±0.25	±0.25
>12.00～20.00	±0.25	±0.18	±0.25	±0.25	±0.25
>20.00	±0.37	±0.25	±0.25	±0.37	±0.37

为了使眼睛能获得更准确的矫正，使视觉焦度值更准确，部分渐变焦镜片在设计时通过给予度数补偿对配戴位置进行修正，以使眼球获得更准确的镜片度数，得到更好的矫正视力。如果镜片制造商明示用修正值，允差就适用于修正后的数值，制造商在包装或附件上标明修正值。如图 1-3-18 所示。

2）渐变焦镜片柱镜轴位方向应符合 GB10810.2—2006《眼镜镜片 第 2 部分：渐变焦镜片》中的规定，如表 1-3-2 所示柱镜轴位方向允差。

3）渐变焦镜片的附加顶焦度偏差应符合 GB10810.2—2006《眼镜镜片 第 2 部分：渐变焦镜片》中的规定，如表 1-3-3 所示附加顶焦度允差。

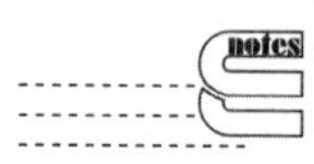

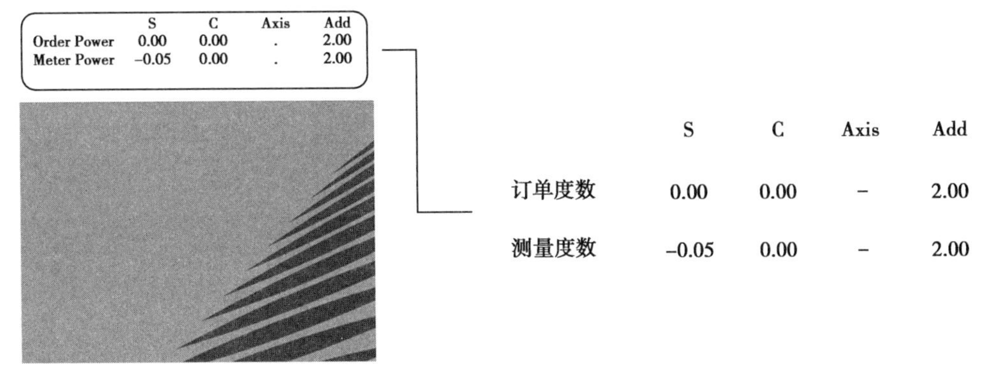

图 1-3-18 在包装上标明修正值

表 1-3-2 柱镜轴位方向允差

柱镜顶焦度值 /D	≤0.50	>0.50～0.75	>0.75～1.50	1.50
轴位允差 /°	±7	±5	±3	±2

表 1-3-3 附加顶焦度允差（D）

附加顶焦度值	≤4.00	>4.00
允差	±0.12	±0.18

4）在棱镜基准点所测得的处方棱镜度和减薄棱镜度总和的偏差值应符合 GB10810.2—2006《眼镜镜片 第 2 部分：渐变焦镜片》中的规定，如表 1-3-4 所示棱镜度允差。

表 1-3-4 棱镜度允差（△）

标称棱镜度	水平棱镜允差	垂直棱镜允差
0.00～2.00	±（0.25+0.1×S_{max}）	±（0.25+0.05× S_{max}）
>2.00～10.00	±（0.37+0.1× S_{max}）	±（0.37+0.05× S_{max}）
>10.00	±（0.50+0.1× S_{max}）	±（0.50+0.05× S_{max}）

注：S_{max} 表示绝对值最大的子午面上的顶焦度值

标称棱镜度包括处方棱镜及减薄棱镜

将标称棱镜度按其基底取向分解为水平和垂直方向的分量，各分量实测值的偏差应符合表 1-3-4 的规定。

例 1：渐变焦镜片远用区顶焦度：+0.50−2.50×20，标称棱镜度不超过 2.00△，其棱镜度偏差的计算方法如下：

处方中两主子午面顶焦度值分别为 +0.50D 和 −2.00D，最大子午面顶焦度绝对值为 2.00D。

因此，水平棱镜度允差为 ±（0.25+0.1×2.00）=±0.45△；垂直棱镜度允差为 ±（0.25+0.05×2.00）=±0.35△。

例 2：若在例 1 中，标称棱镜（处方棱镜与减薄棱镜的合成）效应为 3.00△，基底取向为 90°，则：

水平方向棱镜度为 0.00△（不超过 2.00△），垂直方向棱镜度为 3.00△（超过 2.00△）

所以，水平方向棱镜度为 ±（0.25+0.1×2.00）=±0.45△；

垂直方向棱镜度为 ±（0.37+0.05×2.00）=±0.47△。

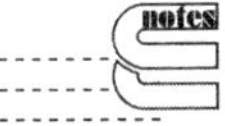

三、渐变焦眼镜的检测

（一）渐变焦眼镜检测标准及要素

针对配装完成的渐变焦眼镜，我们依据的检测标准为国标 GB 13511.2—2011《配装眼镜 第二部分：渐变焦》。标准共有 7 章，其中第 4、6 章为强制性，其余为推荐性。

配装完成的渐变焦眼镜的检测要素，在第二个任务实例中，顾客要求检测的是一副已经割边装配好的渐变焦眼镜。那么这副眼镜适用于 GB13511.2—2011《配装眼镜 第二部分：渐变焦》标准中做了对如下要素的规定：

（1）规定了渐变焦眼镜配装眼镜的术语和定义、要求、试验方法、渐变焦镜片标记、标志和包装。适用于验光处方的渐变焦眼镜的定配。

（2）所有测量应在室温为 23℃±5℃下进行。

（3）镜架使用的材料、外观质量应满足 GB/T14214—2003《眼镜架》中规定的要求。

（4）使用的焦度计应符合 GB17341《光学和光学仪器 焦度计》中规定的要求。

（5）光学参数允差与 GB10810.2—2006《眼镜镜片 第 2 部分：渐变焦镜片》大多数相同（柱镜轴位允差有差异）。

（6）配适点的垂直、水平位置。

（7）镜架外观、镜片表面及装配质量。

（8）其余规定与 GB10810.2—2006《眼镜镜片 第 2 部分：渐变焦镜片》相同。

（二）渐变焦眼镜的检测项目

1. 渐变焦眼镜外观的检测

（1）表面质量和内在瑕疵检测：渐变焦眼镜表面质量和内在瑕疵检测，除渐变焦镜片检测项目外，还需符合以下检测要求：

1）安全边的宽度应为 0.5mm，粗细均匀，正顶焦度镜片割边配装后的边缘厚度应不小于 1.2mm。

2）镜片与镜圈形状应基本相似且左右对齐，装配后不松动，无明显隙缝，左、右两镜面应保持相对平整。

3）金属全框锁接管间隙小于 0.5mm。

4）半框眼镜开槽位置应在镜片割边后，两镜片边缘抛光亮度一直且均匀，最薄处的二分之一的位置。

5）无框眼镜镜片孔位对称，两镜片边缘抛光亮度一直且均匀，镜片无松动。

6）托叶应对称，应符合前角 20°～35°，斜角 25°～35°，顶角 10°～15°。

7）两镜腿对称，外张角为 80°～95°。

8）两镜腿张开平放或倒伏均保持平整，镜架不可扭曲，左右身腿倾斜度互差不大于 2.5°。

9）配装后眼镜的外观应无崩边、焦损、翻边、扭曲、钳痕\镀层（涂层）脱落及明显擦痕、螺纹滑牙及零件缺损等明显瑕疵。

10）眼镜接头角应在 8°～15°。眼镜配戴在脸上时，镜圈前倾角正常值应为 8°～15°，渐变焦眼镜应在 10°～15°较为适宜，镜眼距正常值为 12mm，范围值应为 10～15mm。渐变焦眼镜应在 10～12mm。如图 1-3-19 所示。

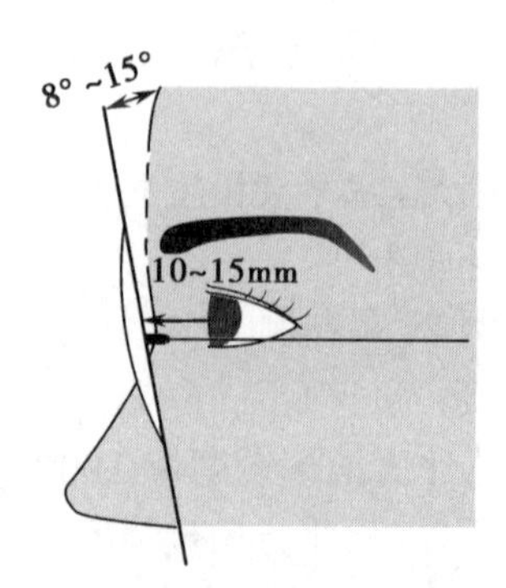

图 1-3-19 镜圈前倾角及镜眼距示意图

11）通过使用应力仪检测镜片应力，确定配装质

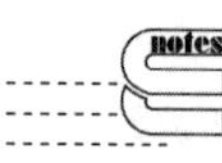

量。如果镜片与镜圈形状有明显不符或镜片在镜圈内过紧，镜片就会产生较大应力，严重时会使镜片和镀膜变形，影响镜片和镀膜的使用寿命。在应力仪下观测到的存在较大应力镜片表面形态。

12）检测镜片表面镀膜：由于镜片受应力影响变形，最容易导致镜片表面镀膜受损，极有可能出现镀膜附着力下降，进而脱落，产生裂纹，或使镜片镀膜破裂，如图 1-3-20 所示，导致镜片使用寿命明显缩短。因此，检查配装眼镜的镜片应力非常重要。

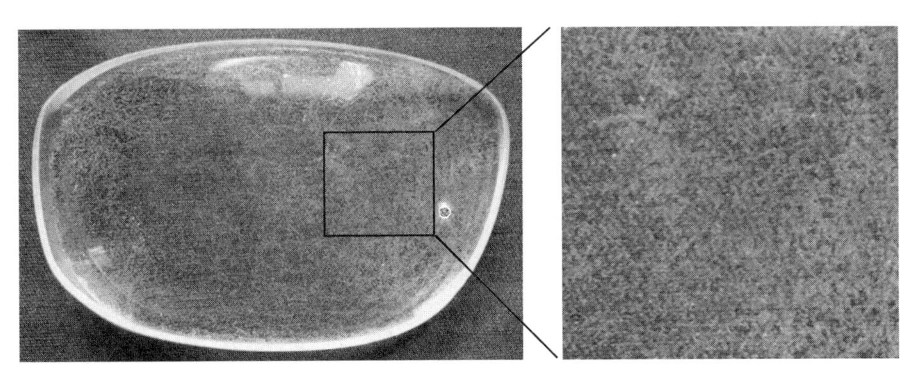

图 1-3-20　由于配装应力使镜片镀膜破裂

（2）渐变焦眼镜标记的还原：由于渐变焦眼镜表面存在区域划分，所以在检测渐变焦眼镜时必须找到对应的位置进行检测，如配装好的渐变焦眼镜上的非永久性选择性标记在制作时被抹去，在检测前就需对渐变焦眼镜进行标记还原，才可以检测出眼镜精确地实际顶焦度，渐变焦眼镜还原方法如下：

1）通过对着灯光或反光的方法找到镜片上配装基准标记，并用可溶墨水标记。

2）通过配装基准标记下的数字判别镜片眼别。

3）通过配装基准标记下的英文字母判别镜片的品名、种类。

4）找到相应的渐变焦还原卡。

5）将镜片上的配装基准标记对准还原卡上的配装基准标记，标记下的数字与字母和还原卡上的数字与字母方向一致。

6）用可溶性墨水进行还原，还原顺序：棱镜基准点、配装基准线、配适点、远用区基准点、近用区基准点、左右眼标识，也可用相应品牌种类镜片的还原贴进行还原，还原贴由镜片制造商提供。

ER 1-3-3
动画　渐变焦镜片还原

2. 渐变焦眼镜参数的检测

（1）使用电脑焦度计检测渐变焦眼镜的步骤

1）取下焦度计防尘罩。

2）将电脑焦度计接通所需电源插座上。

3）打开焦度计开关，进行焦度计自检，自检完成后屏幕显示待检验状态时。

4）检测人员端坐在焦度计前，将电脑焦度计调至渐变焦模式和镜片包装标明的色散系数要求。

5）按照先右后左的顺序依次把渐变焦眼镜待测量表面放在焦度计镜片支座上。

6）检验人员平视焦度计的镜片支座，放下镜片压紧杆，将渐变焦眼镜固定好。

7）微调渐变焦眼镜的位置，待电脑焦度计显示远用光区顶焦度后，转动基准板，使基准板缓缓贴紧镜圈底缘，确定眼镜轴位方向。

8）按锁定按键将渐变焦眼镜移至近用区基准点的位置，检测附加顶焦度。

9）将渐变焦眼镜移至棱镜基准点检测棱镜度。

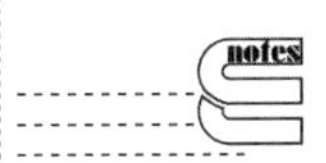

10）检测人员对照国家标准判定镜片是否合格，并填写记录表，记录检验结果；记录表如表 1-3-5 配装眼镜最终检验记录表。

11）关闭焦度计开关，拔下电源插座。

12）罩上防尘罩。

表 1-3-5 配装眼镜最终检验记录表

××××眼镜有限公司

配装眼镜最终检验记录

序号：

日期	销售单号	目测外观	顶焦度及轴位	光学中心水平偏差	光学中心水平互差	光学中心垂直互差	不合格情况	质检员	备注（特殊镜）
		无缝隙、无松动□ 色泽□ 无疵病□ 镜腿、鼻托对称□	R:		R:				
			L:		L:				
		无缝隙、无松动□ 色泽□ 无疵病□ 镜腿、鼻托对称□	R:		R:				
			L:		L:				
		无缝隙、无松动□ 色泽□ 无疵病□ 镜腿、鼻托对称□	R:		R:				
			L:		L:				
		无缝隙、无松动□ 色泽□ 无疵病□ 镜腿、鼻托对称□	R:		R:				
			L:		L:				

（2）渐变焦眼镜参数检测相关数据：渐变焦镜片由于需要在一片镜片上同时满足看远和看近的需求，因此镜片上部为看远，下部为看近，在看远和看近之间的主子午线上为屈光力连续变化部分。在离开主子午线两侧一定距离后，其成像质量逐步恶化，像散与畸变迅速增大。对于有规律的散光，可在镜片的另一个面进行补偿，使剩下的杂乱散光值降到较小。通常将像散小于 0.50D 的区域称为可视区，一般认为在这个区域人眼可以耐受，可视区的宽度也称通道宽度。

通道宽度决定了视野的大小，从视远到视近，视线的轨迹要沿主子午线方向在可视区通道内移动，经过一定的头位与眼位的配合与适应，即在水平方向上是头位转动达到视场的改变，在垂直方向上则依靠眼位转动满足视距的变化，使视线通过主子午线的每一点的屈光力，正好符合眼睛的聚焦距离。所以渐变焦镜片的定位是相当重要的，因此会设置一个配适点。

为确保瞳孔可以准确地在远用区定位，可以准确地通过镜片主子午线利用每一点不同的屈光力实现聚焦，就需要配适点与瞳孔较为精确地对位，对于配适点与瞳孔之间的偏差值要求相对严格，两者相对位置关系如图 1-3-21 所示。

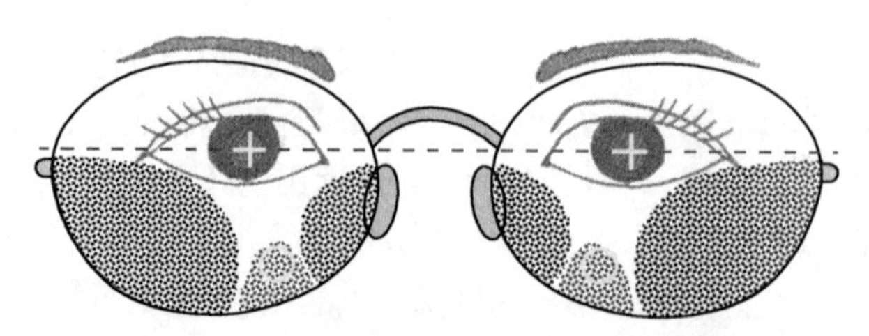

图 1-3-21 设定瞳孔位置上的镜片配适点

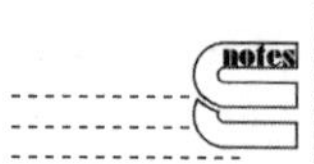

1）单眼瞳距：为了实现准确的定位，通常在验配渐变焦眼镜时应测量单眼瞳距，即右眼或左眼瞳孔至鼻梁中线位置之间的距离，单位是 mm。有相当一部分人群左右眼单眼瞳距略有差异，这是正常现象。如图 1-3-22 所示。

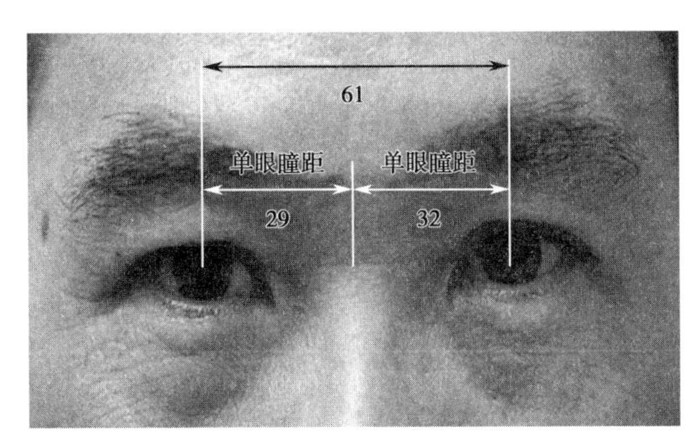

图 1-3-22　分别测量单眼瞳距示意图

2）瞳高：配戴眼镜后眼的视轴通过镜片处到眼镜圈底部内缘水平切线间的距离，称为瞳高。如图 1-3-23 所示。

图 1-3-23　双眼瞳高测量示意图

测量瞳高可以使配戴渐变焦眼镜视远时，视线正好通过镜片远用区位置。采用正确使用方法时满足视远和视近的需要。瞳高的高度应将渐变焦镜片的渐变区与近用区包含在内，过短的瞳高将使近用区被部分或全部切除，导致看近狭小或模糊。一部分人群双眼瞳高数值不相同，配装眼镜时就需要根据记录两眼不同瞳高数值的处方分别设置装配参数。但如果双眼瞳高互差较大，超过 2mm，就需要相互中和调整，避免配戴时产生不适。

（3）渐变焦眼镜顶焦度、柱镜轴位方向、垂直位置、配适点水平位置的测量方法

1）顶焦度的检测方法：配装好的渐变焦眼镜，为避免制作后顶焦度发生改变或镜片检验时漏检，应再对顶焦度进行检测，检测方法与渐变焦镜片检测方法相同。

2）渐变焦眼镜柱镜轴位方向的检测方法：将焦度计调整至渐变焦模式，把渐变焦眼镜还原后的远用区基准点放置焦度计镜片支座上，微调渐变焦眼镜的位置，待电脑焦度计显示远用光区顶焦度后，转动基准板，使基准板缓缓贴紧镜圈底缘，确定眼镜轴位方向。

3）垂直位置的检测方法：可以使用瞳距尺测量，将瞳距尺“0”刻度对准配适点，测量从渐变焦眼镜双眼配适点到同侧镜圈底缘内缘的距离，如图 1-3-24 所示。

4）垂直互差的测量方法：①将眼镜右镜片配适点，作标记 *A*；②将眼镜沿水平方向移动到左镜片，此时不要转动镜片台移动柄，只是将左镜片水平方向进行微量调整至左镜片配适点垂直线 *L1* 上，打点器打点，标记 *A1*。*A1* 假想为右镜片的光学中心 *A* 水平移动，到达左镜片垂直线 *L1* 后的位置；③转动镜片台移动柄，镜片台推动眼镜

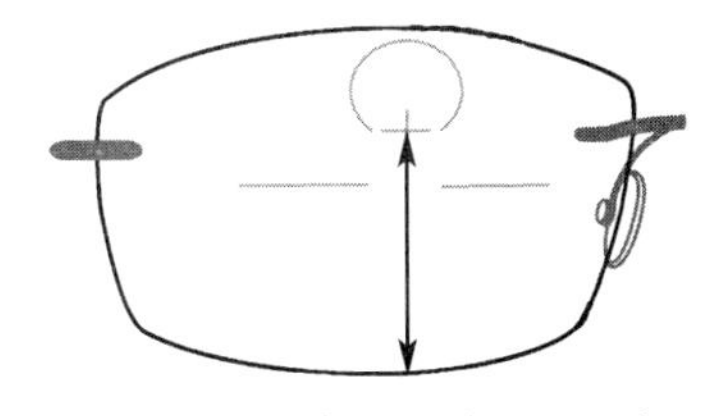

图 1-3-24　垂直位置的测量示意图

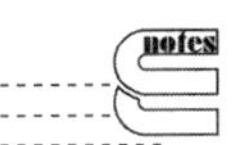

垂直移动到左镜片的配适点，打点器打点，标记 *B*，*B* 点也是左镜片的配适点在垂直方向上的位置；④测量标记点 *A1* 与标记点 *B* 之间的距离，即为该眼镜的配适点垂直互差。

5）水平位置的检测方法：①手持渐变焦眼镜并保持眼镜处于水平状态，将直尺一端“0”位刻度对准右眼镜片上的配适点，使直尺同样处于水平，读取直尺位于右眼镜圈鼻侧位置的刻度；②测量或直接读取眼镜鼻梁尺寸，将鼻梁尺寸除以 2 后加上之前配适点至镜圈鼻侧的距离，即为右眼镜片光学中心水平距离值；③将右眼镜片光学中心水平距离值与处方上右眼瞳距相比较，即可得到这副眼镜的右眼光学中心水平偏差；④左眼镜片光学中心水平距离操作方法同右眼。测量单侧光学中心水平距离值示意图，如图 1-3-25 所示

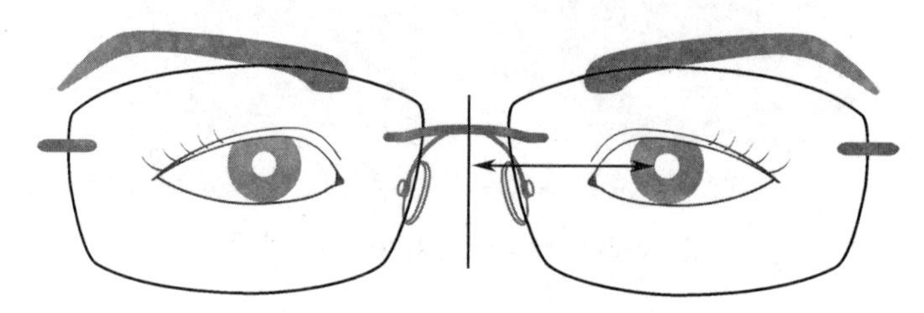
图 1-3-25　测量单侧光学中心水平位置

（4）渐变焦眼镜检测参数要求

1）渐变焦镜片定配眼镜的柱镜轴位方向允差，如表 1-3-6 所示。

表 1-3-6　渐变焦镜片定配眼镜的柱镜轴位方向允差

柱镜顶焦度值 /D	>0.125～≤0.25	>0.25～≤0.50	>0.50～≤0.75	>0.75～≤1.50	>1.50～≤2.50	>2.50
轴位允许偏差 /°	±16	±9	±6	±4	±3	±2

注：0.125～0.25D 柱镜的偏差适用于补偿配戴位置的渐变焦镜片顶焦度。如果补偿配戴位置产生小于 0.125D 柱镜，不考虑其轴位偏差

在柱镜轴位方向允差标准中，GB10810.2—2006《眼镜镜片 第 2 部分：渐变焦镜片》与 GB13511.2—2011《配装眼镜 第二部分：渐变焦》略有不同，GB13511.2—2011《配装眼镜 第二部分：渐变焦》中最大的变化是新增加了 >0.125D～≤0.25D 这一档，更详细地注明这一档适用于具有补偿配戴位置设计的渐变焦镜片。与单光镜片只有一个焦点不同，渐变焦镜片具有远用区和近用区两个视觉区域。配戴位置也与单光镜片不同。配适点对应人眼瞳孔位置，远用区位于配适点上方，即人眼视线将会略微向上抬通过远用区看远。近用区位于镜片下部，眼球需要向下转动才能通过近用区看近，如图 1-3-26A 所示。

而在使用焦度计检测镜片度数时，是将镜片平放在焦度计支座上，焦度计光轴几乎是垂直地穿过镜片，如图 1-3-26B 所示。

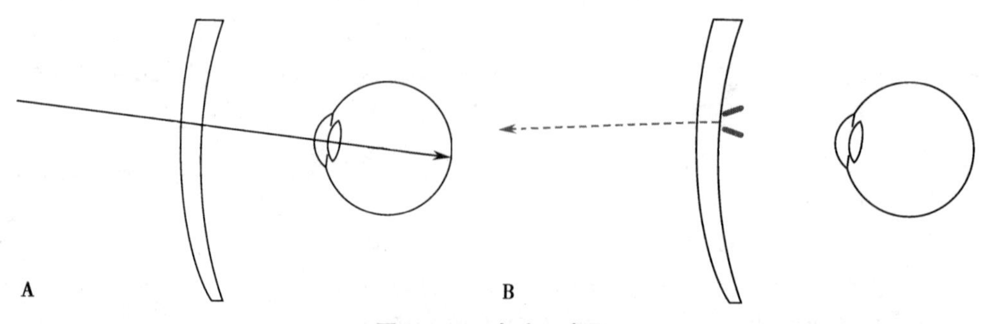

图 1-3-26　角度示意图

A. 视线通过渐变焦镜片的角度示意图；B. 检测渐变焦镜片顶焦度的焦度计光轴位置及角度示意图

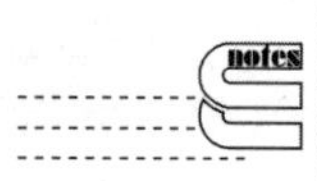

这样，焦度计光轴与眼球视线并不在同一角度上，因此，视觉焦度值与焦度计测定顶焦度值是不同的，如图 1-3-27 所示。

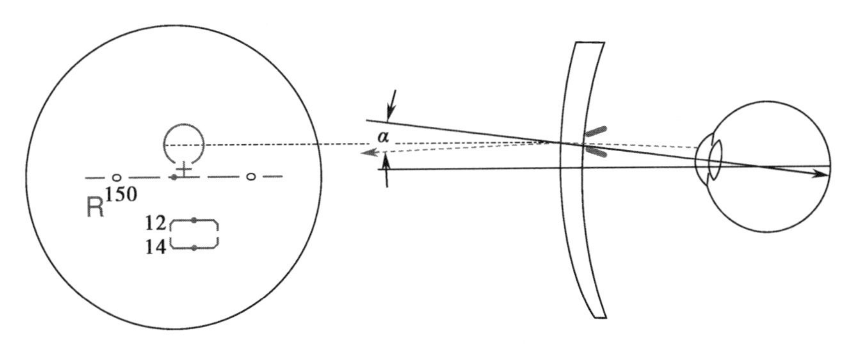

图 1-3-27　视线与焦度计光轴之间的角度差示意图

为了使眼睛能获得更准确的矫正，使视觉焦度值更准确，部分渐变焦镜片在设计时通过给予度数补偿对配戴位置进行修正，以使眼球获得更准确的镜片度数，得到更好的矫正视力。

两份标准都规定了配戴位置可能会使人眼的视觉焦度与由焦度计测定的结果有所不同。

2）配适点的水平位置：配适点的水平位置与镜片单眼中心距的标称值偏差应为 ±1.0mm。

3）配适点的垂直位置（高度）：配适点高度是指配适点到眼镜架最底部水平切线间的距离，配适点的垂直位置（高度）与标称值的偏差应为 ±1.0mm。

4）两渐变焦镜片配适点的互差应≤1.0mm。

注：处方中规定左右镜片配适点不一致时不适用。

5）水平倾斜度：永久标记连线的水平倾斜度应不大于 2°

3. 整形要求检测　详见眼镜调整章节

四、检测时注意事项

在检测镜片时的注意事项：

1）需要注意手法，保持轻柔和稳健，避免在检测中划伤毁坏镜片和镜架，造成不必要的损失。

2）同时在擦拭镜片时，不要使用一般的布料、丝绸等擦拭镜片或镜架（特别是板材类镜架），尽可能不要使用腐蚀性溶剂例如丙酮等擦拭。正确方法是使用清洁的专用眼镜布配合 75% 医用乙醇轻轻擦拭镜片后用清水洗净，再用干净的镜布擦干。

3）擦拭后的眼镜需用镜布包裹镜片，再放入镜盒中，避免划伤镜片。

五、实训项目及考核标准

（一）实训项目

1. 实训目的

（1）测相关标准中规定的检测项目和方法。

（2）能熟练操作检测渐变焦眼镜并判定是否合格。

（3）能熟练完成渐变焦眼镜的标记还原

2. 实训工具　电子焦度计、渐变焦镜片国家标准文本、检验记录表、铅笔、渐变焦眼镜、清洁的镜布、医用乙醇。

3. 实训内容

（1）熟悉国标中相关检验项目

1）学生按小组领取国标文本和检验记录表格。

2）各小组成员在熟悉标准中检测项目和方法后，在电子焦度计上根据标准要求检测渐

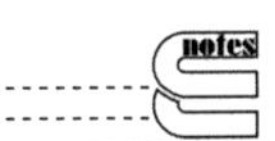

变焦眼镜，并填写相关检测数据，最终判定一副眼镜是否合格。

（2）运用标准中的专业术语和检测数据，解释所检测的眼镜合格与否及其原因。

4. 实训记录单

序号	检测项目	单位	标准要求	检验结果		单项评价
				R	L	
1	远用光区基准点顶焦度偏差（主子午面一）（A类）	m^{-1}				
2	近用光区基准点顶焦度偏差（主子午面二）（A类）	m^{-1}				
3	柱镜顶焦度偏差	m^{-1}				
4	镜片基准点的最小厚度（B类）	mm				
5	镜片材料和表面质量（A类）	—				
6	镜架外观质量（B类）	—				
7	光学中心水平偏差（A类）	mm				
8	光学中心单侧水平偏差（A类）	mm				
9	光学中心垂直互差（A类）	mm				
10	柱镜轴位方向偏差（A类）	°				
11	处方棱镜度偏差	△				
12	装配质量	—				
13	标志					
备注	A类：极重要质量项目　　B类：重要质量项目					

5. 总结实训过程，撰写实训报告

（二）考核标准

实训名称	参照标准检测渐变焦眼镜				
项目	分值	要求	得分	扣分	说明
素质要求	5	着装整洁，仪表大方，举止得体，态度和蔼，团队合作，会说普通话			
实训前	10	工具准备：实训工具齐全 实训者准备：遵守实训室管理制度			
实训过程	65	1. 熟知毛边渐变焦镜片的检测要素（5分） 2. 熟知装配好的渐变焦眼镜的检测要素（5分） 3. 正确进行渐变焦镜片外观检测（5分） 4. 正确进行渐变焦镜片标记检测（5分） 5. 正确进行渐变焦镜片表面质量和内在瑕疵检测（5分） 6. 正确进行渐变焦镜片几何尺寸的检测（5分） 7. 正确进行渐变焦眼镜镜架外观检测（5分） 8. 正确进行渐变焦眼镜装配质量检测（5分） 9. 正确进行渐变焦眼镜光学参数的检测（15分） 10. 正确进行渐变焦眼镜单侧光学中心水平偏差、配适点高度及垂直互差的检测（10分）			
实训后	5	整理及清洁用物			
熟练程度	15	程序正确，操作规范，动作熟练			
实训总分	100				

ER 1-3-4 任务三：扫一扫，测一测

评分人：　　　　年　　月　　日　　　　　核分人：　　　　年　　月　　日

（白云峰）

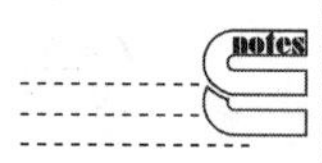

任务四　太阳镜检测

学习目标

知识目标

1. 掌握太阳镜检测标准及要素。
2. 掌握太阳镜中的名词术语及英文缩写。

能力目标

1. 能看懂太阳镜检测中的名词术语及英文缩写。
2. 能利用焦度仪检测太阳镜顶焦度、棱镜度。
3. 能运用光谱分析仪对太阳镜透射性能进行检测。
4. 能分析太阳镜透射性能的检测报告。

素质目标

1. 培养学生独立思考，爱护仪器的基本素养。
2. 培养学生的团队意识、组织协调能力、与人协作能力和表达能力。
3. 通过整个任务的学习，培养学生的自主分析问题、解决问题的能力和创新精神。

任务描述

顾客王某：女，26 岁，配镜处方为 R：-3.50DS，L：-4.00DS，PD=62mm，选择一副板材全框眼镜架和一副折射率为 1.553 的加硬加膜彩色树脂镜片。眼镜配装后，作为眼镜质量检测人员，应如何开展并完成以下工作任务：

使用顶焦度计对该配装太阳镜进行顶焦度、棱镜度检测，判断该副眼镜球镜顶焦度、棱镜度偏差是否合格。

使用光谱分析仪对该配装太阳镜进行透射性能检测，判断该副太阳镜透射性能是否符合国家标准。

ER 1-4-1 PPT 任务四：太阳镜检测

一、太阳镜检测中涉及的术语和定义

（一）太阳镜

太阳镜也称遮阳镜，作遮阳之用。人在阳光下通常要靠调节瞳孔大小来调节光通量，当光线强度超过人眼调节能力时，就会对人眼造成伤害。所以在户外活动场所，特别是在夏天，许多人都采用遮阳镜来遮挡阳光，以减轻眼睛调节造成的疲劳或强光刺激造成的伤害。

（二）名词术语

1. 光密度　用光透射比倒数的常用对数值来表示，即光密度 =lg（1/τ）。

2. 可见辐射　能直接引起视觉的光学辐射。对于可见辐射的光谱区来说，没有一个明确的界限。因为它既与可利用的辐射功率有关，也与观察者的响应度有关。在眼科光学领域，可见辐射的波长范围限定在 380～780nm 之间。

3. 紫外辐射　波长小于 380nm 的光学辐射。根据医学临床应用的需要，眼科光学领域对紫外辐射的波长范围限定在 200～380nm 之间，即 UV-A（长波紫外）：315～380nm；UV-B

（中波紫外）：280～315nm；UV-C（短波紫外）：200～280nm。

4．光谱透射比 $\tau(\lambda)$ 在任意指定的某一波长 λ 处，透过镜片的光谱辐通量与入射光谱辐通量之比。

5．光透射比 τ_v 透过镜片的光通量与入射光通量之比。

6．太阳紫外A波段透射比 $\tau_{SUV\text{-}A}$ 315～380nm的光谱透射比 $\tau(\lambda)$ 与 $E_{S\lambda}(\lambda)$ 和 $S(\lambda)$ 的加权平均透射比。

7．太阳紫外B波段透射比 $\tau_{SUV\text{-}B}$ 280～315nm的光谱透射比 $\tau(\lambda)$ 与 $E_{S\lambda}(\lambda)$ 和 $S(\lambda)$ 的加权平均透射比。

8．交通信号透射比（τ_{SIGN}） 380～780nm的光谱透射比 $\tau(\lambda)$ 与 $\tau_{SIGN}(\lambda)$、$V(\lambda)$ 和 $S_{A\lambda}(\lambda)$ 的加权平均透射比。

9．相对视觉衰减因子 Q 交通信号透射比 τ_{SIGN} 和光透射比 τ_v 之比。主要用于评价眼镜产品识别交通信号的能力。

10．无色镜片 在光照情况下无明显可见颜色的镜片。

11．滤色片 未装入镜架的各类有色镜片。

12．装成太阳镜 镜片与镜架组装后的带有顶焦度（或平光）的框架太阳镜。

13．均匀着（染）色镜片 均匀染色、整体颜色无变化的镜片。

14．渐变着（染）色镜片 整体或局部表面颜色按照设计要求变化（透射比亦随之变化）的镜片。

15．光致变色镜片 透射比特性随着光强和照射波长的改变发生可逆变的镜片。注：①一般设计为对300～450nm波长范围内的太阳光产生反应；②透射比特性通常会受到环境温度的影响。

16．偏光镜片 对不同的偏振入射光表现出不同透射比特性的镜片。

17．偏振面 透射比最大的方向所在的平面，与之垂直平面上的透射比为最小。

18．配装成镜 可以从生产商、销售商或市场上得到并直接使用的、已完成配装的各类带有顶焦度（或平光）的框架眼镜。

二、太阳镜检测标准及要素

QB2457—99《太阳镜》国家标准是1999年10月14日发布，2000年9月1日实施的国家轻工行业标准，该标准是参照美国标准ANSIZ803制定的。标准中的主要检测指标有以下六项。

（一）表面质量和内在疵病

此项标准是指太阳镜镜片的要求应符合GB10810.1—2005《眼镜镜片》国家标准中的要求，即在以镜片基准点（指几何中心）为中心，直径30mm的区域内，镜片的表面或内部都不应出现可能有害视觉的各类疵病。不能存有影响视力的霍光、螺旋形等内在的缺陷（指镜片表面存有同心圆或螺旋形波纹的面形上的缺陷），另外镜片表面应无划痕、磨痕，保持光洁、透视清晰，表面不允许有橘皮和霉斑。

太阳镜镜架外观质量应符合GB/T14214—2003《眼镜架》国家标准中的要求，即在不借助于放大镜或者其他类似仪器的条件下目测检查镜架的外观，其表面应光滑、色泽均匀、没有 $\Phi \geqslant 0.5$mm的麻点、颗粒和明显擦伤。

（二）镜片的光学性能（顶焦度、棱镜度）

该项要求应符合GB10810.1—2005《眼镜镜片》国家标准中有关顶焦度及棱镜度的要求。

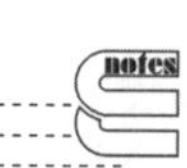

1．顶焦度 太阳镜的顶焦度标准值应为0.00D，镜片制造时的偏差或镜片与镜架的装

配不符，都有可能产生顶焦度的偏差（即带有或正或负的顶焦度），若超出一定范围，配戴者可能会感到视物变形，严重的则会影响配戴者的视力健康。根据 GB10810.1—2005《眼镜镜片》国家标准中的要求，其球镜顶焦度允差为 ±0.12D；柱镜顶焦度允差为 ±0.09D。

2. 棱镜度　太阳镜镜片棱镜度标准值为 $0.00^{\triangle}$，通常在镜片中棱镜度是应该避免的，否则将使配戴者感觉视物变形，不舒适，易疲劳。棱镜度超过标准允许范围的眼镜，长期配戴则可能导致双眼视物不能合一、高低不等的不平衡感，加剧配戴者的眼肌及视神经的无序调节，严重的还会导致神经调节紊乱或产生斜视等。因此，镜片棱镜度为零的镜片最佳。根据 GB10810.1—2005《眼镜镜片》国家标准中的要求，其水平棱镜度允差为 $\pm(0.25+0.1\times S_{max})$，垂直棱镜度允差为 $\pm(0.25+0.05\times S_{max})$。$S_{max}$ 表示绝对值最大的子午面上的顶焦度值。

（三）镜架要求

根据 GB/T14214—2003《眼镜架》国家标准的要求，生产商不能选用与皮肤接触会产生不良刺激反应的材料来制作镜架。所有镜架都应符合表 1-4-1 的规定。

表 1-4-1　所有镜架需符合的标准条款

镜架类别	外观质量	尺寸	高温尺寸稳定性	机械稳定性	镀层性能	阻燃性
天然有机材料	O	O	O	O	+	+
无框和半框架	+	O	+	+	+	+
所有其他架	+	+	+	+	+	+

注：+ 表示应符合的条款；O 表示选择性符合的条款

（四）透射特性

1. 光透射比 τ_v　即透过透明材料的可见光光通量与投射在其表面可见光光通量之比。普通 CR-39 树脂镀膜镜片光透射比一般在 95%～98%。而太阳镜按用途不同，光透射比也不同。太阳镜按用途一般可分为浅色太阳镜、遮阳镜和特殊用途太阳镜三类。

（1）浅色太阳镜：其光透射比应>40%，对太阳光的阻挡作用不如遮阳镜，浅色太阳镜因为其色彩丰富、款式多样，适合与各类衣饰搭配使用，有很强的装饰作用。所以不仅受到年轻一族的青睐，时尚女性更是对其宠爱有加。如果用浅色太阳镜作遮阳之用，配戴者将无法获得良好的遮阳效果，如长时间在阳光较强的户外活动，配戴者仍会因受到较强光的刺激而感到疲劳。

（2）遮阳镜：其光透射比的范围为 8%～40%，主要是作遮阳之用。人眼承受光的强度是有限的，当光线过强，就会对人眼造成伤害。所以在户外，特别是在夏天，很多人都采用遮阳镜来遮挡阳光，以减轻眼睛调节造成的疲惫或强光刺激造成的伤害。但因其透射比较小，并不太适合骑车人或驾车者配戴，因为骑车人或驾车者的行进速度要比行人快，有时会产生反应迟钝、交通信号灯辨色错觉、走路视物差异等症状甚至引发交通事故等。

（3）特殊用途太阳镜：其光透射比的范围为 3%～8%，具有很强的遮挡太阳光的功能。常用于海滩、滑雪、爬山等太阳光较强烈的野外，其对抗紫外线性能等指标有较高的要求。

从浅色太阳镜到特殊用途太阳镜其镜片的颜色是依次由浅至深的，也可以说是镜片的滤光能力是依次渐强的。不同类别的太阳镜的光透射比必须符合上述相应的指标要求。

2. 平均透射比 $\tau(\lambda_1, \lambda_2)$（紫外光谱区）　镜片的平均透射比应按照其分类符合 QB2457—99《太阳镜》国家行业标准，若镜片被设计作为特殊的防紫外线镜片，其 315～380nm 近紫外区的平均透射比值应由生产商详细说明。平均透射比在量值上就是镜片在紫外光谱区 280～380nm 对紫外射线的平均透射，这项指标的优劣将关系到配戴者眼部的健康。太阳镜是否能隔离、拦截紫外线是其最基本，也是最重要的功能与作用。该标准又将

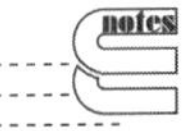

紫外波段分为UV-A、UV-B加以规定，在标准中规定：

（1）浅色太阳镜在315～380nm的UV-A波段，其平均透射比$\tau_{SUV\text{-}A}$应≤τ_v；在290～315nm的UV-B波段，其平均透射比$\tau_{SUV\text{-}B}$≤0.5τ_v，或$\tau_{SUV\text{-}B}$≤30%。

对于浅色太阳镜和遮阳镜在UV-B波段的不同的标准要求，主要是根据某一太阳镜镜片实际测得的光透射比数值大小的不同，分两类情况而定，≤0.5τ_v经计算与≤30%哪个具体数值小，就采用哪个要求。下面举例说明。

例1：某一镜片τ_v为40%，其0.5τ_v为20%，比30%小，故该镜片平均透射比指标应采用≤0.5τ_v。

例2：某一镜片τ_v为90%，其0.5τ_v为45%，比30%大，则应采用≤30%指标。

（2）遮阳镜在UV-A波段，其平均透射比$\tau_{SUV\text{-}A}$应≤τ_v；在UV-B波段，其平均透射比$\tau_{SUV\text{-}B}$应≤0.5τ_v，或$\tau_{SUV\text{-}B}$应≤5%。

（3）特殊用途太阳镜在UV-A波段，其平均透射比$\tau_{SUV\text{-}A}$应≤0.5%τ_v；在UV-B波段，平均透射比应$\tau_{SUV\text{-}B}$≤1%。

平均透射比（紫外线透过率）的标准指标，是规定各类太阳镜镜片允许紫外线（UV-A、UV-B）最大的透过值。在实际测量中，质量好的太阳镜几乎可以拦截全部紫外线和部分红外线。

3．色极限　平均日光下，通过镜片观察黄色和绿色交通信号，QB2457—99《太阳镜》国家行业标准中规定：镜片的平均日光（D65）和交通信号的色坐标x，y，不能超过在CIE（1931）标准色度图中规定的区域。若测得的色坐标值超出了规定的色极限区域，则会导致各种交通信号颜色的混淆，易造成交通事故。

4．交通信号透射比　交通信号透射比主要控制、保证通过不同颜色太阳镜看不同颜色的物体，能保持物体原来的颜色色度，通常最理想的太阳镜片颜色为灰色、棕色和绿色。一般情况下，这些颜色的镜片会有比较好的色度还原指数，能较好地保持物体的原有的颜色。若一副太阳镜交通信号透射比太低，达不到QB2457—99《太阳镜》国家行业标准的要求，配戴这样的太阳镜则会使人对颜色的分辨率降低，产生色觉干扰，造成色觉混乱，更重要的是对于驾驶员来说，降低了对红、绿交通信号的识别能力，极易造成交通事故。

QB2457—99《太阳镜》国家行业标准明确规定了交通信号透射比（τ_{sig}）要求的标准值。

（1）浅色太阳镜：红色信号：≥8%；黄色信号：≥6%；绿色信号：≥6%。

（2）遮阳太阳镜：交通信号透射比要求同浅色太阳镜。

（3）特殊用途太阳镜：因该类太阳镜是用于特殊环境与场合的专用镜，如滑雪、爬山、海滩等，故交通信号透射比这项标准是不需要的。

（五）标志

根据QB2457—99国家行业标准对标志的要求，每副眼镜均应标明执行的标准号（如：QB2457—99等）、类别（遮阳镜或浅色太阳镜等）、颜色、镜架尺寸、质量等级及生产厂名和商标。类别的标明，有利于消费者在挑选太阳镜时根据其用途和使用的场所进行正确的选购。太阳镜有以下两种常见标志。

1．防紫外线功能的标志　我国现行的产品标准对紫外性能只有基本要求，即只要对配戴者眼睛无害就视为合格。防护功能主要由生产企业作出明示承诺，作为消费者要识别产品是否具有防紫外功能，在没有光谱分析仪的情况下，只能把厂方对产品的标志承诺作为唯一的参考。消费者可以在一些太阳镜的标签和镜片正面看到："UV400""100%防紫外""100%UV吸收""阻隔全部的紫外线""防紫外"等明示标志。

（1）标志为"UV400"，表示镜片对紫外的截止波长为400nm，即波长（λ）在400nm以下的光谱透射比的最大值$\tau_{max}(\lambda)$≤2%。

（2）标志为“UV”“防紫外”，表示镜片对紫外线的截止波长为 380nm，即波长（λ）在 380nm 以下的光谱透射比的最大值 $\tau_{max}(\lambda)\leq 2\%$。

（3）标志为“100%UV 吸收”，表示镜片对紫外线具有 100% 吸收的功能，即其在紫外区间的平均透射比≤0.5%。

达到上述要求的太阳镜，才是真正意义上对紫外线有防护功能的太阳镜。

2．安全性能的标志　具有安全性能的太阳镜，其镜片采用诸如 PC 片、TAC 镜片等抗冲击的材料制作，在标签和说明书上一般会标上“有抗冲击性能”“通过美国 FDA 认证”“美最高标准”等。此类太阳镜是摩托车手、驾驶员等对安全性有特殊要求的消费者的选择。

三、太阳镜外观检测

（一）镜片表面质量检测

按照 GB10810.1—2005 国家标准中方法进行测量，即不借助于光学放大装置，在明视场，暗背景中进行镜片检验，推荐检测系统如图 1-4-1 所示，检验室周围光照度约为 200lx。例如可用 15W 的荧光灯或带有灯罩的 40W 无色白炽灯。

1．直接光检查　观察方法：在镜片后面 30cm 处，设置一个光源，通常选用 40W 的白炽灯或大于 15W 的荧光灯，光线照射镜片，镜片置于眼前 30cm 处，光源、镜片、检查者眼睛成一直线，仔细观察镜片的每一个部分，如图 1-4-1 所示。

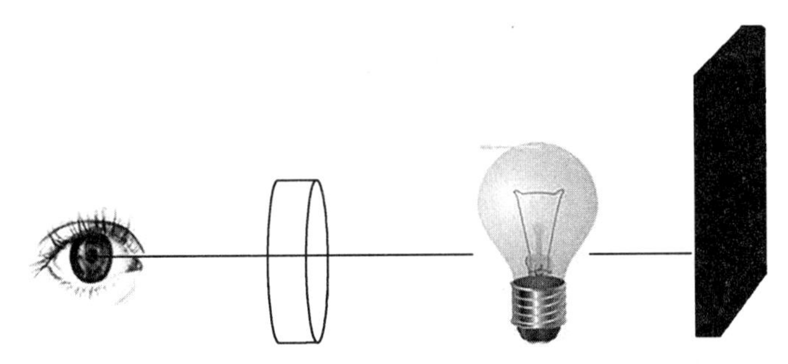

图 1-4-1　直接光检查示意图

通过此方法可以观察镜片是否有以下瑕疵：

（1）砂点镜片内有小圆坑，且擦不掉。砂点是在镜片生产精磨过程中，未能及时将粗磨痕迹完全磨去，留下的凹坑，经抛光后形成小圆坑。

（2）砂路镜片上有一条坑，并且擦不掉。同砂点一样，砂路是在镜片生产精磨过程中，未能将粗磨痕迹完全磨去，因痕迹较深，留下的一条坑。

（3）毛面镜片整个面不亮，即是毛面。产生原因是生产过程镜片抛光不良，未能将精磨痕迹完全抛去。

（4）擦痕镜片表面出现较为明显的条状或点状痕迹，即为擦痕，是由于外物碰撞而形成的条状或点状痕迹。

（5）气泡很明显能观察到镜片内部有气泡和空隙。是由镜片毛坯的质量问题引起的。

2．间接光检查　镜片置于眼睛前 20～25cm 处，在镜片后上方 15～20cm 处设置一个强光源照射镜中，镜片表面与眼睛成一个角度，通过反射照射光观察镜片表面，如图 1-4-2 所示。

（1）波浪形：若观察到有像波浪一样的条纹，则是波浪形。产生原因是：镜片生产在抛光过程中造成表面曲率局部偏差，由于曲率不规则从而形成波浪形。

（2）螺旋形：若观察到镜片表面有无数的同心圆圈，即是螺旋形。是由于抛光不良，表面形成无数同心圆圈的波浪形。

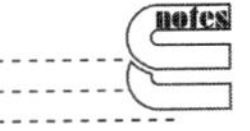

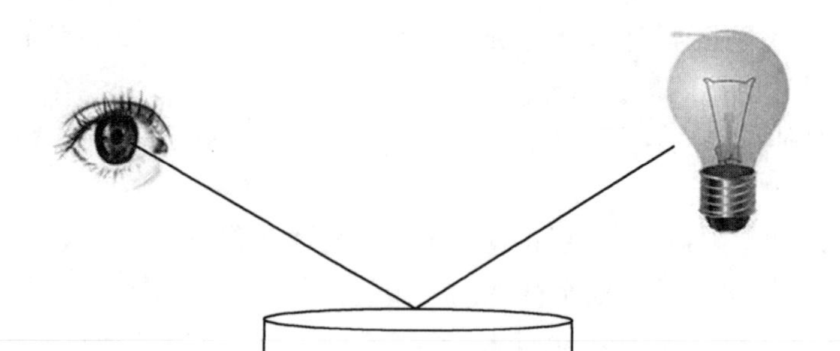

图 1-4-2　间接光检查示意图

(3) 布纹痕迹：若观察到镜片表面有直线状、橘皮状等均属布纹痕迹。产生原因是镜片生产过程抛光不良而使镜片表面形成大面积网状波浪形，且密度高，面积大。

(4) 亮路：若观察到镜片表面有亮而细的条纹，即为亮路。产生原因是生产过程中的抛光液里有杂质，表面即产生了细而亮的条纹痕迹。

3. 其他方法检查

(1) 霍光：霍光是一种镜片表面曲率不规则，视物有跳动现象。观察方法：利用自然光，将镜片放在眼前 30cm 处，眼睛透过镜片看物体，然后，将镜片作与视线垂直的方向轻轻移动，检查镜片中的物像是否有变形跳跃现象，如有变形、跳跃的现象，则为霍光。

(2) 顶焦度允差：太阳镜焦度标称应为平光镜，顶焦度允差 ±0.12D。

产生原因：研磨具有误差或操作人员技术差等因素形成。观察方法：即太阳镜置于眼前 25cm 处，左右移动，透过镜片观察窗棂或地板等有十字线的物体，观察镜片内的十字线是否随镜片的移动而移动。如移动，则证明太阳镜有焦度，不为平光镜。

（二）镜片颜色检测

根据 GB10810.1—2005《眼镜片》国家标准中规定：有色眼镜镜片配对不得有明显色差。

通常采用目测法检测太阳镜的色差。操作步骤如下：

1. 将太阳镜放在白纸上，观察并比较两镜片颜色是否一致。

2. 将太阳镜旋转 180°，让镜片左右交换位置，再次观察两镜片颜色是否一致，如图 1-4-3 所示。

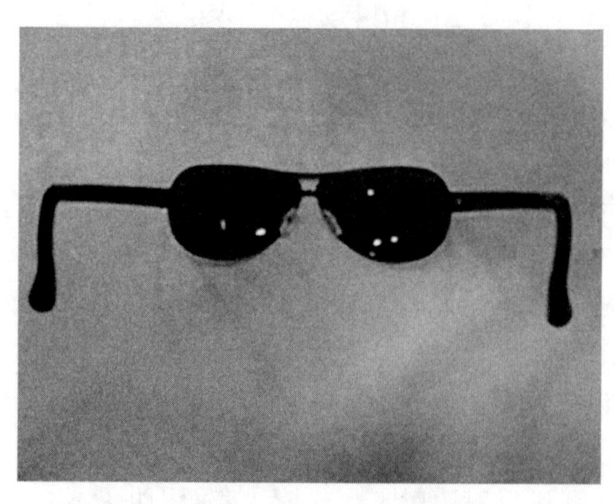
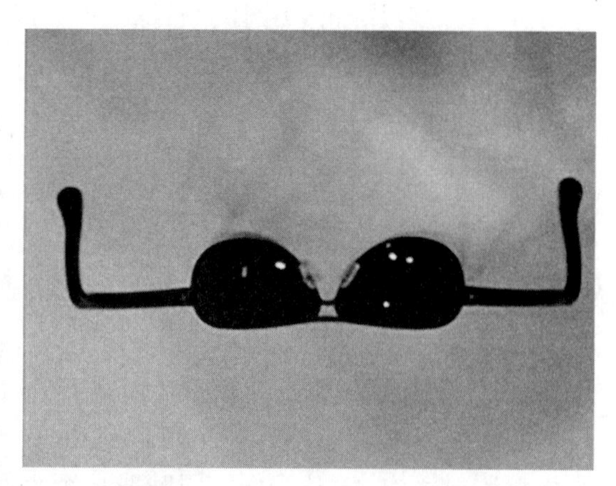

图 1-4-3　太阳镜色差检查示意图

(1) 如果镜片调换位置后，镜片的色差总是轮回发生在同一位置上，则有可能是光源位置所致。此时应更换位置，再次试验。

(2) 如果镜片调换位置而镜片的色差总是发生在同一镜片上，则不仅可能是两镜片存在色差，也有可能是检测者眼睛疲劳所致，此时应让检测者眼睛放松后再做检查，即将视线

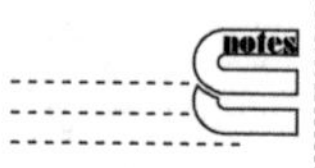

离开镜片，观看白纸片刻，再观察镜片作色差判断。同时，太阳镜不能造成颜色偏色，戴上太阳镜后应使周围环境的颜色不失真，物体的边缘清晰，具有有效识别不同颜色信号灯的能力。

检测方法：在没有配戴太阳镜前，先观察红、绿、黄等颜色的物体，然后戴上太阳镜，观察同样的物体，两次观察的颜色不能偏色，否则会降低识别交通信号灯的能力。对于镜片为彩色的太阳镜应特别注意此项的检测。

太阳镜镜片颜色的选择，因视所需活动的场所而定，针对不同的光源和场合选择也会不同。

1. 灰色系　灰色镜片对任何色谱都能均衡吸收，因此观看景物只会变暗，但不会有明显色差并且不会改变景物原来的颜色。同时可完全吸收红外线以及绝大部分的紫外线，是太阳镜颜色的首选。

2. 茶色系　茶色系镜片可吸收光线中的紫、青色，几乎吸收了 100% 的紫外线和红外线，同时滤除大量蓝光，可以改善视觉对比度和清晰度，在空气污染严重或者多雾情况下配戴效果较好。柔和的色调，让眼睛不容易疲劳。是十分优良的防护镜片。

3. 墨绿色系　墨绿色镜片可吸收全部红外线和 99% 的紫外线，光线中的青、红色也可被阻挡，有时景物的颜色在经过绿色镜片后会被改变。吸收光线同时，最大限度地增加到达眼睛的绿色光，所以有令人凉爽舒适的感觉，适合眼睛容易疲劳的人使用。

4. 红色系　红色系的镜片阻隔紫外线和红外线的效果略逊一筹，对一些波长比较短的光线阻隔性较好。粉红色镜片颜色柔和，对一些配戴者来说，心理上的助益大过太阳镜实质上的效果。

5. 黄色系　严格地说，此类镜片不属于太阳镜片，因为其几乎不减少可见光，但在多雾和黄昏时刻，黄色镜片可以提高对比度，提供更准确的视像，所以又称为夜视镜。因此在打猎、射击时，配戴黄色镜片当滤光镜是十分普遍的。

6. 蓝色镜片　紫外线的吸收差，不建议配戴。

此外，某些配戴者不分场合，不论太阳光强弱，甚至在黄昏、傍晚以及在看电影、电视时都戴着太阳镜，这必然会加重眼睛调节的负担，引起眼肌紧张和疲劳，使视力下降、视物模糊，严重时会产生头痛、头晕、眼花、烦躁和不能久视等一系列症状的“太阳镜综合征”。太阳镜综合征是配戴者滥用太阳镜的结果，而并非太阳镜本身产品质量问题所致。

（三）镜片基弯测定

基弯是指镜片的基准弯曲率，通常是指镜片外表面的弯曲率。随着太阳镜款式的变化，基弯也在发生变化，大基弯近视太阳镜也越来越受到消费者的喜爱。但由于基弯过大导致的视觉问题也越来越常见。基弯有专门的测量仪器或测量道具。

操作：将基弯道具的一边紧贴太阳镜片前表面，如果道具弧与镜片表面基弯无缝匹配则说明该镜片的基弯与道具上的弯度吻合，，如彩图 1-4-4 所示。

只有将镜片的基弯测量准确，才能保证镜片的装配效果。镜片基弯的测定误差不能超过 1B（B：基弯）。

（四）镜架质量检测

1. 太阳镜镜架的常用材料　丙酸纤维素酯（CP），属太阳镜中比较常见材料；聚碳酸酯材料（PC）；环氧树脂材料（EP）；TR-90 材料（瑞士进口超韧性记忆树脂材料）；锰镍合金；铝镁合金等。

2. 镜架实验室检测　根据 GB/T14214—2003《眼镜架》国家标准，生产商不应选用与皮肤接触会产生不良刺激反应的材料制作镜架。太阳镜镜架应符合以下六项检测标准。

(1) 表面粗糙度：用 *Ra*、*Rz* 两种形式表示。*Ra* 用触针式轮廓仪测得，*Rz* 用非接触式的光

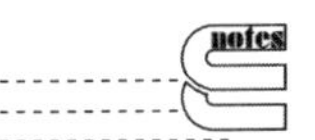

切显微镜测得。

（2）镜架尺寸检测：太阳镜镜架尺寸，用精度优于 0.1mm 的线性测量器具进行测量。应符合下列允差范围：

1）方框法水平镜片尺寸：±0.5mm。

2）片间距离：±0.5mm。

3）鼻梁宽度：±0.5mm。

4）镜腿长度：±2.0mm。

（3）高温尺寸稳定性检测：装上试片的镜架经受加热的试验后，其尺寸变化应不超出 +6mm 或 −12mm。对于从前框的背面到镜腿末端的尺寸小于 100mm 的小镜架，其尺寸变化应不超出 +5mm 或 −10mm。

（4）机械稳定性检测

1）抗拉性能检测：检测装置精度不低于 ±1% 的拉力试验机。要求检测品按下述检测试验承受 98.0N 后，各部位仍无断裂、无脱落。

2）鼻梁变形检测：对检测装置要求是能不变形并不产生滑移地夹紧镜架。一般是一个能垂直移动的环状夹具，夹具的直径为 25mm±2mm，由弹性材料尼龙制成的两个接触面；有一个能向下移动的加压杆，其直径为 10mm±1mm，接触面为一近似半球面。夹具与加压杆间的距离应可调，加压杆能上下移动。装置的线性测量的精度不低于 0.1mm。

计算加压杆终止点与起始点的位移量，按式（1-4-1）计算变形百分数，并检查镜架是否有裂缝。

$$\phi = x \times 100/c \tag{1-4-1}$$

在式（1-4-1）中：

ϕ：变形百分比数；

x：压力杆的位移量，单位为毫米（mm）；

c：镜架方框法中心距，单位为毫米（mm）。

被检测镜架应达到下列要求：①无裂缝；②镜架几何中心距与其原始状态的变形百分数应不大于 2%。

3）镜片夹持力检测：装上被检测镜架，在上述鼻梁变形检测试验后，两镜片应不从圈丝中全部或部分脱出。

4）耐疲劳检测：装上试片的镜架，经受检测试验 500 次后，应符合下列要求：①无裂缝、无断痕；②永久变形量不大于 5mm；③能轻松地用手指开闭镜腿；④镜腿不因其自重而在开 / 闭过程中的任意点上向下关闭（不适用于弹簧铰链镜腿）。

（5）镀层性能检测

1）镀层结合力检测：用 R15 的专用压膜试验设备，将镜腿弯曲成 120°±2°，使凸面弧线半径为 15mm，观察试样的表面状况是否有皱褶、毛疵和剥落的状况。

2）抗汗腐蚀检测：用 1L 的容量瓶，称 50g 乳酸，100g 氯化钠，溶入 900g 水中，制成 1 000mL 仿汗溶液。

（6）阻燃性检测：加热钢棒的一端（长度至少 50mm），加热至 650℃±10℃，用热偶温度计在距热端点 20mm 处测量温度。达到温度后，将棒的热端面垂直朝下，在 1s 内接触被检测镜架表面（即接触力相当于棒的自重），并保持 5s±0.5s，随后移开钢棒。在被检测镜架表面各个分立部分重复上述试验。目视鉴别当钢棒与试样分离后，各受检测部分是否继续燃烧。

（五）整体检测

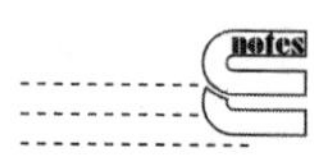

在不用实验室检测仪器的情况下，用肉眼进行太阳镜检测，检测方法如下：

（1）检查眼镜外观

1）电镀、烤漆涂层、板材表面抛光及其他表面颜色均匀，无明显瑕疵、斑点及刮痕。

2）镜片、镜腿等印字、激光和雕刻笔画清晰流畅、容易辨认、不易脱落。

3）镜片颜色正确，无色差、刮痕及气泡，渐变焦镜片颜色过渡自然，左右镜片颜色对称。

4）检查者手持太阳镜面对日光灯，让镜面的反光线条平缓移动，日光灯影不出现波浪状、扭曲状，表明镜片没有屈光度及表面质量问题。

（2）检查包装及产地说明：眼镜应有完整的包装、吊牌或说明书，吊牌、产品编码及说明书上应有产品说明、行业质量标准及详细的经销商或制造商联络等内容。

（3）最后试戴：合格的太阳镜视物清晰真实，配戴舒适，没有压迫鼻梁、太阳穴、耳朵等感觉。做工精细，手感光滑细腻，线条流畅自然。

四、太阳镜光学参数检测

（一）太阳镜顶焦度检测

1. 平光太阳镜顶焦度检测　平光太阳镜是指没有屈光度的太阳镜。根据GB10810.1—2005中平光镜片的顶焦度允差，球镜≤±0.12D，柱镜≤±0.09D，也就是说平光太阳镜的顶焦度值不能大于上述数值，当然顶焦度值越小越好，0.00D为最佳。若平光太阳镜顶焦度超标，会使配戴者感到不适，容易产生视力疲劳、视力下降，给眼睛带来不必要的损伤。

（1）直接观察检测：平光太阳镜顶焦度检测通用的简便鉴别方法为：将太阳镜置于眼前，透过镜片观察远处目标，通常选用“十”字形图形，如窗框或门框等。水平方向移动镜片，通过太阳镜观察十字线是否随着镜片的移动而顺动或者逆动，如出现影动现象则证明该太阳镜存在球面度数。当旋转太阳镜的时候，观察十字线是否随着太阳镜的旋转，如十字线出现剪动现象，说明该太阳镜存在柱镜度数。合格太阳镜不应有任何影动现象。

（2）电脑焦度计检测：用全自动电脑焦度计进行太阳镜顶焦度检测。检测时打开焦度计开关，开始检测。检测人员端坐在焦度计前，把太阳镜放在焦度计镜片支架上，眼睛平视焦度计的镜片支架，放下焦度计上镜片固定器，将眼镜固定好。右手转动焦度计镜片台移动柄，让镜片台缓缓靠近待检测的太阳镜，这时镜架鼻托与焦度计的模拟鼻梁吻合，检测人员左手同时扶住眼镜，使眼镜保持水平状态。镜片台推动眼镜前后方向移动位置，镜片台移动过程保持匀速；左手推动眼左右方向小心移动，将眼镜镜片的光学中心移到与焦度计显示屏中心的十字线重合，当屏幕上出现镜片顶焦度值测量结果时，按下记忆按钮。

2. 配装太阳镜顶焦度检测　目前市场上大多数屈光不正者，都会验配带有顶焦度的太阳镜。对于顶焦度的检测通常使用焦度计测量。用焦度计检测带有顶焦度的太阳镜，方法与检测平光太阳镜相同，这里不再赘述。

（二）太阳镜棱镜度检测

1. 平光太阳镜棱镜度检测　根据GB10810.1—2005《眼镜镜片》国家标准中要求，其棱镜度允差为$\pm(0.25+0.1\times S_{max})$，$S_{max}$表示绝对值最大的子午面上的顶焦度值。平光太阳镜标准顶焦度为0，也就是S_{max}为0，对应棱镜度允差应≤±0.25$^{\triangle}$。通常在镜片中棱镜度是应努力避免的（特殊用途除外，如矫治斜视镜片），否则将使配戴者感觉不舒适，易疲劳，棱镜度超标的眼镜长期配戴会造成眼睛视轴的改变。因此，应尽可能消除镜片棱镜度误差。

棱镜度检测主要用焦度计检测，把镜片的后表面放在焦度计支座上，如被测镜片是设计棱镜度为零的单光镜片，应在镜片的几何中心处测量。方法同镜片的顶焦度检测。

但近年来，随着太阳镜款式的变化，基弯也在发生变化，镜架镜片一改原先的水平转而向弧度化方向发展，如图1-4-5所示。

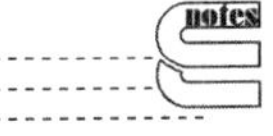

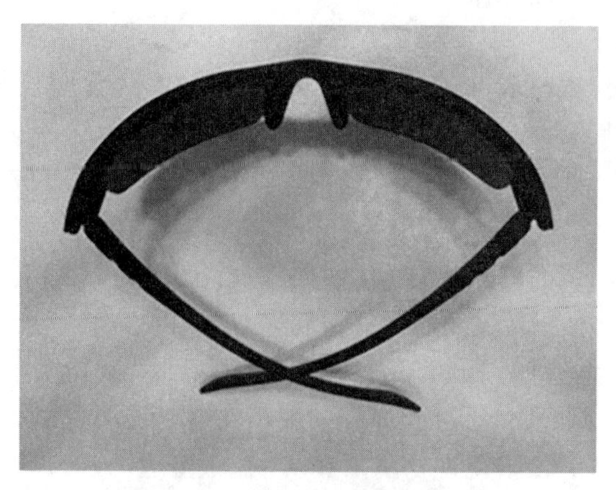

图 1-4-5　带有弧度造型的太阳镜

如果按照原来的方法在镜片的几何中心处进行测量，则会发现检测结果棱镜度会超标，甚至于超出标准值数倍。排除镜片质量的因素，其主要原因是：焦度计测量时的光轴与实际配戴眼镜的视轴不平行造成的，如图 1-4-6 所示。

正确做法：太阳镜的测量点应在配戴时的视轴位置处检测，如图 1-4-7 所示。

综上所述，平光太阳镜的光学性能指标直接影响到配戴者眼睛的健康，是保证人们视力健康不受损伤的重要指标，也是生产厂家必须控制的质量关键点。

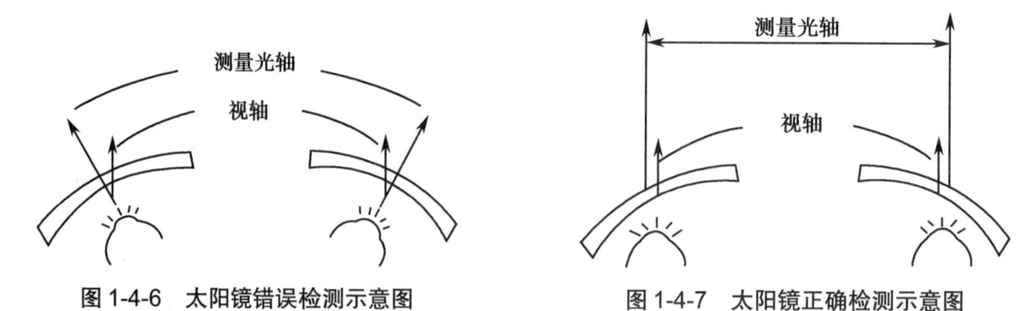

图 1-4-6　太阳镜错误检测示意图　　图 1-4-7　太阳镜正确检测示意图

2. 配装太阳镜棱镜度检测　对于配装带有棱镜度太阳镜的检测方法与平光太阳镜棱镜度检测相同，其棱镜度的允差参与平光太阳镜棱镜度允差标准，如表 1-4-2 所示（注：有度数的太阳镜参照配装眼镜处方棱镜度允差标准）。

表 1-4-2　光学中心和棱镜度的允差

标称棱镜度 /$^{\triangle}$	水平棱镜差 /$^{\triangle}$	垂直棱镜差 /$^{\triangle}$
0.00～2.00	$\pm(0.25+0.1\times S_{max})$	$\pm(0.25+0.05\times S_{max})$
>2.00～10.00	$\pm(0.370+0.1\times S_{max})$	$\pm(0.37+0.05\times S_{max})$
>10.00	$\pm(0.50+0.1\times S_{max})$	$\pm(0.50+0.05\times S_{max})$

注：S_{max} 表示绝对值最大的子午面上的顶焦度值

例 3：一配装太阳镜顶焦度：−2.50/−0.50×120，标称棱镜度为 2.00$^{\triangle}$。其棱镜偏差的计算方法如下：

本处方中，两主子午面顶焦度值分别为 −2.50D 和 −3.00D，最大子午面顶焦度绝对值为 3.00D。因此，水平棱镜度允差为 ±（0.25+0.1×3.00）=±0.55$^{\triangle}$。垂直棱镜度允差为 ±（0.25+0.05×3.00）=±0.4$^{\triangle}$。

（三）太阳镜光透射特性检测

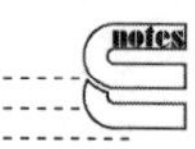

1. 紫外线对眼睛的伤害　人们经常接触的是由太阳光带来的紫外线，在太阳射向地球

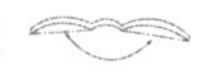

表面的所有光线中约占 5%，根据波长可分为三种：

UV-C　200～280nm

UV-B　315～280nm

UV-A　380～315nm

UV-C 为短波紫外线，由太阳射向地球时，可被地球外围大气层的臭氧层所吸收。

UV-B 和 UV-A 通过大气层时，部分被吸收，部分照射到地面。有害的紫外线是指：UV-B（能使皮肤呈赤斑，易引起角膜炎和皮肤癌）；UV-A（能使皮肤晒黑，易患白内障）。除此之外，紫外线还来自各种反射的情况，如：厚云层、雪地、泥沙、水面、玻璃等对太阳光的反射；人造光源也会产生紫外线，如：水银灯、投射灯、摄影灯和电子荧幕等，如图 1-4-8 所示。

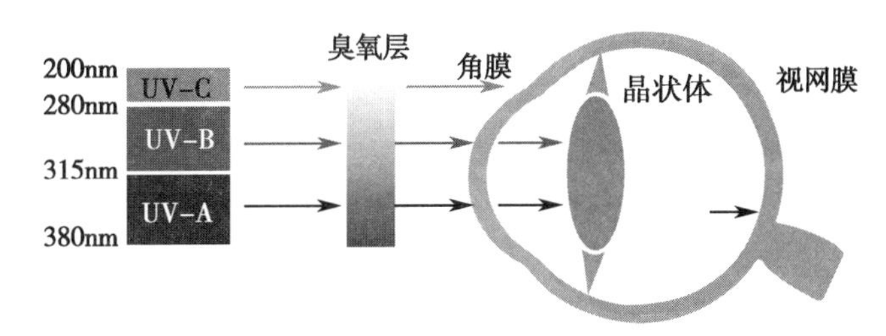

图 1-4-8　紫外线照射图

2. 可见光中的强光对眼睛的伤害　所谓强光就是可见光谱中任何使眼睛不舒适的光亮，这种光也能对眼睛造成伤害，皮肤特别白的人，对这种强光更敏感。由于雪地、海滩能强力反射紫外线和强光，人更不易接受，特别是屈光不正患者，当未矫正时，更会出现畏光症，大部分经矫正的患者会好转。

ER 1-4-2
视频　透射性能检测

3. 透射性能检测　镜片的透射性能，需要用光谱分析仪进行检测，如图 1-4-9A 所示。

检测环境温度为 23℃±5℃，对各类镜片的透射比指标，均指在镜片设计参考点得到测量值，如未标明，则镜片的几何中心即为设计参考点。测量光束在任何方向上的宽度不小于 5mm。

用光谱透过率测试仪进行紫外光区的光谱透过率检测，来判断被检镜片紫外透射性能的优劣。

图 1-4-9A 是某公司生产的光谱透过率测试仪检测过程中的软件测试界面。光谱分析仪与计算机串行口相接，正常检测结束后，如图 1-4-9 所示。出现等待测量对话框（图 1-4-9B），此时才可以将样品放入样品仓。将样品固定好后，关闭仓盖。然后再点击确定。此时在软件主界面上会出现测量的波段（图 1-4-9C）。测量完毕后有对话框（图 1-4-9D）出现，点击确定完成。此时会有测量曲线出现，选择检测标准，可打印报告，如图 1-4-10、图 1-4-11 所示。

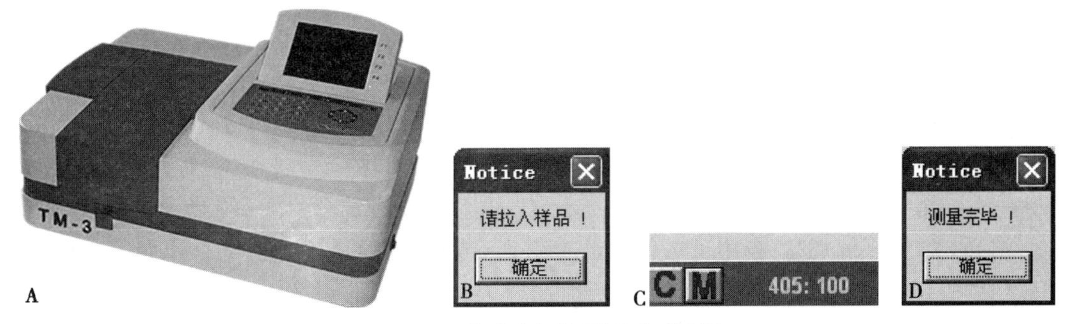

图 1-4-9　光谱分析仪及测试对话框

A. 光谱分析仪；B. 放入样品对话框；C. 测量波段对话框；D. 测试完毕对话框

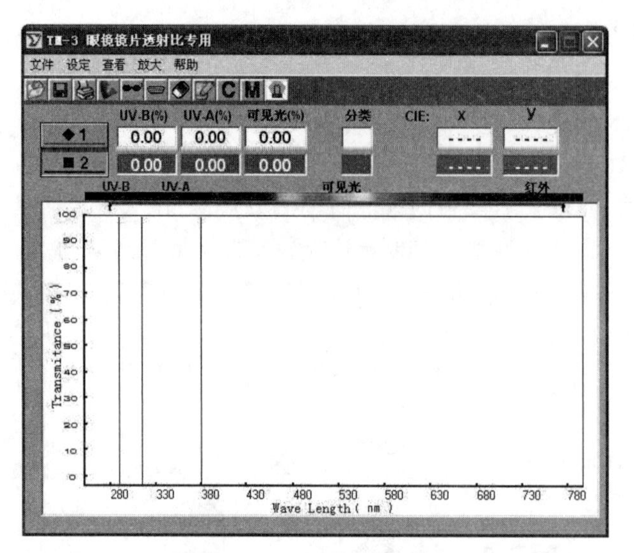

图 1-4-10　软件测试界面

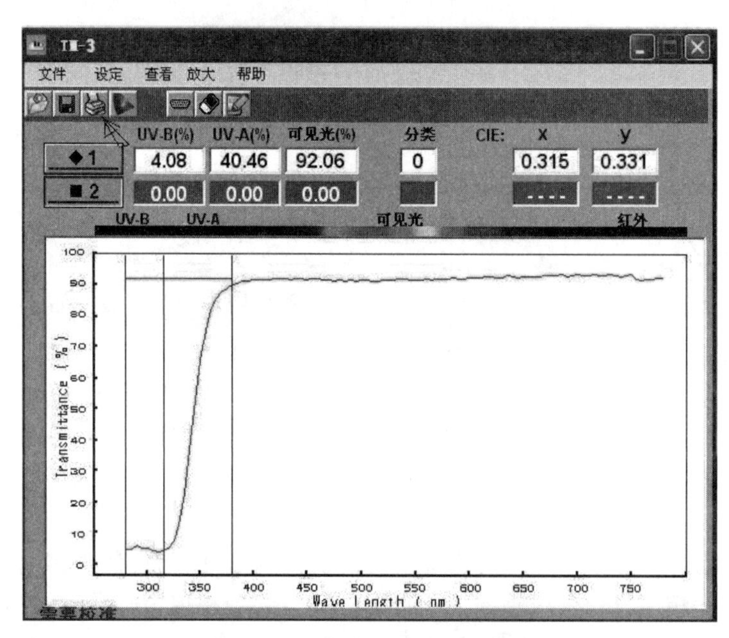

图 1-4-11　光谱透过率测量曲线

如图 1-4-12 所示为按国家标准 GB10810.3—2006 某太眼镜检测数据报告，该报告指出，被测镜片不适合用于太阳镜。原因一是：可见光透过率高达 92.06%，没有遮阳效果。原因二是紫外光谱范围 UV-A 光线通过率 40.46%，UV-B 光线通过率 4.08% 完全超出国家标准 $\tau_{SUV\text{-}A} \leqslant 5\%$，$\tau_{SUV\text{-}B} \leqslant 1\%$。而交通信号灯是符合 GB10810.3—2006《眼镜镜片》国家标准对于交通信号灯识别的相对视觉衰减因子 Q，要求：红色≥0.8、黄色≥0.8、绿色≥0.6、蓝色≥0.4。

此外，国家标准中还规定：装成太阳镜左片和右片之间的光透射比相对偏差不应超过 15%。驾驶用镜设计参考点（或几何中心）处的光透射比要≥8%，日用驾驶镜设计参考点（或几何中心）处光透比≥8%，夜用驾驶镜设计参考点（或几何中心）处光透比必须大于 75%，另外夜用驾驶镜在紫外线光谱范围内没有透射比要求。

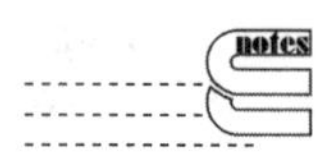

4. 光致变色类镜片透射比检测　对于光致变色类镜片光透射比检测，被检测镜片在变色状态下的光透射比应符合 GB10810.3—2006 要求，如表 1-4-3 所示。

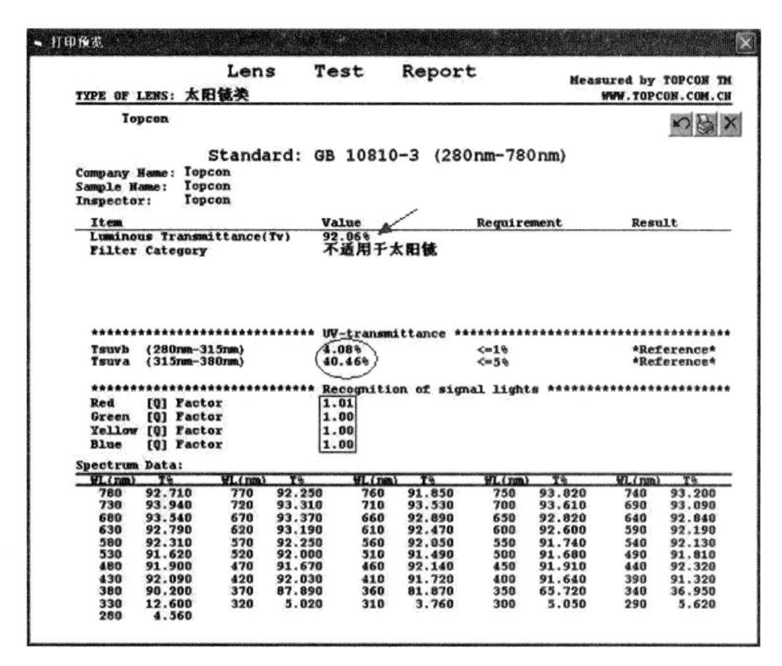
打印预览

Lens Test Report

TYPE OF LENS: 太阳镜类

Measured by TOPCON TM
WWW.TOPCON.COM.CN

Topcon

Standard: GB 10810-3 (280nm-780nm)

Company Name: Topcon
Sample Name: Topcon
Inspector: Topcon

Item	Value	Requirement	Result
Luminous Transmittance(Tv)	92.06%		
Filter Category	不适用于太阳镜		

****************************** UV-transmittance ******************************

Tsuvb (280nm-315nm)	4.08%	<=1%	*Reference*
Tsuva (315nm-380nm)	40.46%	<=5%	*Reference*

****************************** Recognition of signal lights ******************************

Red [Q] Factor	1.01
Green [Q] Factor	1.00
Yellow [Q] Factor	1.00
Blue [Q] Factor	1.00

Spectrum Data:

WL(nm)	T%	WL(nm)	T%	WL(nm)	T%	WL(nm)	T%	WL(nm)	T%
780	92.710	770	92.250	760	91.850	750	93.820	740	93.200
730	93.940	720	93.310	710	93.530	700	93.610	690	93.090
680	93.540	670	93.370	660	92.890	650	92.820	640	92.840
630	92.790	620	93.190	610	92.470	600	92.600	590	92.190
580	92.310	570	92.250	560	92.050	550	91.740	540	92.130
530	91.620	520	92.000	510	91.490	500	91.680	490	91.810
480	91.900	470	91.670	460	92.140	450	91.910	440	92.320
430	92.090	420	92.030	410	91.720	400	91.640	390	91.320
380	90.200	370	87.890	360	81.870	350	65.720	340	36.950
330	12.600	320	5.020	310	3.760	300	5.050	290	5.620
280	4.560								

图 1-4-12　检测报告

Tv：可见光透射比

Tsuvb：紫外 B 波段加权积分　　Tsuva：紫外 A 波段加权积分

Red：红色交通信号衰减因子　　Green：绿色交通信号衰减因子

Yellow：黄色交通信号衰减因子　　Blue：蓝色交通信号衰减因子

表 1-4-3　眼镜镜片在变色状态下的透射比要求

分类	可见光谱范围	紫外光谱范围	
	τ_v（380～780nm）	$\tau_{SUV\text{-}A}$（315～380nm）	$\tau_{SUV\text{-}B}$（280～315nm）
1	$43\%<\tau_v\leqslant 80\%$	$\leqslant 5\%$	$\leqslant 1\%$
2	$18\%<\tau_v\leqslant 43\%$		
3	$8\%<\tau_v\leqslant 18\%$		
4	$3\%<\tau_v\leqslant 8\%$	$\leqslant 0.5\tau_v$	

眼镜镜片在褪色状态下的光透射比应符合表 1-4-4 的要求。

表 1-4-4　眼镜镜片在褪色状态下的透射比要求

分类	可见光谱区	紫外光谱区	
	τ_v（380～780nm）	$\tau_{SUV\text{-}A}$（315～380nm）	$\tau_{SUV\text{-}B}$（280～315nm）
UV-1	>80%	$\leqslant 1\%$	$\leqslant 1\%$
UV-2		$1\%<\tau_{SUV\text{-}A}\leqslant 10\%$	
UV-3		$10\%<\tau_{SUV\text{-}A}\leqslant 30\%$	

将被检测镜片仔细清洗后，按照厂商提供的技术说明中规定的程序，使镜片处于褪色状态，如厂商未做规定，可将样品首先放在 65℃±5℃的暗室中放置 2.0h±0.2h，再在 23℃±5℃的暗室中至少保存 12h 后进行测量。

利用光谱分析仪测量样品在褪色状态下透射比 $\tau_V(0)$ 和经过 15min 光照后变色状态下的光透射比 $\tau_V(15)$ 之间的比值应不小于 1.25。即：$\tau_V(0)/\tau_V(15)\geqslant 1.25$。此值为光致变色响

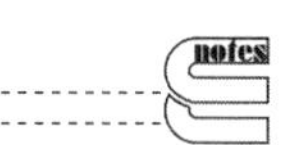

应值。

此外，①对于不同温度下光致变色响应值应利用光谱分析仪分别在5℃、23℃和35℃的温度条件下测量变色状态下样品的光透射比$\tau_V(15)$，以确定被测镜片在不同温度下的光致变色响应值；②对于中等光照度下的光致变色响应值测量，是将太阳光模拟器辐射强度衰减到30%后照射被测镜片，并在变色状态下测量被测镜片的光透射比$\tau_V(15)$，以确定样品在中等光照度下的光致变色响应值。

（四）偏光镜片偏振性能检测

偏光镜片是指对不同的入射光表现出不同透射比特性的镜片。偏光镜片偏振性能测量的实验室检测设备，如图1-4-13所示。

实验室检测，见表1-4-3中1类偏光镜片，平行于偏振面上的光透射比和垂直于偏振面方向上的光透射比之间的比值应大于4∶1；2类、3类和4类的偏光镜片的比值应大于8∶1。

图1-4-13　偏光检测仪

测量时，首先将检偏振器的分割线调整到水平方向，指针则位于垂直方向，即角度标尺的零位处。将待测的偏光镜片安装在检偏振器和光源之间，面向检偏振器放置。要求被测镜片的中心与检偏振器的中心相重合，偏振标志与指针重合，用光源照射被测镜片。如果检偏振器的上下部分具有相同的视场亮度，则表明被测镜片实际的偏振面与偏振标志重合，角度偏差为零。如果检偏振器的上下部分的视场亮度不同，则表明被测镜片实际的偏振面与偏振标志不重合。左右转动检偏振器，直到检偏振器的上下部分具有相同的视场亮度。此时指针指示标尺上的角度（正或负），就是被测镜片实际偏振面与其偏振标志之间的角度偏差，该值不应该超过±3℃。

如果使用非偏振光作为测量光束，则在任何方向得到的测量结果都是偏光镜的光透射比；如果使用偏振光作为测量光束，则应分别测量偏光镜片在任意两个相互垂直方向上的透射比，并取其平均值作为被测镜片的光透射比。

对于光透射比的比值，分别测量平行和垂直于偏光镜片偏振面方向上的光透射比。用平行方向的光透射比除以垂直方向的光透射比就得到被测镜片光透射比的比值。测量时应在光路中使用一个已知偏振面的起偏器。测量平行于被测镜片偏振面上的光透射比时，起偏器的偏振面应调到与被测镜片的偏振面平行的位置；测量垂直于被测镜片偏振面上的光透射比时，起偏器的偏振面应调到与被测镜片偏振面相垂直的位置。

五、实训项目及考核标准

（一）实训项目——太阳镜检测

1. 实训目的

（1）能看懂光谱分析报告中的名词术语及内容。

（2）能利用焦度计测量太阳镜顶焦度、棱镜度。

（3）能分析太阳镜透射性能检测报告。

2. 实训工具

若干太阳镜、焦度计、光谱分析仪、QB2457—99《太阳镜》国家行业标准等。

3. 实训内容

（1）熟悉太阳镜国家行业标准的内容，能看懂光谱分析报告中的名词术语及缩写。

（2）能运用太阳镜光透射性能的专业术语解释检测报告中的相关内容。

4. 实训记录单

序号	检测项目	单位	标准要求	检验结果		单项评价
				R	L	
1	顶焦度偏差	m^{-1}				
2	平光太阳镜棱镜度偏差	△				
3	处方太阳镜棱镜度偏差	△				
4	光透射比	%				
5	抗紫外线性能	%				
6	镜架外观质量	—				
7	标志					

5. 总结实训过程，写出实训报告。

（二）考核标准

实训名称	太阳镜检测				
项目	分值	要求	得分	扣分	说明
素质要求	5	着装整洁，仪表大方，举止得体，态度和蔼，团队合作，会说普通话			
实训前	15	组织准备：实训小组的划分与组织 工具准备：实训工具齐全 实训者准备：遵守实训室管理制度			
实训过程	10	目测法测量成品太阳镜顶焦度			
	10	利用焦度计测量太阳镜顶焦度			
	10	利用焦度计测量太阳镜棱镜度			
	10	利用光谱分析仪测量太阳镜光透射比			
	20	能运用光谱分析仪检测太阳镜透射特性，并参照国家标准分析检测数据			
实训后	5	整理及清洁用物			
熟练程度	15	程序正确，操作规范，动作熟练			
实训总分	100				

评分人：　　　　年　　月　　日　　　　　核分人：　　　　年　　月　　日

（黄建峰　李童燕）

ER 1-4-3 任务四：扫一扫，测一测

任务五　接触镜的检测

学习目标

知识目标

1. 掌握球性软性接触镜以及散光软性接触镜的术语、参数和设计特点。
2. 掌握检测软性接触镜的各项参数及指标。
3. 掌握球性硬性接触镜以及散光硬性接触镜的术语、参数和设计特点。
4. 熟悉检测硬性接触镜的各项参数及指标。
5. 了解硬性接触镜的修正。

能力目标

1. 能熟练判断软性接触镜的正反面。

2. 能应用不同的器具辨别不同品牌软性角膜接触镜的标记。

3. 能熟练使用裂隙灯显微镜、焦度计、投影仪、放大镜等检测软性接触镜的参数。

4. 能熟练检测硬性接触镜的度数、基弧、总直径、光学区直径和中央厚度等参数。

5. 能熟练使用裂隙灯或投影仪判断硬性接触镜的表面质量、光学质量和边缘特点。

6. 掌握硬性接触镜表面抛光、改变镜度、边缘修改和减小直径等修正技术。

素质目标

1. 培养学生独立思考、分析解决接触镜检测中的问题与再学习的能力。

2. 培养学生的团队意识、组织协调能力、与人协作能力和表达能力。

3. 通过完成整个工作任务，培养学生的自主分析问题、解决问题的能力和创新精神。

任务描述

1. 顾客陈××，女，今年23岁，因双眼近视 −6.00D，一直配戴框架眼镜。前些天因朋友的建议，到医院验配软性接触镜。经检查符合验配要求，发放接触镜，右眼 −5.50D，左眼 −5.50D，但陈女士不熟悉接触镜的操作过程，尤其是如何判断正反面。戴镜后，感觉视物不适，右眼较以前模糊，易疲劳。顾客说戴镜时可能左右眼戴反了。

作为一名接触镜的验配人员，如何全面地介绍正反面辨认的方法呢？如何向患者解释戴镜不适可能的原因及左右眼戴错了以后出现的视觉问题？有哪些检测方法？

2. 叶××，男，25岁，验光处方：OD: −3.00DS/−2.00DC×180，OS: −4.00DS/−1.75DC×170，角膜曲率测量结果：OD: 41.00@180/43.00@90，OS: 41.00@170/42.75@80，现开具处方如下：OD: −3.00DS/−1.75DC×180，OS: −3.75DS/−1.75DC×170。

作为一名接触镜的验配人员，在根据订单得到预定的镜片以后，如何核实散光软镜的度数、直径？

3. 陈××，女，25岁，机关公务员，原来一直配戴框架眼镜，验光处方如下：OD: −1.00DS/−2.50DC×90，OS: −2.00DS，角膜曲率测量结果：OD: 43.50@180/43.50@90，OS: 43.50@90/43.50@180，就诊目的是希望能配戴安全有效的接触镜，验配人员为她推荐了双眼硬性接触镜，经过临床试戴，确定处方如下：OD: −1.00−2.50×90 BC: 7.75 Dia: 9.6；OS: −2.00 BC: 7.75 Dia: 9.6。

作为一名接触镜的验配人员，在根据订单得到预定的镜片以后，如何核实散光硬性接触镜的参数？如何确定散光硬性接触镜和角膜曲率的关系？如何了解散光硬性接触镜的设计特点？

ER 1-5-1　PPT　任务五：接触镜的检测

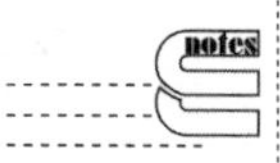

一、接触镜检测中涉及的术语和定义

1. 亲水镜片　含有一定量水分的，具有特定光学性能和形状的镜片。

2. 含水量　在规定条件下，镜片总量中水的百分含量。

$$含水量=m_{湿}-m_{干}/m_{湿}\times100\%$$

3. 透氧系数（Dk）　在规定条件和单位压力差作用下，氧通过单位面积、单位厚度的速度。

$$Dk=\frac{氧气量\times厚度}{面积\times时间\times压力差}$$

4. 透氧量（Dk/t）　在一定条件下，透氧系数 Dk 除以被测样品的厚度而得到的值。

5. 总直径（Φ）　镜片边缘两对应点之间最大的直线距离称为直径，以 mm 为单位。通常将直径设计成不同的尺寸，供验配时根据角膜和睑裂的形态进行选择。直径范围可从 8.8mm 至 14mm 不等。

6. 边缘　接触镜凸面与凹面连接部分。

7. 边缘形状　镜片轴所在的截面的边缘轮廓。

8. 光学区　接触镜中具有规定光学效应的区域。

9. 中心光学区　有规定光学效应，并有一个或几个周边光学带的中心区域。

10. 几何中心厚度　镜片几何中心处的厚度，用毫米表示。

11. 中心区内曲率半径（back central optic radius）　凹面中心光学区域的曲率半径。

12. 双曲面　由两个曲率不同的区域连接而成的表面。

13. 多曲面　由两个以上曲率不同的区域连接而成的表面。

14. 复曲面镜片　凸面或凹面的中心光学区是复曲面的镜片。

15. 装镜容器　用于镜片运输和贮存的容器，通常有密封和不密封两种，前者可保持接触镜无菌。

16. 硬性接触镜（hard lens，rigid lens）　在正常条件下，无支撑力作用时仍能保持其最终形状的接触镜。

17. 角膜镜（corneal lens）　整个镜片覆盖于角膜前表面并靠角膜支撑的接触镜。

18. 边弧（peripheral zone）　中心光学区周围，具有规定尺寸的区域。

注：这些区域从直接与中心光学区相连的数起，依次为第一、第二、第三等。

19. 微孔（fenestration）　在镜片非光学区，用以促进泪液交换的小孔。

20. 基弧　球面镜片后光学区的曲率半径称为基弧，以 mm 作单位。基弧值越大，镜片越平；基弧值越小，镜片越陡。球面镜片的基弧通常设计为 7.2～9.2mm 等若干种规格，验配时可根据角膜的弧度选择。

21. 光学区直径　镜片几何中心区起屈光作用的部分称为光学区，以 mm 为单位。RGP 镜的光学区直径设计为 7.0～9.0mm，其最小直径应大于人眼瞳孔开大时的最大直径，如果镜片光学区直径小于瞳孔区直径，或光学区边缘移入瞳孔区内则可产生眩光现象。

22. 镜片的屈光度　镜片对光的折射能力定量的表述参数称为镜度。以屈光度（diopter，D）为单位。负透镜中间薄边缘厚，正透镜中间厚边缘薄。屈光度越高，镜片中心与边缘的厚度差越大。接触镜的镜度通常为 +20.00～−20.00D。

23. 厚度　镜片的前、后曲面的垂直距离称为厚度，以 mm 为单位。分为中心厚度、旁中心厚度和边缘厚度等。镜片过薄影响镜片的操作、耐用性和角膜散光的矫正，镜片过厚可影响镜片的透氧性能、舒适度和稳定性。

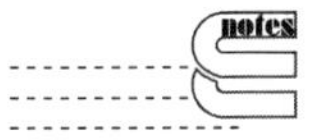

二、接触镜检测标准及要素

1. 软性接触镜富有弹性，含水量不等，其检查和核实的方法要比硬镜困难得多。直径和后顶焦度的测量相对容易，用传统方法即可，镜片出厂时一般都会在包装盒上标记。

2. 散光软性接触镜是指镜片表面各个方向的子午线上的曲率半径不同的软性接触镜，这类镜片具有互相垂直的两个主要的曲率半径。接触镜可根据设计的不同，将散光特点制作在前表面或者后表面上。

除了像球面软镜那样，散光软镜也需要标明基弧、直径以外，还要标明散光度数和散光轴向。标准的散光软镜系列有2～4个散光镜度和5～10不同的轴向规格。通常，一个品牌的散光软镜的直径大小只有一种，而且比球面软镜要大，用以加强镜片稳定性。

所有的散光软镜都有一个定位标志，各生产厂家有所不同，常见的定位标志如图1-5-1所示。

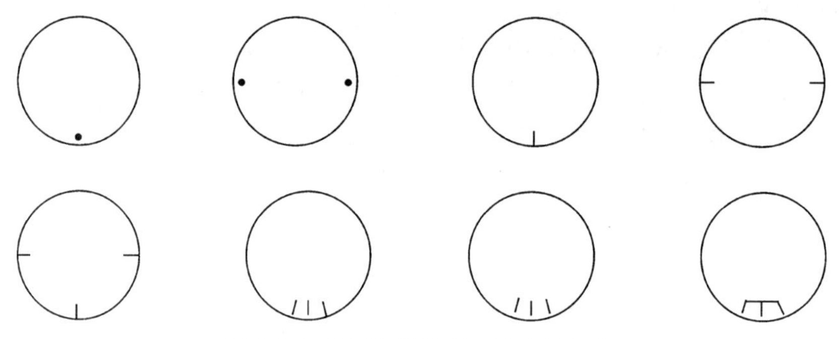

图1-5-1　环曲面镜片的各种定位标志

3. 硬性接触镜目前主要指的是硬性透气性接触镜，简称硬镜，用符号RGP表示。硬镜是接触镜中的两大类型之一。硬镜无论从设计、制作、材料以及验配理念方面均有其独特的性质。在临床应用方面与软镜既存在一些共性，如矫正屈光不正的作用，又具有软镜无法替代的应用价值，如镜片材料的透氧性、优质光学性能、对角膜散光的良好矫正作用、对角膜疾病（如圆锥角膜等）的屈光矫正等。

三、接触镜外观检测

（一）软性接触镜正反面的检测方法

镜片的正反面辨认相当重要，配戴反了，会影响视力和舒适度，严重时甚至无法正常配戴。主要通过三种不同的方法介绍软性接触镜的正反面识别，侧面检查法易学且适合所有的软镜；贝壳试验法适合于较厚的软镜；厂家标记法，即不同的厂家根据自己的特点在镜片上做一些标记，以便配戴者识别。

1. 侧面检查法　侧面检查法是判断镜片正反面最常用的方法。将镜片凹面向上放在示指指尖处，尽量做到呈一点接触指尖，然后从侧面观察镜片的边缘部分。如果是正面（与角膜接触的一面）朝上，则呈碗状，反面朝上时，则呈盘状。检查时，镜片应相对干些，让镜片稍稍脱水，以便镜片保持正确形状，保证观察准确，检查方法如图1-5-2所示。

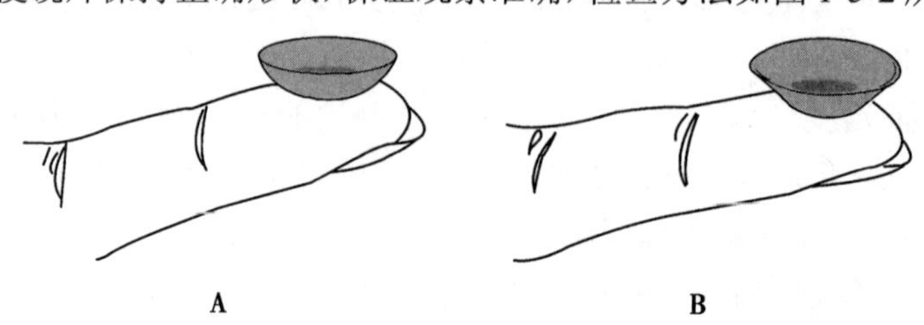

图1-5-2　侧面检查

A. 正面；B. 反面

2. 贝壳试验法　贝壳试验法适用于较厚的软镜，如车削制造法制作的软镜。贝壳试验方法是用两个手指轻轻捏起镜片中央，或者将镜片放在手掌缝上轻轻凹起，正面朝上时镜片的边缘会像贝壳样向内折叠，反面朝上时，则镜片边缘会向外分开，如图 1-5-3 所示。目前临床上的频繁更换型和抛弃型镜片基本上不适合用此方法，主要用于侧面检查无法确认时。

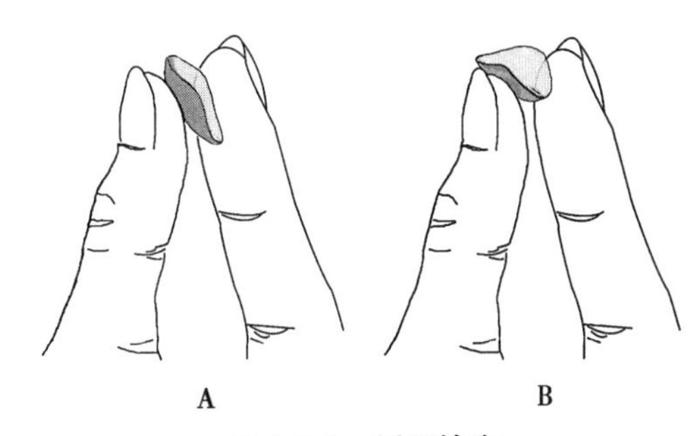

图 1-5-3　侧面检查
A. 正面；B. 反面

3. 观察厂家标志法　部分厂家生产的镜片上刻有厂家和品牌的标志。如视康的镜片的边缘印有“CIBA”字样；博士伦的镜片上印有“B&L”标志。当把镜片放在手指尖上，从外向内看，字母正写为正面。反之，则为反面。

（二）镜片表面质量检测

在临床上，为保证眼部健康和配戴舒适，还需要检查镜片的表面质量，有无破损或沉淀物。在配戴角膜接触镜的患者达到理想的矫治效果，进入维护期后，医师在每次定期复查时除眼表的健康、视力和配适之外，还应认真检查镜片边缘是否有缺损、内外表面是否有划痕，是否有过多蛋白质或脂质类沉淀。大多数情况下，很难看到一只镜片只有单一的一种沉淀物，可能是以某种沉淀物为主，并相互助长。

（1）蛋白膜检测

1）表现：严重程度可从清晰、透明的薄膜到半透明、白色的雾状膜。在裂隙灯下，泪膜很快破裂后可看到此膜。只有很严重的蛋白膜才能在镜片戴在眼表时用肉眼观察到。取出镜片对表面进行清洁和去除异物后，蛋白膜呈白色或云雾状。观察蛋白膜时，最好在黑色背景下选用斜照光。

2）分类

第Ⅰ类：在 15 倍放大时，干镜片和湿镜片状态下都没有看到沉淀物；

第Ⅱ类：在 15 倍放大时，湿镜片可看到沉淀物；

第Ⅲ类：在没有放大时，干镜片能看到沉淀物；

第Ⅳ类：在没有放大时，湿镜片能看到沉淀物。

3）成因：主要是泪液中变性的溶菌酶，还有黏蛋白、白蛋白、球蛋白和糖蛋白。

4）处理：每周使用蛋白酶片清洁镜片可减缓蛋白膜的建立，去除蛋白沉淀，连续使用两至三次后，可去除严重的蛋白膜。每日清洁和冲洗也有助于缓解蛋白膜的建立。目前临床上建议采用减少配戴周期和更换镜片的方法来防止或减少蛋白膜的建立。

（2）镜片结石检测：

1）表现：镜片表面出现凸出的双折射点。在裂隙灯下很容易观察到。

2）成因：主要为脂质，此外还有钙质、蛋白质和黏液素。原因主要受配戴者泪液的化学成分影响，有些人容易形成蛋白沉淀。长戴者，高含水量或离子型镜片更容易形成结石。

3）处理：去除后会留下坑或凹面。结石影响舒适度时，最好尽早更换镜片。

（3）脂质沉淀检测：

1）表现：多脂肪，有光泽，油污样沉淀，可随着摩擦变化而变化，经常有指印痕迹，在低倍放大镜下就能看到。

2）成因：包括磷脂体，中性脂肪，甘油三酸酯，胆固醇，胆固醇酯和脂肪酸。这些成分可能来自化妆品，形成黏蛋白，蛋白质和（或）钙质沉着。

3）处理：机械摩擦和日清洁液冲洗能有效清除镜片表面的脂质。

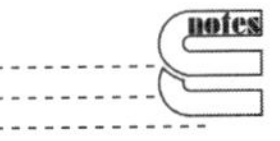

（4）钙质沉淀检测

1）表现：可见白色膜状或白色粉状沉淀物。裂隙灯下可发现。

2）成因：主要为碳酸钙。磷酸钙分散在镜片基质中形成奶白色膜。

3）处理：热消毒法，最好用含有EDTA的消毒液。

（5）真菌

1）表现：低倍放大镜下，可见各种颜色丝状物，呈黑色，灰色，棕色，橙色，粉红色或白色。主要存在于镜片实质层内。

2）成因：多见于使用无防腐剂的护理液的镜片。

3）处理：每日清洁和消毒。不要用无防腐剂的护理液保存镜片。一旦发现真菌，立即更换镜片并进行全面检查。

（6）变色检测

1）表现：将镜片放在黑色背景，亮光源的裂隙灯下即可看到各种变色现象。

2）成因：使用的滴眼液中含有各种成分，例如抑菌成分氯己定、局部血管收缩剂，可使镜片黄到棕色。散大瞳孔药物肾上腺素，可使镜片棕到黑色。防腐剂硫汞撒，可使镜片灰色。消毒剂过氧化氢溶液，可使镜片粉红到棕色。造影剂荧光素钠，可使镜片橙到绿色。

3）处理：更换镜片，最好寻找变色的原因，以免镜片再次发生类似情况。

（7）撕裂、划痕和磨损检测

1）表现：因磨损种类不同而不同。一般来说，镜片戴在眼表或直接在裂隙灯下观察镜片都能观察到。

2）形成原因：①操作时锐利指甲损伤镜片；②镜片放入镜盒时，悬浮在护理液上，未能沉入盒底，从而卡在镜盒边缘；③日清洁时摩擦过重；④镜片取出时手法过重。

3）处理：更换镜片，特别是镜片造成眼部不舒适或角膜染色。同时寻找原因，及时改正不当操作，以免镜片再次损伤。例如：修剪指甲，摩擦轻柔些。

四、接触镜光学参数检测

（一）软性接触镜参数的检测

1. 镜片焦度检测　检查镜片的后顶焦度有两种方法。

（1）在干燥环境中测量：将湿的镜片放在无麻的布上或丝制品上，盖上布后，轻压镜片，吸出水分。也可以将镜片用生理盐水冲洗干净后，脱水一定时间；可正反翻转镜片，加速脱水。注意，不要脱水过度，以免引起镜片变形或皱褶，导致度数发生变化。

首先清洁焦度计的镜片座，以免镜片沾染污物。然后将脱水后的镜片，凸面朝上固定在焦度计的镜片座上。读数时，光标像可能不如检测硬镜时的光标像清晰，但不影响测量。光标像的清晰程度和厂家品牌有关。为了尽量增加清晰度，不要用手碰镜片的光学区，镜片不要起皱褶，不要脱水过度。若无法获得清晰像，可将镜片重新清洗并干燥后再测量，如图1-5-4所示。

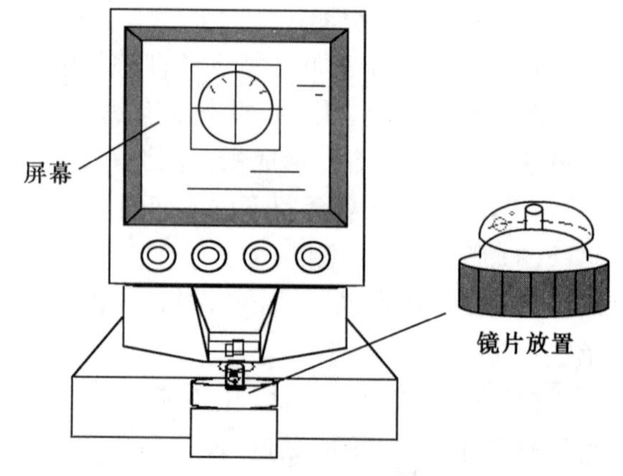

图1-5-4　电脑焦度计：干燥环境中测量

（2）湿房测量：湿房是一个透明且上下两表面平行的塑料盒。测量时，在盒内倒入生理盐水，将镜片凸面朝上放置，然后将整个湿房放在焦度计的镜片座上，这时焦度计的读数是镜片在液体中的后顶焦度，而不是在空气中的镜数。假设镜片是薄透镜，

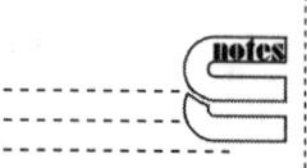

读数乘以准确率就等于软镜在空气中的度数。一般而言，准确率在4～6之间，如图1-5-5所示。

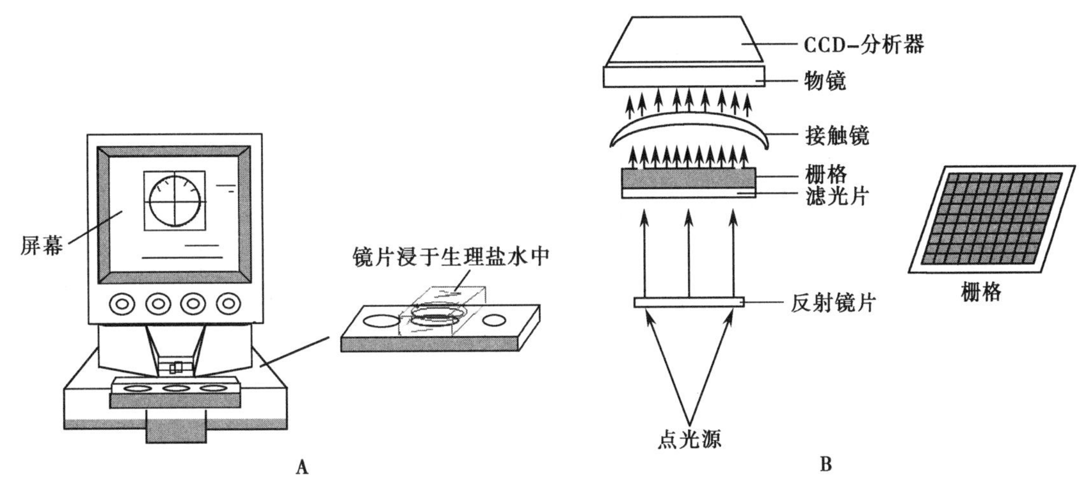

图1-5-5 电脑焦度计：湿房中测量

A. 湿房测量图示；B. 湿房测量的光学原理图

例如：假设低含水量的镜片的折射率为1.43，在空气中，F=(1.43-1)/R，在生理盐水中，F=(1.43−1.33)/R，准确率就等于两个F的比值，即准确率=0.43/0.1=4.3，如果此时焦度计的读数是0.50D，则镜片在空气中的度数=0.50D×4.3=2.15D，即约为2.25D。

(3) 镜片直径：测量直径时，也要按上述方法使镜片脱水。然后将镜片凹面向下，放置在镜片投影仪上，镜片的中心对准投影仪上水平与垂直刻度线交叉的中心，从两边读出刻度上的数值，相加即是总直径。也可以用放大仪检测直径的大小，将镜片的边缘对准零刻度，镜片的中心与刻度线重合，从放大仪上即可读出直径大小。注意：不要使镜片变形或脱水过久，否则影响测量结果；有些放大仪上有垂直刻度线和水平刻度线，此时，可使得镜片在垂直刻度线上下对称，测出的镜片水平直径即为总直径的大小，如图1-5-6所示。

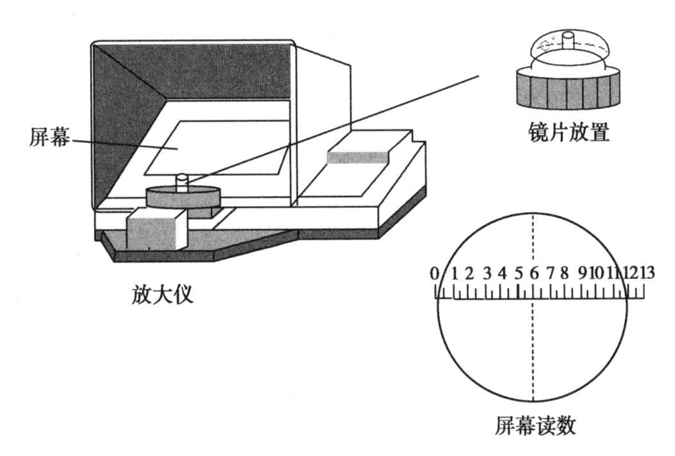

图1-5-6 放大仪测量镜片直径

2. 厂家标志　有些厂家会将品牌和参数标在镜片上，在配戴检查时通过裂隙灯可看到这些标志；或将镜片放于指尖，在光线良好的条件下，也可看到标志。

例如：视康Cibasoft镜片上都有“CIBA”的标志，后面还有一字母(A或B)和数字。A表示直径是13.8mm，B表示直径是14.5mm，数字分别表示基弧为8.3mm、8.6mm、8.9mm或9.2mm。例如，标有“A6”表示是一基弧为8.6mm，直径为13.8mm的镜片。

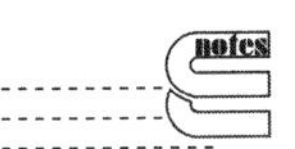

（二）散光软性接触镜的检测

1. 软性接触镜的屈光度测量　此处以手动焦度计为例，介绍散光软镜的屈光度测量。

使用前，要注意焦度计目镜的调整，补偿测量者未矫正的屈光不正对测量精度的影响。同时，校准刻度使得分划板中的亮视标在最清晰的时候，转轮的度数恰好指在 0.00 刻度，若没有对准 0.00 刻度，应检修焦度计。

将湿的镜片放在无麻的布上或丝制品上，盖上布后，轻压镜片，吸出水分。也可以将镜片用生理盐水冲洗干净后，脱水一定时间；可正反翻转镜片，加速脱水。注意不要脱水过度，以免引起镜片变形或皱褶，导致度数发生变化。

清洁焦度计的镜片座，以免镜片沾染污物。然后将脱水后的镜片，凸面朝上固定在焦度计的镜片座上。根据厂家的说明，明确散光软镜标记对应的方位，如 3、9 点对应，或者 6 点钟。将标记放置在对应的位置上，如标记在 6 点钟位置，则将标记对应到焦度计的散光盘的 6 点钟方向。

通过目镜，观察亮视标，如果亮视标变成虚线状圆圈，且相互垂直的细线不能同时清晰，说明该软镜为散光软镜。

旋转焦度计测量手轮，直到一个方向上的细线变得清晰，细线连接处没有破裂感，且细线的方向与虚线方向一致时，轻轻用指尖或者镊子推动镜片令光学中心居中；当达到最清晰时，记录焦度计测量手轮所指示的屈光度值以及散光转盘所指的轴向。

继续调整焦度转轮直到另一方向上的细线变得最清晰，记录焦度计测量手轮所指示的屈光度值，同时确认此时的轴向和刚才记录的轴向恰好相差 90°。

将得到的两个屈光度数，转换为负柱镜的处方形式，并记录，如 −3.00/−1.75×170。

为了尽量增加清晰度，不要用手碰镜片的光学区，镜片不要起皱褶，不要脱水过度。若无法获得清晰像，可将镜片重新清洗并干燥后再测量。

2. 软性接触镜的直径测量　方法同球性软性接触镜的直径测量，此处不再重复。

（三）硬性接触镜的检测

1. 硬性接触镜的参数　理想的 RGP 镜设计应能获得良好的配适状态，使镜片的中心区和旁中心区基本与角膜保持平行，具有良好的中心定位和适宜的活动度，镜片边缘区存留的泪液量适度，从而达到理想的戴镜状态，即视物清晰，感觉舒适，使用持久，泪液循环好，眼表不良反应少，不改变头位，能保持自然视物。RGP 镜的设计应包括后曲面、前曲面、镜片厚度、边缘形态、镜片直径。如图 1-5-7 所示。

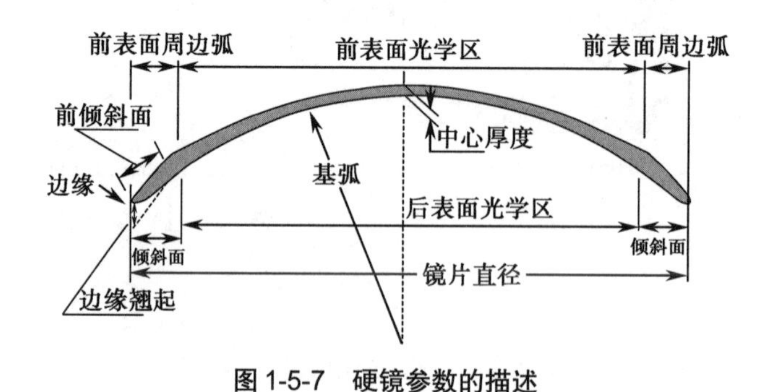

图 1-5-7　硬镜参数的描述

2. 硬性接触镜的参数检测

（1）基弧的测量大多使用曲率半径测定仪进行检测。其原理是曲率半径测定仪把光源精确地聚焦在镜片表面和镜片表面的中心，然后测量两者之间的距离，精确到毫米，如图 1-5-8 所示。

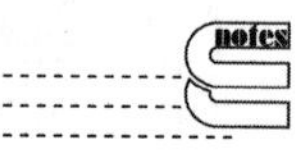

曲率半径测定仪的检测原理：主要用于测定 RGP 前面及后面的曲率半径，用于对处方

镜片的基弧规格与处方值校对，协助患者随时检查镜片的基弧有无变化，有无错位，镜片有无明显扭曲变形等。利用镜面反射的原理，求出测定面到球心的距离，即曲率半径的大小，如图 1-5-9 所示。

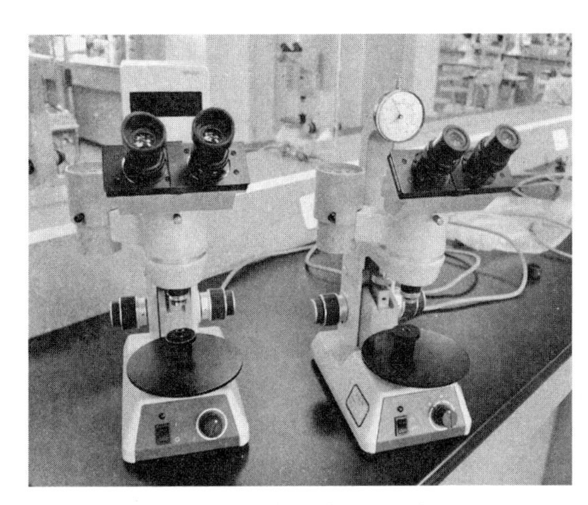

图 1-5-8　曲率半径测定仪

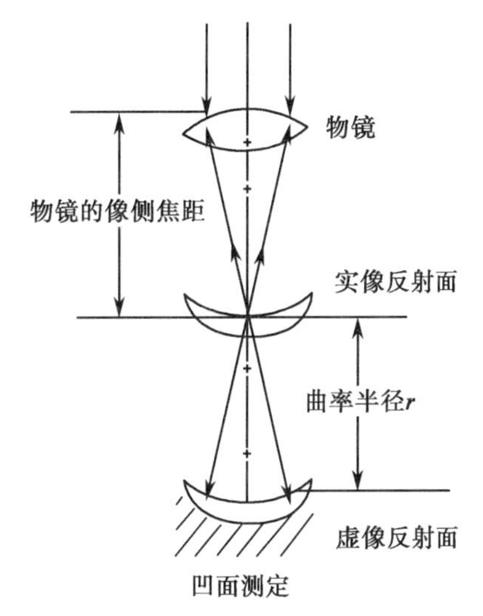

图 1-5-9　曲率半径测定仪的测定原理

曲率半径测定仪的检测方法：在测定仪的凹槽中滴一滴水，再把镜片凹面朝上放在凹槽内，确保镜片的凹面干燥，如图 1-5-10 所示。

图 1-5-10　曲率半径测量方法

1）将放置镜片的凹槽固定在底座上，确保显微镜的光线能照射到镜片中心。

2）控制照明到最亮的像的水平。

3）确认照明的裂隙最大。

4）观察显微镜中的光线射到底座上，移动底座，使得光线位于镜片的中央区，可以轻轻转动底座的方向和位置。

5）将底座降到最低位置。

6）调节目镜，有些厂家的目镜没有调节系统，只有两组不同放大倍数的目镜，可更换使用。

7）一边从目镜中观察，一边旋转粗调，直到看到光标像清晰聚焦。水平和垂直移动底座，保证光标像位于视野的中心。这个像是成在空气中的像。

8）继续上升底座，可看到灯丝像，随后继续上升底座。

9）再一次看到光标像，这是成像在镜片表面的真正的像。用细调清晰聚焦。

10）转动指数调节钮到零位。若不能转到零位，可停在一整数刻度上。

11）降低底座，经过灯丝像，继续下降，直到看到清晰的光标像，调节细调，将光标像位于最清晰的位置。

12）如果原来的指数位于零，直接从刻度盘上读出刻度，即为镜片的曲率半径值。如果原刻度为 +1，则需要在测量值上 +1，如图 1-5-11 所示。

图 1-5-11　刻度盘度数

（2）镜片直径的测量工具主要有测量放

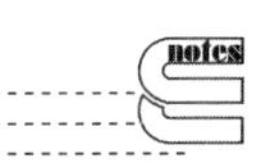

大仪、V 形圆规和投影仪，其中测量放大仪较为常用，它除了测量直径外，还可以测量相关参数，如图 1-5-12 所示。

1）测量放大仪：将镜片凹面向下放置在放大器的表面上。移动镜片，使得一边位于刻度等于零的位置，同时保证刻度线穿过镜片的中心。直接从刻度上读出镜片的直径大小。

2）投影仪：镜片位于镜片座上，光线穿过镜片。移动镜片，直到位于屏幕上的刻度中心。清晰聚焦后读出刻度，如图 1-5-13 所示。

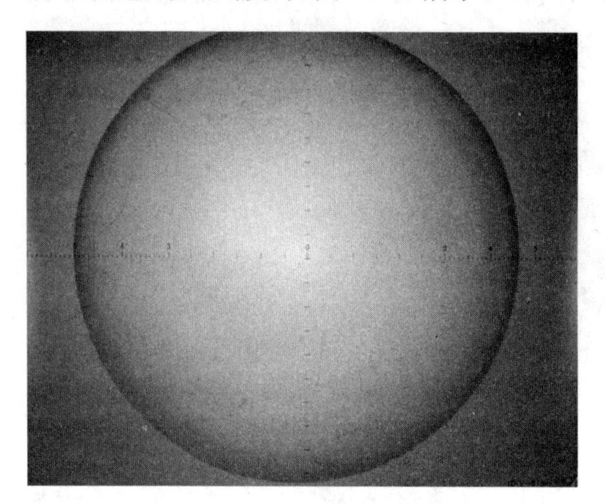

图 1-5-12　测量放大仪

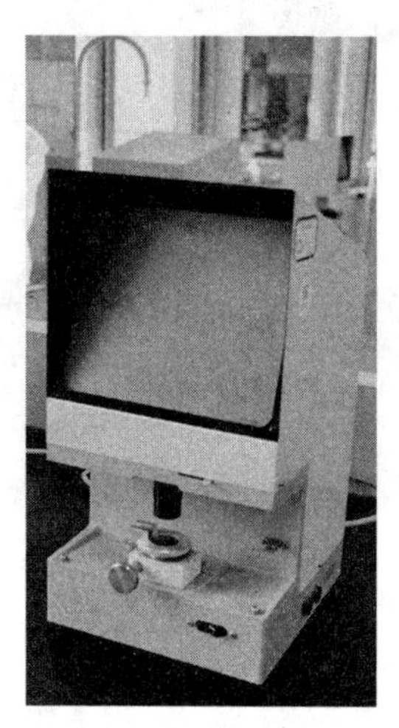

图 1-5-13　投影仪

3）V 形圆规：可检测镜片总直径，判定镜片的直径与设计值是否相符。也可用于临床因镜片规格不明或配适不良对镜片参数进行验证。测量方法：在长方形金属板或塑料板上有左窄右宽的渐变沟槽，将镜片自宽侧放入沟槽，自右向左推移，至推移不动时，读出镜片边缘与沟槽边缘接触点上的刻度读数，如图 1-5-14 所示。

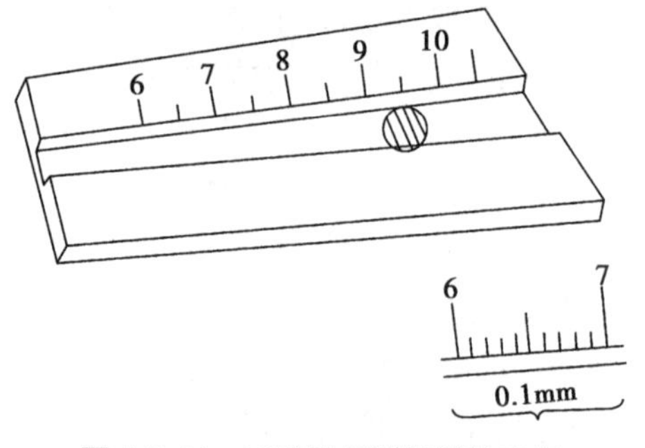

图 1-5-14　V 形圆规测量镜片直径

注意事项：镜片有一定柔韧性，稍用力按压可致镜片变形，使测值变小。另外，如果沟槽有灰尘或其他污染时测量精度会下降。

（3）光学区直径的测量：当镜片的中央光学区和周边曲率连接锐利时，光学区直径相对就容易测量。测量中央清晰区的最大距离，就是光学区直径。

1）使用放大仪测量：测量方法同直径测量。确保镜片的中心位于测量的刻度上。将光学区的边缘位于零刻度上，从另一边读出刻度值。若很难读出边缘刻度，可将测量放大仪位于前后透光都较好的位置，以便读出刻度。

2）使用投影仪测量：测量方法同直径测量。在光学区和周边曲率之间有一清晰的急速的连接，也可以有一逐级的、模糊的连接。清晰的急速的连接往往会引起机械或视觉的问题。要测量一连接模糊的镜片的光学区时，要前后移动测量放大仪，从模糊边缘的内面测量到另一内面。

（4）顶焦度检测：镜片的后顶焦度是用焦度计来测量的。将镜片凸面向上放置在镜片座上。测量方法同框架眼镜的测量。确认镜片位于中心位置后，不要对镜片施加太大的压力，以免造成错误的散光度数。注意，测量过程中要保证镜片干净和干燥，以免因此引起的光标像模糊或变形被误认为是光学质量的问题。

notes

焦度计也可以用于测量棱镜度数，测量方法同框架眼镜。

（5）中心厚度测量：一般使用厚度测量仪测量镜片的中心厚度，如图 1-5-15 所示。

测量前，首先要确定厚度测量仪调零。调零方法有：①转动测量刻度盘面做轻微的调整；②旋松底座上的螺丝，设置为零后重新旋紧固定。调零后打开仪器，水平固定后，将镜片放置在检查固定钉上并对准中心位置。可以直接读出度数。刻度盘上每格为 0.01mm。

（6）边缘检测：边缘设计对患者的舒适度来说是相当重要的。边缘设计是否合理主要是根据主观判断。判断时，可使用立体镜、裂隙灯或测量放大仪来确定边缘厚度或者抛光、边缘是否抬高。

图 1-5-15　接触镜的厚度测量

（7）镜片光学质量检测：接触镜的光学质量直接影响视力矫正效果和舒适度，而镜片光学质量的好坏直接与镜片表面是否光滑平整有关。生产水平不高、清洁或修正时变形、划痕、沉淀或表面缺损等都可影响镜片的光学质量。比如，在抛光过程中，没有足够的润滑剂而使镜片变得太热的话，镜片最后在反射光下可能会看到粗糙的表面；如果抛光垫上有污物的话，可能在镜片表面造成划痕；如果切割镜片的工具粗糙不平整或者镜片不够光滑，镜片表面会出现圆形的标志。

用裂隙灯、立体镜或者测量放大仪检查镜片的光学质量。光学质量差的镜片是可以在焦度计检查后顶焦度时查出，如果出现光标像模糊、变形或重影表明镜片光学质量不佳。注意检查前要常规清洁镜片，去除镜片表面的异物，并保持干燥。

（8）镜片表面质量检测：镜片的表面质量下降直接影响视力和舒适度。可以用裂隙灯、测量放大仪或者投影仪直接检查镜片表面的划痕或其他表面缺损。有时还可以看到镜片的表面沉淀物。

（四）散光硬性接触镜的检测

1. 散光硬性接触镜的分类

（1）前表面环曲面镜片：这种镜片前表面为散光面，基弧为球性。这类镜片主要用来矫正眼内散光。由于镜片内表面为球性，镜片戴入后往往容易旋转，可通过棱镜垂重或者截边的方法来稳定镜片。

（2）后表面环曲面镜片：这类镜片的后表面为散光面，前表面为球性。对大多数的硬镜材料，基弧和散光度数的关系是基弧的散光量大约等于 2/3 柱镜量。

（3）双环曲面镜片：这类镜片的前后表面均为散光面。分为两种类型，即球性效果和柱性效果。按照光学角度来说，球性效果是指镜片戴入眼内后，由于没有眼内散光，镜片所起的作用相当于球性结果。而柱镜效果则是当角膜散光量大于 −2.00D，球性效果镜片无法完全矫正时，在矫正角膜散光的同时还要矫正眼内散光。

2. 散光硬性接触镜的检测和核实

（1）后顶焦度检测

1）转动镜片测度仪的轴向到 180°。

2）将镜片置于镜片测度仪的中心。

3）旋转镜片测度仪的度数转轮直到一个方向清晰聚焦。画一个光学十字，记录该度数，继续旋转镜片测度仪直到相反的方向清晰聚焦，同样记录度数。如：

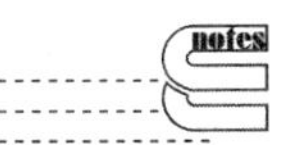

2.00D

5.00D

4）如果发现棱镜度数，大部分的镜片为前表面散光镜片，但这类镜片比较少见。旋转镜片直到底朝下，然后测量镜片的屈光度，方法同框架镜片的测量。记录结果，如：−1.00−1.50×180，1.5△BD。

（2）基弧：后环曲面镜片有两条互相垂直的主子午线，镜片测度仪测量时不能同时获得清晰的光标像。一个方向聚焦后，记录曲率半径值，然后再令垂直方向清晰聚焦。如果镜片位置不匹配，可能无法得到准确的测量结果。这时可轻轻旋转底座，直到获得清晰的光标像。大多数情况下，平坦基弧对应的屈光度要正一些。

（3）后环曲面镜片的类型检测：首先，将曲率半径的数值转换为屈光度形式。两条主子午线的屈光度的差值为镜片散光量。按照表 1-5-1 确定镜片类型。

表 1-5-1　基弧和屈光度的关系

镜片类型	基弧 - 屈光度的关系
散光基弧	镜片散光 =2/3 柱镜量
球性效果	镜片散光 = 柱镜量
柱镜效果	镜片散光不等于柱镜量，也不等于 2/3 柱镜量

镜片参数格式：

前表面散光：7.50（45.00）/−2.00−1.00×90/1.5△BD

后表面散光：

$$\frac{7.50(45.00)/-4.00}{7.85(43.00)/-1.00} \quad (1\text{-}5\text{-}1)$$

注意：镜片散光量 =2.00D，柱镜量 =3.00D，镜片散光量 =2/3 柱镜量。

球性效果镜片：

$$\frac{7.50(45.00)/-4.00}{7.85(43.00)/-2.00} \quad (1\text{-}5\text{-}2)$$

注意：镜片散光量 =2.00D，柱镜量 =2.00D，镜片散光量 = 柱镜量。

（五）硬性接触镜的修正

1. 修正仪器

（1）基本器具

1）修正台：包括一个可旋转的轴，轴上可以附加修正设备。

2）吸棒：修正时用来固定镜片，吸棒一般是橡皮做的，有两个面，可以吸附镜片的前后表面，如图 1-5-16 所示。

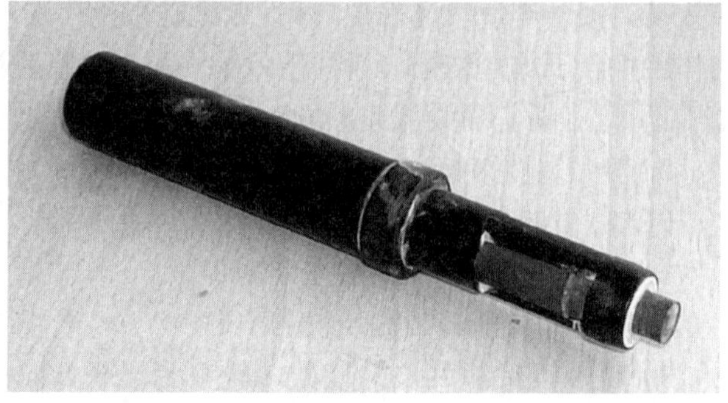

图 1-5-16　吸棒和旋转手柄吸棒

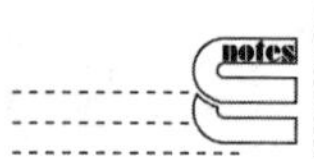

3）抛光液：抛光时，用来润滑和冷却镜片表面。

4）平坦海绵垫：主要用于增加负度数，前表面抛光或者边缘修改。

5）锥形海绵垫：主要用于后表面的抛光。

6）绒布覆盖垫：主要用于增加正度数。

（2）高级器具

1）半径修正单元：一般由塑料或者黄铜等材料制成，用于抛光后曲率的连接部分，平坦周边曲率或者增加周边曲率的宽度。

2）锥形单元：用于减少边缘厚度或者减少直径。

3）旋转柄：又称镜片固定柄，用于固定镜片，主要是还可以旋转。

4）卡式装备：两面形，主要用于安装镜片以便边缘或直径的修正。

2. 修正的步骤　不管是修正镜片的哪一参数，注意一定要记住以下步骤：首先，清洁、检查和核实镜片。这样可保证操作者在操作过程中对镜片的修改量的大小，也保证其他不需要修改的参数不变。修正后，还要检查和核实所有的参数。例如，在表面抛光时，要检查度数是否有改变；其次，将镜片吸在吸棒上时，要确定镜片吸在中心位置，在整个修正过程中，位置一直保持正确。可用水湿润镜片和吸棒的表面，这样吸附更牢固；最后，用绒布、海绵或者其他布类覆盖垫时，要一直有水冲洗和抛光镜片，这样可减少镜片表面的热量产生，防止表面烧坏或影响湿润性。

（1）简单步骤

1）表面抛光：主要去除镜片表面的划痕或沉淀物，可用绒布覆盖垫或海绵垫。在开始抛光时，如果是在绒布覆盖垫上，镜片可有稍微偏心，如果在海绵垫上，则镜片固定柄垂直于海绵垫。抛光过程中，倾斜和旋转手柄以保证整个镜片的表面都抛光。抛光不均匀会引起度数改变或者光学变形。

在抛光镜片内表面时，用一圆锥形海绵垫，固定镜片，保证镜片的凹面位于海绵垫的中央顶部，如图 1-5-17 所示。

2）增加负度数：抛磨镜片中心，将镜片的凸面变平，来增加镜片的度数。一般用平坦的海绵垫，海绵有弹性，而且在中央区比周边区提供更大的压力。

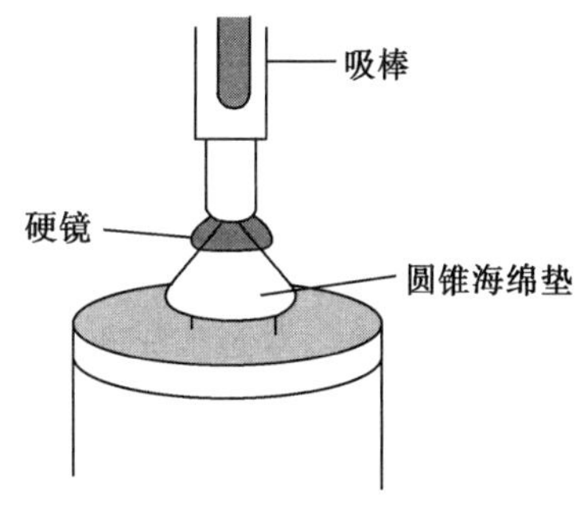

图 1-5-17　表面抛光

操作时，首先要用水或抛光液湿润海绵垫。当海绵垫旋转时，手持镜片固定柄，镜片平坦面正对海绵垫，轻轻施加压力开始抛光。镜片的位置越接近海绵垫的周边位置，则抛光速度越快，这是由于越靠近周边，角速度越快。这样抛光大约能修正 −0.75D 左右，修正后务必要用镜片焦度计检查镜片的镜度和光学质量，如图 1-5-18A 所示。

3）增加正度数：增加正度数时，与上述步相反，抛磨镜片周边，将镜片的凸面变得更凸。中心越远，线速度越大，因此可将镜片正对中心，施加压力，旋转时周边的部分要去除得多一些，这样可改变镜片的度数。还有一种方法是抛光镜片旁中央区域或者周边区域，注意要小心旋转整个镜片，保证整个面都有抛光。这样抛光大约能修正 +0.37D，同样，修正后务必要用焦度计检查镜片的镜度和光学质量，如图 1-5-18B 所示。

在改变度数时，如果抛光不均匀，会导致检测仪器的光标像模糊变形或者散光。

4）边缘修改：小的边缘修改可直接在平坦的海绵垫上进行，手持镜片操作柄，开始时为一大的角度，但不能碰到光学区，然后慢慢下降操作柄，直到与海绵垫平行为止。同时镜片要旋转，这样才能保证整个边缘都能抛光，抛光时，削除不同量的边缘材料，可以达到不同的效果，有时可削薄厚的边缘，也可以将过尖的边缘抛钝。

notes

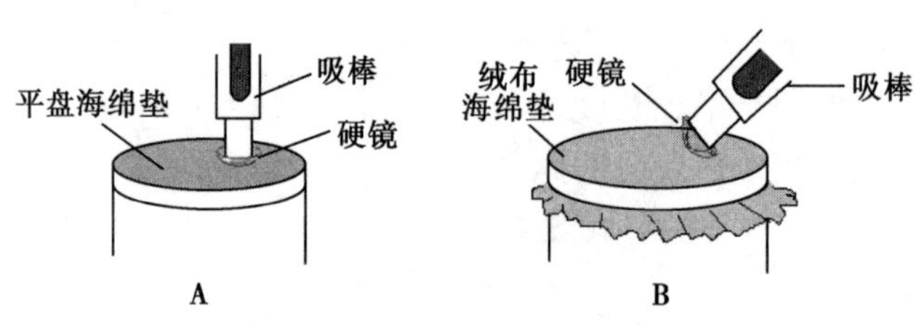

图 1-5-18　改变正负度数

A. 增加负度数；B. 增加正度数

边缘的修正还可以用圆柱海绵，手持镜片凹面向外，在中间空隙内上下移动镜片即可抛光。

5）连接处抛光：镜片的后曲率之间的连接有的光滑，也有的很尖锐。可以用周边曲率半径修正工具来修复尖锐的边缘，以增加舒适度。选择一黄铜或者塑料的工具，半径为两不同曲率的中间值。盖上一绒布盖后，加水和抛光液开始抛光。抛光时，手持操作柄成一 8 字形运动。抛光速度很快，每片镜片只需 10～15s 时间，如图 1-5-19 所示。

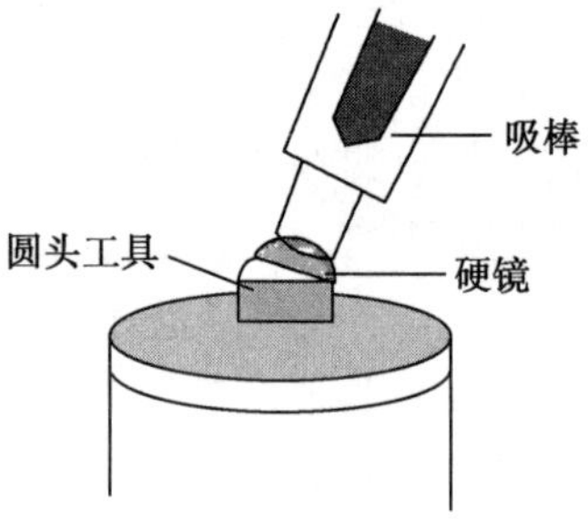

图 1-5-19　连接处抛光

（2）高级步骤

1）周边弧的加宽和变平：临床上大多使用黄铜或者塑料的半径修正仪器，修正时还需盖上绒布，系上带子。因为带子和绒布也有一定的厚度，因此在修正时需计算这两者的厚度。比如，带子的厚度是 0.20mm，相应于修正工具增加了 0.2mm，或者增加了 1.00D。许多厂家在生产工具时直接把绒布的厚度计算在直径中，有些则不考虑这一参数，因此，在修正前要先确认仪器的说明。

镜片固定在操作柄上，凹面朝外。半径修正仪上盖一绒布并固定在旋转轴上。抛光液湿润镜片和仪器，手持镜片，以反 8 字方式旋转镜片。修正过程中，一直要不时地用测量放大仪或者投影仪观察镜片。

2）边缘修改：还可以用锥形工具来修正镜片的边缘。一般用得较多的是 60° 和 90° 夹角的工具。这些工具表面盖上绒布，修正时需要抛光液。

60° 夹角主要用在修正尖锐的边缘。镜片固定在操作柄上，凹面向下正对 60° 的夹角。边缘变钝后，还需要在平坦海绵垫上抛光镜片表面。

边缘厚钝修正是用 90° 夹角的抛光工具，是用该工具削除镜片周边的材料，手持镜片操作柄，凸面朝下，将镜片固定在 90° 的槽内抛光，结束后还需要在平坦海绵垫上抛光镜片的表面。

3）减少直径：用 60° 夹角的锥形工具减少直径。将镜片凹面朝下固定在操作柄上，手持操作柄抛光镜片。抛光结束后，还需要在 90° 锥形工具上抛光成形，如图 1-5-20 所示。

4）去除负镜片的边缘厚度：固定镜片，凸面朝外，吸在吸棒内，固定于操作柄上。镜片垂直放置在 60° 的锥形工具内抛光，抛光时需用抛光液和水湿润镜片和绒布。手持镜片，大约抛光 15s。取出镜片后，在 90° 的锥形工具内继续抛光数秒钟。

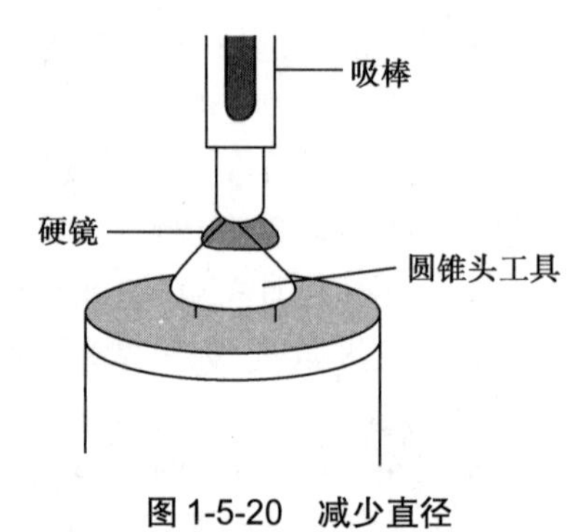

图 1-5-20　减少直径

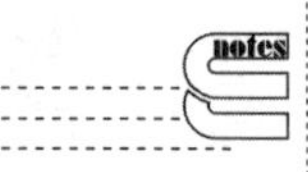

五、实训项目及考核标准

（一）实训项目一

1. 实训内容——软镜的检测

顾客胡××，女，今年30岁，配戴软性接触镜8年，右眼 -7.00D，左眼 -4.00D，一直配戴传统型接触镜，这副眼镜已经戴了8个月，坚持每日清洁护理，但经常忘记使用蛋白酶片，最近戴镜数小时后，出现视物模糊，感觉视力不稳定，时好时坏。现请你对顾客胡某的软性接触镜进行相关质量检测，并将检测结果记录于下面的表格中，并对照相关国家标准，判定该镜合格与否。

2. 实训目的

（1）熟悉接触镜的各种术语、材料、参数和设计特点。

（2）使用镜片测度仪和放大镜等仪器、设备和工具，进行度数、直径差等参数检测的操作。

（3）会用立体显微镜、裂隙灯、投影仪或放大镜来检查镜片表面质量和沉淀物。

3. 实训工具

（1）接触镜。

（2）软镜专用镊或专用勺。

（3）裂隙灯显微镜、镜片测度仪、V形规、投影仪、放大镜等。

（4）软镜的护理系统。

4. 操作考核内容

（1）识别待测接触镜的材料、所给参数和设计特点。

（2）规范洗手并取出接触镜。

（3）辨认镜片正反面，确认镜片干净无损。

（4）练习检测镜片的后顶点度数，每位同学都学会比较软镜在干燥时和湿房里的测量结果。

（5）使镜片稍脱水后，练习用投影仪、放大镜加刻度镜或V形圆规测量镜片直径。

（6）用立体显微镜、裂隙灯、投影仪或放大镜来检查镜片表面质量和沉淀物。

5. 检测结果记录

操作者：		操作日期：	
1. 镜片的参数（品牌、型号、度数、基弧、直径、厚度等） 记录：			
2. 镜片取出后的检查（辨认正反面，是否有破损或异物等） 记录：			
	所用仪器	镜片1参数	镜片2参数
品牌型号			
度数			
直径			
表面质量			

6. 总结实训过程，写出实训报告。

（二）考核标准

<table>
<tr><th colspan="2">项目</th><th>总分 100</th><th>要求</th><th>得分</th><th>扣分</th><th>说明</th></tr>
<tr><td colspan="2">素质要求</td><td>5</td><td>着装整洁，仪表大方，举止得体，态度和蔼，符合职业标准</td><td></td><td></td><td></td></tr>
<tr><td colspan="2">操作前准备</td><td>10</td><td>环境准备：专业实训室
用物准备：裂隙灯显微镜、镜片测度仪、V 形规、投影仪、放大镜等
检查者准备：穿白大衣或工作服</td><td></td><td></td><td></td></tr>
<tr><td rowspan="6">操作过程</td><td>1. 识别待测接触镜的材料、所给参数和设计特点</td><td>10</td><td>能熟练识别接触镜的参数</td><td></td><td></td><td></td></tr>
<tr><td>2. 规范洗手并取出接触镜</td><td>5</td><td>规范并熟练地取出接触镜</td><td></td><td></td><td></td></tr>
<tr><td>3. 辨认镜片正反面，确认镜片干净无损</td><td>10</td><td>能够辨认出接触镜的正反面</td><td></td><td></td><td></td></tr>
<tr><td>4. 检测镜片的后顶点度数，每位同学都学会比较软镜在干燥时和湿房里的测量结果</td><td>15</td><td>1. 使用镜片测度仪等仪器、设备和工具
2. 正确进行度数的检测的操作
3. 会比较软镜在干燥时和湿房里的测量结果</td><td></td><td></td><td></td></tr>
<tr><td>5. 使镜片稍脱水后，练习用投影仪、放大镜加刻度镜或 V 形圆规测量镜片直径</td><td>10</td><td>1. 使用放大镜和投影仪等仪器、设备和工具
2. 正确接触镜直径检测的操作</td><td></td><td></td><td></td></tr>
<tr><td>6. 用立体显微镜、裂隙灯、投影仪或放大镜来检查镜片表面质量和沉淀物</td><td>10</td><td>能正确使用立体显微镜、裂隙灯、投影仪或放大镜来检查镜片表面质量和沉淀物</td><td></td><td></td><td></td></tr>
<tr><td colspan="2">记录</td><td>5</td><td>记录结果准确</td><td></td><td></td><td></td></tr>
<tr><td colspan="2">操作后</td><td>5</td><td>整理及清洁用物</td><td></td><td></td><td></td></tr>
<tr><td colspan="2">熟练程度</td><td>5</td><td>顺序准确，操作规范，动作熟练</td><td></td><td></td><td></td></tr>
<tr><td colspan="2">操作总分</td><td>90</td><td></td><td></td><td></td><td></td></tr>
<tr><td colspan="2">口试总分</td><td>10</td><td></td><td></td><td></td><td></td></tr>
<tr><td colspan="2">总得分</td><td>100</td><td></td><td></td><td></td><td></td></tr>
</table>

评分人：　　　　年　　月　　日　　　　　　核分人：　　　　年　　月　　日

（三）实训项目二

1. 实训内容——硬镜的检测

叶 ××，女，20 岁，大学生，原一直配戴框架眼镜，验光处方如下：OD：−4.00DS/−1.50DC×180，OS：−5.00DS/−1.75DC×170，角膜曲率测量结果：OD：43.25@180/44.75@90，OS：42.00@170/43.75@80，经过临床试戴，确定处方如下：OD：−4.00 BC：7.80 Dia：9.6；OS：−4.75 BC：8.00 Dia：9.6，作为一名接触镜的验配人员，在根据订单得到预定的镜片以后，如何核实球性硬性角膜接触镜的参数？

现请你对顾客叶某的配装眼镜进行相关质量检测，并将检测结果记录于下面的表格中，并对照相关国家标准，判定该配装眼镜合格与否。

2. 实训目的

（1）能描述球性硬性角膜接触镜的参数及其特点。

(2) 使用镜片测度仪(焦度计),曲率半径测定仪,测量放大仪,角膜曲率计等仪器、设备和工具,进行基弧、后顶点度数、镜片直径、光学区直径、周边曲率宽度、中心厚度、镜片边缘、光学质量、表面质量等参数检测的操作。

3. 实训工具 镜片测度仪(焦度计)、曲率半径测定仪、测量放大仪、角膜曲率计等。

4. 操作考核内容 检查和核实以下参数:

基弧:曲率半径测定仪,角膜曲率计;

后顶点度数:镜片测度仪(焦度计);

镜片直径:测量放大仪,V形规;

光学区直径:测量放大仪;

周边曲率宽度:测量放大仪;

中心厚度:中心厚度测量仪;

边缘检查:投影仪,测量放大仪,裂隙灯;

光学质量:镜片测度仪(焦度计);

表面质量:投影仪,测量放大仪,裂隙灯。

5. 检测结果记录

检测者:		日期:	
	所用仪器	镜片 1	镜片 2
基弧			
度数			
直径			
光学区直径			
周边弧宽度			
中心厚度			
边缘检查			
镜片光学质量			
表面质量			

6. 总结实训过程,写出实训报告。

(四) 考核标准

项目		总分 100	要求	得分	扣分	说明
素质要求		5	着装整洁,仪表大方,举止得体,态度和蔼,符合职业标准			
操作前准备		10	环境准备:专业实训室 用物准备:镜片测度仪(焦度计),曲率半径测定仪,测量放大仪,角膜曲率计等 检查者准备:穿白大衣或工作服			
操作过程	1. 基弧的检测	10	1. 熟练使用镜片测度仪(焦度计),曲率半径测定仪,测量放大仪等仪器、设备和工具 2. 正确进行基弧检测的操作			

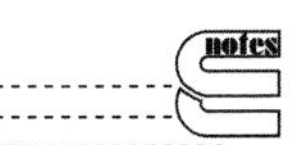

续表

项目		总分100	要求	得分	扣分	说明
操作过程	2. 后顶点度数的检测	10	1. 熟练使用镜片测度仪（焦度计），曲率半径测定仪，测量放大仪等仪器、设备和工具 2. 正确进行后顶点度数的检测的操作			
	3. 镜片直径的检测	10	1. 熟练使用镜片测度仪（焦度计），曲率半径测定仪，测量放大仪等仪器、设备和工具 2. 正确进行镜片直径的监测的操作			
	4. 光学区直径的检测	5	1. 熟练使用镜片测度仪（焦度计），曲率半径测定仪，测量放大仪等仪器、设备和工具 2. 正确进行光学区直径的检测的操作			
	5. 周边曲率宽度的检测	10	1. 熟练使用镜片测度仪（焦度计），曲率半径测定仪，测量放大仪等仪器、设备和工具 2. 正确进行周边曲率宽度的检测的操作			
	6. 中心厚度的检测	5	1. 熟练使用镜片测度仪（焦度计），曲率半径测定仪，测量放大仪等仪器、设备和工具 2. 正确进行中心厚度的检测的操作			
	7. 边缘检查的检测	5	1. 熟练使用镜片测度仪（焦度计），曲率半径测定仪，测量放大仪等仪器、设备和工具 2. 正确进行边缘检查的检测的操作			
	8. 光学质量的检测	5	正确进行光学质量的检测的操作			
	9. 表面质量的检测	5	1. 熟练使用镜片测度仪（焦度计），曲率半径测定仪，测量放大仪等仪器、设备和工具 2. 正确进行表面质量的检测的操作			
记录		5	记录结果准确			
操作后		5	整理及清洁用物			
熟练程度		5	顺序准确，操作规范，动作熟练			
操作总分		90				
口试总分		10				
总得分		100				

评分人：　　　　年　　月　　日　　　　　　核分人：　　　　年　　月　　日

（陈　洁　吴志毅　姬亚鹏）

ER 1-5-2 扫一扫，测一测

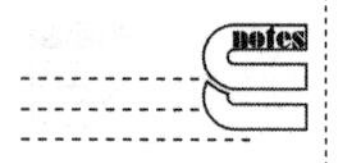

任务六　常用特殊眼镜的检测

学习目标

知识目标

1. 掌握防蓝光眼镜相关检测标准。

2. 掌握离焦眼镜、棱透镜、防蓝光眼镜检测项目及具体方法。

能力目标

1. 独立完成离焦眼镜、棱透镜、防蓝光眼镜的操作方法。

2. 能够识别镜片是否存在离焦效果、防蓝光效果。

素质目标

1. 培养学生独立思考、分析问题、解决问题及再学习的能力。

2. 培养学生追求新的近视防控理论，会检测特殊眼镜的功能。

3. 通过对特殊眼镜检测，深刻认识到功能性镜片的特殊作用，培养学生的发现问题、解决问题的能力和创新能力。

任务描述

1. 顾客肖某某，男，年龄 12 岁，8 岁发现近视，近几年度数增长较快，建议选择具有防控效果的离焦镜片，经检查 OD: −5.00DS，OS: −4.75DS，PD=58m，选择一副金属全框眼镜，参数为 52 □ 16-132；镜片为某品牌加硬加膜抗辐射离焦镜片。眼镜装配后，作为眼镜质量检测人员，应如何开展工作并完成以下任务？

2. 顾客李某，女，9 岁，7 岁发现近视，近几年度数增长较快，建议选择棱透组合眼镜，经检查 OD: −4.00DS −0.75DC×180，OS: −4.25DS −0.50DC×180，PD=54m，选择一副塑料全框眼镜，参数为 50 □ 16-132；镜片为某公司加硬加膜抗辐射棱透组合镜。眼镜装配后，作为眼镜质量检测人员，应如何开展工作并完成以下任务？

3. 顾客崔某，女，25 岁，会计，经常感觉疲劳，眼科检查排除相关疾病、视光科检测建议配戴防蓝光眼镜，经检查 OD: −2.00DS/−1.25DC×175，OS: −2.25DS/−0.50DC×180，PD=60m，选择一副金属半框眼镜，参数为 56 □ 16-136；镜片为某公司加硬加膜防蓝光镜片。眼镜装配后，作为眼镜质量检测人员，应如何开展工作并完成以下任务？

ER 1-6-1 PPT 任务六：离焦眼镜的检测

进入 21 世纪，随着近视不断的高发，人们对近视眼的认识和控制手段有了新的突破。Smith 教授（2005）婴儿猴实验证实了周边形觉剥夺能引起近视眼以及屈光状态的改变不依赖中心视觉，与此同时国外近视患者通过配戴接触镜、RGP、OK 镜屈光度数改变具有显著性差异。因此，如何能够扩大成像范围，减少眼镜抖动的因素和传统镜片矫正方式的缺陷，学者们提出了周边视力控制技术理论。

一、离焦眼镜的检测

（一）离焦镜片概述

1. 离焦理论　利用周边视力控制技术，依照人眼眼球构造，通过电脑精密设计镜片曲率，提供最高的成像品质，在给青少年提供清晰锐利的中心视力的同时兼顾周边视力。经

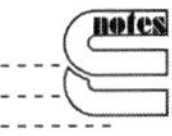

证明，配戴这种镜片对父母中至少一方为近视的6岁至12岁儿童（相当于60%左右的青少年近视患者）具有显著效果，平均延缓近视发展30%左右。这种镜片采用了简明有效的技术，即“周边视力控制技术”，不但矫正敏锐的中心视力，而且也将周边视觉影像清晰地展现在周边视网膜前方，如图1-6-1A所示普通镜片成像原理图，图1-6-1B为离焦镜片成像原理图。

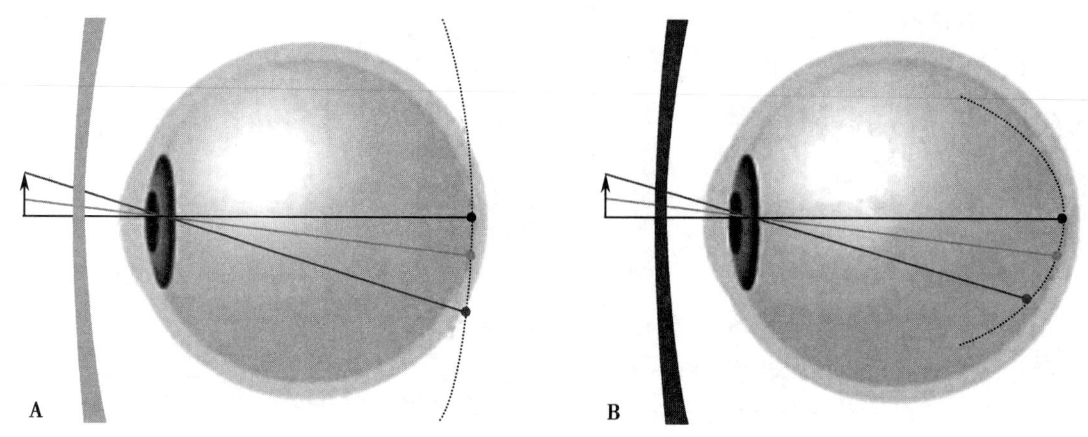

图1-6-1　不同镜片成像原理

A. 普通镜片矫正近视，物像落在中心视网膜上，但是落在周边视网膜后（非周边控制技术）；B. 离焦镜片矫正近视，物像落在中心视网膜上，还可落在周边视网膜前方（周边控制技术）

2. 验配要求

（1）验光要求：屈光要求完全矫正，临床上超过0.50D或以上时要及时更换镜片。

（2）装配要求

1）点瞳：周边视力控制技术镜片要求点瞳高，严格按照瞳高和单眼瞳距的结果进行加工。

2）在保证光学中心距等于远用瞳距的基础上，尽量减少倾斜角和镜面角。

（二）离焦镜片检测中涉及的术语和定义

1. 周边视力控制技术　将周边视觉清晰的影像成像在周边视网膜上或者周边视网膜前方。

2. 周边屈光度　是指与视轴成一定夹角的周边视野内的屈光状态，常用字母PR表示。周边屈光度通常以相应周边区域的散光或者等效球镜度来进行描述，除了受周边角膜非球面性影响之外，周边屈光状态主要与眼底视网膜形态密切相关。周边视网膜形态越陡，对应区域的周边远视度越高。

3. 中心屈光度　是指与视轴成一定夹角的中心视野内的屈光状态，常用字母CR表示。主要受各屈光介质中心位置和眼轴来决定，与眼底视网膜形态的关联性小。

4. 相对周边屈光度　周边屈光度到中心屈光度的差异为相对周边屈光度。

（三）检测要素

1. 毛边离焦镜片的检测

（1）离焦镜片外观质量检测：离焦镜片也属于单焦点镜片，需要参照的标准是GB10810.2—2006《眼镜片 第1部分：单焦点镜片》，检测环境必须在温度23℃±5℃的环境下进行检测，其中主要的因素有：

1）镜片包装：检查镜片外包装是否完好，有无破损；检查包装上的标志和信息是否完整。每一幅镜片应该在包装上有远焦度、镜片标称尺寸、色泽（如果镜片有颜色标出颜色或者颜色代号）、镀膜的情况（膜层的名称）、材料牌、折射率、供应商、左右眼标记（R或L）、商标等。

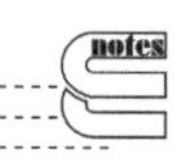

2）镜片标记检测：对于离焦镜片来讲，镜片上面尤其是固定的一些标记，是非永久性标记，主要有配装基准线、远用区、配适点，如图 1-6-2 所示。

非永久性标记可以用可溶墨水标记、贴花纸等形式标示，便于去掉，不会在镜片表面留下任何痕迹。

3）表面质量和内在瑕疵检测：离焦镜片表面质量检查与本教材单光镜片质量检测内容一致，具体请参照本教材单光镜片检测章节。

4）镜片几何尺寸的检测

标称直径：由制造商标明的镜片直径。

有效直径：镜片实际直径，一般要求实际直径与标称直径之间允许的误差为 -1mm≤标称直径≤+2mm。

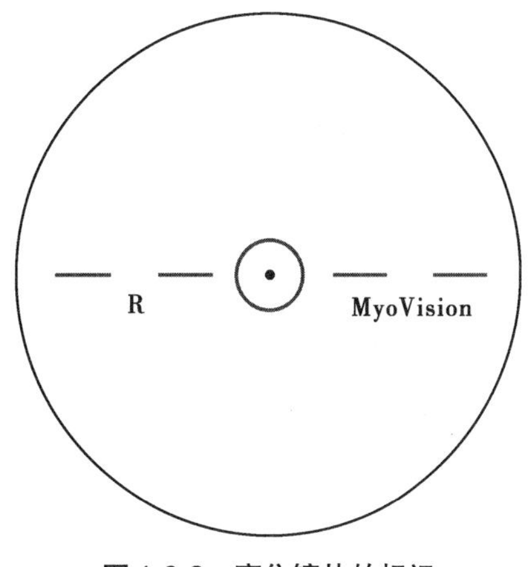

图 1-6-2 离焦镜片的标记

镜片厚度：检测镜片的厚度时在镜片凸面的基准点上，垂直于该表面使用厚度仪测定镜片的有效厚度值，测定值应不偏离标称值 ±0.3mm。

（2）光学性能检测：离焦镜片也属于单焦点镜片，光学检测要求与单光眼镜要求相同，具体参照本教材单光眼镜检测相关章节。

（3）离焦性能检测：将被检测镜片置于眼前，清晰注视一条水平线，当镜片垂直方向移动的时候，可以看到水平线变成弧线，左右对称，当镜片水平移动的时候，垂直线变成弧线，形变也是对称的，但是垂直不发生形变的范围明显变窄。

2. 装配离焦眼镜的检测　在第一个任务实例中，顾客要求检测的是一副已经割边装配好的离焦眼镜。根据加工好的参数及是否能够达到离焦需求进行检测，主要内容如下：

（1）镜片外观检测：检测左右眼镜片的色泽是否一致；膜层是否一致；左右标记是否存在；镜片表面是否光洁、透视清晰、内在是否存在瑕疵等（具体检测方法参照本教材单光眼镜检测）。

（2）镜架外观检测：检查镜架外观主要是采取目视鉴别。镜架外观应无崩边、钳痕、镀层脱落及明显擦痕、零件缺损等瑕疵。具体参照本教材单光眼镜外观检测部分。

（3）装配质量检测：镜片与镜架性质基本相似且左右对称，装配后不松动，没有明显缝隙；金属锁接管的间隙小于等于 0.5mm，左右眼镜面应保持相对平整、托叶应对称，两镜腿对称，外张角为 80°～95°，两镜腿张开平放或倒伏均保持平整，镜架不扭曲，左右身腿倾斜角互差不大于 2.5°，配装后眼镜的外观应无崩边、焦损、翻边、扭曲、钳痕、镀层脱落及明显擦痕、螺纹滑牙及零件缺损等明显瑕疵。前倾角应在 10°～12°，镜眼距应该在 12mm 左右；通过应力仪检测镜片应力时，不存在应力过强、应力过弱等情况，如产生较大的应力会导致镜片和膜受损，影响镜片使用寿命。

（4）光学性能检测：顶焦度、轴位等检测参照单光眼镜检测标准。

（5）水平偏差与垂直互差检测：离焦眼镜加工时需要测定单眼瞳距和单眼瞳高，因此，水平偏差与垂直互差具体检测参照渐变焦眼镜单侧光学中心水平偏差及垂直互差的检测。

二维码 1-6-2 视频 离焦效果检测

（6）离焦性能检测

1）合理的镜片中心光学区：配戴者站在 3m 远的位置，注视 3m 远处目标，头位不动，眼球不动，有较大的中央可视范围，否则就会造成中心离焦。

2）是否符合人扫视习惯：配戴者站在 3m 远的位置，注视 3m 远处目标，头位不动，眼球左右移动是否存在连续清晰范围，将清晰范围连接起来与像差仪提供的图形进行比对，看是否符合人扫视阅读习惯，较为理想的离焦镜片成像图，如图 1-6-3 所示。

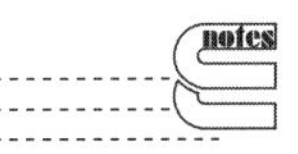

3）足够的周边清晰视野范围：配戴者站在 3m 远的位置，注视 3m 远处目标，头位不动，眼球转动，辨认 1.0 的视标，将所看清晰范围连接成区域，与离焦镜片提供的成像图进行比较，如果基本没有差异，证实镜片具有离焦效果，视野范围较大（图 1-6-4 为离焦镜片视野范围检测）并且具有较好的减少旁中心离焦作用，否则说明镜片离焦效果较差。

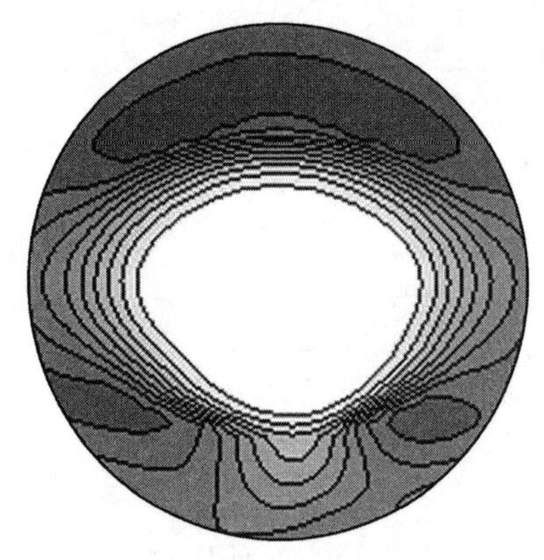

图 1-6-3　理想离焦成像图

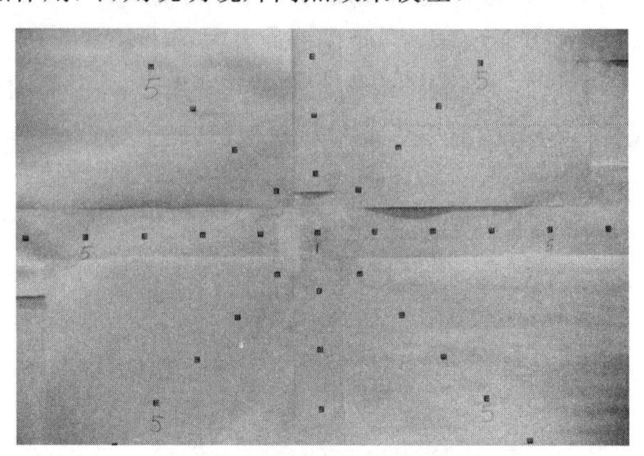

图 1-6-4　离焦镜片视野范围测定

4）舒适度、接受度：是否出现头晕及影响行走、阅读等不适症状；作为配镜处方的接受程度，适应该镜片的时间长短，适应时间越短，说明镜片设计更符合人的视觉生理（离焦镜片从设计原理来讲，开始舒适度应稍低于单光镜片）。

二、棱透组合眼镜的检测

（一）棱透组合镜片相关知识

看近时由近目标到眼的光是散开的。散开的光在视网膜后成像，为使眼球后的物像移到视网膜上，因而引起眼球结构的变化，调节必然增加，集合增加，压迫眼球，导致近视。在早些年，我国著名的屈光学家徐广第教授认为青少年阅读时戴着适当的凸透镜，使进入眼内的光线散开的程度下降，应该会减少近视的发生及发展。目前这种学说的观点也被很多学者认可。

1．命题的沿革　20 世纪 80 年代初，我国上海和徐州两个防治近视的科研单位，都让小学生戴上凸透镜看书，用以预防近视限的发生和发展。这种当时称为近雾视法。

近几年来，有些学者强调在用低度凸透镜防治近视时，要附加基底向内的三棱镜使眼睛的散开带动调节放松。徐广第教授在设计双眼合像仪防治近视时，也深深体会到两眼眼轴敞开带动调节放松的重要性，也就是说，负集合可能伴随着负调节，因而暂时降低近视的屈光度从而提高其远视力，起到治疗假性近视的作用。最新来自中山眼科中心的研究也证实棱镜结合透镜对于青少年近视有较好的防控作用，但是须经过严格的检查。基于上述论点，目前市场上“低度凸透镜附加基底向内三棱镜用于防治近视”。

2．防治近视镜的实践经验和理论根据　20 世纪 80 年代，上海和徐州两家眼科研究单位首先使用低度凸透镜（时称“近雾视法”）在小学生中防治近视。其结语为：是控制发生率和降低原有患病率的有效措施，并且安全可靠、简便易行又不妨碍学习。截至 1985 年底，他们用同一方法取得类似结果，并在杂志上发表了 30 多篇文章。最近，陈巨德用上述方法在小学 3 年级学生中配戴 +1.50D 眼镜观察 4 年后，试验组的近视度明显较低，近视发生率与对照组比较亦有显著差异。贾锐锋用自行设计的双焦镜预防远视，经多年观察认为：“确实能控制真性近视”。

3．验配要求　对于这种特殊眼镜来讲，在验配的过程中，需要提供以下参数：裸眼视力、矫正视力、远用屈光矫正度、远用视线距、调节幅度、眼位及正、负相对调节。

（二）棱透镜片检测中涉及的术语和定义

1. 棱镜度　光线通过镜片某一点产生的偏离。棱镜度的表示单位为厘米每米（cm/m或△），单位名称为棱镜屈光度。

2. 棱透组合镜　棱透组合镜是指透镜和棱镜的组合，主要用于改变近距离调节的量和聚散的量，医学上，发现对于青少年近视控制有较为理想的作用。

3. 分界线　上半部分与下半部分的连接处，也是屈光度变化的临界位置。

（三）检测要素

1. 毛边棱透组合镜镜片的检测

（1）棱透镜片镜片外观质量检测（一线棱透镜）：棱透镜属于双焦点镜片，检测标准主要参照国家双光眼镜标准。

检测环境必须在温度23℃±5℃的环境下进行检测，其中主要的因素有：

1）镜片包装：检查镜片外包装是否完好，有无破损；检查包装上的标志和信息是否完整。每一幅镜片应该在包装上有远焦度、镜片标称尺寸、色泽（如果镜片有颜色标出颜色或者颜色代号）、镀膜的情况（膜层的名称）、材料牌、折射率、供应商、左右眼标记（R或L）、商标等。

2）镜片标记检测：对于一线棱透镜镜片来讲，存在明显的分界线，镜片上半区是主要是远用屈光的作用，如果远用屈光度不存在散光，上半部分的厚薄是均匀一致的；如果存在散光，厚薄根据散光的轴位发生改变。

3）表面质量和内在瑕疵检测：一线棱透镜连接部位要牢靠，一线棱透镜片表面质量检查与本教材单光镜片质量检测内容一致（参考情境一任务一）。

4）镜片几何尺寸的检测

标称直径：由制造商标明的镜片直径。

有效直径：镜片实际直径，一般要求实际直径与标称直径之间允许的误差为 −1mm≤标称直径≤+2mm。

镜片厚度：检测镜片的厚度时在镜片凸面的基准点上，垂直于该表面使用厚度仪测定镜片的有效厚度值，测定值不偏离标称值±0.3mm。

（2）光学性能检测：一线棱透镜上半部分区域也属于单焦点镜片，光学检测要求与单光眼镜要求相同（参考情境一任务一）。

一线棱透镜下半部分区域属于组合透镜，一般目前国内一线棱透镜是远用处方的基础上增加+2.00D，为下半部分的度数，同时在近用光心的基础上，单眼增加了3个BI的棱镜。

2. 装配好的一线棱透眼镜的检测　顾客要求检测的是一副已经装配好的一线棱透眼镜，主要内容如下：

（1）镜片外观检测：检测左右眼镜片的色泽是否一致；膜层是否一致；左右标记是否存在；左右厚薄是否装反（要求鼻侧边缘厚）；水平是否对称平整；连接处是否牢靠；镜片表面是否光洁、透视清晰、内在是否存在瑕疵等。

（2）镜架外观检测：检查镜架外观主要是采取目视鉴别。镜架外观应无崩边、钳痕、镀层脱落及明显擦痕、零件缺损等瑕疵（参考情境一任务一）。

（3）装配质量检测：镜片与镜架性质基本相似且左右对称，装配后不松动，没有明显缝隙；金属锁接管的间隙小于等于0.5mm，左右眼镜面应保持相对平整、托叶应对称，两镜腿对称，外张角为80°～95°，两镜腿张开平放或倒伏均保持平整，镜架不扭曲，左右身腿倾斜角互差不大于2.5°，配装后眼镜的外观应无崩边、焦损、翻边、扭曲、钳痕、镀层脱落及明显擦痕、螺纹滑牙及零件缺损等明显瑕疵。前倾角应在10°～12°，镜眼距应该在12mm左右；通过应力仪检测镜片应力时，不存在应力过强、应力过弱等情况，如产生较大的应力会导致

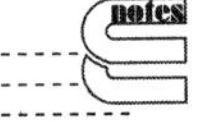

镜片和膜受损，影响镜片使用寿命。

（4）光学性能检测：一线棱镜左右眼上半部分的顶焦度、轴位等检测参照单光眼镜检测标准。

（5）水平偏差与垂直互差检测：一线棱透眼镜加工时需要测定单眼瞳距和单眼瞳高，因此，水平偏差与垂直互差具体检测参照双光眼镜单侧光学中心水平偏差及垂直互差的检测。

注：理论上来讲，一线棱透镜的水平线在加工过程中可能会存在不水平，一旦水平线倾斜，上半部区域如果有散光轴位将发生改变，下半部区域的棱透镜将会发生改变，产生垂直的棱镜，影响戴镜舒适度；最为关键的是一线的分界线比较明显，会影响到美观，所以一旦出现水平线倾斜，认为加工不合格，需要重新加工。

三、防蓝光眼镜的检测

（一）蓝光镜片相关知识

1. 蓝光的来源　光分为可见光和不可见光两大类。其中波长最短的是伽马射线（γ 射线），其次是 X 射线，都是高能短波射线，人不能直接暴露其中。可见光是指人的视觉能够感受到的光谱，主要指波长范围在 380～760nm 之间，有红、橙、黄、绿、青、蓝、紫七种颜色。蓝光就属于可见光的一种，波长在 400～500nm 之间，我们人眼对它感受到的颜色是蓝色，所以这个波段的光被称为蓝光，在日常生活中，各类浴霸、平板显示器、荧光灯、液晶显示器、手机屏幕、LED 灯等新型人造光源及太阳光发出的可见光中都含有蓝光。接着是波长比较长的红外线、微波、声波。

2. 蓝光的危害

（1）引起视网膜黄斑损伤：蓝光引起的光损伤主要影响视杆细胞及视网膜色素上皮层（RPE），Sparrow 等研究发现蓝光照后产生的氧自由基是损伤 RPE 的主要原因，其中主要的光敏剂——脂褐素，引发年龄相关性黄斑变性。随着年龄的增长，视网膜色素上皮细胞吞噬作用后留下的脂褐质（细胞碎片）将在视网膜色素上皮细胞层逐渐积累，进而增加视网膜对慢性光线照射伤的敏感性。此外，视网膜光毒性与光照强度及光子的能量间接相关。动物实验证实，在 415～455nm 范围窄光谱照射时，视网膜细胞凋亡显著增加。

（2）白内障术后的眼底损伤：随着年龄的增长，人体本身的晶状体密度会逐渐增加，颜色会偏黄，这有助于过滤蓝光。然而，白内障手术后，病人失去了这种天然屏障。蓝光将直达视网膜，进而增加视网膜色素上皮细胞及黄斑区视觉细胞受损伤的风险。

（3）蓝光可引发视觉模糊，导致视觉疲劳：对于正视眼，蓝光射入眼内经过聚焦后，焦点没有落在视网膜上，而是落在视网膜之前。这就增大了光线在眼内聚焦的色差。蓝光的射入会增加色差和视觉模糊度，为了获得清晰的像就需要调节代偿，从而产生视疲劳。

（4）蓝光可以引发眩光：蓝光在 400～500nm 之间具有较高的能量。而能量较高的光线在遇到空气中细小粒子时散射概率较高，蓝光便成了晃眼的主要原因。

3. 蓝光的有益生理作用

（1）调节生物钟：生理节律的紊乱，对人体健康极为不利。近年的流行病学研究表明，生理节律的破坏可能是乳腺癌和结直肠癌高发率的一个重要原因。国内外科学家经过多年的研究发现，光线不仅能够重置生物体的昼夜节律，同时还能影响到人体的激素分泌、心率、警觉性、睡眠质量、体温和基因表达。光线通过两条途径作用于人体：原发性视束负责调节视觉感知和视觉反应，而视网膜 - 下丘脑束则负责调控昼夜节律、内分泌和神经行为功能。进一步研究表明，视网膜 - 下丘脑束对波长范围为 459～485nm 的光线刺激最为敏感。而蓝光的波长则在 400～500nm 范围之间。

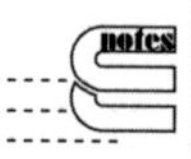

（2）产生暗视力：暗视力是由视杆细胞产生的，视杆细胞的感光色素（视紫红质）吸

收光量子数的峰值在498nm（蓝光波段），蓝光主要作用于视杆细胞，而暗视觉敏感度依赖于视杆细胞的感光色素——视紫红质所吸收的光量子数。此吸收可能依赖于光的波长，而且吸收最大峰值大约在498nm。故暗视力的产生和蓝光密切相关。随年龄增长，晶状体透光性下降，蓝光滤过增加，视杆细胞数量可以减少30%，导致暗视力的敏感性下降。

（3）影响屈光发育：目前，多数研究表明，不同单色光与眼球的生长发育和屈光的变化密切相关，即长波长光聚焦在视网膜之后能促进眼球的增长形成相对近视，短波长光聚焦在视网膜之前能抑制眼球的生长产生相对远视。Jiang等研究发现蓝光可干预豚鼠光学离焦性近视的进展且豚鼠脉络膜增厚。另外，Chu等研究发现在采用不含核黄素等光敏物质的培养基对RPE细胞进行培养的条件下，蓝光照射可以导致肝细胞生长因子（hepatocyte growth factor，HGF）合成的减少，而HGF可调控巩膜中重要的酶类——基质金属蛋白酶2（matrixmetalloproteinase 2，MMP2）的表达。蓝光可能通过减少HGF的表达从而抑制近视的进展。综上所述，蓝光可能主要通过单色光近视性离焦及减少RPE细胞HGF合成达到抑制眼球增长的作用。

（二）防蓝光镜片中涉及的术语和定义

1. 紫外线

（1）定义：紫外线指的是电磁波谱中波长从100nm到400nm辐射的总称

（2）分类：

UV-A（紫外线A，波长320～400nm，长紫外波）

UV-B（波长290～320nm，中紫外波）

UV-C（波长100～290nm，短紫外波）。

2. LED蓝光

定义：LED蓝光是指由LED芯片中半导体激发出的波长为400～500nm的高能量可见光（HEV），如彩图1-6-5所示，主要来源：手机、电脑、显示屏。

3. 蓝光性能　是指镜片明示具有蓝光防护功能时：对于0类镜片，蓝光投射比T_{sb}不大于$0.93T_v$；1～4类镜片蓝光投射比T_{sb}不大于T_v。

当镜片明示其蓝光吸收比为X%时，则其蓝光透射比T_{sb}不应大于（$100.5-X$）%。

当镜片明示其蓝光透射比小于X%时，则其蓝光透射比T_{sb}不应大于（$X+0.5$）%。

当镜片明示具有红外线辐射防护功能时，其红外光谱透射比T_{SIRA}不应大于T_v。

（三）检测要素

1. 防蓝光眼镜外观质量检测　防蓝光镜片也属于单焦点镜片，需要参照的标准是GB10810.2—2006《眼镜片　第1部分：单焦点镜片》，检测环境必须在温度23℃±5℃的环境下进行检测，其中主要的因素有：

（1）镜片包装：检查镜片外包装是否完好，有无破损；检查包装上的标志和信息是否完整。每一幅镜片应该在包装上有远焦度、镜片标称尺寸、色泽（如果镜片有颜色标出颜色或者颜色代号）、镀膜的情况（膜层的名称）、材料牌、折射率、供应商、商标等。

（2）镜片的膜层检测：目前已经上市的防蓝光镜片，根据防蓝光工艺大致可分为三类，其防蓝光效果和优缺点各有不同，具体见表1-6-1。

（3）表面质量和内在瑕疵检测：防蓝光镜片表面质量检查与本教材单光镜片质量检测内容一致，具体请参照本教材单光镜片检测章节。

（4）镜片几何尺寸的检测：镜片的直径与镜片厚度的检测与本教材单光镜片质量检测内容一致，具体请参照本教材单光镜片检测章节。

2. 光学性能检测　防蓝光镜片属于单光眼镜，具体参照单光眼镜光学参数检测。

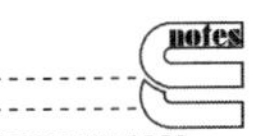

表 1-6-1　各类防蓝光镜片效果及优缺点

防蓝光工艺	概述	优点	缺点
掺色法	在镜片加硬液中添加可吸收蓝光的材料	防蓝光效果较好	①镜片外观不美观 ②可见光透过率较低，日常配戴影响视觉效果
增反膜	在镜片表面镀增加反射有害蓝光的膜层	镜片保持无色透明，透光率较高	①反光较亮影响美观 ②内表面将有害蓝光反射入眼内
双面膜	外表面度蓝光增反膜；内表面镀减反膜	镜片保持透明，透光率较高	有害蓝光阻断率相对较低

3. 防蓝光性能检测

(1) 一般防蓝光镜片因为阻隔了蓝光，所以镜片底色略微偏黄，如彩图 1-6-6 所示，右边偏黄的为防蓝光镜片。

(2) 将镜片放在显示器屏幕前或者 LED 灯光下查看，是否在镜片表面会反射出蓝色光线，说明该防蓝光眼镜能够阻拦蓝光。

(3) 用防蓝光笔照射镜片，如彩图 1-6-7 所示，蓝光透过明显说明没有防蓝光性能或者性能差，反之说明防蓝光性能好。

ER 1-6-3
视频　检测眼镜防蓝光作用

(4) 用防蓝光笔及防蓝光测试卡，如彩图 1-6-8 所示，防蓝光性能好的镜片能隔绝蓝光透过镜片在防蓝光测试卡上发生反应。

(5) 目前最准确的检测方法是通过紫外 - 可见分光光度计检测镜片的光谱。通过图谱可以直接读出镜片的吸收波长，如彩图 1-6-9 所示。

四、实训项目及考核标准

（一）实训项目——离焦眼镜检测、棱透镜眼镜检测、防蓝光眼镜检测

1. 实训目的

(1) 能够理解离焦、防蓝光相关术语及内容。

(2) 能利用顶焦度计测量离焦眼镜、棱透镜、防蓝光的顶焦度。

(3) 能找出离焦眼镜的光学作用区、棱透镜的垂直棱镜是否在国标内、防蓝光镜片是否能够达到防蓝光的作用。

(4) 能够看懂像差仪的离焦分析图、读出分光光谱仪的参数判定是否能够有效防蓝光。

2. 实训工具　若干离焦眼镜、单光眼镜、棱透镜、防蓝光眼镜、焦度计、像差仪、分光光谱仪、瞳距尺、镜片测厚仪等。

3. 实训内容

(1) 熟悉单光眼镜的国家标准内容，能看懂像差仪对离焦镜片检测结果、光谱分析仪对于镜片防蓝光结果分析、棱透镜组合是否达到光学要求及结构要求。

(2) 能够判断眼镜是否存在离焦效果、防蓝光镜片是否能够防高蓝光、棱透镜是否能够达到其光学要求和结构要求。

4. 实训记录单

序号	检测项目 离焦眼镜检测	单位	标准要求	检验结果		单项评价
				R	L	
1	镜片材料和表面质量（A 类）	—				
2	镜架外观质量（B 类）	—				
3	远用光区顶焦度偏差	m^{-1}				

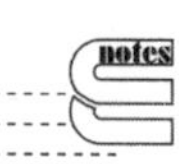

续表

序号	检测项目 离焦眼镜检测	单位	标准要求	检验结果		单项评价
				R	L	
4	柱镜轴位方向偏差(A类)	°				
5	光学中心水平偏差(A类)	mm				
6	光学中心单侧水平偏差(A类)	mm				
7	光学中心垂直互差(A类)	mm				
8	离焦效果检测(A类)	—				
9	装配质量(A类)	—				
10	标志(B类)					
备注	A类：极重要质量项目　　B类：重要质量项目					

序号	检测项目 棱透镜检测	单位	标准要求	检验结果		单项评价
				R	L	
1	镜片材料和表面质量(A类)	—				
2	镜架外观质量(B类)	—				
3	远用光区顶焦度偏差	m^{-1}				
4	近用光区顶焦度偏差	m^{-1}				
5	柱镜轴位方向偏差(A类)	°				
6	棱镜度偏差	D				
7	光学中心水平偏差(A类)	mm				
8	光学中心单侧水平偏差(A类)	mm				
9	光学中心垂直互差(A类)	mm				
10	离焦效果检测(A类)	—				
11	装配质量(A类)	—				
12	标志(B类)					
备注	A类：极重要质量项目　　B类：重要质量项目					

序号	检测项目 防蓝光眼镜检测	单位	标准要求	检验结果		单项评价
				R	L	
1	镜片材料和表面质量(A类)	—				
2	镜架外观质量(B类)	—				
3	远用光区顶焦度偏差	m^{-1}				
4	柱镜轴位方向偏差(A类)	°				
5	光学中心水平偏差(A类)	mm				
6	光学中心单侧水平偏差(A类)	mm				
7	光学中心垂直互差(A类)	mm				
8	防蓝光作用检测(A类)	—				
9	装配质量(A类)	—				
10	标志(B类)					
备注	A类：极重要质量项目　　B类：重要质量项目					

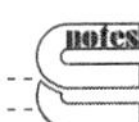

5. 总结实训过程，总结实训报告

（二）考核标准

实训名称	离焦眼镜检测				
项目	分值	要求	得分	扣分	说明
素质要求	5	着装整洁、仪表大方、举止得体，态度和蔼，团队合作，会说普通话			
实训前	5	组织准备：实训小组划分 工具准备：实训工具齐全 实训者准备：严格遵守实训室管理制度			
实训过程	80	目测法检测离焦眼镜标记； 利用焦度计测量顶焦度； 利用焦度计和瞳距尺测量单侧光学中心水平距和瞳高； 利用视觉像移判断是否存在离焦效果			
实训后	5	整理及清洁用物			
熟练程度	5	程序正确，操作规范，动作熟练			
总分	100				
最后得分					

评分人：　　　　年　　月　　日　　　　核分人：　　　　年　　月　　日

实训名称	棱透镜眼镜检测				
项目	分值	要求	得分	扣分	说明
素质要求	5	着装整洁、仪表大方、举止得体，态度和蔼，团队合作，会说普通话			
实训前	5	组织准备：实训小组划分 工具准备：实训工具齐全 实训者准备：严格遵守实训室管理制度			
实训过程	80	目测法检测棱透镜基本结构是否正常； 利用焦度计测量顶焦度、下加光、近用棱镜量； 利用焦度计和瞳距尺测量单侧光学中心水平距和瞳高			
实训后	5	整理及清洁用物			
熟练程度	5	程序正确，操作规范，动作熟练			
总分	100				
最后得分					

评分人：　　　　年　　月　　日　　　　核分人：　　　　年　　月　　日

实训名称	防蓝光眼镜检测				
项目	分值	要求	得分	扣分	说明
素质要求	5	着装整洁、仪表大方、举止得体，态度和蔼，团队合作，会说普通话			
实训前	5	组织准备：实训小组划分 工具准备：实训工具齐全 实训者准备：严格遵守实训室管理制度			

notes

续表

实训名称	防蓝光眼镜检测				
项目	分值	要求	得分	扣分	说明
实训过程	80	目测法检测防蓝光眼镜是否有防蓝光作用； 利用焦度计测量顶焦度； 利用焦度计和瞳距尺测量光学中心水平距、垂直互差； 利用分光光度计检测眼镜吸收的波长			
实训后	5	整理及清洁用物			
熟练程度	5	程序正确，操作规范，动作熟练			
总分	100				
最后得分					

评分人：　　　　年　　月　　日　　　　　核分人：　　　　年　　月　　日

（刘　意）

ER 1-6-4 任务六：扫一扫，测一测

notes

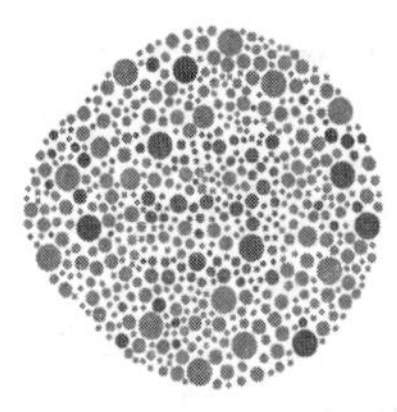

情境二　眼镜整形技术

任务一　眼镜整形工具

学习目标

知识目标

1. 掌握整形工具的种类和用途。
2. 掌握烘热器的组成结构和原理。
3. 掌握各种整形工具的使用方法和注意事项。

能力目标

1. 能正确认识和使用整形工具。
2. 能正确使用烘热器。

素质目标

1. 培养学生爱护仪器设备，正确使用整形工具的好习惯。
2. 培养学生的团队意识、组织协作与沟通能力。
3. 通过整个任务培养学生的自主分析问题、解决问题的能力和创新精神。

ER 2-1-1 PPT　任务一：整形工具的使用

任务描述

王同学在 ×× 眼镜店新配一副金属全框眼镜，取镜时发现戴上眼镜有点歪斜，经店员仔细观察发现眼镜本身并没有问题，可能是戴镜者本身两耳不对称，需要使用整形工具重新进行针对性调整。

整形工具系专用工具，在进行眼镜整形之前，我们先来学习整形工具的种类、用途和使用方法。不同材质的眼镜，所用的工具也不相同，整形工具分为调整非金属镜架的烘热器、调整金属镜架的整形钳和其他辅助工具。

一、烘热器

1. 烘热器的结构、工作原理　烘热器是用来调整非金属镜架的专用工具，其结构和原理比较简单，形式多种多样。

（1）烘热器的结构：烘热器有多种形式。立式烘热器的外形如图 2-1-1 所示。

其结构示意图如图 2-1-2 所示。

（2）烘热器的工作原理：电热元件通电后发热，小电扇将热风吹至顶部，热风通过导热板的小孔吹出，温度可达到 130℃～145℃。

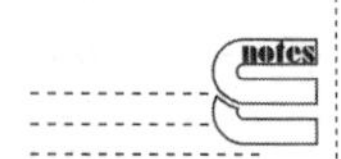

图 2-1-1　立式烘热器的外形实物图

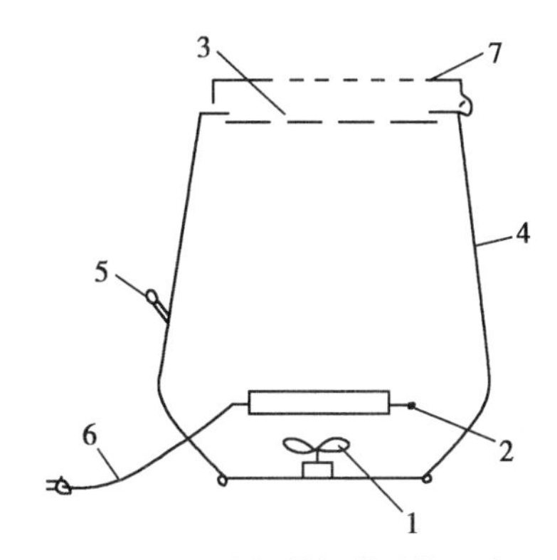

图 2-1-2　立式烘热器的结构示意图

1. 电扇；2. 电热丝；3. 导热板；4. 外壳；5. 电源开关；6. 电源线；7. 出风口

2. 烘热器的使用与操作步骤

(1) 插上电源，接通电源开关。

(2) 预热 3min 左右，使吹出的气流温度达到 130～145℃。

(3) 烘烤眼镜镜身，上下左右翻动使其受热均匀。

(4) 用手弯曲。

(5) 烘烤镜腿，上下左右翻动使其受热均匀。

(6) 用手弯曲。

(7) 重复上述(3)～(6) 步骤，使眼镜架及镜腿达到整形要求。

镜架烘热状态如图 2-1-3 所示。

镜脚烘热状态如图 2-1-4 所示。

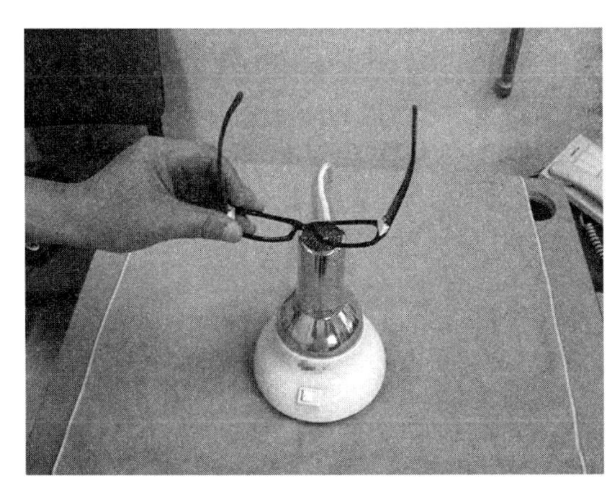

图 2-1-3　镜架烘热

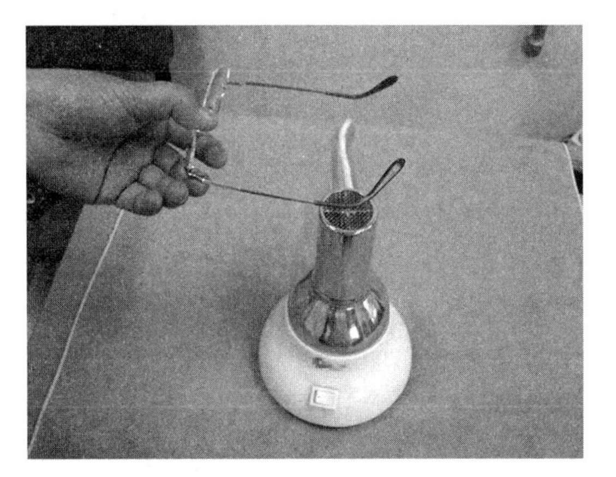

图 2-1-4　镜脚烘热

ER 2-1-2
视频　烘热器的使用

3. 注意事项

(1) 勿将水珠滴落在烘热器的导热板上以免损坏仪器。

(2) 不要长时间连续使用烘热器。

(3) 具体的烘热温度，时间等要依据材质来定。

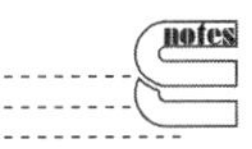

二、整形钳

整形钳是用来调整金属镜架螺丝的专用工具，主要包括圆嘴钳、托叶钳、镜腿钳、鼻梁钳、框缘钳、平圆钳、螺丝剪断钳、无框眼镜装配调整钳等。

1. 圆嘴钳　用于调整鼻托支架，如图 2-1-5 所示。

圆嘴钳的使用状态如图 2-1-6 所示。

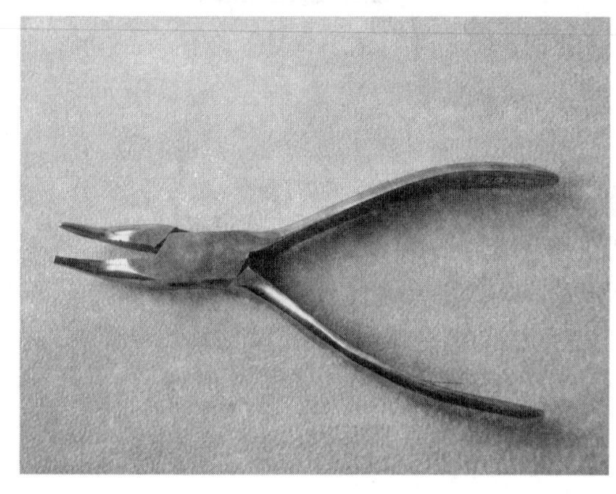

图 2-1-5　圆嘴钳

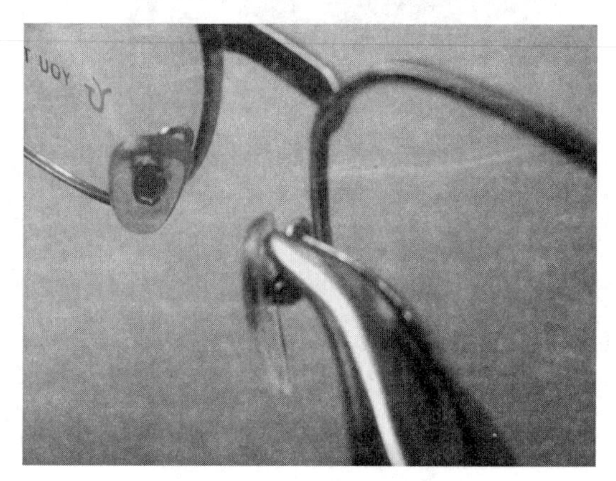

图 2-1-6　圆嘴钳的使用

2. 托叶钳　用于调整托叶的位置和角度，如图 2-1-7 所示。

托叶钳的使用状态如图 2-1-8 所示。

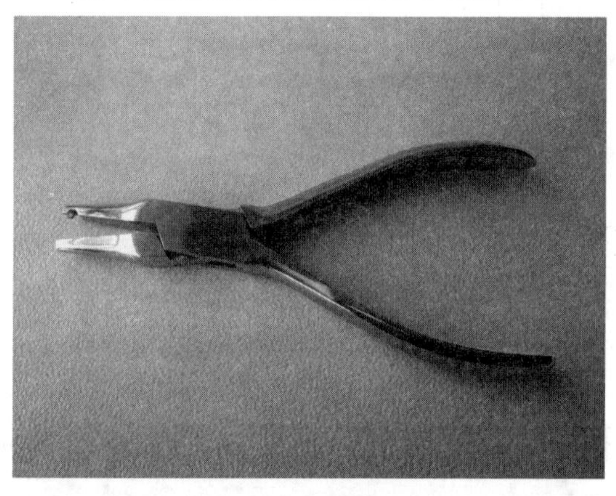

图 2-1-7　托叶钳

图 2-1-8　托叶钳的使用

3. 镜腿钳　用于调整镜腿的角度，如图 2-1-9 所示。

镜腿钳的使用状态如图 2-1-10 所示。

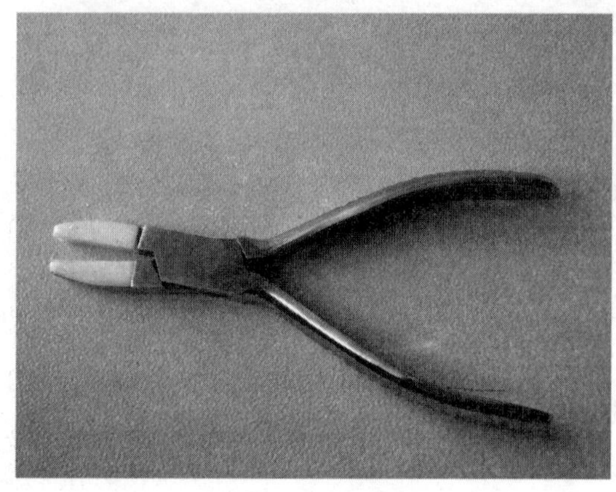

图 2-1-9　镜腿钳

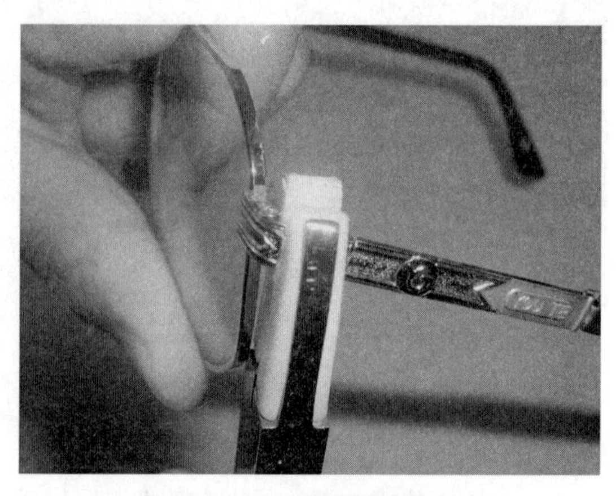

图 2-1-10　镜腿钳的使用

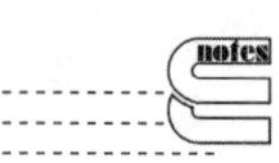

4. 鼻梁钳　用于调整鼻梁位置，如图 2-1-11 所示。

鼻梁钳的使用状态如图 2-1-12 所示。

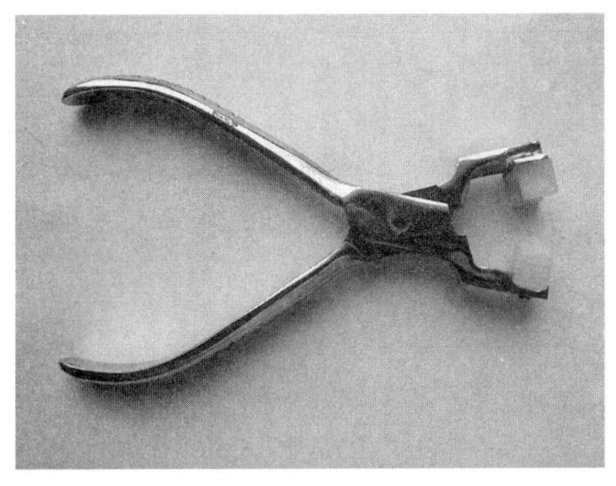

图 2-1-11　鼻梁钳

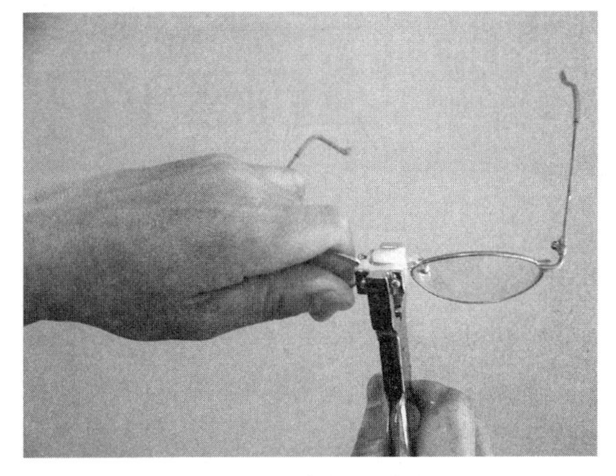

图 2-1-12　鼻梁钳的使用

5. 平圆钳　用于调整镜腿张角，如图 2-1-13 所示。

平圆钳的使用状态如图 2-1-14 所示。

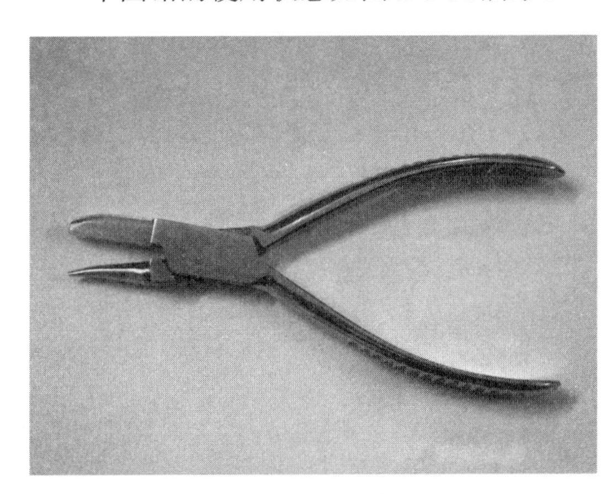

图 2-1-13　平圆钳

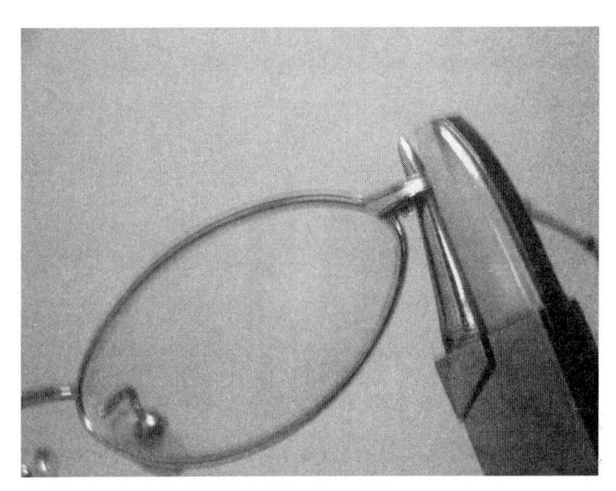

图 2-1-14　平圆钳的使用

6. 无框架螺丝装配钳　用于无框镜架装配，如图 2-1-15 所示。

无框架螺丝装配钳的使用状态如图 2-1-16 所示。

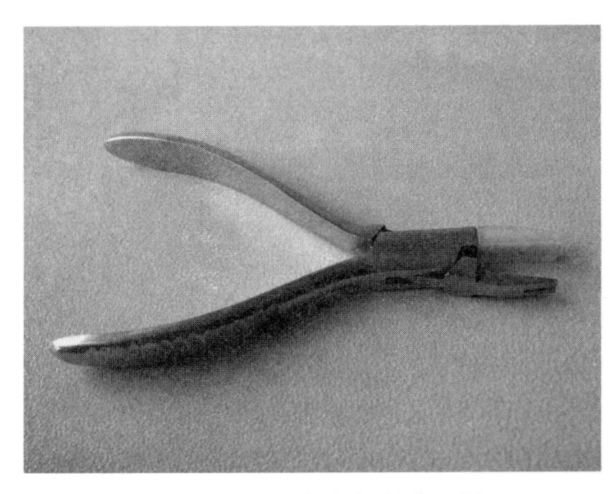

图 2-1-15　无框架螺丝装配钳

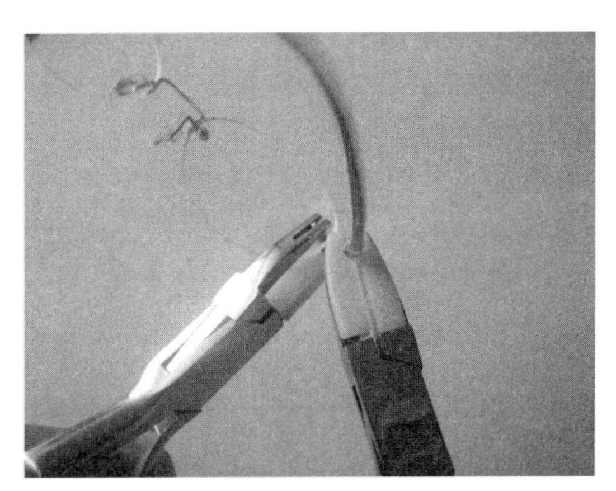

图 2-1-16　无框架螺丝装配钳的使用

7. 框缘调整钳　用于镜圈弯弧调整如图 2-1-17 所示。

框缘调整钳的使用状态如图 2-1-18 所示。

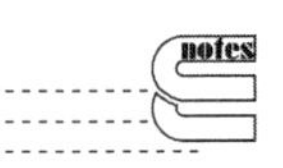

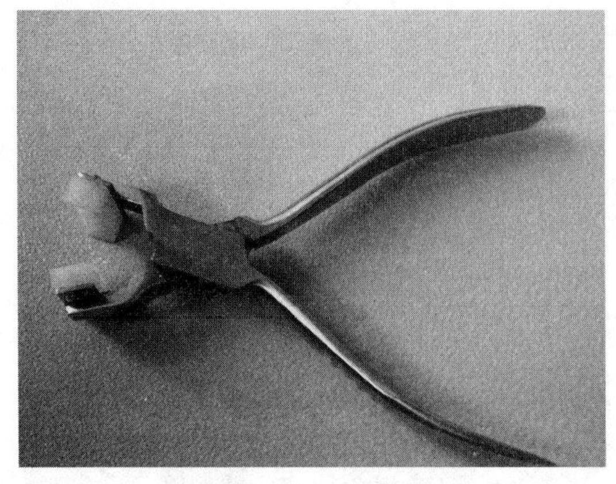

图 2-1-17　框缘调整钳

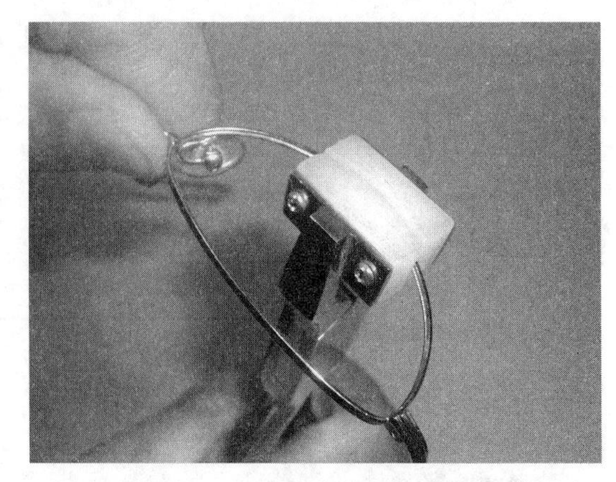

图 2-1-18　框缘调整钳的使用

8. 整形钳的联合使用　用两把整形钳，调整镜架的某些部位。整形钳的联合使用状态如图 2-1-19 所示。

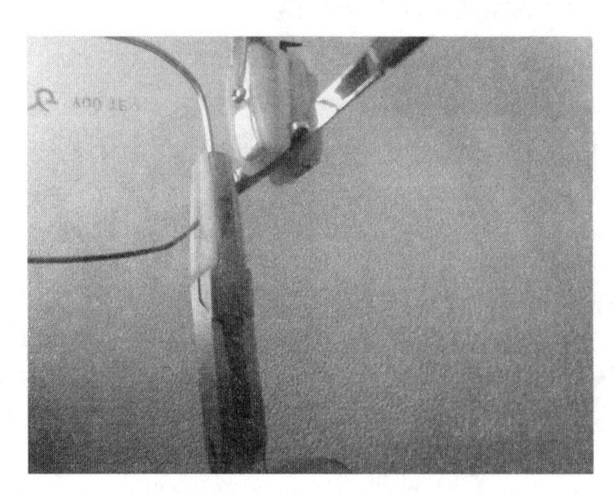

图 2-1-19　整形钳的联合使用图

三、整形辅助工具

整形辅助工具包括螺丝刀和套筒。

螺丝刀用于紧固全框眼镜锁紧管螺丝，套筒用于紧固无框眼镜锁紧螺丝。如图 2-1-20 所示。

ER 2-1-3
视频　整形工具的使用

ER 2-1-4
动画　调整工具的使用

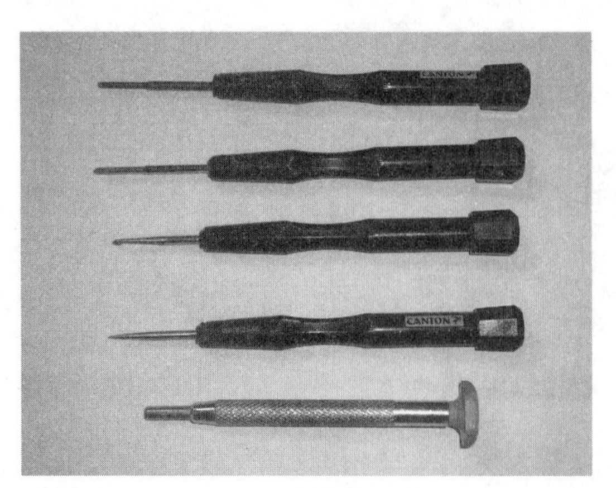

图 2-1-20　螺丝刀

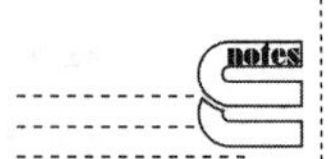

四、注意事项

1. 整形工具系专用工具，各有各的用途，不可滥用。

2. 整形工具使用时不得夹入金属屑、砂粒等，以免整形时在镜架上留下疵病。

3. 使用整形钳时，用力过大会损坏眼镜，过小不起作用，故必须多多练习，熟能生巧，同时也需了解镜架材料等。

五、实训项目及考核标准

（一）实训项目——整形工具的使用

1. 实训目的

(1) 熟悉整形工具的种类和用途。

(2) 掌握整形工具的使用方法。

(3) 掌握烘热器的结构、原理及使用方法。

2. 实训工具　烘热器和各种整形钳等。

3. 实训内容

(1) 学生分组，领取各组配发的实训材料做好实训准备。

(2) 根据实训内容，小组讨论分析，确定实训步骤。

(3) 学生分组利用相关工具和设备完成整形工具的使用实训。

4. 实训记录单

序号	实训项目	标准要求	操作方法	单项评价
1	整形钳的种类和用途			
2	整形钳的使用			
3	烘热器的结构和原理			
4	烘热器的使用			

5. 总结实训过程，写出实训报告。

（二）考核标准

实训名称	整形工具的使用				
项目	分值/分	要求	得分	扣分	说明
素质要求	5	着装整洁，仪表大方，举止得体，态度和蔼，团队合作，会说普通话			
实训前	15	组织准备：实训小组的划分与组织 工具准备：实训工具齐全 实训者准备：遵守实训室管理制度			
实训过程	30	整形钳的种类和用途 整形钳的使用			
	30	烘热器的结构和原理 烘热器的使用			
实训后	5	整理及清洁用物			
熟练程度	15	程序正确，操作规范，动作熟练			
实训总分	100				

评分人：　　　　年　　月　　日　　　　　　核分人：　　　　年　　月　　日

（杨砚儒）

2-1-5扫一扫测一测

ER 2-1-5
任务一：扫一扫，测一测

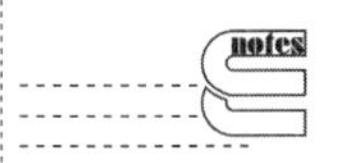

任务二　眼镜整形技术

学习目标

知识目标

1. 掌握常用整形工具及其使用方法。
2. 掌握整形的要求和步骤。
3. 掌握不同眼镜的整形方法、操作步骤及注意事项。
4. 了解不同材质眼镜架的性能。

技能目标

1. 能正确使用烘热器和整形钳。
2. 能按照整形要求对不同材质眼镜架进行正确整形。
3. 能按照整形要求对不同款式眼镜进行正确整形。
4. 能清洁眼镜，并进行正确包装。

素质目标

1. 培养学生正确识别不同材质的能力。
2. 培养学生的团队意识、组织协作与沟通能力。
3. 通过整个任务培养学生的自主分析问题、解决问题的能力和创新精神。

任务描述

张同学毕业后来到××眼镜店上班，今天第一次给顾客加工眼镜，装配完接下来要对眼镜进行整形。眼镜整形是眼镜定配加工过程中非常重要的一个环节，国标要求对装成眼镜必须进行整形，使其成为合格眼镜。为了完成眼镜的整形，需进一步熟悉整形工具的使用方法，掌握整形的要求和方法。

GB 13511—2011《配装眼镜》中对合格眼镜作了相关规定，配装眼镜左、右两镜面应保持相对平整，配装眼镜左、右两托叶应对称，配装眼镜左、右两镜腿外张角80°～95°，并左右对称，两镜腿张开平放或倒伏均保持平整，镜架不可扭曲，左右身腿倾斜角偏差不大于2.5°。

ER 2-2-1 PPT 任务二：眼镜整形技术

一、配装眼镜的整形要求

1. 配装眼镜左、右两镜面应保持相对平整，如图2-2-1所示。

2. 配装眼镜左、右两托叶应对称，如图2-2-2所示。

3. 配装眼镜左、右两镜腿外张角80°～95°，并左右对称。如图2-2-3所示。

4. 两镜腿张开平放或倒伏均保持平整，镜架不可扭曲。如图2-2-4所示。

5. 左右身腿倾斜角偏差不大于2.5°，如图2-2-5所示。

图2-2-1　两镜面保持相对平整

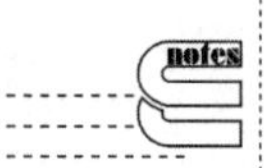

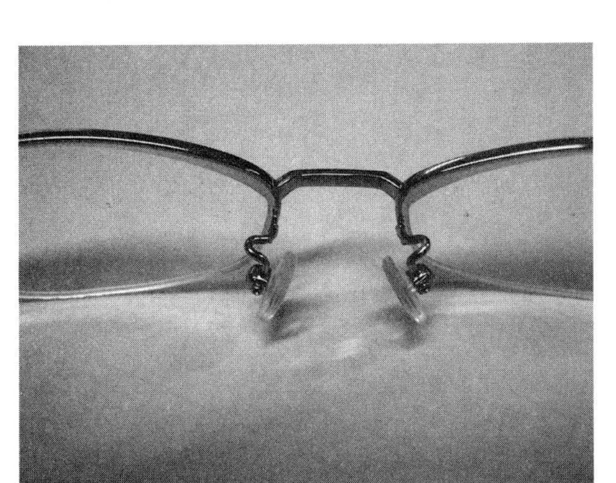

图 2-2-2　两托叶对称

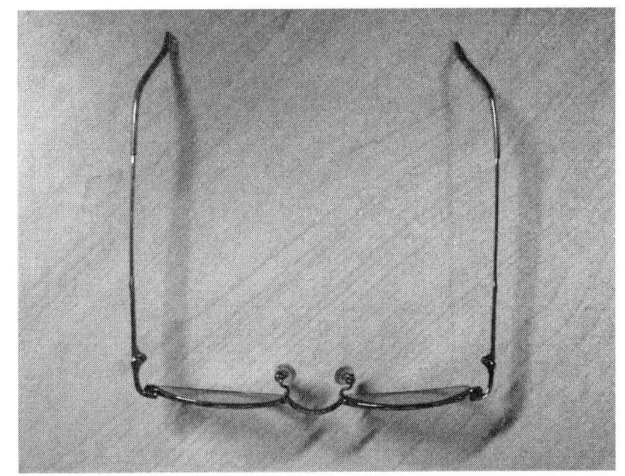

图 2-2-3　外张角 80° ~ 95° 并左右对称

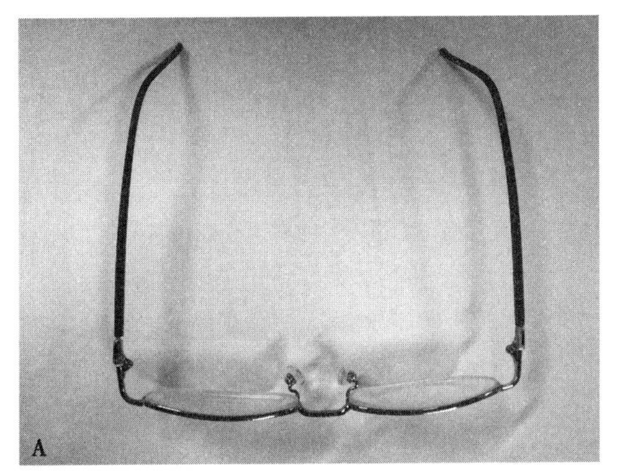

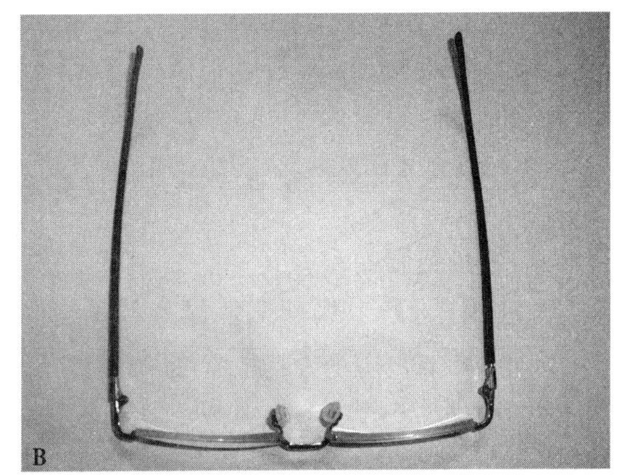

图 2-2-4　两镜腿张开平放或倒伏均保持平整

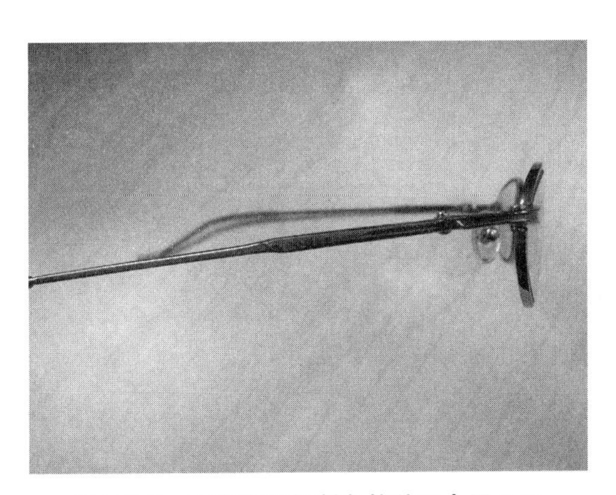

图 2-2-5　左右身腿倾斜角偏差不大于 2.5°

二、眼镜整形操作步骤

1. 镜面调整

(1) 塑料架板材架用烘热器烘热达到软化温度后，用手调整。使左右两镜面保持相对平整。调整手法如图 2-2-6 所示。

(2) 金属镜架用平口钳及鼻梁钳调整，使金属架的左右两镜面保持相对平整，如图 2-2-7 所示。

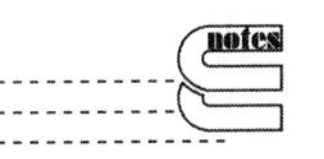

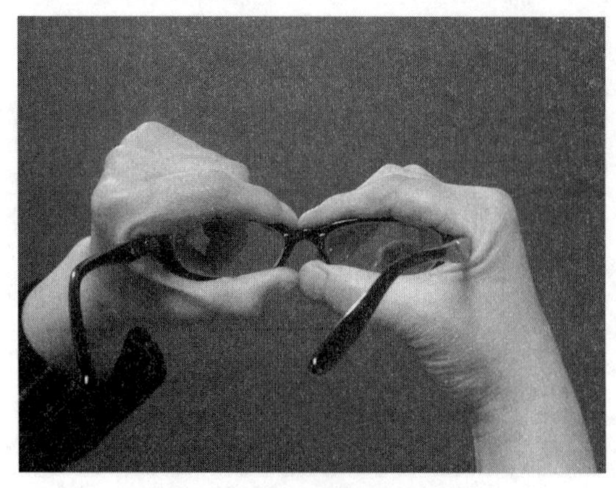

图 2-2-6　塑料架镜面调整手法

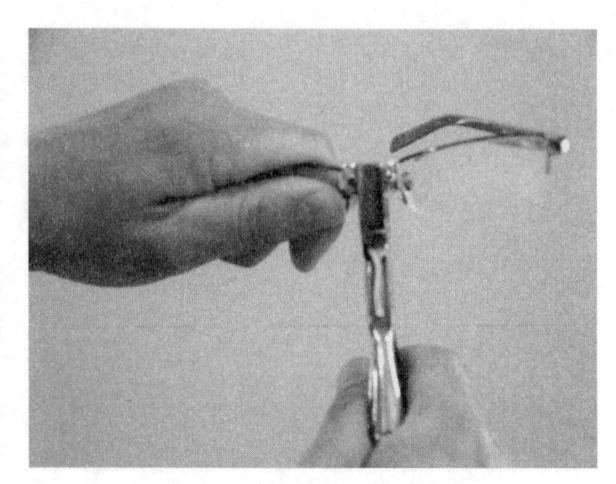

图 2-2-7　调整金属架镜面角

（3）使镜面角调整在 170°～180° 范围内，如图 2-2-8 所示。

ER 2-2-2 动画　镜面弧度的调整

2. 鼻托调整

（1）用圆嘴钳，调整鼻托支架左右鼻托支撑对称，如图 2-2-9 所示。

（2）用托叶钳，调整托叶，使左右托叶对称。托叶调整如图 2-2-10 所示。

3. 镜身镜腿的调整

（1）用平口钳、镜腿钳使镜身与镜腿位置左右一致，并且左右身腿倾斜角偏差小于 2.5°。镜身与镜腿的位置要求如图 2-2-11 所示。

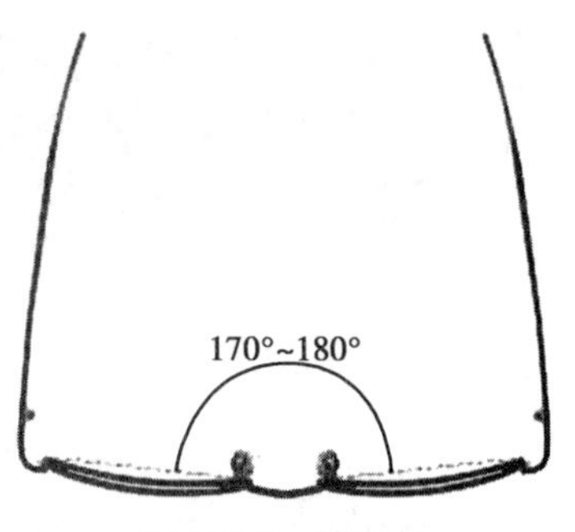

图 2-2-8　镜面角

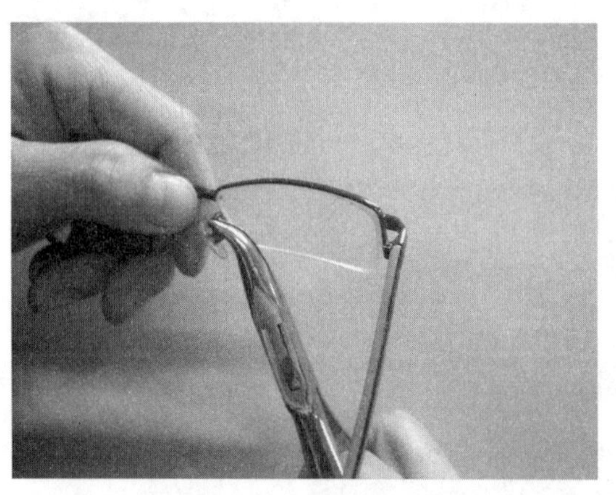

图 2-2-9　调整鼻托支架

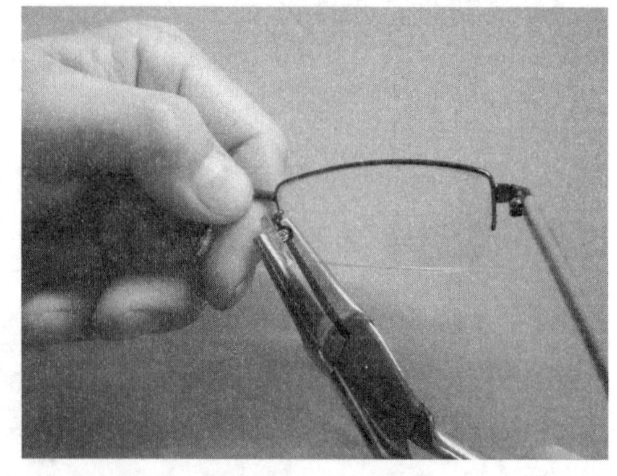

图 2-2-10　托叶调整

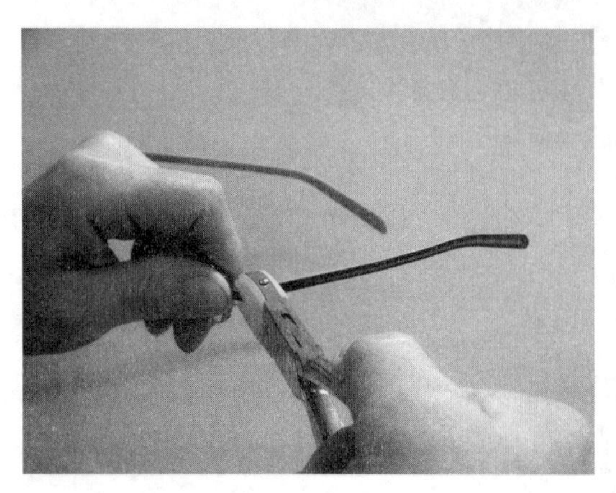

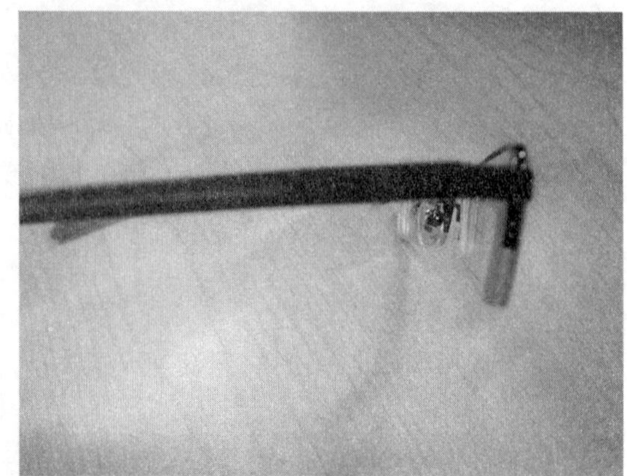

图 2-2-11　调整身腿倾斜角

（2）用镜腿钳弯曲桩头部分，使镜腿的外张角为 80°～95°（用量角器测）并使左右镜腿对称。调整镜腿外张角如图 2-2-12 所示。

（3）弯点长度调整：弯曲镜腿，使左右镜腿的水平部分长度和弯曲部分长度基本一致，镜腿弯曲度也一致，如图 2-2-13 所示。

ER 2-2-3
动画　镜腿张角（外张角）的调整

ER 2-2-4
动画　镜腿弯点长度的调整

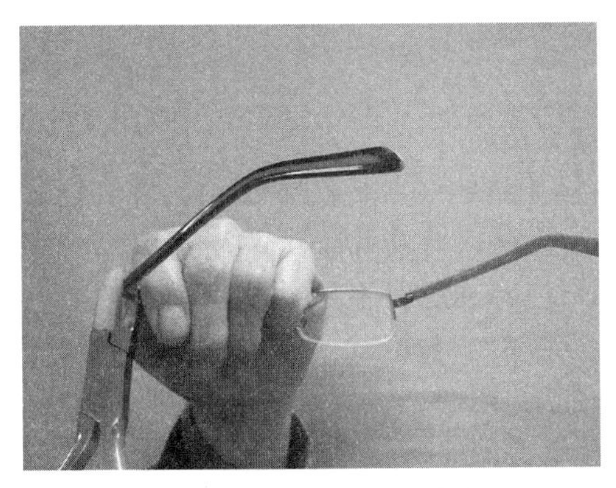

图 2-2-12　调整镜腿外张角

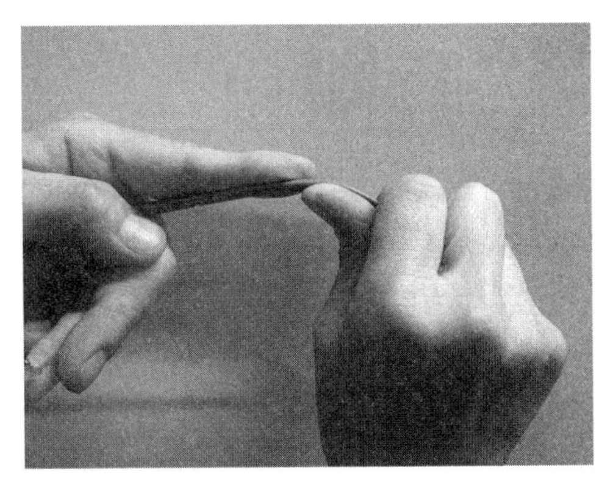

图 2-2-13　弯曲镜腿

（4）两镜腿张开平放于桌面上，左右镜缘下方及镜腿后端都接触桌面，可调整镜身倾斜度及镜腿弯曲来达到，如图 2-2-14 所示。

（5）两镜腿张开倒伏于桌面上，左右镜圈上缘及镜腿上端部都与桌面接触，可调整镜身倾斜度来达到，如图 2-2-15 所示。

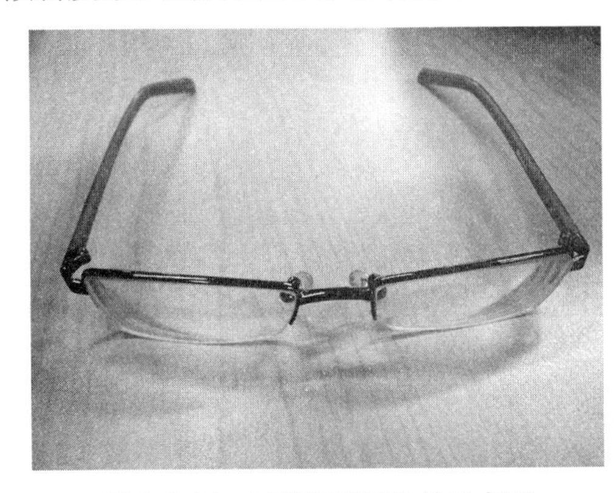

图 2-2-14　两镜腿张开平放于桌面

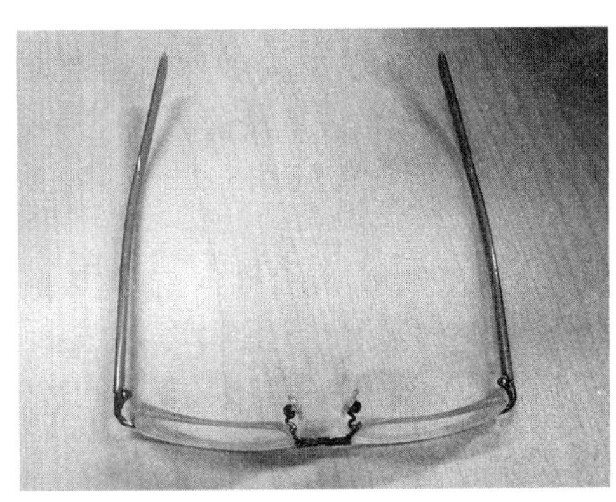

图 2-2-15　两镜腿张开倒伏于桌面

4. 镜腿调整

（1）左右镜腿收拢，镜腿接触镜圈下缘，左右大致一致，如图 2-2-16 所示。

（2）调整镜腿的平直度，使镜腿收拢后放置桌面上，基本平稳，正视时，左右大致一致。可用调整镜腿的平直度或弯曲度来达到，如图 2-2-17 所示。

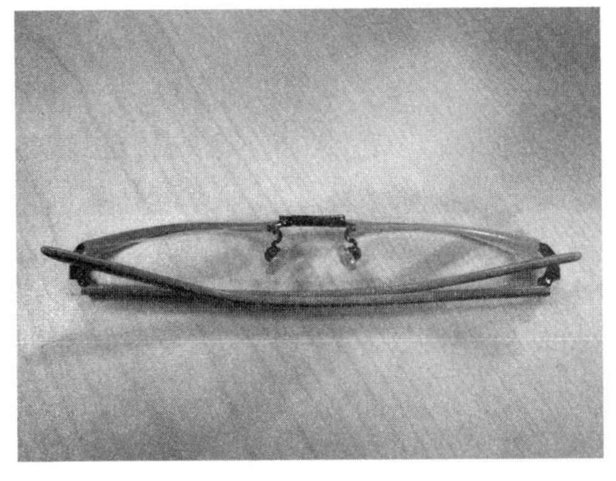

图 2-2-16　左右镜腿收拢

图 2-2-17　调整镜腿的平直度

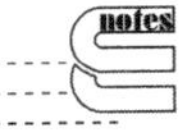

三、眼镜整形操作方法

（一）金属镜架的整形

1. 金属镜架的特性　金属镜架材料要求具有一定的硬度、柔软性、弹性、耐磨性、耐腐蚀性、重量和光泽、色泽等。因此，用来制作镜架的金属材料几乎都是采用合金或在金属表面进行加工处理后才被使用。

用来制作镜架的金属材料有很多种，目前主要采用的有：金、铂金、铜合金、镍合金、不锈钢、铝合金、钛及钛合金和钯、铑、钌等合金材料，归纳起来主要分为铜合金、镍合金和贵金属三大类。一般铜及铜合金的耐腐蚀性较差，易生锈。但成本较低、易加工。经表面加工处理后，常用于低档镜架。一般镍合金的耐腐蚀性比较好，且不易生锈，其机械性能也好于铜合金。所以，金属镜架采用镍合金材料较多。纯钛是一种银白色的金属。材料密度为 $4.5g/cm^3$，重量轻为其最大的特点，且具有很高的强度，耐腐蚀性和良好的可塑性。一般用于镜架材料的钛合金有钛铝合金、钛钒合金和钛锆合金等。其弹性和抗腐蚀性更好。在金属镜架中属中、高档产品。纯金呈黄色，有美丽的光泽，材料密度大，为 $19.32g/cm^3$，是最重的金属之一，在大气中不会被腐蚀氧化。白金即金合金的一种。镜架材料多采用 14K 的白金，其组成为含纯金量 58.3%、镍 17%、锌 5%和铜 16%等。

ER 2-2-5 视频　金属镜架整形技术

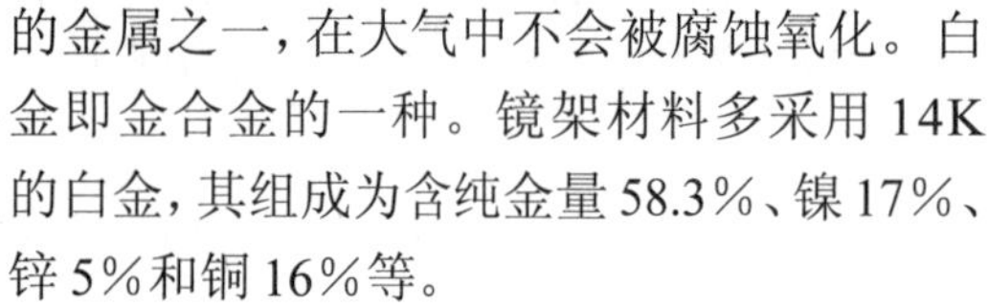

2. 金属镜架的整形

（1）镜面角的调整：用平口钳及鼻梁钳调整使金属架的左右两镜面保持相对平整，使镜面角调整在 170°～180° 范围内，如图 2-2-18 所示。

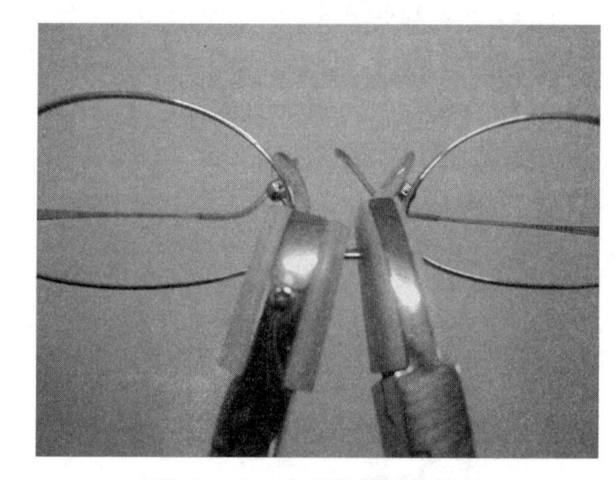

图 2-2-18　金属架镜面角调整

ER 2-2-6 动画　镜面角的调整

（2）鼻托调整：用圆嘴钳，调整鼻托支架，左右鼻托支撑对称，如图 2-2-19 所示。

用托叶钳，调整托叶，使左右托叶对称，如图 2-2-20 所示。

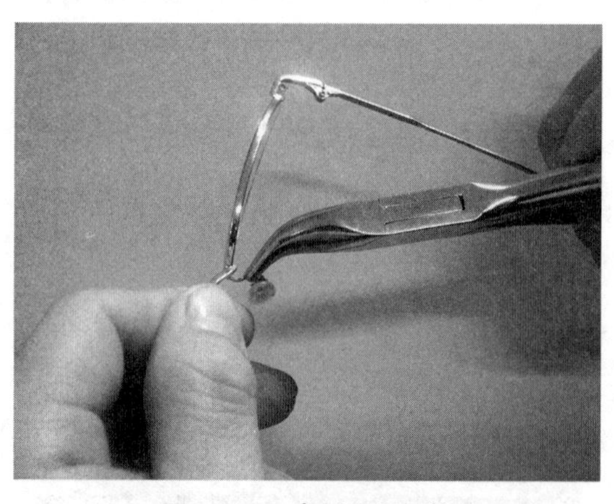

图 2-2-19　鼻托支架调整

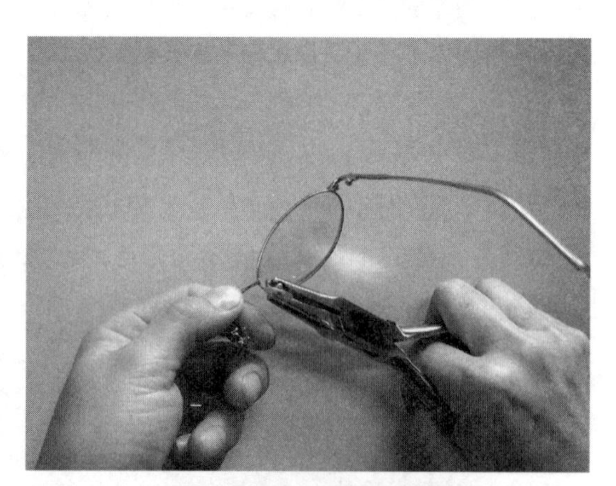

图 2-2-20　鼻托叶的调整

（3）镜身镜腿的调整：用平口钳、镜腿钳使镜身与镜腿位置左右一致，并且左右身腿倾斜角偏差小于 2.5°，如图 2-2-21 所示。

（4）外张角的调整：用镜腿钳弯曲桩头部分，使镜腿的张角为 80°～95°（用量角器测）并使左右镜腿对称，如图 2-2-22 所示。

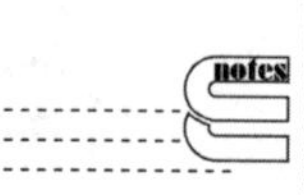

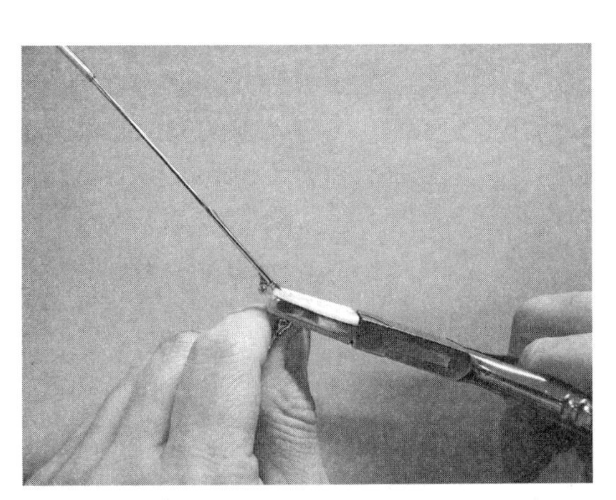

图 2-2-21　镜身镜腿的调整

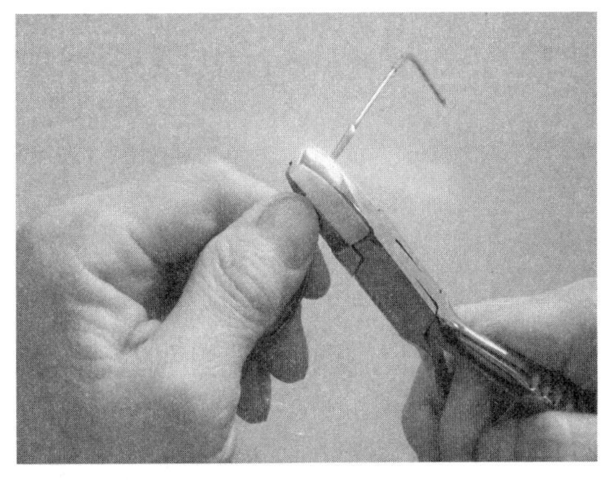

图 2-2-22　外张角的调整

（5）镜腿的调整：左右镜腿收拢，镜腿接触镜圈下缘，左右大致一致，如图 2-2-23 所示。

调整镜腿的平直度，使镜腿收拢后放置桌面上，基本平稳，正视时，左右大致一致，如图 2-2-24 所示。可用调整镜腿的平直度或弯曲度来达到。

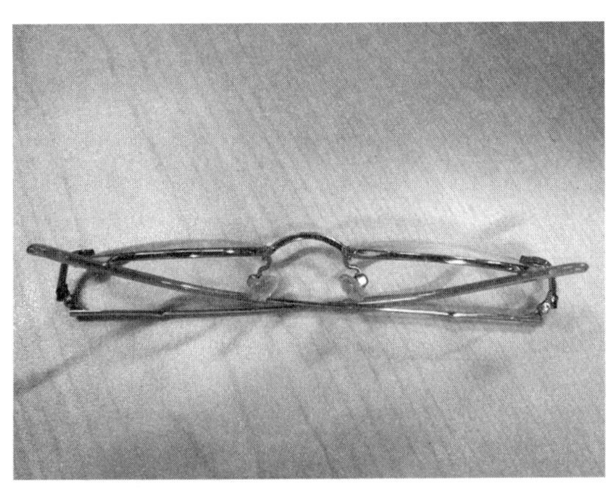

图 2-2-23　左右镜腿收拢

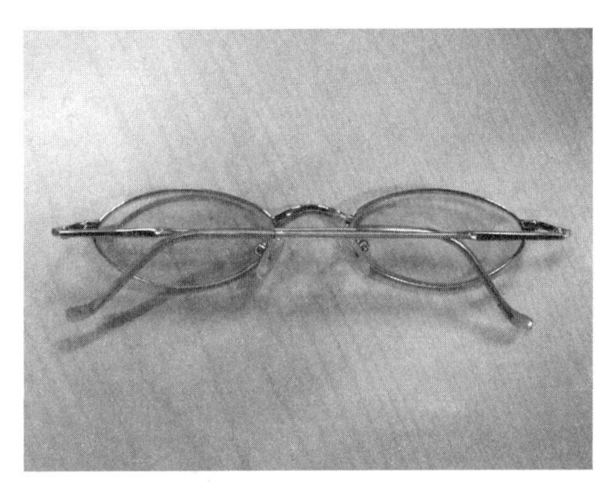

图 2-2-24　调整镜腿的平直度

（二）非金属镜架的整形

1. 非金属镜架的特性　非金属镜架眼镜的材料主要有硝化纤维塑料、醋酸纤维板材、尼龙等人造材料。醋酸纤维又称醋酸纤维塑料，属热塑性材料。是近二十年内比较受欢迎的镜架材料；丙酸纤维属于热塑性材料，用于注塑架、进口塑料架较多，外形透明。丙酸纤维的主要性能特点是：材料密度为 1.22g/cm^3；难燃烧；不易变色；耐气温、耐冲击性、自身柔软性、尺寸稳定性、加工成形性良好。环氧树脂材料的英文名为 epoxide resin，简称 EP。碳素纤维主要是由碳素纤维强化合成树脂，碳素纤维属于热塑性材料。碳素纤维的主要性能特点是：材料密度为 1.23～1.28g/cm^3；加热温度 100～130℃；强度大；耐热性、耐腐蚀性、弹性特优。

ER 2-2-7
视频　非金属镜架整形技术

2. 非金属镜架的整形

（1）镜面调整：塑料架板材架用烘热器烘热中梁后，用手调整。使左右两镜面保持相对平整。其调整手法如图 2-2-6 所示。

（2）镜身镜腿的调整：塑料架板材架用烘热器烘热桩头后，用手调整。调整身腿倾斜角手法如图 2-2-25 所示。

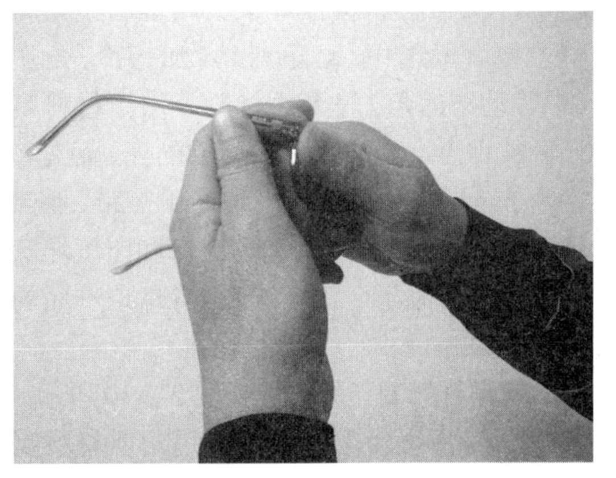

图 2-2-25　非金属镜架身腿倾斜角的调整

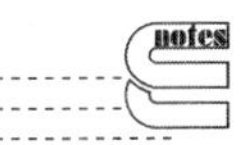

增大外张角调整手法如图 2-2-26 所示。

减小外张角调整手法如图 2-2-27 所示。

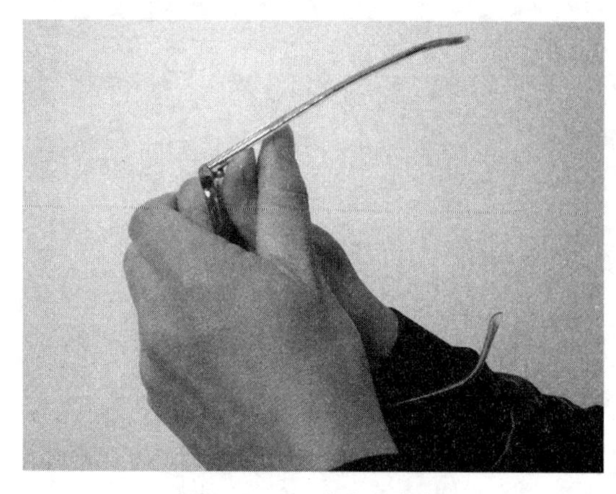

图 2-2-26　增大外张角

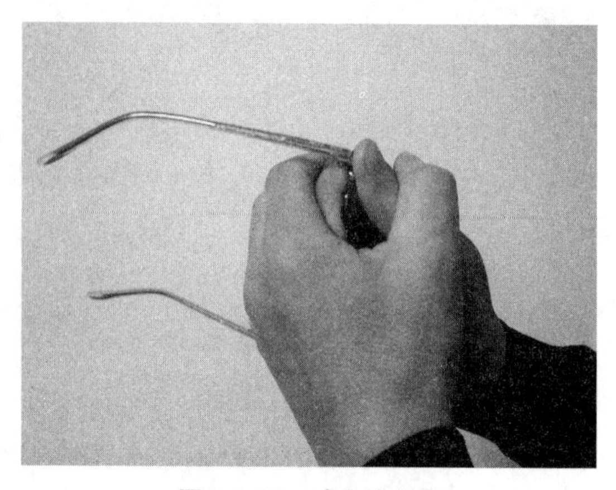

图 2-2-27　减小外张角

(3) 鼻托的调整：带有鼻托的板材镜架鼻托的调整方法同金属镜架。

(4) 镜腿的调整：用烘热器烘热镜腿后调整镜腿的平直度，使镜腿收拢后放置桌面上，基本平稳，正视时，左右大致一致，如图 2-2-28 所示。

调整镜腿的平直度或弯曲度后，左右镜腿收拢，镜腿接触镜圈下缘，左右大致一致，如图 2-2-29 所示。

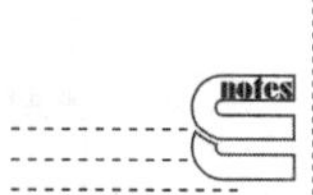

ER 2-2-8
动画　塑料眼镜架的调整

图 2-2-28　调整镜腿的平直度

图 2-2-29　镜腿收拢

（三）天然材料镜架的调整

1. 天然材料特性　该类眼镜的镜架材料主要有玳瑁甲（海龟科动物的壳）、角质（牛等动物的角）等天然材料。玳瑁材料是一种被称为玳瑁的海龟科动物的壳，英文名字为 hawksbill turtle。玳瑁产于热带、亚热带沿海地区，特别是以加勒比海和印度洋产的玳瑁品质冠于全球，为全世界玳瑁产品的主要来源。

玳瑁材料制作的镜架如图 2-2-30 所示。

图 2-2-30　玳瑁镜架

2. 角质类镜架的整形　用角质材料制作的镜架一般有三种形式：镜身镜腿是角质

notes

材料制作；镜腿是用角质材料，镜身是用金属材料制作；镜腿和镜眉是角质材料制作。角质架整形难度大一些，因为角质材质容易干裂，所以不能硬性操作。角质镜架调整前要用热水加温，或用微火烤灯慢慢加热，然后再进行调整，整形之后最好抹上龟油，防止镜架干裂。

（四）无框眼镜的整形

1. 操作步骤

（1）无框眼镜的整形，首先要检查眼镜的整体外观，检查镜片打孔位置是否合适，如图 2-2-31 所示。

镜片打孔的位置往里或往外，会对矫正整形带来一定困难。另外，要观察镜片里外面的弧度，弧度的变化对镜腿的角度有一定影响。

（2）在整体观察之后，检查两镜片是否在一个平面内，如果一个镜片靠前，一个镜片靠后，需要将两镜片调整在一个平面内。首先检查螺丝是否上牢，如果上牢，检查鼻梁处是否有扭曲，如图 2-2-32 所示。用专用工具扭动鼻梁，将镜片调在一个平面内。

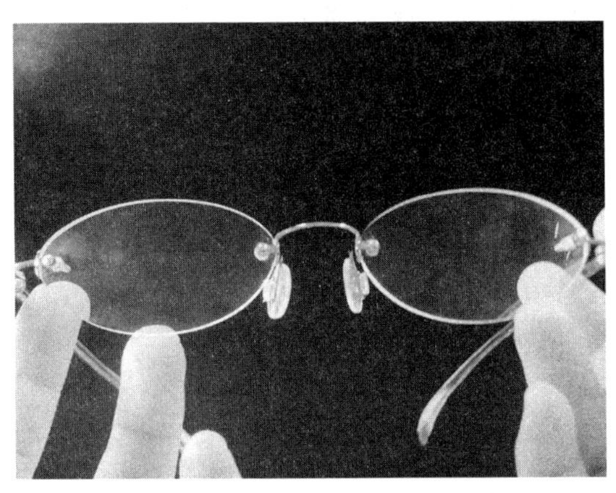

图 2-2-31　检查镜片打孔位置

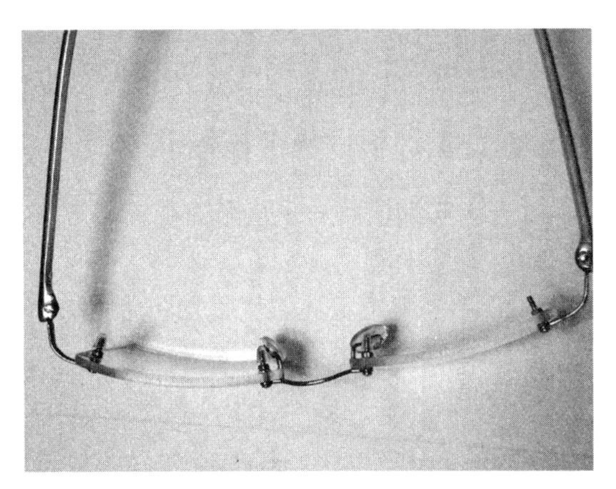

图 2-2-32　鼻梁扭曲

（3）检查无框镜架镜腿向外张开的张开角时，先看镜片是否往里弯，如果往里弯需要调整鼻梁，如果镜片不往里弯，但两镜腿张开不够宽，就需要调整外张角。如图 2-2-33 所示。

（4）当把眼镜放在桌上时，两镜腿不能同时放置于桌面，如图 2-2-34 所示。

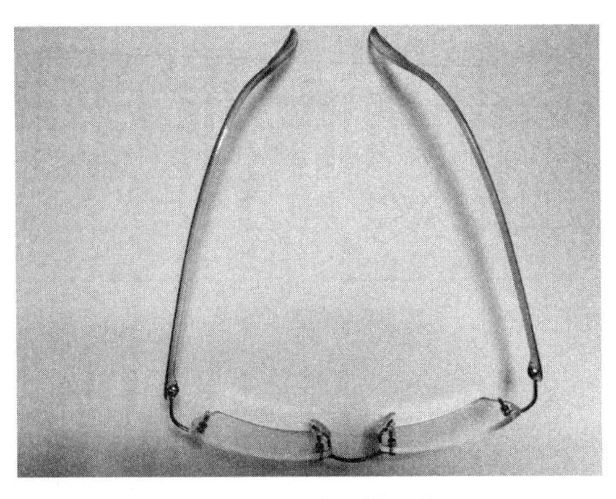

图 2-2-33　检查镜面角

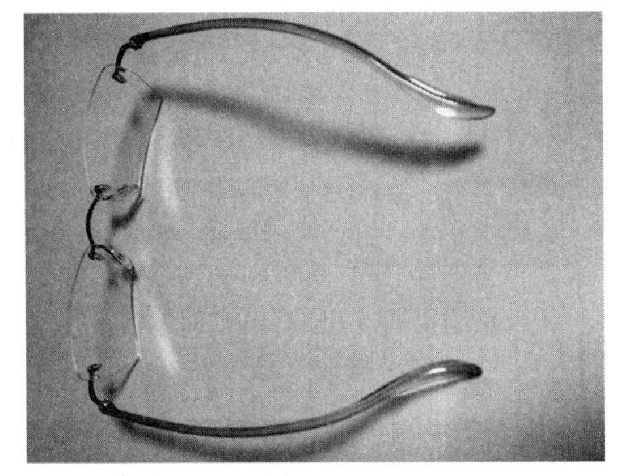

图 2-2-34　镜腿不能同时放置于桌面

ER 2-2-9
动画　打孔镜架的调整

此种情况需要将没有接触到桌面上的那支镜腿的紧固螺丝松开，调整镜腿接触到桌面，再将螺丝上紧。

2. 注意事项

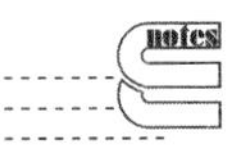

（1）在整形时先确定安装的是光学玻璃镜片还是光学树脂镜片，如果是光学玻璃片，先

拆卸镜片再调整，整形时要小心防止镜片破裂。

(2) 调整时，还要依据镜片的薄厚控制调整力度。

(3) 对于材质比较硬的打孔架，一定先卸下镜片，然后再调整。

(4) 对于材质比较软的材质，整形时应垫上镜布或者胶布。

(5) 鼻托、镜腿需要调整幅度较大，可采用对称中和调整。

四、眼镜整形注意事项

1. 镜面扭曲时，可先拧开螺钉，取下镜片用镜框调整钳调整镜圈形状，使之左右对称，装上镜片后镜圈不再扭曲。然后调整镜面，使之平整。

2. 身腿倾斜调整时，差别大时用调整钳调整，差别小时，用手弯曲。

3. 镜腿张开平放和倒伏于桌面上，检查是否平整时，可用手指轻轻压相应位置的上部，如无间隙存在，镜架不动，否则镜架会跳动。

4. 调整时，尽可能逐步到位，不宜校过头再校回来，以免损坏镜架。

5. 整形时，工作台面应清洁，无砂粒等。

五、实训项目及考核标准

(一) 实训项目——整形的要求和方法

1. 实训目的

(1) 熟悉整形工具的使用方法。

(2) 掌握不同眼镜整形的方法。

2. 实训工具　烘热器和各种整形钳等。

3. 实训内容

(1) 学生分组，领取各组配发的实训材料做好实训准备。

(2) 根据实训内容，小组讨论分析，确定实训步骤。

(3) 学生分组利用相关工具和设备完成金属眼镜的整形、非金属眼镜的整形、天然材料及无框眼镜的整形。

4. 实训记录单

序号	实训项目	标准要求	操作方法	单项评价
1	金属眼镜架整形的方法			
2	非金属眼镜架整形的方法			
3	天然材料镜架整形的方法			
4	无框眼镜整形的方法			

5. 总结实训过程，写出实训报告

(二) 考核标准

实训名称	整形技术				
项目	分值	要求	得分	扣分	说明
素质要求	5	着装整洁，仪表大方，举止得体，态度和蔼，团队合作，会说普通话			
实训前	15	组织准备：实训小组的划分与组织工具准备：实训工具齐全 实训者准备：遵守实训室管理制度			

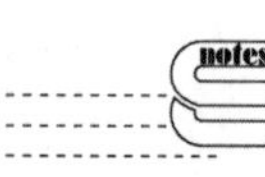

续表

实训名称	整形技术				
项目	分值	要求	得分	扣分	说明
实训过程	20	整形工具的使用 整形的要求和步骤			
	20	金属眼镜整形的方法 非金属眼镜整形的方法			
	20	天然材料及无框眼镜整形的方法			
实训后	5	整理及清洁用物			
熟练程度	15	程序正确，操作规范，动作熟练			
实训总分	100				

评分人：　　　　年　　月　　日　　　　　　核分人：　　　　年　　月　　日

（杨砚儒）

2-2-10扫一扫,测一测

ER 2-2-10 任务二：扫一扫，测一测

notes

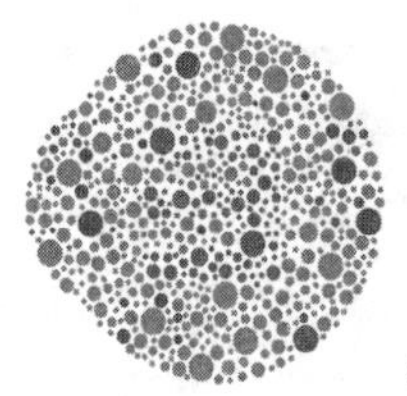

情境三　眼镜校配技术

任务一　眼镜校配的标准

学习目标

知识目标

1. 掌握眼镜校配的标准。
2. 明确合格眼镜和舒适眼镜的定义。
3. 了解一些面部解剖学知识和有关校配的专业术语。

技能目标

1. 知道镜架基本结构和眼镜校配的专业术语。
2. 会根据舒适眼镜标准分析戴镜者的配戴情况。

素质目标

1. 培养学生观察和审美的能力。
2. 培养学生的团队意识、组织协作与沟通能力。
3. 通过整个任务培养学生的自主分析问题、解决问题的能力和创新精神。

任务描述

某同学新配一副眼镜，取镜时发现配戴后很不舒适，鼻部和耳后均有压痛感，需要再次进行针对性的调整。

按照国家配装眼镜标准制作的眼镜，装配后虽做了整形，但不涉及具体的配镜者。为要使配镜者有满意的配戴效果，必须根据戴镜者头部、面部、耳部特征以及配戴后的视觉和心理反应等因素进行眼镜的调整，使其成为舒适眼镜。

一、眼镜校配涉及的术语与定义

1. 合格眼镜　严格按配镜加工单各项技术参数及要求加工制作(或成镜)，通过国家配装眼镜标准检测的眼镜为合格眼镜。

2. 舒适眼镜　配镜者配戴后，视物清晰、感觉舒适、外形美观的眼镜。

3. 校配　将合格眼镜根据配镜者的头型、脸型特征及配戴后的视觉和心理反应等因素，加以适当的调整，使之达到舒适眼镜要求的操作过程称为眼镜的校配。

4. 镜腿外张角　两眼镜腿张开最大位置时，耳侧镜面与镜腿所构成的角度，镜腿外张角一般在80°～95°范围内，如图3-1-1所示。

notes

5. 身腿倾斜角　镜腿与大地平行的水平线所构成的角度，如图 3-1-2 所示。

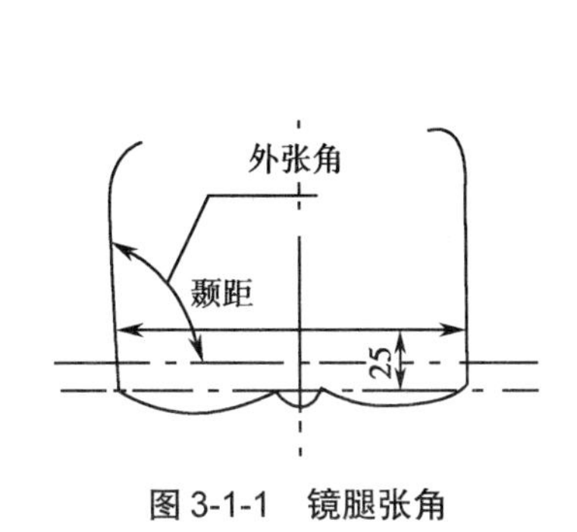

图 3-1-1　镜腿张角

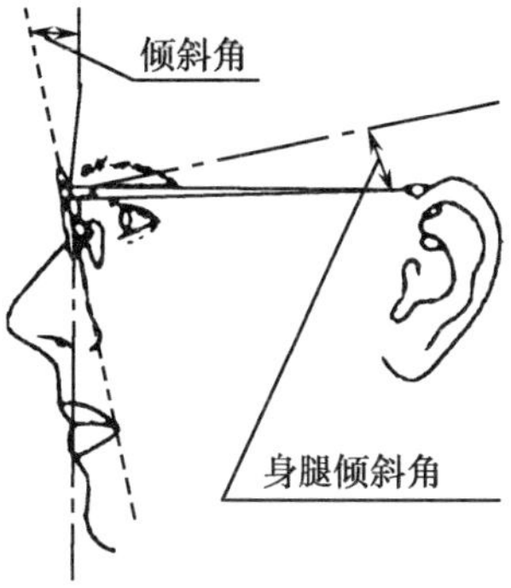

倾斜角
身腿倾斜角

图 3-1-2　身腿倾斜角

6. 镜面角　左右镜片的镜面所构成的角度。镜面角一般为 170°～180°，如图 3-1-3 所示。

7. 前倾角（倾斜角）　镜片平面与大地垂直线所构成的角度。前倾角一般为 8°～15°（图 3-1-2）。

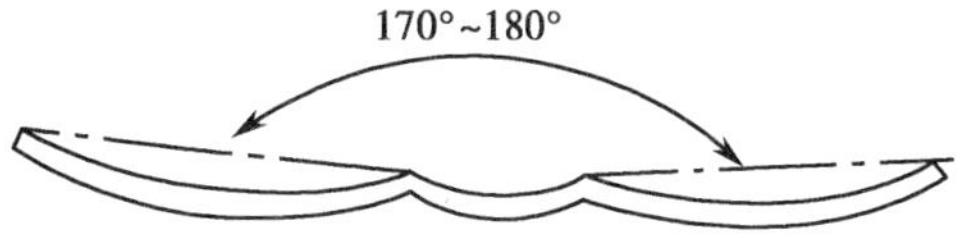

170°~180°

图 3-1-3　镜面角

8. 镜眼距　镜片后顶点至角膜前顶点之间的距离。镜眼距一般为 12mm，如图 3-1-4 所示。

9. 弯点长度　镜腿铰链中心到耳朵最上点的距离为弯点长度。弯点长度如图 3-1-5 所示。

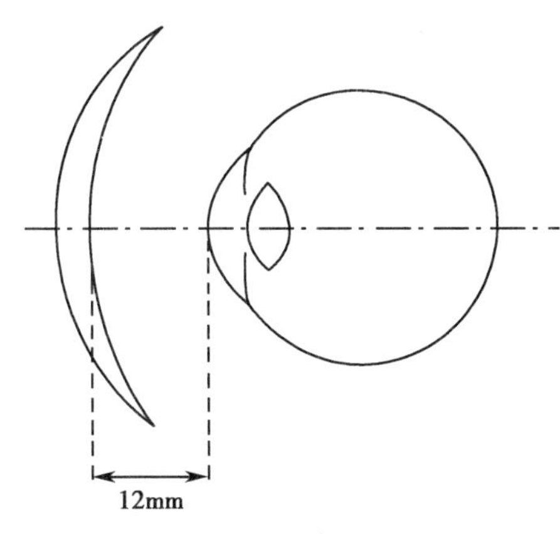

图 3-1-4　镜眼距

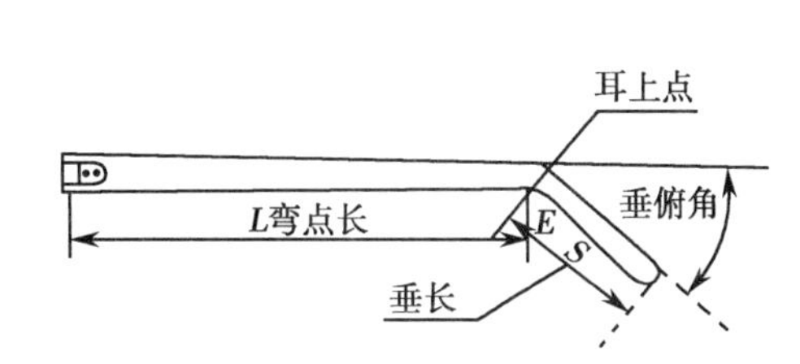

图 3-1-5　弯点长度

10. 垂长　耳朵最上点至镜腿最末端的距离，如图 3-1-5 所示。

11. 垂俯角　垂长与镜腿延长线之间的夹角，如图 3-1-5 所示。

12. 垂内角　垂长部分的镜腿内侧直线与垂直于镜圈的平面所成的夹角，如图 3-1-6 所示。

13. 鼻托前角　正视时，鼻托叶长轴与铅垂线的构成夹角。鼻托前角一般为 20°～35°，如图 3-1-7 所示。

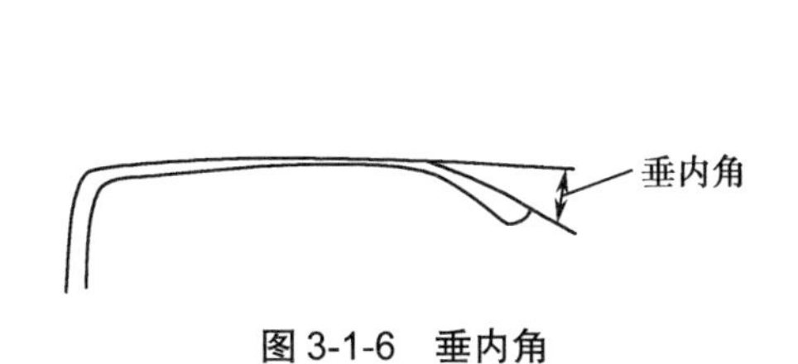

图 3-1-6　垂内角

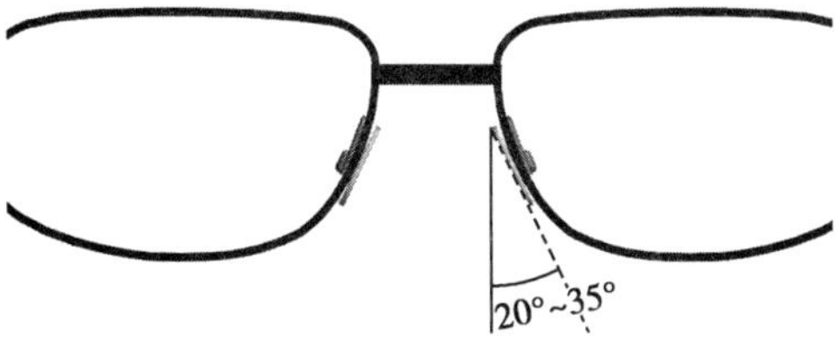

20°~35°

图 3-1-7　鼻托前角

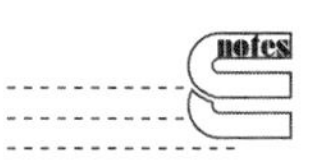

14. 鼻托斜角　在俯视时，鼻托平面与镜圈平面法线之间的夹角，鼻托斜角也称水平角。一般为 25°～35°，如图 3-1-8 所示。

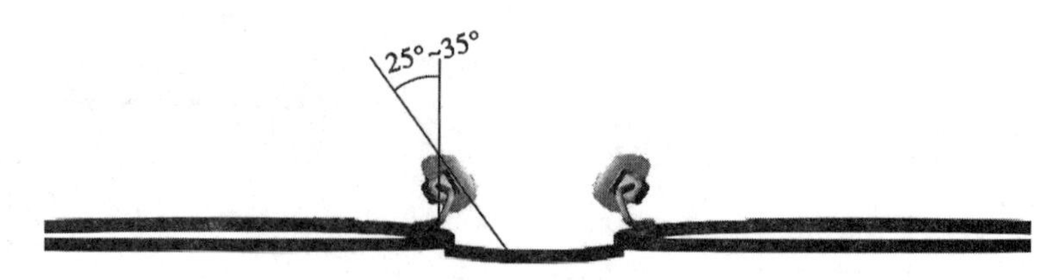

图 3-1-8　鼻托斜角

15. 鼻托顶角　侧视时，鼻托叶长轴与镜圈背面之间的夹角。鼻托顶角一般为 10°～15°，如图 3-1-9 所示。

ER 3-1-1
PPT 眼镜
校配的标准

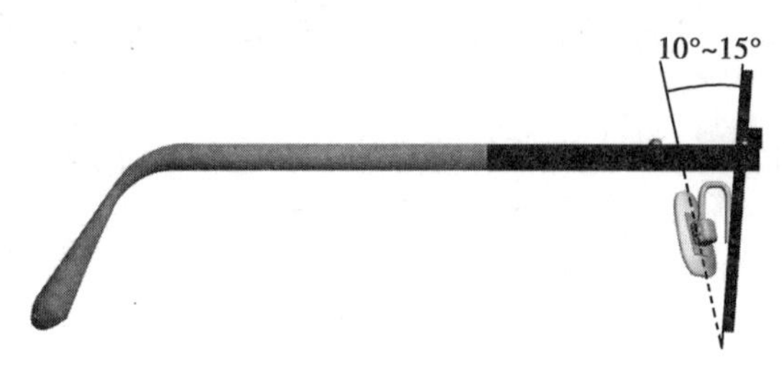

图 3-1-9　鼻托顶角

二、舒适眼镜的要求

1. 视物清晰

(1) 眼镜的顶焦度、棱镜度正确。

(2) 镜眼距为 12mm。

(3) 眼镜前倾角为 8°～15°。

2. 配戴舒适

(1) 无视疲劳：戴镜者视线与镜片光学中心重合，散光轴位、棱镜基底方位正确。

(2) 无压痛感：镜脚长度、弯曲度与耳朵相配；鼻托间距、角度与鼻梁骨相配；镜架外张角、镜腿弯曲与头型相配；耳、鼻、颞部无压痛。

(3) 镜架外张角与人脸相适宜。

3. 外形美观　镜架规格大小与脸宽相配；镜架色泽与肤色相配；镜架形状与脸型相配；眼镜在面部位置合适，左右对称性好，可弥补配戴者面部缺陷。

三、眼镜基本校配选项及客观调整

（一）确定校配选项要考虑的因素

眼镜校配主要考虑影响配戴的舒适度、稳定度与美观的戴镜方式等因素。通常对戴镜者头部作正面、侧面的观察、听取其对戴镜效果的感受，从戴镜的客观表现与戴镜的主观感觉加以分析，确定需校配的项目。对眼镜校配的选项，要考虑以下几方面。

1. 校配前对眼镜架各部位的对称性和稳固性进行评估，利用眼镜各受力点分布均衡的效能，使戴镜者感觉舒适。

2. 校配选项要观察分析戴镜者五官构造个性特征，有针对性地进行校配，才能使眼镜架更适合配戴者并产生舒适感。

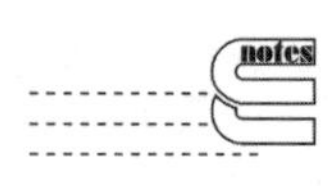

3. 校配选项要从眼镜架的各点、线、面组成的实体综合考虑，使其与脸型合为一体，达

到协调、美观的效果。

（二）基本校配选项

眼镜架的水平位置、颞距宽度、镜腿弯点长度是眼镜校配最基本的项目。

1. 眼镜水平位置　眼镜的水平位置校配方法，是以顾客的眼睛瞳孔中心为参照点，眼睛的下眼睑与基准线相切为好，如图 3-1-10 所示。不能偏高或偏低。偏高位置如图 3-1-11 所示，偏低位置如图 3-1-12 所示。

同时还需观察戴镜后眼镜左右镜片水平基准连线是否处于一个水平位置，如存在不水平现象，需要进行水平调整，如图 3-1-13 所示。

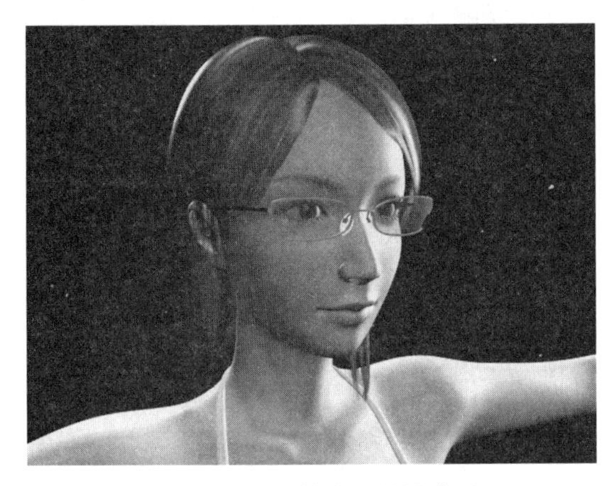

图 3-1-10　眼镜水平位置合适

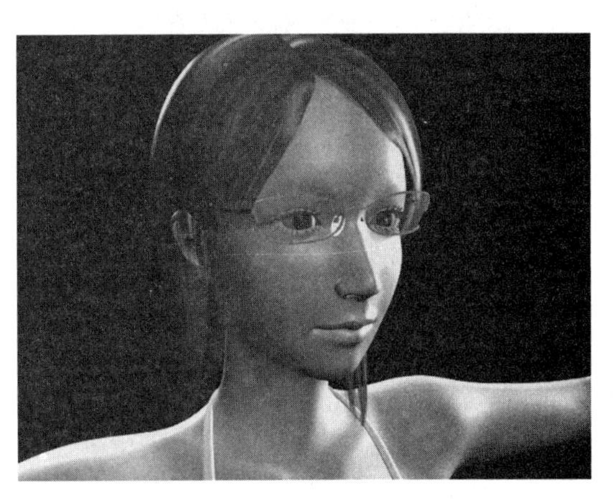

图 3-1-11　眼镜位置过高

图 3-1-12　眼镜位置过低

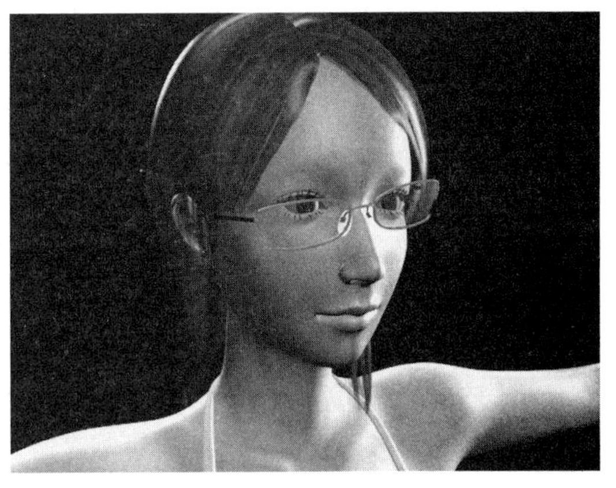

图 3-1-13　眼镜歪斜

2. 眼镜颞距宽度　眼镜颞距宽度的确定方法，是以顾客的颅围周长为基本参照，以镜脚不会加紧头颅两侧为合适。颅围较大的顾客，可适当加大眼镜架的颞距宽度，如图 3-1-14 所示。

反之，则适当减小眼镜架的颞距宽度，如图 3-1-15 所示。

ER 3-1-2
视频　眼镜基本校配选项

3. 眼镜镜腿弯点长度　眼镜的镜腿弯点长度校配方法，是以顾客的耳根部轮廓弧度拐点为基本参照点。观察戴镜后镜腿弯点的位置，如果镜腿弯点超出耳根部轮廓弧度拐点位置，即可被认定该镜腿弯点长度过长，如图 3-1-16 所示。

反之，弯点位置不及耳根部轮廓拐点，即可被认为镜腿弯点长度过短。

（三）眼镜客观调整

1. 从正面观察眼镜　从脸正面观察眼镜的配戴情况，眼睛在镜圈内的上下位置，左右镜圈上下位置是否水平，两鼻托是否在同一高度上，左右镜圈是否在一个水平面上。

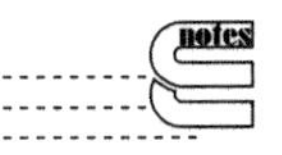

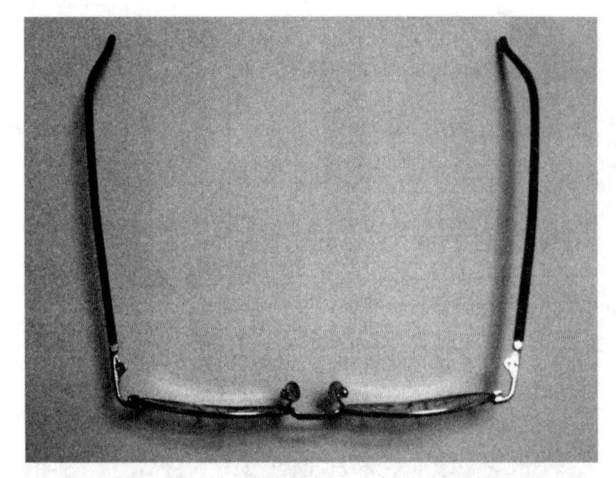

图 3-1-14　加大眼镜架的颞距宽度

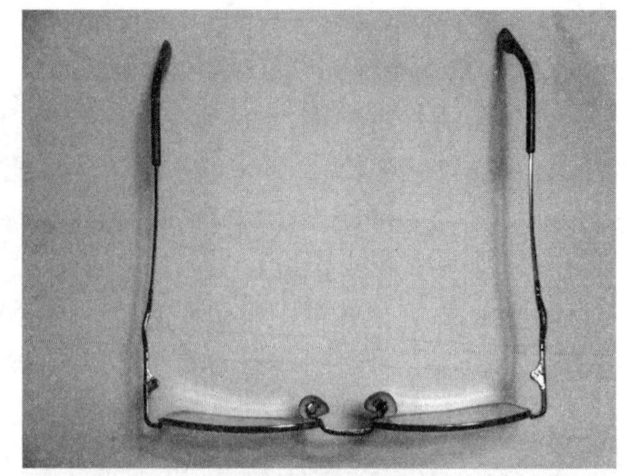

图 3-1-15　减小眼镜架的颞距宽度

(1) 从解剖要素分析

1) 眼在镜圈内的上下位置：一般情况，下睑缘应在镜圈垂直方向上下等高的中心位置。特殊镜架可依据具体要求进行加工和调整。例如眼镜垂直高度较短的镜圈，最好将瞳孔位置放在镜高的中心上。可以通过调整鼻托改变眼在镜圈内的上下位置。

2) 鼻托叶的位置：从解剖学角度分析，眼镜的正面调整与眼轮匝肌、额肌、提上唇鼻肌、鼻肌有紧密相连的关系。鼻根上部的三角地带无穴位且被上述四条肌所包围。根据解剖原理鼻托叶接触在三角区域最为安全、舒适。

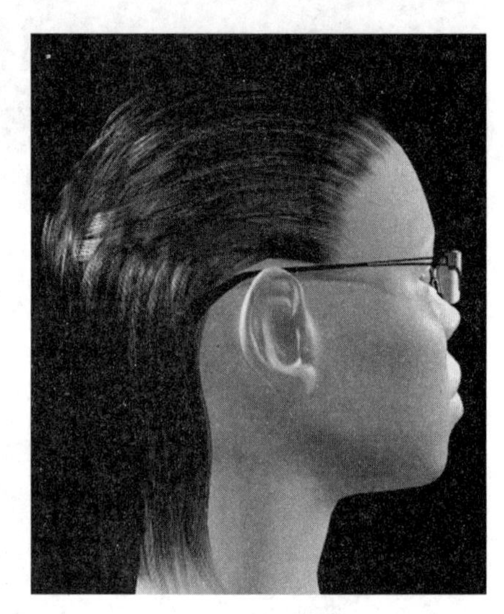

图 3-1-16　镜腿弯点过长

3) 镜圈上端应处于同一水平高度：造成两镜圈上端不在同一高度上的原因有以下几种情况：①镜面扭曲；②镜腿铰链部歪斜；③两鼻托支架不在同一高度上；④两鼻托叶角度不一致。应依据具体情况进行相应部位调整。

另外，还需判断是否是由于镜架焊接不正确或配戴者两耳高度不同造成的镜圈上端没有处于同一水平高度。

(2) 从力学要素分析：一副眼镜戴在脸上应有三个支撑点，鼻与两耳这三个部位所受的力要平衡，否则其中一部位会有压迫感。镜架与鼻梁和耳部应该呈面接触，而不应该点或线接触。压强 = 重力 / 面积，压强与重力成正比，与受力面积成反比，当接触成一点或一线时压强很大，造成鼻部疼痛，所以鼻托叶必须与鼻部皮肤呈面接触。当眼镜重量增加时，可换为大鼻托叶，扩大与皮肤接触的面积，以减少压强。

2. 从侧面观察眼镜　从侧头部观察配戴眼镜情况，镜眼距、镜腿与脸颊及耳部的接触。

(1) 镜眼距的调整：配戴者的角膜前点到镜片后顶点的距离为 12mm，尤其对高度数眼镜来说，对镜眼距的准确性要求更高，因为镜眼距的变化就会直接影响到视物的清晰程度。镜眼距的调整用专用钳将鼻托支架拉长或缩短到正确的位置上。在特殊情况下，也可根据具体需要调整镜眼距，达到配戴者视物清楚且舒适的目的。

左右镜圈的镜眼距不同，主要是因为左右镜腿的张角不对称。用手或工具固定住镜腿桩头焊接部位，用平圆钳夹住镜腿向外或向内调整。

(2) 镜腿与脸颊接触：防止脸颊两侧被镜腿勒得过紧，避免压迫太阳穴造成配戴者头痛。尤其对儿童少年更为重要，因为他们正处于骨骼发育期，若镜腿陷入脸颊内，会影响这

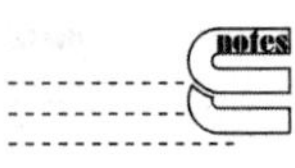

一地方的骨骼发育，久而久之会形成一个凹槽。

(3) 根据耳部的解剖要素调整镜腿端部：耳郭部周围有枕肌、耳前肌及耳后肌。调整镜腿末端时注意不要压迫这三个部位。从耳郭上部到太阳穴是耳上肌。耳前肌略向后突起的地方也就是耳上点，是支撑镜腿的最佳位置。耳后肌位于耳后起自乳突向外，止于耳部软骨后面。耳后方有一叫乳突的部位，有些人对这部位很敏感，如压迫这一部位，严重者会产生抽动症状。镜腿若达到乳突位置时必须将眼镜脚部向外翘起，以免压迫这个部位。

ER 3-1-3
视频　眼镜校配的标准

四、实训项目及考核标准

(一) 实训项目——眼镜校配的标准

1. 实训目的

(1) 熟悉眼镜组成结构。

(2) 掌握校配常用术语。

(3) 掌握眼镜校配的标准。

2. 实训工具　眼镜、整形工具等。

3. 实训内容

(1) 学生分组，领取各组配发的实训材料做好实训准备。

(2) 根据实训内容，小组讨论分析，确定实训步骤。

(3) 学生分组完成眼镜组成结构、校配常用术语、眼镜校配的标准实训。

4. 实训记录单

序号	实训项目	标准要求	操作方法	单项评价
1	舒适眼镜的要求			
2	眼镜基本校配选项			
3	眼镜客观调整			

5. 总结实训过程，写出实训报告。

(二) 考核标准

实训名称	眼镜校配的标准				
项目	分值	要求	得分	扣分	说明
素质要求	5	着装整洁，仪表大方，举止得体，态度和蔼，团队合作，会说普通话			
实训前	15	组织准备：实训小组的划分与组织工具准备：实训工具齐全 实训者准备：遵守实训室管理制度			
实训过程	20	眼镜组成结构及校配常用术语			
	20	舒适眼镜的要求			
	20	眼镜基本校配选项及客观调整			
实训后	5	整理及清洁用物			
熟练程度	15	程序正确，操作规范，动作熟练			
实训总分	100				

ER 3-1-4
任务一：扫一扫，测一测

评分人：　　　年　　月　　日　　　　核分人：　　　年　　月　　日

（杨砚儒）

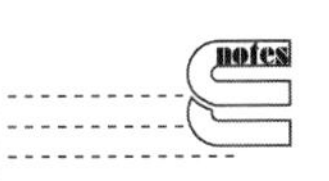

任务二 眼镜校配技术

学习目标

知识目标

1. 掌握人体面部解剖学知识和影响配戴效果的有关因素。
2. 掌握眼镜校配的项目、原因分析及处理方法。

技能目标

1. 根据配戴效果能准确找出一副眼镜存在的问题。
2. 学会从正面观察、侧面观察配戴眼镜者的配戴情况，正确判断出不舒适的原因并会处理。

素质目标

1. 培养学生观察和分析能力。
2. 培养学生的团队意识、组织协作与沟通能力。
3. 通过整个任务培养学生的自主分析问题、解决问题的能力和创新精神。

ER 3-2-1 PPT 任务二：眼镜校配技术

任务描述

学生张某新配一副眼镜，在试戴中发现鼻右侧和左耳疼痛，需进行校配调整。分析可能的原因是右镜腿张角过大，左镜腿比右镜腿低，眼镜呈扭曲状态，鼻右侧鼻托角度、左镜腿的角度不正确。通过校配技术可解决上述问题。

眼镜配戴一段时间后，因经常摘戴或在平时生活中碰撞等发生变形，使配戴者产生了各种不舒适的症状，根据不同症状需要进行不同项目的调整，对于不同的调整项目应首先找到其原因再进行调整。

一、影响眼镜视觉问题分析及处理

影响眼镜视觉问题主要原因是镜眼距过大或过小引起眼镜有效度的改变及由于配戴位置不正确，由此产生的相差（散光效应）。

有些戴镜者戴镜感到不适，在眼镜架校配过程中，当用校配的标准检查戴镜情况不能发现问题时，就需要从戴镜产生光学效果的角度去分析问题。由于镜片和镜架组成的眼镜是一个相对固定的光学系统，而人眼是一个动态的光学系统，两者之间需要通过大脑融像中枢对于两种光学上的差异进行平衡。每个个体差异会对同一种差异反应产生不同的感觉，通过校配改变戴镜的光学效果，让戴镜者在差异的感觉中得到合理的平衡感觉。

（一）镜眼距过大或过小引起眼镜有效镜度的改变。

1. 镜眼距对有效镜度的影响

（1）镜眼距过小，远视眼镜片有效镜度减小，反之增大，如彩图 3-2-1 所示。

（2）镜眼距过小，近视镜片有效镜度增大，反之减小，如彩图 3-2-2 所示。

2. 镜眼距过大过小的主要原因

（1）鼻托支架过高或过低，导致镜眼距过大或过小。

（2）鼻托间距过大或过小，导致镜眼距过小或过大。

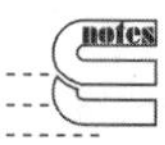

（3）镜脚弯曲过早（或过晚），导致镜眼距过小（或过大），如图 3-2-3 所示。

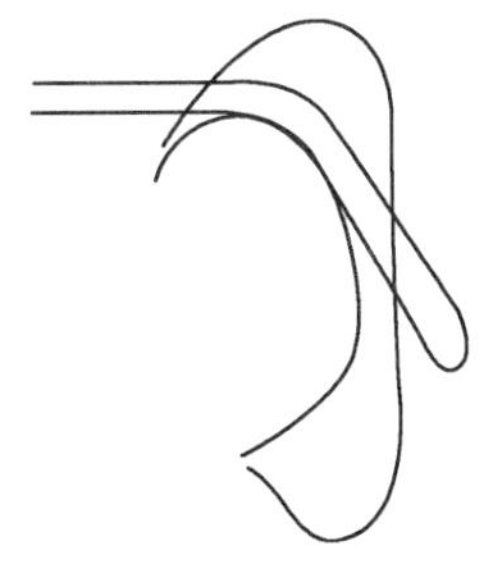

图 3-2-3　镜腿弯曲过早

3．处理方法

（1）一手持眼镜，一手握住圆嘴钳夹住鼻托支架，如图 3-2-4 所示。

（2）圆嘴钳向内调整，鼻托间距减小，镜眼距增大；圆嘴钳向外调整，鼻托间距增大，镜眼距减小。

（3）圆嘴钳向上调整，增大鼻托高度，镜眼距增大；圆嘴钳向下调整，减小鼻托高度，镜眼距减小。

（4）镜脚弯曲（弯点长度）的调整步骤：首先用烘热器加热镜脚塑料部分，将镜腿弯曲部伸直；将眼镜戴在顾客脸上，保证镜眼距，找出弯点位置。用烘热器加热镜脚塑料部，以大拇指为弯曲支撑，弯曲弧度与耳根形状基本一致。如图 3-2-5 所示。

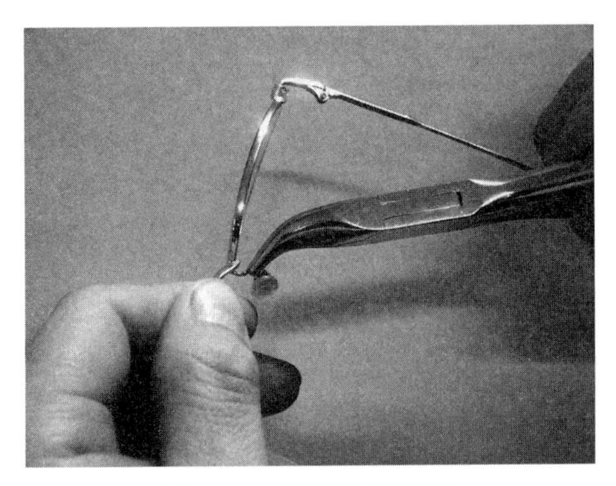

图 3-2-4　鼻托高度的调整

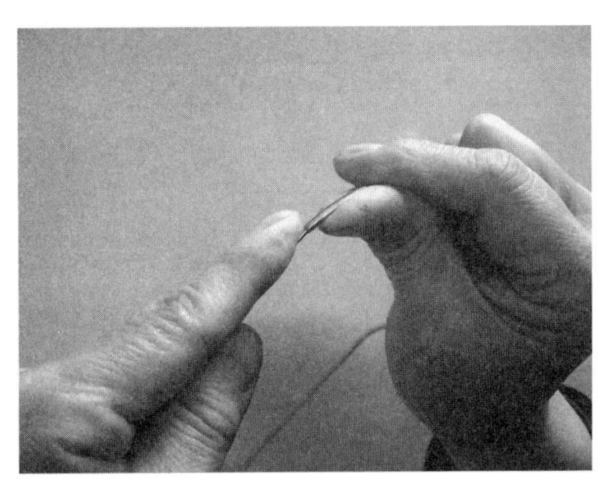

图 3-2-5　镜脚弯曲

（二）眼镜架倾斜角偏差带来的散光效应

1．人戴眼镜时，要使眼镜片的光轴与视轴在同一轴上，装配镜片的镜架一般设计为倾斜角度 8°～15°，但如果眼镜架的倾斜不能满足戴镜者视觉需要时，眼睛通过看物体就会出现像差，即带来有效散光焦度。如彩图 3-2-6 所示。

2．产生散光效应的原因　眼镜前倾角过大或过小。

3．处理方法　可以调整身腿倾斜角来改变前倾角。

（1）一手捏住桩头焊接部位，或用钳子在桩头处做辅助钳，固定不动，防止桩头焊接处开焊。

（2）另一手握镜腿钳，钳子在镜腿铰链前向上、向下扭动，从而达到减小或增大镜架前倾角角度的目的。如图 3-2-7 所示。

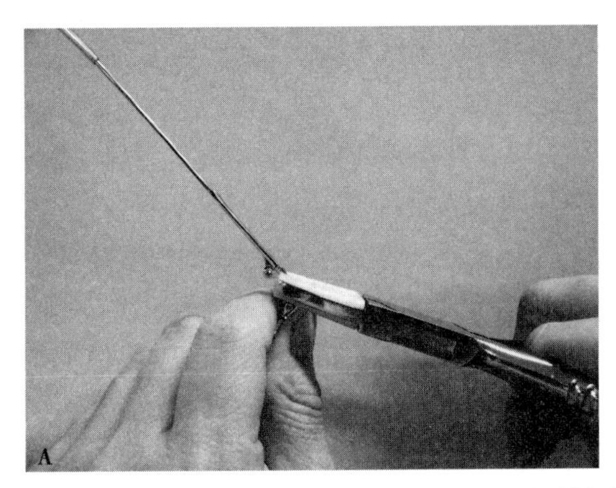

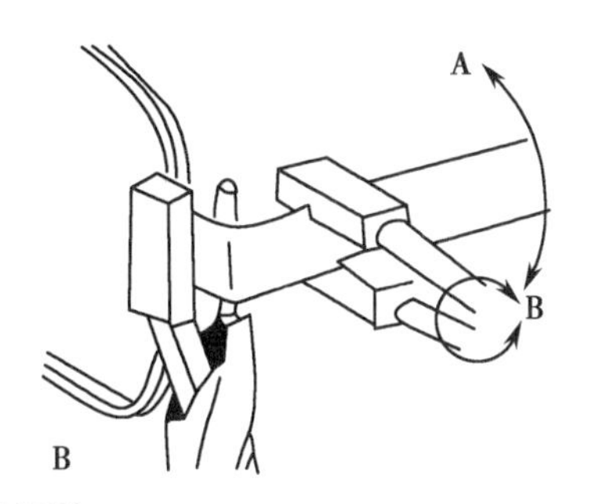

图 3-2-7　身腿倾斜角的调整

ER 3-2-2
视频　视物清晰调整

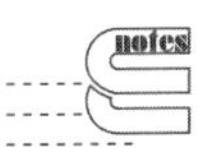

二、影响眼镜舒适度问题分析及处理

眼镜配戴一段时间后，因经常摘戴或在平时生活中碰撞等发生变形，使配戴者产生了各种不舒适的症状。根据不同症状首先找出其原因再进行调整。

（一）耳部压痛

1. 两耳被镜腿压迫疼痛的可能原因

（1）镜脚弯曲的位置过早（弯点长度过短），如图 3-2-8 所示。

（2）镜腿尾部弯曲的位置过晚（弯点长度过长），如图 3-2-9 所示。

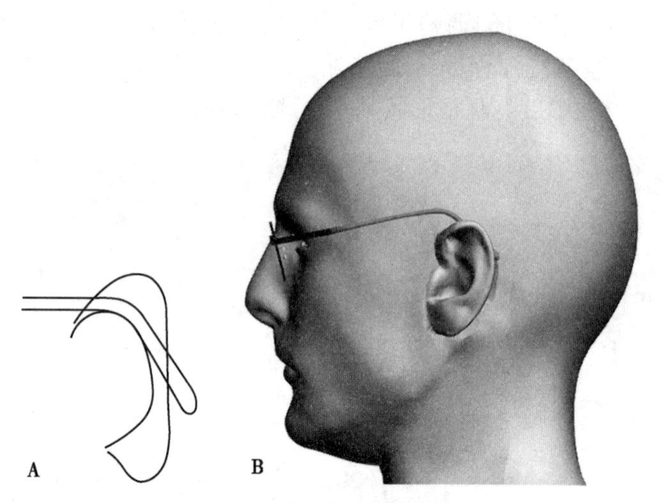

图 3-2-8　镜脚弯曲的位置过早

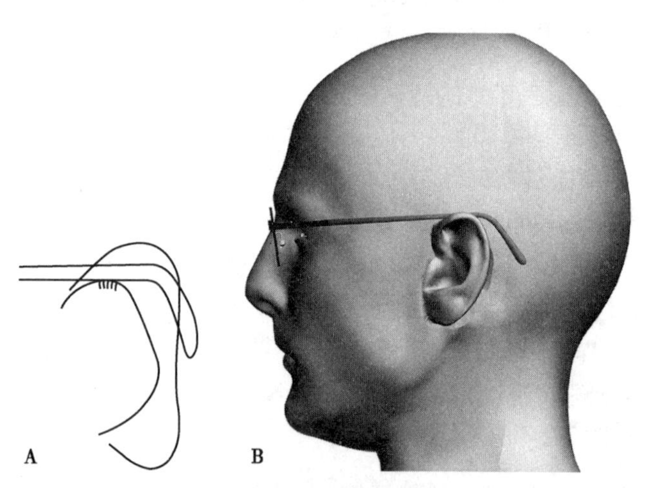

图 3-2-9　镜脚弯曲位置过晚

（3）配戴的眼镜过重。

（4）镜脚局部接触耳部，如图 3-2-10 所示。

（5）颞距宽度过窄，压迫耳部。

（6）镜腿垂长过长压迫乳突，如图 3-2-11 所示。

（7）镜脚部向内弯曲角度过小（垂内角过小）。如图 3-2-12A 所示。

（8）镜脚部弯曲弧度与耳朵后侧形状不相符，弯曲角出现直角，如图 3-2-12B 所示。

2. 两耳被镜腿压迫疼痛的处理方法

（1）重新确定弯点长度

1）先用烘热器加热镜脚塑料部分。

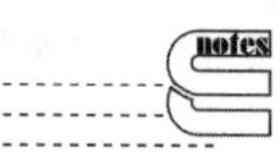

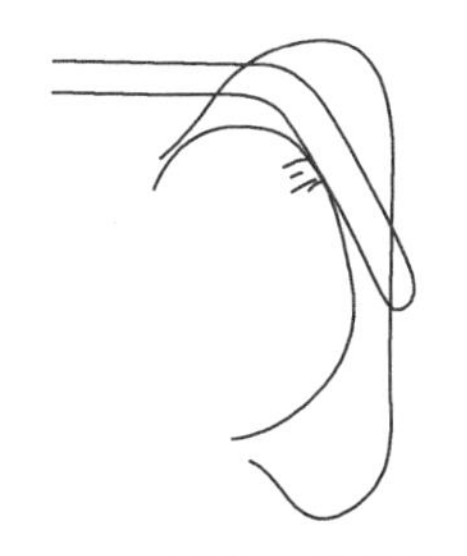

图 3-2-10　镜脚局部接触耳部

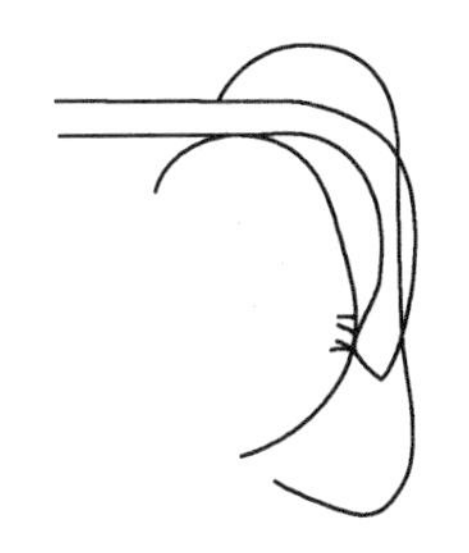

图 3-2-11　垂长过长压迫乳突

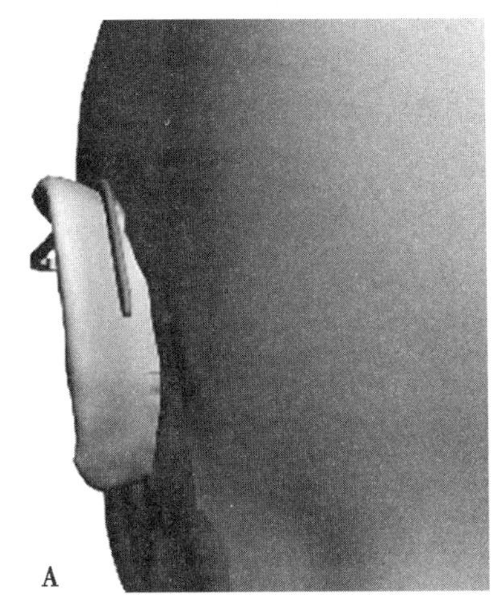

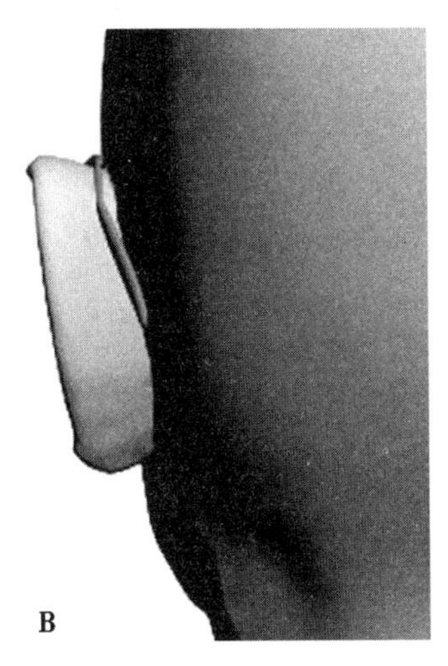

图 3-2-12　镜脚部弯曲弧度与耳朵后侧形状不符

2）将镜腿弯曲部伸直。

3）将眼镜戴在顾客脸上，保证镜眼距，找出弯点位置。

4）用烘热器加热镜脚塑料部，以大拇指为弯曲支撑，弯曲弧度与耳根形状基本一致（见图 3-2-5）。

（2）调整颞宽

1）金属镜架的调整方法：一手捏住桩头焊接部位或用钳子在桩头处做辅助钳，固定不动，防止脱焊。另一手握住平圆钳如图 3-2-13 所示的位置，向外扭动增大外张角，向内扭动减小外张角。

2）非金属镜架调整方法：当镜腿张角过小或颞距不够宽时，稍稍加热桩头部，一手持眼镜，另一手的示指和中指抵在外表面桩头处作支撑，大拇指在眼镜内表面桩头处向外推至需要的角度。如图 3-2-14 所示。或用锉刀锉削铰链接触部，锉面要平齐。

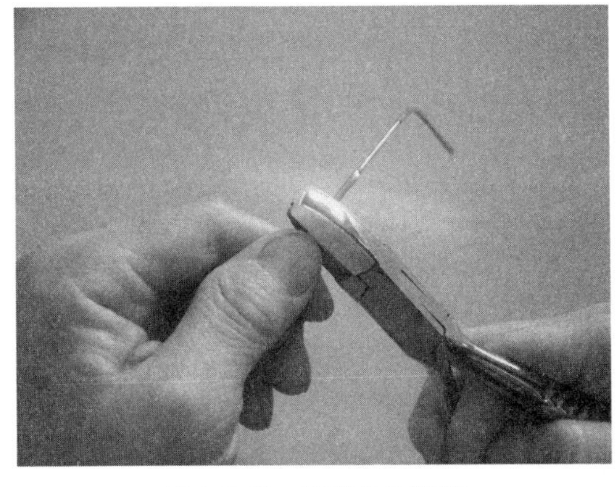

图 3-2-13　外张角的调整

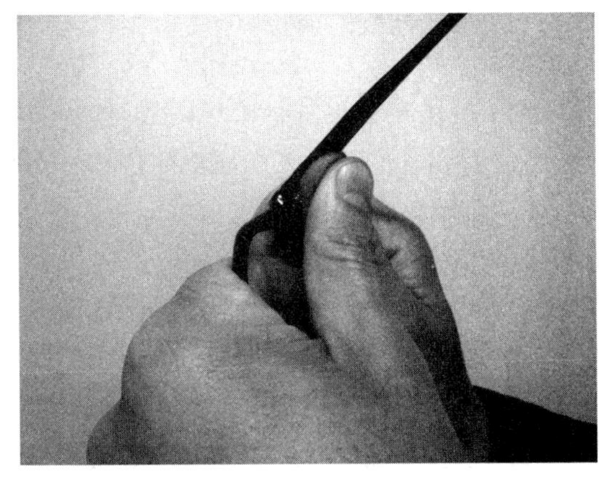

图 3-2-14　增大外张角（颞宽）

当张角过大时，稍稍加热桩头部，一手持眼镜，另一手的示指和中指抵在内表面桩头处作支撑，大拇指在眼镜外表面桩头处向里推至需要的角度。如图 3-2-15 所示。

（3）重新调整镜脚的复合弯曲：用烘热器加热镜脚，防止镜脚弯裂，以大拇指为弯曲支撑，示指和中指施力滑动，保证弯曲效果。垂长若超过乳突，则垂长的末端应向外弯曲从而避免压迫乳突，如图 3-2-16 所示。

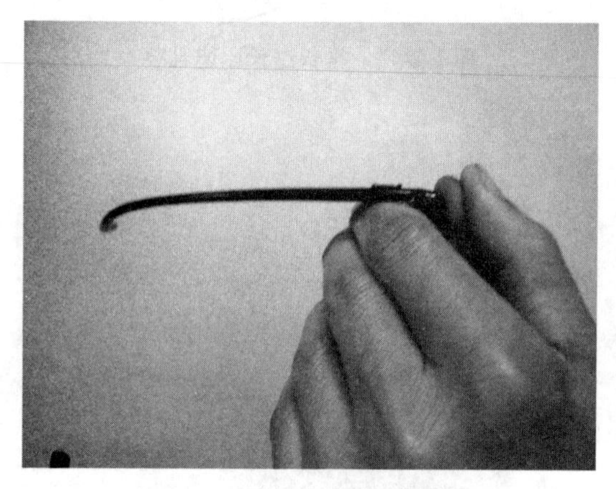

图 3-2-15　减小外张角（颞宽）

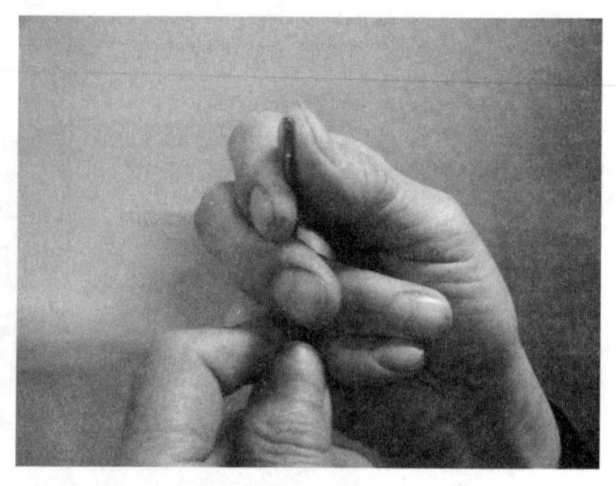

图 3-2-16　镜脚的复合弯曲图

（二）鼻部压痛

1. 鼻部压痛的可能原因

（1）镜脚弯曲的位置过早，造成弯点长度过短，导致眼镜对鼻部较大压力（见图 3-2-8）。

（2）镜脚弯曲位置过长（弯点长度过长）眼镜向下滑落，因此大部分重量都加在鼻部两侧（见图 3-2-9）。

（3）鼻托叶的形状和鼻形不相符，出现了鼻托叶与鼻部点接触，如图 3-2-17 所示。

（4）两鼻托叶角度、高度不对称，出现点接触或线接触现象，如图 3-2-18 所示。

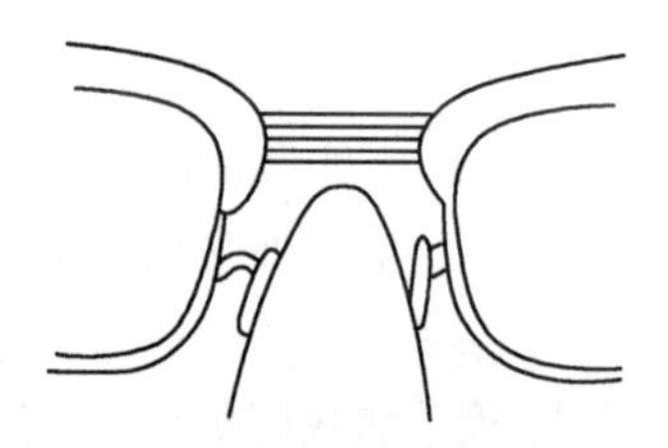

图 3-2-17　鼻托叶的形状和鼻形不相符

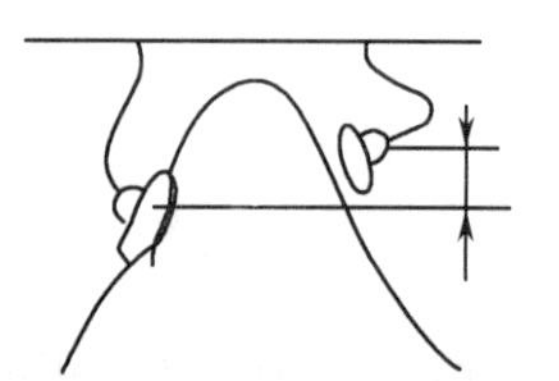

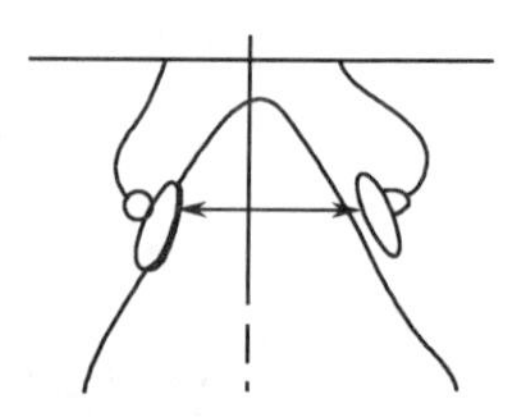

图 3-2-18　两鼻托叶角度、高度不对称

2. 鼻部压痛的处理方法

（1）鼻托高度的调整：一手持眼镜，一手握住圆嘴钳夹住鼻托支架，圆嘴钳向上或向下调整鼻托高度，使左右鼻托高度一致。如图 3-2-4 所示。

（2）鼻托叶角度的调整：一手握镜架，一手握住鼻托钳夹住鼻托叶，向正确鼻托位置方向扭动，使鼻托叶面与鼻侧两平面接触。如图 3-2-19 所示。

（三）眼镜向下滑落

1. 眼镜向下滑落主要原因

（1）眼镜颞距过宽，如图 3-2-20 所示。

（2）颞距过窄眼镜向前探出，如图 3-2-21 所示。

（3）两鼻托叶间距宽于鼻梁两侧。

（4）镜腿弯曲位置过长（弯点长度过长）（见图 3-2-9）。

（5）眼镜重，镜腿过细，受力不均匀，固定力不强。

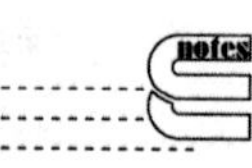

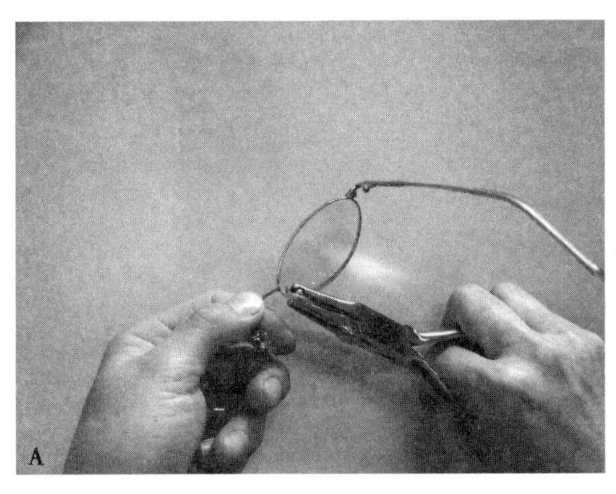

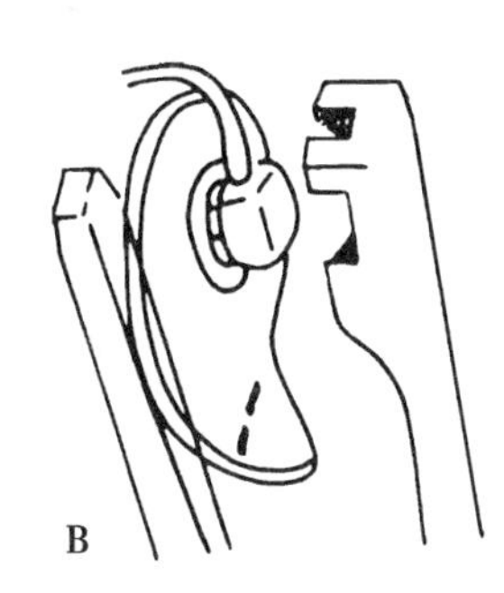

图 3-2-19　鼻托叶角度的调整

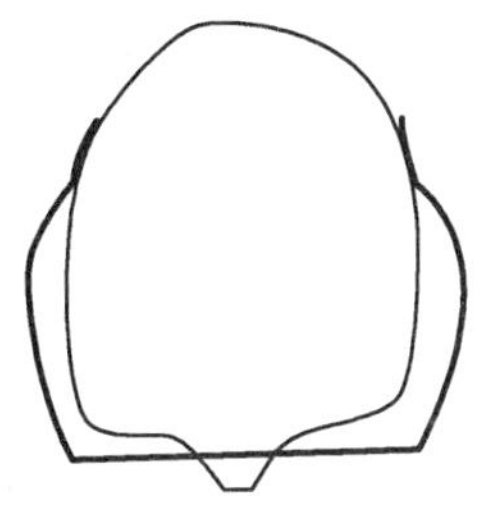

图 3-2-20　颞距过宽

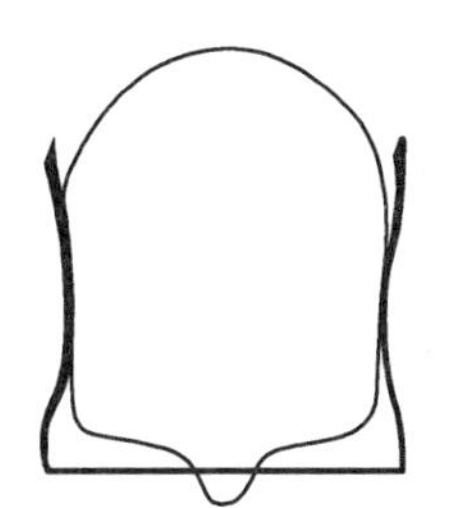

图 3-2-21　颞距过窄

2. 眼镜向下滑落处理方法

(1) 戴镜颞距过窄且镜架面弧较大的镜架的校配可用如下操作

1) 用烘热器在其鼻梁间部位进行预加热，使该区域略有软化，如图 3-2-22 所示。

2) 双手平握镜架框缘做反向扳动，可增大镜架的整体颞距，如图 3-2-23 所示。

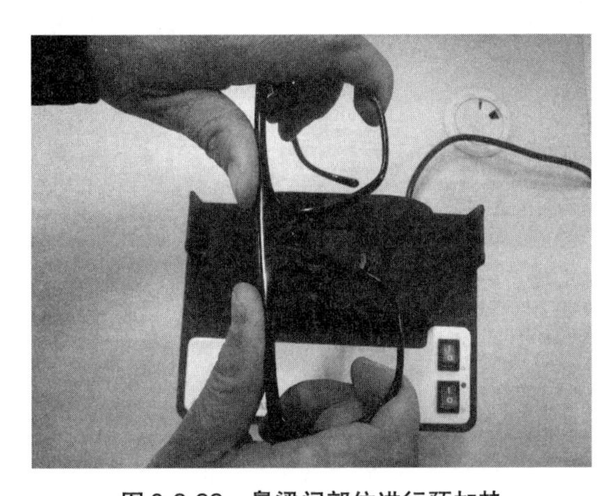

图 3-2-22　鼻梁间部位进行预加热

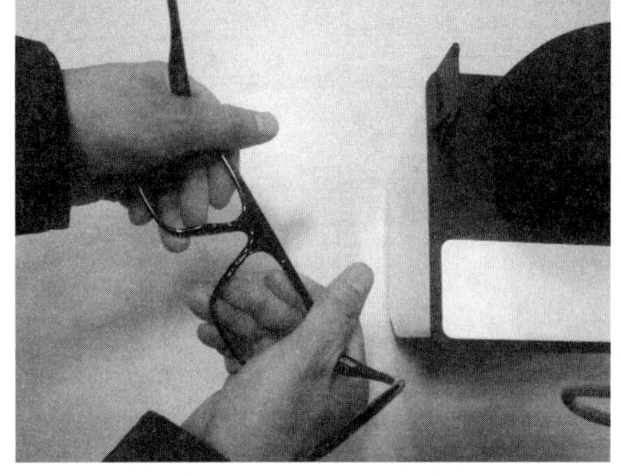

图 3-2-23　增大镜架颞距

(2) 对于镜架面弧不大的镜架可用烘热器在桩头部位进行预加热，待该区域略有软化再作单向颞距调整（见图 3-2-14）。

(3) 需要大范围改变颞距宽度的调整，可用锉刀在铰链结合处镜腿根部切面打磨斜面角度，并作抛光处理，即可增加颞距宽度。

(4) 颞距过宽且镜架面弧较小的镜架的调校可用如下操作

1) 用烘热器在其鼻梁间部位进行预加热，使该区域略有软化。

2) 双手平握镜架边缘，作向内扳动，减少镜架整体颞距。如图 3-2-24 所示。

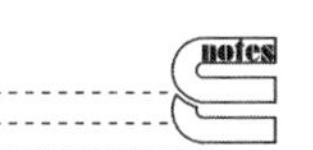

ER 3-2-3
视频　舒视眼镜的校配（一）

ER 3-2-4
视频　舒视眼镜的校配（二）

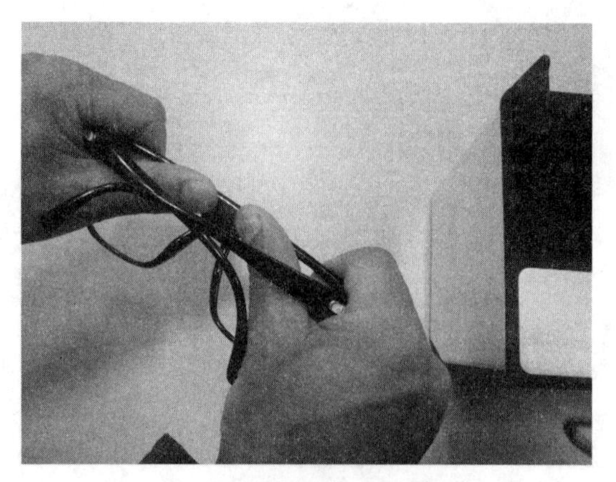

图 3-2-24　减小镜架颞距

（5）对于镜架面弧较大的镜架可用烘热器在桩头部位进行预加热，待该区域略有软化再作单向颞距调整（见图 3-2-15）。

三、影响眼镜美观问题分析及处理

（一）眼镜位置过高、过低的可能原因

1. 眼镜位置过高、过低的可能原因

（1）鼻托叶中心高度过高、鼻托间距过大、镜腿弯点长度过长，导致眼镜位置过低，如图 3-2-25 所示。

（2）鼻托叶中心高度过低，鼻托间距过小等，导致眼镜位置过高，如图 3-2-26 所示。

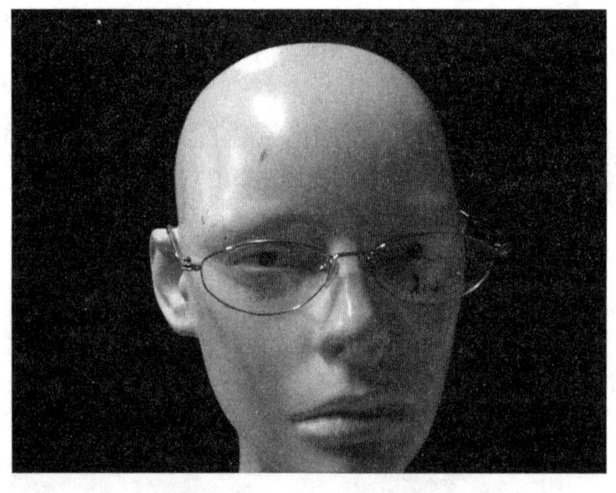

图 3-2-25　眼镜位置过低

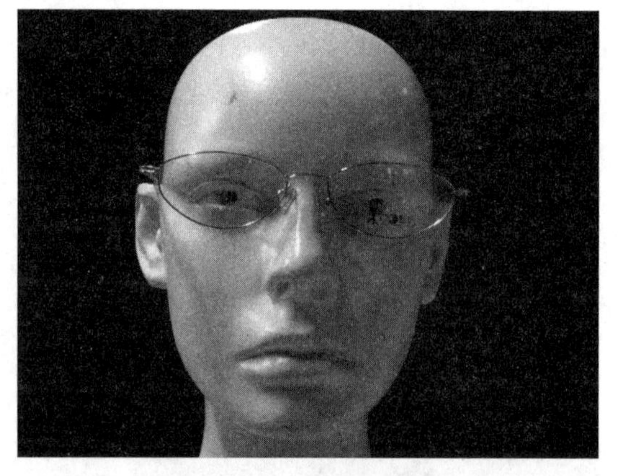

图 3-2-26　眼镜位置过高

2. 眼镜位置过高、过低的处理方法　调整鼻托中心高度和鼻托间距，达到眼镜在脸上正确位置。

（1）鼻托中心高度的调整：一手持眼镜，一手握住圆嘴钳夹住鼻托支架，如图 3-2-4 所示。圆嘴钳向上抬或向下压，鼻托中心高度上移或向下移动，使眼镜在脸上达到正确位置。

（2）鼻托间距和角度的调整：一手握镜架，一手握住鼻托钳夹住鼻托叶，如图 3-2-19 所示。向正确鼻托位置方向扭动，使鼻托间距和角度达到要求。

（二）眼镜配戴在脸上出现水平度倾斜

眼镜配戴在脸上出现水平度倾斜，如图 3-2-27 所示。

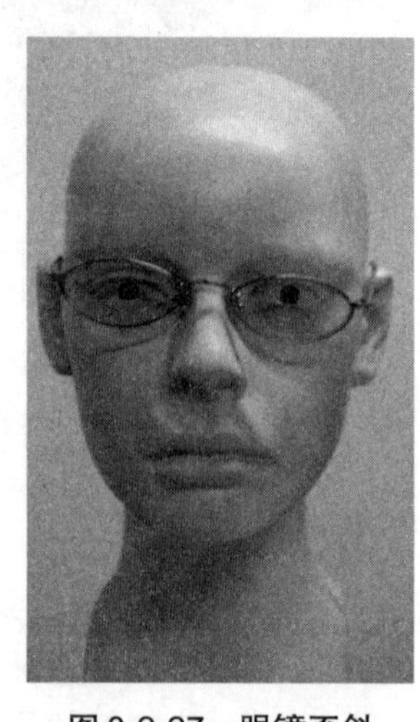

图 3-2-27　眼镜歪斜

1. 眼镜配戴在脸上出现水平度倾斜的可能原因

（1）左右身腿倾斜角大小不一致。

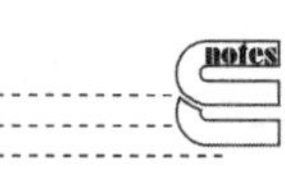

(2) 左右镜腿弯点长不一致(弯点长度较短的一边向上)。

(3) 左右耳朵的位置一高一低。

2. 眼镜配戴在脸上出现水平度倾斜的处理方法

(1) 调整身腿倾斜角：一手捏住桩头焊接部位，或用钳子在桩头处做辅助钳，固定不动，防止桩头焊接处开焊。另一手握调整钳，钳子在镜腿铰链前向上、向下扭动，从而达到减小或增大身腿倾倾斜角度的目的(见图 3-2-7)。

对于非金属镜架需用烘热器在眼镜桩头部位进行预加热，使该区域略有软化，如图 3-2-28 所示。

单手平握镜架框缘，另一手平握镜腿作上或下的调整，如图 3-2-29 所示。

如果调整的幅度较大，可在左右镜腿桩头作调整，如图 3-2-30 所示。

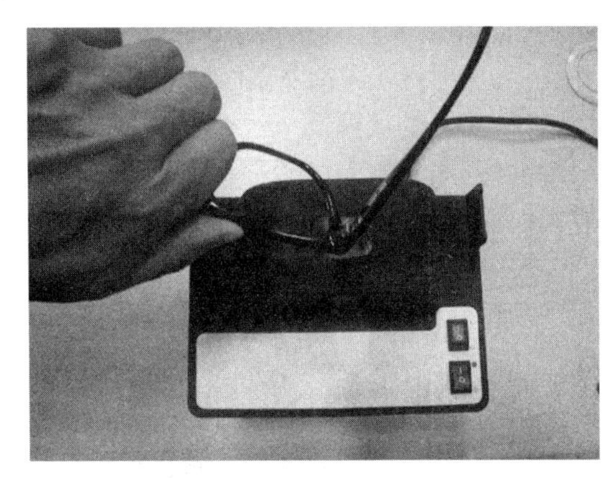

图 3-2-28　眼镜桩头部位加热

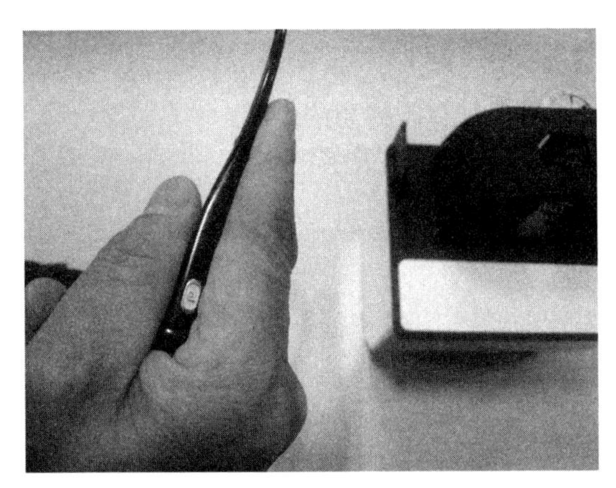

图 3-2-29　镜腿上下调整

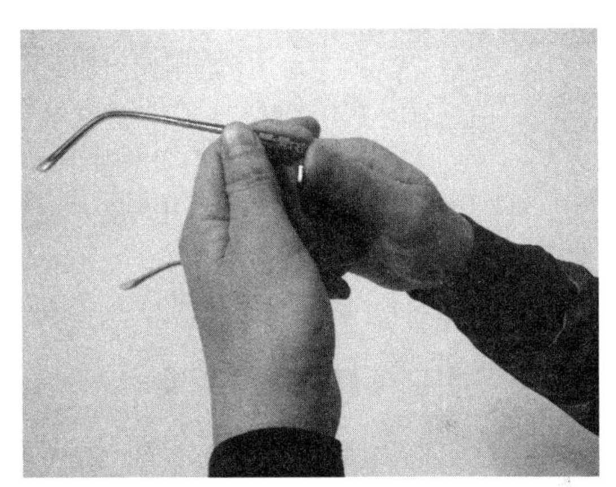

图 3-2-30　镜腿桩头调整

(2) 调整镜腿长度：首先用烘热器加热镜脚塑料部分，将镜腿弯曲部伸直，将眼镜戴在顾客脸上，保证镜眼距，找出正确弯点位置。用烘热器加热镜脚塑料部分，以大拇指为弯曲支撑，重新弯曲镜腿使弯曲弧度与耳根形状基本一致。如图 3-2-16 所示。

(三) 眼镜戴在面部向一侧偏移

1. 眼镜戴在面部向一侧偏移的主要原因

(1) 左右镜腿外张角大小不对称或两镜腿向一侧偏移。

(2) 两鼻托位置向一侧水平偏移，导致眼镜戴在面部向一侧偏移，如图 3-2-31 所示。

2. 眼镜戴在面部向一侧偏移的处理方法

(1) 外张角的调整：一手捏住桩头焊接部位或用钳子在桩头处做辅助钳，固定不动，防止脱焊。另一手握住平圆钳如图 3-2-13 所示的位置，向外扭动增大外张角，向内扭

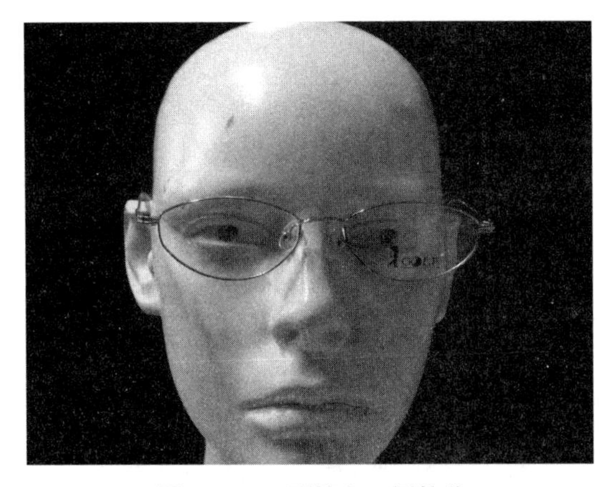

图 3-2-31　眼镜向一侧偏移

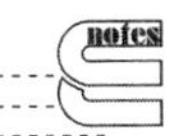

动减小外张角。

对于非金属镜架，当镜腿张角过小或颞距不够宽时，稍稍加热桩头部，一手持眼镜，另一手的示指和中指抵在外表面桩头处作支撑，大拇指在眼镜内表面桩头处向外推至需要的角度，如图 3-2-14 所示。或用锉刀锉削铰链接触部，锉面要平齐。

当张角过大时，稍稍加热桩头部，一手持眼镜，另一手的示指和中指抵在内表面桩头处作支撑，大拇指在眼镜外表面桩头处向里推至需要的角度，如图 3-2-15 所示。

ER 3-2-5
视频　眼镜美观校配

（2）鼻托的调整

1）一手持眼镜，一手握住圆嘴钳夹住鼻托支架，如图 3-2-4 所示。圆嘴钳向里或向外调整，使两鼻托对称。

2）鼻托叶角度的调整：一手握镜架，一手握住鼻托钳夹住鼻托叶，向正确鼻托位置方向扭动，使鼻托叶面与鼻侧两平面接触，如图 3-2-19 所示。

四、注意事项

1. 调整时一定要保护好焊接处。

2. 调整身腿倾斜角外张角时调整钳应放在铰链前方。

3. 适当加热镜腿塑料部分。

4. 调整塑料眼镜架时不能用调整钳。

5. 加热前应充分了解塑料镜架的材料和特性，以免把镜架烤焦或变形。

6. 若为装有活动鼻托的塑料镜架则与调整金属镜架鼻托的方法完全相同。

7. 调整塑料镜架时尽量避开桩头部，因内里有金属部件，温度过高塑料软化金属部件会错位，导致镜腿角度发生变化。

特别 TR-90 不适应于烘热器加热，应采用热水在 90～100℃加热，再进行调整。

五、实训项目及考核标准

（一）实训项目——眼镜的校配

1. 实训目的

（1）熟悉影响眼镜视物清晰、配戴舒适、外形美观的因素。

（2）掌握影响眼镜视物清晰、配戴舒适、外形美观的原因。

（3）掌握影响眼镜视物清晰、配戴舒适、外形美观的处理方法。

2. 实训工具　眼镜、烘热器和各种整形钳等。

3. 实训内容

（1）学生分组，领取各组配发的实训材料做好实训准备。

（2）根据实训内容，小组讨论分析，确定实训步骤。

（3）学生分组完成眼镜客观调整、眼镜主观调整的项目、常见原因分析实训。

4. 实训记录单

序号	实训项目	标准要求	操作方法	单项评价
1	影响眼镜视觉问题分析及处理			
2	影响眼镜舒适度问题分析及处理			
3	影响眼镜美观问题分析及处理			

5. 总结实训过程，写出实训报告。

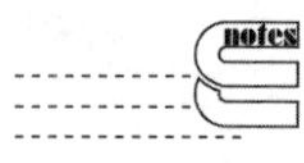

（二）考核标准

实训名称	眼镜的校配				
项目	分值	要求	得分	扣分	说明
素质要求	5	着装整洁，仪表大方，举止得体，态度和蔼，团队合作，会说普通话			
实训前	15	组织准备：实训小组的划分与组织工具准备：实训工具齐全 实训者准备：遵守实训室管理制度			
实训过程	20	影响眼镜视物清晰问题分析及处理			
	20	影响眼镜配戴舒适问题分析及处理			
	20	影响眼镜美观问题分析及处理			
实训后	5	整理及清洁用物			
熟练程度	15	程序正确，操作规范，动作熟练			
实训总分	100				

评分人：　　　　年　　月　　日　　　　　　核分人：　　　　年　　月　　日

（杨砚儒）

ER 3-2-6 任务二：扫一扫，测一测

notes

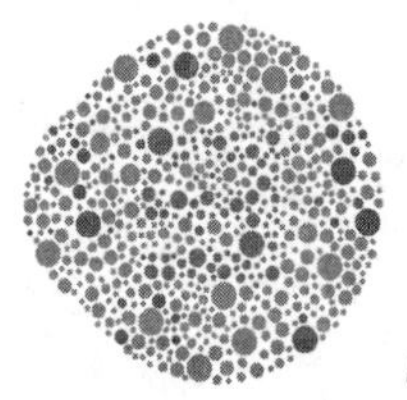

情境四　眼镜维修技术

任务一　眼镜零配件更换技术

学习目标

知识目标

1. 掌握眼镜架各零部件的功能及作用。
2. 熟悉眼镜架的分类，了解不同类型眼镜架的维修方法。
3. 了解眼镜架维修的各类工具。
4. 了解各类眼镜架维修原理及维修方法。

能力目标

1. 通过眼镜架维修技术的学习，能独立完成一般眼镜架的维修技术。
2. 能正确使用眼镜架维修的各类工具。

素质目标

1. 着装整洁，仪表大方，举止得体，态度和蔼。
2. 符合职业标准，有团队协作精神。

任务描述

ER 4-1-1 PPT 任务一：眼镜零配件更换

顾客张某，男，18岁，高中学生，因学校体育课打篮球导致戴的半框眼镜片脱落，小张拿着损坏的镜架和镜片来眼镜店修理，眼镜店的师傅根据小张眼镜架的损坏程度进行了修理，将半框架的下方折断的鱼丝线进行了更换，然后完好无损地将脱落的镜片安装了上去，小张感到很满意。

要学好本章眼镜架的维修技术，必须全面了解眼镜架基本构成及各零部件的作用，正确了解眼镜架的分类以及各类眼镜架的维修方法、步骤。

一、常用眼镜零配件的规格、尺寸

（一）眼镜维修中的专业术语及相关定义

眼镜的基本构成如图4-1-1所示。

1. 桩头　桩头是镜框与镜腿连接的过渡零件。

2. 锁块（锁紧管）　锁块是焊接在镜框开口处两端，然后用V型切割机在锁块五分之二处切开，将有螺纹部分焊接在桩头上。而另一部分是活动的，可通过螺丝连接锁紧在金属框架上，起到将镜片固定在镜框中的作用。全框架锁块分为卧式锁块和立式锁块两种。

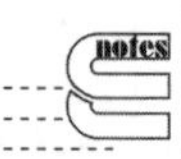

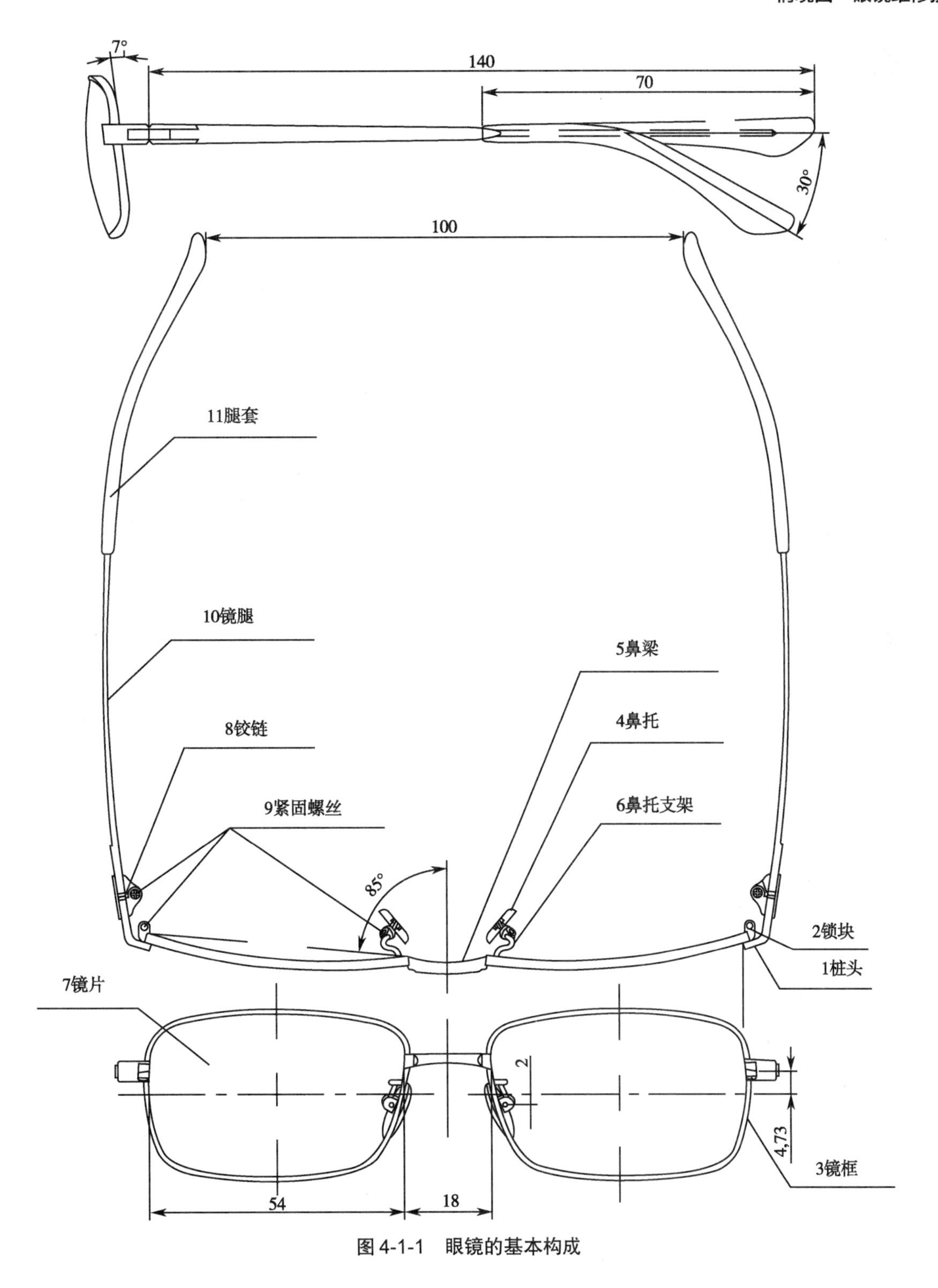

图 4-1-1　眼镜的基本构成

图 4-1-2 为锁块焊接后加工示意图。

3. 镜框　是眼镜架的主体，主要作用是固定眼镜片，连接鼻梁与桩头，起到支承镜片于眼镜配戴者面部的作用。

4. 鼻托　是眼镜依托在鼻梁上的支撑部分。

5. 鼻梁　是连接左右镜框的零件。

6. 鼻托支架　是鼻托与镜框的连接部件，也是鼻托位置的调节环节。

7. 镜片　是体现眼镜功能的主体部件。

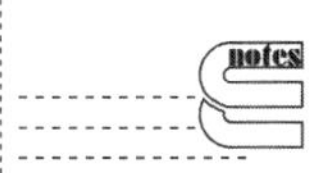

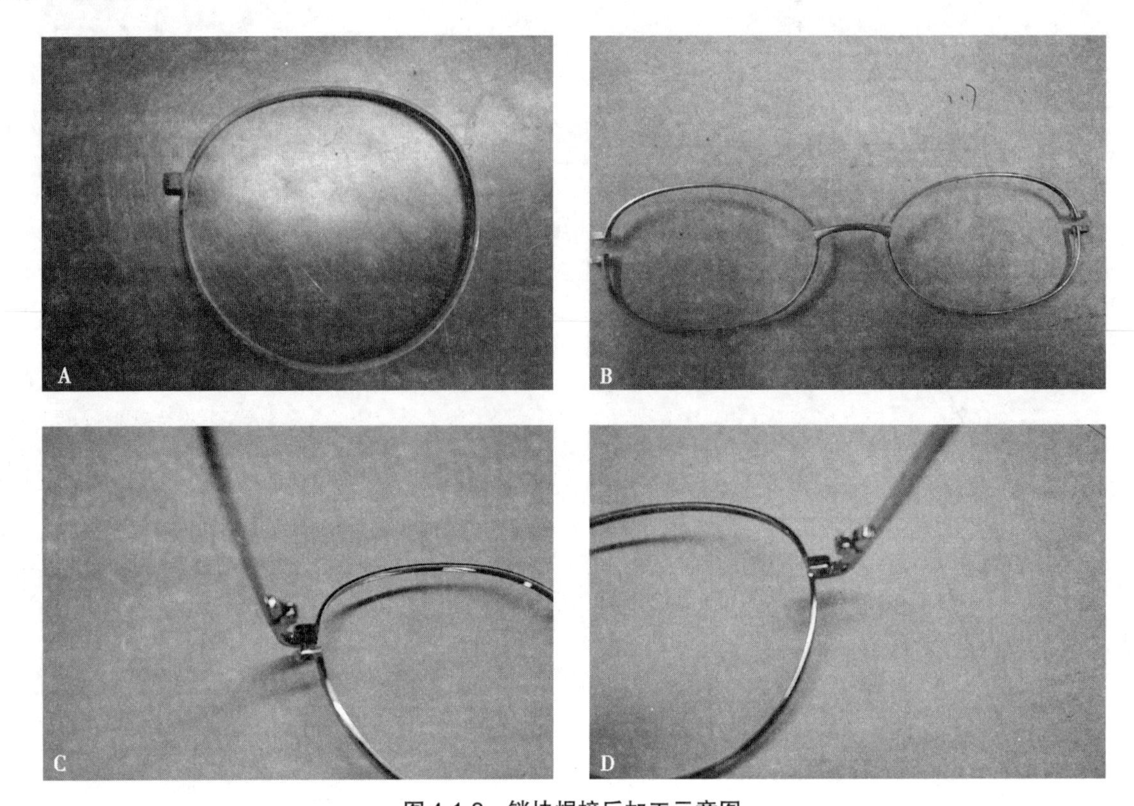

图 4-1-2　锁块焊接后加工示意图

A. 锁块焊接；B. 锁块 V 型切割部件；C. 锁块与桩头焊接；D. 锁块用螺丝连接

8. 铰链　是桩头与镜腿连接的过渡件，其主要作用是连接镜框与镜腿，并实现镜腿围绕铰链连接轴转动起到镜腿开启及关闭的功能。

9. 紧固螺丝　是锁块固紧、铰链连接、鼻托与鼻托支架连接的紧固件。

10. 镜腿　是眼镜依托在耳部的支撑部分，也是控制眼镜配戴位置的重要部件。

11. 腿套　是镜腿与配戴者耳接触部分，起到让镜腿与耳部更舒适接触与配戴作用。

眼镜是一种个性化产品，镜架的造型千变万化，构成镜架零件的具体结构也是千差万别，故眼镜的维修和零件的更换，每一副眼镜几乎都是不一样的。应该根据眼镜的具体结构、制作材料和坏损程度来进行更换维修工作。

（二）眼镜架尺寸标示法及定义

1. 镜圈尺寸　方框法水平镜片尺寸，镜片周边方框两垂直边间的距离 a（图 4-1-3）。

2. 中梁距（鼻距）　两镜片间最短距离 d（图 4-1-3）。

3. 镜腿长度　镜腿铰链中心到镜腿腿套尾端的距离 L（图 4-1-3）。

4. 眼镜架标准标注法（GB14214—2012）如 54-17 或（54 □ 17）　如图 4-1-4 所示。

从视频中可以看出，眼镜架的生产在工厂是进行批量生产，是用夹具来保证眼镜架一致性，而眼镜架的维修是顾客的单个镜架，在设备和加工要求上有很大差别，但原理是一致的。

（三）眼镜架相关知识

1. 眼镜架类型　眼镜架起着支承眼镜片的作用，同时还承担着将眼镜片光学中心支撑在眼镜配戴者瞳孔位置上，并保证配戴舒适的功能。眼镜在满足配戴者对提高视力的生理需求外，还承担着眼镜配戴者对配戴形象上的心理需求，故眼镜架的造型设计、制作材料和颜色装饰上是多种多样。按照国家标准《眼镜架 - 通用要求和试验方法》（GB/T 14214—2003）规定，将眼镜架产品按制作材料和制作类型划分为两大类。按眼镜架制作材料分为：金属镜架、塑料镜架和天然有机材料镜架；按镜框的制作类型分为：全框架、半框架和无框架。不同材质制作的镜架以及不同类型的镜架有着不同的使用特性和维修特点。

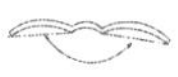

（1）按镜架制作材料分类

1）金属架：金属架包括白铜架、钛合金架、记忆合金架、铝镁合金架等。金属镜架在具有较高的配戴舒适性和稳定性的同时，还具备装配可调节性好及使用寿命长等特点，是成年人首选镜架，金属镜架眼镜如图 4-1-5 所示。

ER 4-1-2 视频　自动绕圈丝

ER 4-1-3 视频　焊接锁块

ER 4-1-4 视频　焊接中梁

ER 4-1-5 视频　桩头焊接

ER 4-1-6 视频　焊接鼻托支架

ER 4-1-7 视频　焊接镜腿铰链

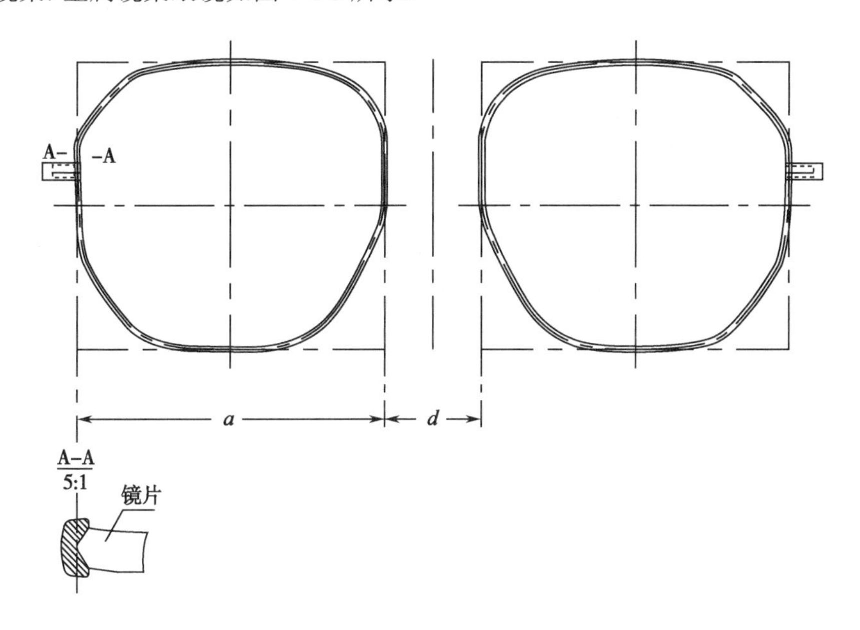

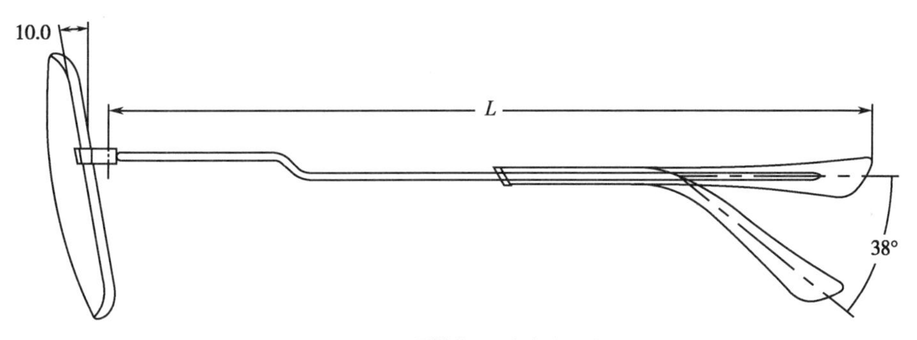

图 4-1-3　眼镜架尺寸定义示图

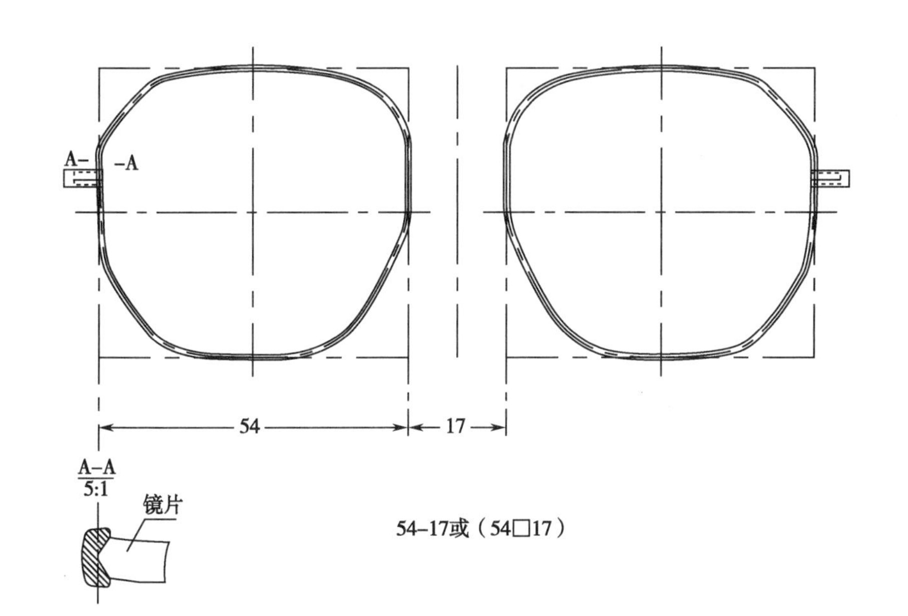

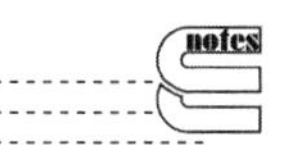

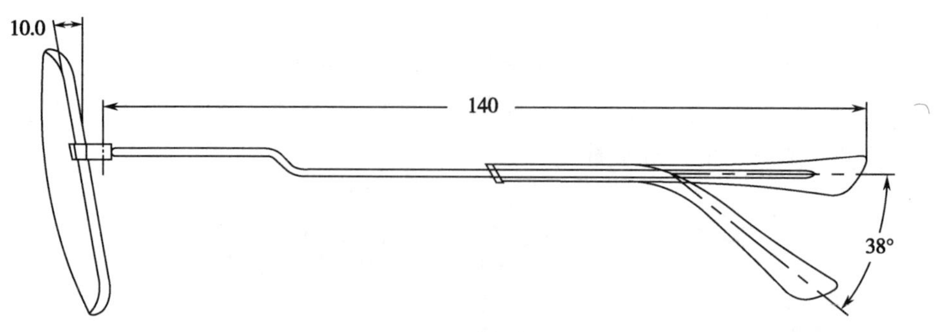

图 4-1-4 尺寸标示图例

图 4-1-5 金属眼镜镜架

2）塑料镜架：塑料镜架按照制作材料的类型与加工方式又可分为板材镜架和注塑镜架（通常也称塑料镜架）：①板材镜架：板材镜架属于塑料材质镜架的一种类型，板材镜架是用醋酸纤维（CA）板材加工而成，醋酸纤维素（CA）板材由专业的工厂生产，此板料生产工厂生产时有不同类型的颜色，制成的眼镜架长时间不会出现褪色的现象。由于板材镜架的加工特性，其结构稳定性好，且具有装配、维修简单的特点。板材镜架眼镜如图 4-1-6 所示。②塑料镜架：塑料镜架是指通过注塑模具及塑料注塑成型机加工而成的镜架。目前大部分塑料镜架选用注塑性能好的颗粒醋酸纤维（CA）或 TR 材料注塑而成。其桩头、鼻梁、鼻托与镜框为一体，镜腿通过铰链与镜框连接在一起，装配时用螺钉将铰链连接紧固，具有装配、维修简单、成本较低的特点，但塑料镜架或 TR 镜架颜色是通过喷漆喷涂的颜色，颜色的牢固度时效性与喷涂技术设备环境有关，因长时间配戴有时会出现掉色的现象。塑料镜架眼镜如图 4-1-7 所示。

图 4-1-6 板材镜架

图 4-1-7 塑料镜架

3）天然有机材料镜架：天然有机材料是指没有与其他原料合成，在经过机械或手工加工后，能基本保持其原始性质的材料。如用木材、牛角、玳瑁壳制作的镜架，都属于这类镜架。天然有机材料具有材料本身的自然属性和光泽，且材料的稳定性好，但加工难度较大、价格比较昂贵。用玳瑁壳制作的眼镜镜架如图 4-1-8 所示。

图 4-1-8 玳瑁架

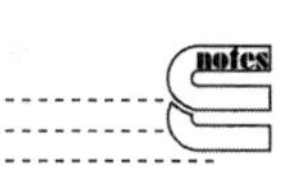

4)（塑料）金属混合架或金属板材（塑料）混合架：眼镜架的前圈部分使用板材（塑料），而镜腿部分使用金属材料这类镜架我们称为板材（塑料）金属混合架。反之为金属板材混合架。如图 4-1-9、图 4-1-10 所示。

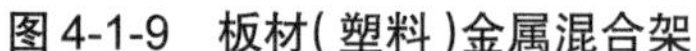
图 4-1-9　板材（塑料）金属混合架

图 4-1-10　金属板材（塑料）混合架

（2）按眼镜架圈型制作类型分类

1）全框架：全框架是最常用的一类镜架，适合于制作任何类型和任何年龄配戴的眼镜，具有配戴舒适性好和配戴稳定性高的特点。全框架分为金属全框架，板材（塑料）全框架和混合架全框架。金属全框镜架如图 4-1-5 所示。塑料全框镜架如图 4-1-6 所示。混合全框镜架如图 4-1-9、图 4-1-10 所示。

2）金属架半框架：金属架半框架的镜片是通过镜框及镜框上方鱼丝线和下半部的尼龙线将其固定的眼镜。半框架是较为轻便的一类镜架，但又不失全框镜架配戴舒适、稳定性好的特点。半框架眼镜如图 4-1-11 及图 4-1-12 所示。半框架分为金属半框架和板材（塑料）半框架。

图 4-1-11　金属半框架

图 4-1-12　板材（塑料）半框架

3）无框架：无框架眼镜是一类轻便形眼镜，具有简洁、明快、轻盈的配戴效果。无框眼镜没有镜框，而是将镜腿（通过桩头）和鼻梁与镜片直接连接，其结构特点是无镜框，装配相对简单，但需要在镜片上加工装配孔。无框架眼镜如图 4-1-13 所示。

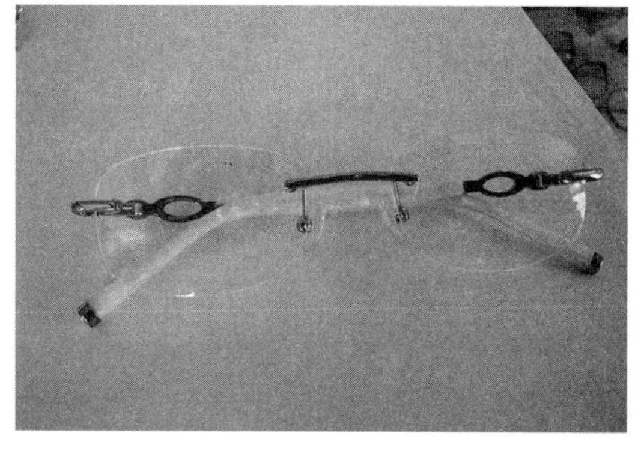

图 4-1-13　金属无框架

2. 常用全框架及半框架圈丝

（1）常用全框架边丝、半框架圈丝结构图如图 4-1-14、图 4-1-15 所示。

（2）常用无框架装配结构图如图 4-1-16 所示。

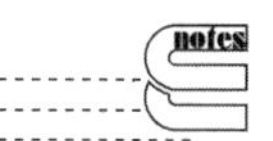

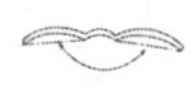

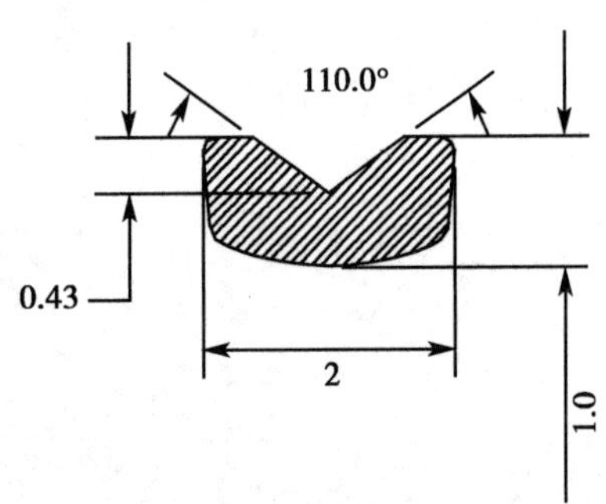

图 4-1-14　常用全框架圈丝（单位：mm）

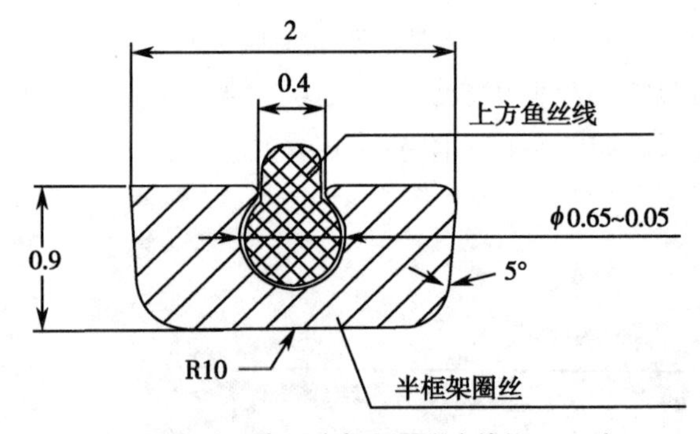

图 4-1-15　常用半框架圈丝（单位：mm）

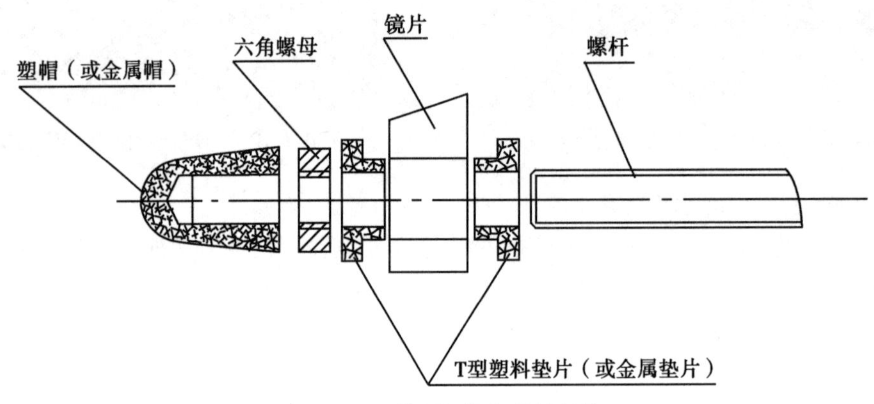

图 4-1-16　常用无框架装配结构

（四）眼镜片相关知识

1. 眼镜镜片分类　眼镜片按功能分为四大类，即单光眼镜片、多焦点眼镜片和渐变焦眼镜片以及太阳镜片（偏光太阳镜片）。

（1）单光镜片：单光镜片是具有单视距功能的镜片，包括球面镜片、球柱面镜片和柱面镜片。

（2）多焦点镜片：多焦点镜片是在主片上附有一个或几个子镜片的镜片，具有两个视距或多视距的功能。

（3）渐变焦镜片：渐变焦镜片是镜片的一个表面不是旋转对称的，在镜片的某一部分或整个镜片上，其顶焦度是连续变化的。

（4）太阳镜片（偏光太阳镜片）：主要是防止强光照射紫外线，而偏光太阳镜片可以过滤其他不平行视觉光学的有害光线，使得视觉景物更加清晰、柔和。

2. 眼镜片常用材料　眼镜片常用材料有两大类，即光学玻璃材料和光学树脂材料。

（1）光学玻璃材料：光学玻璃材料是一种传统的用来制造眼镜片的材料，具有很好的光学性能。但由于加工周期较长，且镜片较重，在受到外来冲击或与硬质物体碰撞易碎裂对人体造成伤害，因此有一定的安全隐患，目前多用于制作有特殊要求的眼镜片。光学玻璃镜片更适合配装全框镜架。

（2）光学树脂材料：由于光学树脂材料制造眼镜片具有重量轻、安全性好、加工周期短、成本低等特点，目前树脂材料镜片得到广泛的应用。树脂材料镜片包括各类单焦点镜片、多焦点镜片和渐变焦镜片以及太阳镜片（偏光太阳镜片）等。光学树脂镜片适合配装各种类型的镜架。

（五）眼镜架常用的紧固用标准件及结构要素（微型螺丝）

1. 装配紧固用螺丝、螺母、垫圈　在眼镜的装配中是通过螺丝将镜框与镜片、铰链与镜腿、鼻托与鼻托支架连接在一起。对无框眼镜来说，是通过螺丝、螺母和垫圈将镜腿（通过桩头）和鼻梁与镜片连接在一起。螺丝、螺母、垫圈在眼镜装配中起着重要的作用。

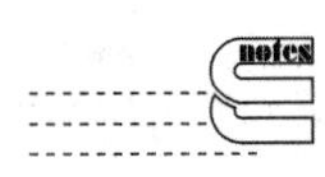

（1）眼镜架常用螺丝

1）常用锁块、铰链螺丝：螺纹 M1.4、帽头直接 2.0、螺纹长度全牙。帽头类型：圆柱头十字或一字，但十字帽头用量较大，因十字螺丝装拆时不易打滑损伤电镀层或漆层，螺丝一般用于全框架锁块、铰链、支架托叶安装，螺钉一般用于塑料架自攻螺丝。眼镜架常用螺丝螺纹形状如图 4-1-17 所示，螺丝实物样图如图 4-1-18 所示，螺钉实物样如图 4-1-19 所示。

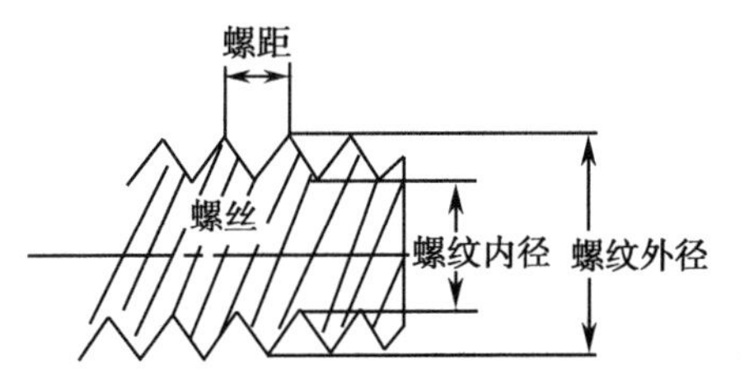

图 4-1-17　常用眼镜架螺丝剖面图

图 4-1-18　螺丝实物样

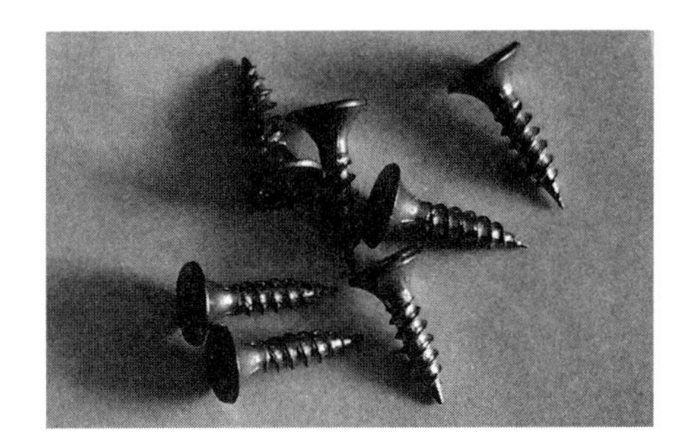

图 4-1-19　螺钉实物样

2）常用眼镜架托叶螺丝：螺纹 M1.0 或 M1.2、帽头直接 1.6、螺纹长度 3.8 或 4.0 全牙。帽头类型：圆柱头、十字或一字，但十字帽头较多，注意：十字螺丝不易打滑。

3）常用眼镜架螺丝的画法及标注：一字螺丝如图 4-1-20 所示，标示法：ϕ2.0×M1.4×2.6，一字圆柱头不锈钢半牙螺丝；十字螺丝如图 4-1-21 所示，标示法：ϕ2.0×M1.4×2.6，十字圆柱头不锈钢全牙螺丝。

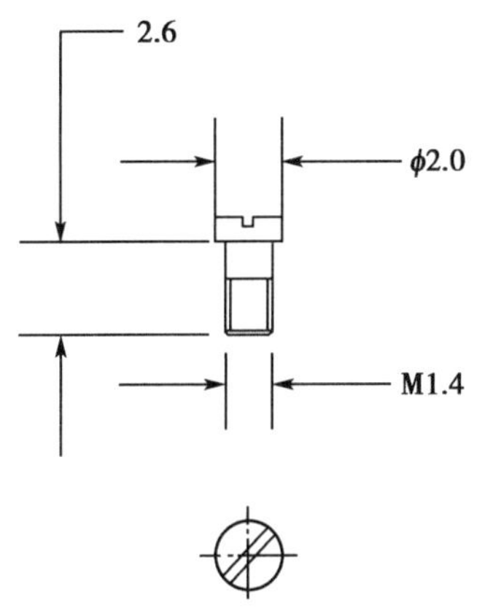

图 4-1-20　一字螺丝（单位：mm）

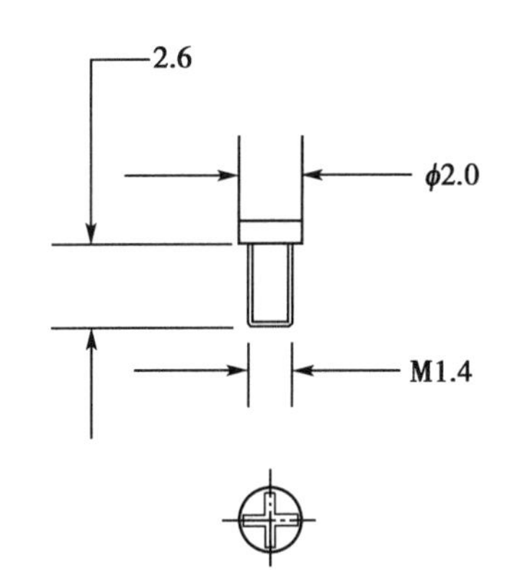

图 4-1-21　十字螺丝（单位：mm）

（2）眼镜架使用的螺纹标准：在国家标准《眼镜架通用要求和试验方法》（GB/T 14214—2003）中，规定了眼镜架使用的螺纹应符合国家标准《普通螺纹基本尺寸》（GB/T 196—2003）中的规定。在 GB/T 196—2003 标准中，对螺纹公称直径及相关螺纹要素作了规定。眼镜架常用螺纹公称直径（1～3mm 范围内）及对应的螺距如表 4-1-1 所示。

表 4-1-1　常用螺纹公称直径螺距（1～3mm 范围内）

螺纹公称直径	M1.0	M1.1	M1.2	M1.4	M1.6	M1.8	M2.0	M2.2	M2.5	M3.0
粗牙螺距 /cm	0.25	0.25	0.25	0.3	0.35	0.35	0.4	0.45	0.45	0.5
细牙螺距 /cm	0.2	0.2	0.2	0.2	0.2	0.2	0.25	0.25	0.25	0.35

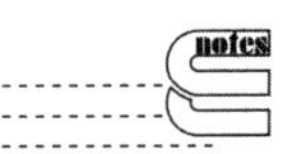

在表 4-1-1 中，螺距一栏中对应的两组数据分别为粗牙螺纹和细牙螺纹的螺距值。如螺纹公称直径为 1.4mm 的粗牙螺纹的螺距为 0.3mm，细牙螺纹的螺距为 0.2mm。

内螺纹和外螺纹的公称直径、小径、中径、螺距等尺寸关系如图 4-1-22 所示。

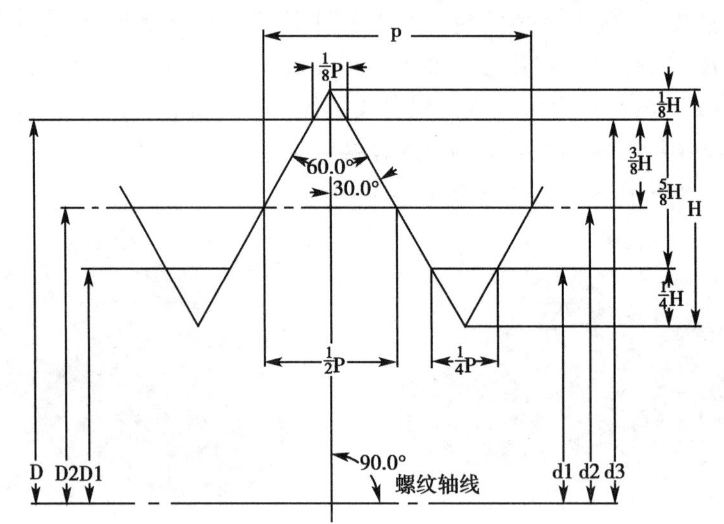

D　内螺纹的基本大径（公称直径）；
d　外螺纹的基本大径（公称直径）；
*D*2 内螺纹的基本中径;
*d*2 外螺纹的基本中径;
*D*1 内螺纹的基本小径;
*d*2 外螺纹的基本小径;
H　原始三角形高度;
p　螺距

图 4-1-22　内外螺纹公称直径、小径、中径、螺距关系图

圆柱头全牙和半牙一字不锈钢螺丝主要尺寸画法如图 4-1-23 所示。

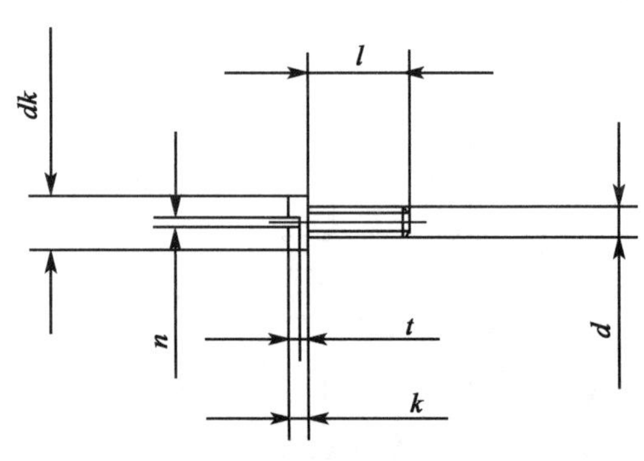

图 4-1-23　一字不锈钢螺丝主要尺寸画法

1）紧固用螺丝：常用的紧固用螺丝通常选用国家标准中的 M1.0、M1.1、M1.2、M1.4、M1.6、M1.8、M2.0、M2.2、M2.5 等螺纹规格，其螺丝头部形状是根据眼镜架实际设计需要进行选择的。常用的螺丝头部形状有：十字槽盘头螺丝和十字槽圆柱头螺丝，国标代号为 GB/T 13806.1—1992。实物样图及画法如图 4-1-24～图 4-1-27 所示。

上图中，*d* 为螺纹公称直径；*dk* 螺钉头直径；*l* 螺纹长度；*k* 螺钉头高度；*n* 改锥槽宽度；*t* 改锥槽深度。在上述尺寸要素中，螺纹公称直径 *d* 是螺钉最基本的结构参数，根据不同的螺纹公称直径 *d*，在相应的国家标准中，可以查到其他相关尺寸参数和结构信息。同时，国家标准中还提供了螺钉的材料、表面处理方式以及其他一些相关信息。此种螺丝主要用于精密机器及眼镜等。

图 4-1-24　十字槽盘头实物样图

2）紧固用螺母：螺母通常与螺丝配合使用，实现紧固功能。螺母的规格与形状在国家标准中也作了规定。常用的螺母有：精密机械用六角螺母，国标代号为 GB/T 18195—2000 和六角薄螺母，国标代号为 GB/T 6174—2000。精密机械用六角螺母的外形及结构要素尺寸画法如图 4-1-28、图 4-1-29 所示。

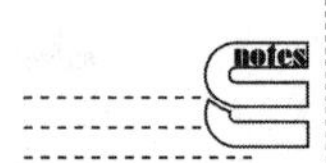

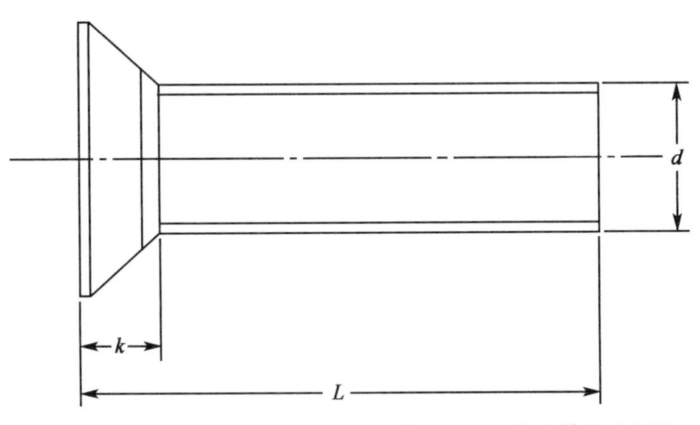

图 4-1-25　十字槽盘头画法

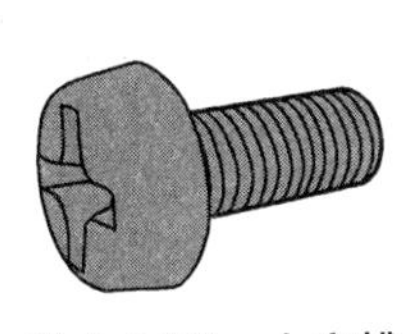
图 4-1-26　十字槽圆柱头实物样图

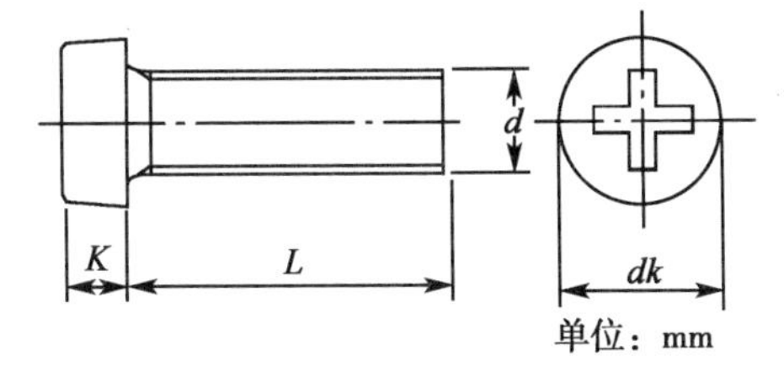

图 4-1-27　十字槽盘头画法图

图 4-1-28　六角螺母实物样图

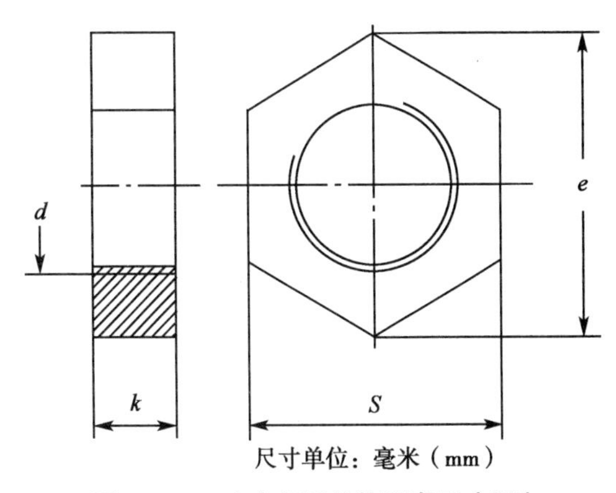

图 4-1-29　六角螺母结构要素尺寸画法

在图 4-1-29 中，*d* 为螺纹公称直径；*k* 螺母厚度；*e* 和 *s* 为六角螺母外形尺寸。在上述尺寸要素中，螺纹公称直径 *d* 是螺母最基本的结构参数，根据不同的螺纹公称直径 *d*，在相应的国家标准中，可以查到其他相关尺寸参数、结构信息和螺母的制作材料及表面处理方式等信息。

3）紧固用垫圈：垫圈是配合螺钉和螺母使用的紧固件，垫圈的规格与形状在国家标准中也作了规定。常用的垫圈有：小垫圈，国标代号为 GB/T 97.5—2002，其垫圈的外形及结构尺寸要素见图 4-1-30、图 4-1-31。

图 4-1-30　金属垫片实物样图

在图 4-1-31 中，*d* 为垫圈内径；*dc* 为垫圈外径；*h* 垫圈厚度。在上述尺寸要素中，内径 *d* 是垫圈最基本的结构参数，根据与之配合使用螺丝的螺纹公称直径 *d*，来确定垫圈内径 *d*。根据选定的垫圈内径 *d*，在相应的国家标准中，可以查到垫圈其他相关尺寸参数、结构信息和垫圈的制作材料及表面处理方式等信息。

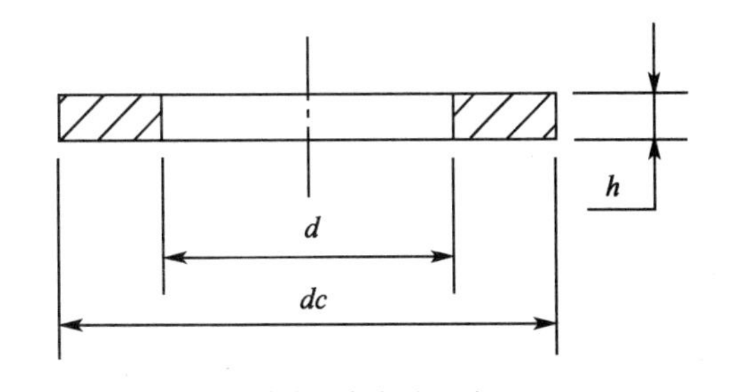

图 4-1-31　金属垫片结构尺寸画法图

二、眼镜零配件更换原则

一副配戴美观舒适的眼镜不仅可以改善人眼的视觉状况，还可以提升配戴者的整

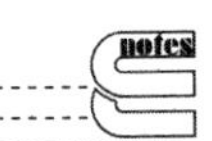

体形象。但由于一副眼镜长时间配戴后或由于某种意外损坏等原因，造成眼镜的缺损，导致不能正常配戴，这就需要对缺损的眼镜进行维修。其中零件部件的更换是维修工作中的一部分内容。常见需要进行更换维修的问题有：镜腿断裂、镜腿脱落、腿套损坏、铰链脱落、镜片损坏、镜片脱落、半框眼镜尼龙线松动或断掉及鼻托损坏等。

在眼镜更换维修工作中，应认真履行下面三个更换修复原则：

1. 根据眼镜配戴者对更换坏损零部件要求。

2. 眼镜是否具备更换修复的条件。

3. 更换后能达到配戴眼镜要求。

三、常用眼镜零配件更换技术

（一）眼镜腿更换

一副正常配戴的眼镜，眼镜腿起到主要的支承作用，如果眼镜腿遭到破坏，会导致眼镜无法配戴。眼镜腿损坏常见的情况：

1）因紧固镜腿的铰链螺丝脱落（丢掉）镜腿掉下，镜腿本身完好无损，导致不能配戴。

2）镜腿上的铰链脱落，导致镜腿掉下。

3）腿套损坏，导致不能配戴。

4）由于眼镜配戴者不慎将眼镜腿损坏，但配戴者希望保留原有镜片与镜框，要求选配一副与原有眼镜相配的镜腿。

5）由于某种原因眼镜配戴者不希望更换镜架，只希望更换镜腿，如为了通过更换镜腿来获得一副新造型的眼镜。

（二）眼镜腿的维修

（1）紧固镜腿铰链螺丝脱落（松动或丢失），导致镜腿掉下，镜腿本身完好无损。这种情况下，只需选配合适的铰链螺丝，将镜腿紧固在镜架上即可。具体修复步骤如下：

1）根据镜腿铰链部分螺孔的大小，正确选配螺丝的螺纹直径和长度，要注意选配螺丝的表面处理方式应与原镜架镜腿相匹配。

2）将镜腿上铰链孔与镜架上铰链孔对准后，插入选配好螺钉，拧紧螺丝将镜腿固定。

3）检查紧固用的螺丝螺纹部分不应露出铰链0.3mm（一个螺距）。

4）检查镜腿活动是否自如，活动过松或过紧需要调整到合适程度。

5）通过试戴与调校达到调校标准及要求。

（2）由于镜腿损坏，不能配戴：由于眼镜配戴者不慎将眼镜腿损坏，配戴者又希望保留原有镜片与镜框，要求选配一副与原有眼镜相配的镜腿更换。具体修复步骤如下：

1）选择一副与原镜架铰链相匹配、样式和颜色或尺寸规格相接近的镜腿。

2）对镜腿与铰链配合部分作适当修整，保证与铰链配合严密、运动灵活舒适。

3）镜腿固定好后，其紧固用的螺丝要拧紧。

4）检查紧固用的螺丝螺纹部分不应露出铰链0.3mm。

5）检查镜腿活动是否自如，活动过松或过紧需要调整到合适程度。

6）通过试戴与调校达到调校标准及要求。

（3）镜腿上的铰链脱落，导致镜腿掉下：由于镜架受外力挤压或单手摘戴眼镜用力过猛，造成镜腿与铰链脱开，此类问题在金属架上很少发生，如有需要修复必须到工厂去修复，需要退镀、抛光、重新电镀表面处理等工序，进行修复此类问题多发生于塑料镜架。具体修复步骤如下：

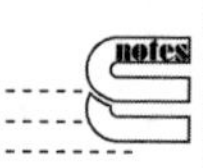

1）拧下铰链紧固螺丝，将铰链从铰链连接处取下。

2）用电烙铁将金属铰链加热后，放在与原镜腿安装位置后，用电烙铁继续加热至铰链

周围材料软化，调整铰链使其处在镜腿的正确位置，退出加热，自然冷却。

3）待修复处冷却后，检查铰链是否固定牢固，修复处表面是否因加热造成损坏，如有损坏应根据损坏情况进行修复（修锉、打磨、抛光）。

4）将修好铰链的镜腿通过螺钉重新固定在镜架上。

5）检查镜腿活动是否自如，活动过松或过紧需要调整到合适程度。

6）通过试戴与调校达到调校标准及要求。

注：如若铰链脱落处材料有缺失，可以在缺失处填补一些相同的材料，同铰链及镜腿一起加热至半熔化状态，作缺失材料的补充。

（4）镜腿腿套因长时间使用后损坏老化，导致眼镜不能正常配戴。具体修复步骤如下：

1）将镜腿弯曲部分调直。

2）将原有的镜腿腿套取下（有的腿套需加热才能取下）。

3）选择一副与原镜腿相匹配、样式和颜色和尺寸规格相接近的腿套。

4）将选好的腿套放在烘热器上烘热，使其变软后套在镜腿上。

5）调整镜腿弯曲部分使之与配戴者耳部相符。

6）调整后，检查腿套紧固程度是否达到要求。

7）通过试戴与调校达到调校标准及要求。

（三）鼻托更换

鼻托支架和鼻托是配合镜腿将眼镜配戴在正确位置的部件，利用左右两鼻托将眼镜前部支承在鼻梁处。鼻托根据眼镜架的构造不同分为两类，一类是鼻托作为一个部件通过紧定螺丝固定在鼻支架上，鼻托位置与角度根据校配要求通过对鼻支架的调整实现。另一类是鼻托是与镜框做在一起，不能进行调整，如塑料镜架。本节所述鼻托更换是指第一种类型的鼻托在出现问题后的更换操作技术。

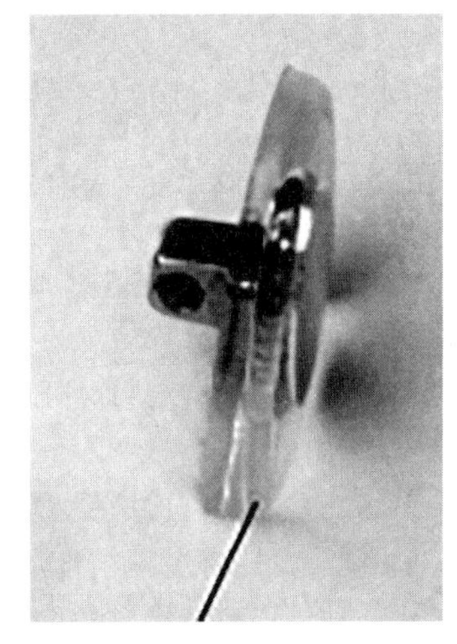

图 4-1-32　实物样

配戴眼镜时鼻托是支撑在鼻梁上，由于鼻托的支撑面与人的皮肤直接接触，为使配戴者感觉更舒适，通常采用塑料和硅胶材料制作，具有一定的柔韧性。鼻托长时间使用后，受人体汗液侵蚀，容易发生老化而断裂，在这种状态下就需要进行鼻托的更换。

鼻托主要有两种结构形式，一种是带有金属固定块用螺丝来固定的鼻托；另一种是无金属固定块插入到鼻托支架里去的鼻托，我们通常叫插入式支架和插入式鼻托。用螺丝固定的鼻托如图 4-1-32～图 4-1-34 所示。

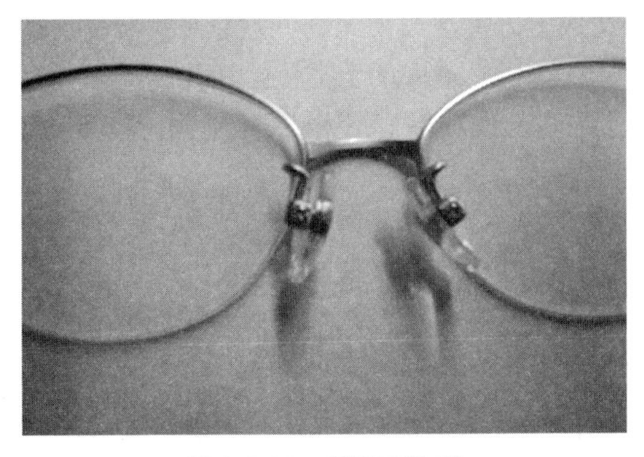

图 4-1-33　装配实物样

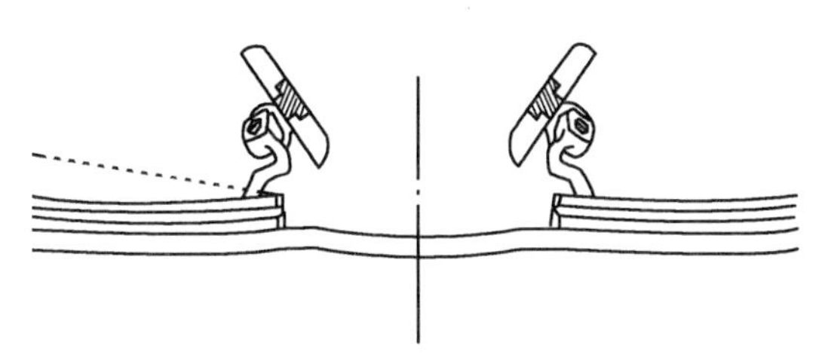

图 4-1-34　示意图

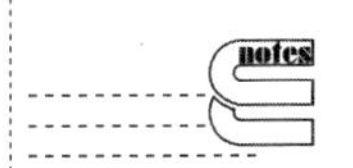

无固定螺丝的托叶的实物样图、装配实物样图及示意图如图4-1-35～图4-1-38所示。

最常用的鼻托是通过紧固用螺丝将其固定在鼻支架上，其典型装配结构如图4-1-33所示。

其装配关系是：鼻支架通过焊接方式固定在镜框上，起支承鼻托的作用；紧固用螺丝将鼻托锁紧在鼻支架上，鼻托支架通常可以用支架钳进行调整，鼻托装在支架里有一定的间隙可以稍微晃动，使镜架配戴时感到舒适。

常用鼻托的更换步骤：

1. 拧下固定鼻托的紧固用螺丝，取下原有坏损鼻托。

2. 将选配好的新鼻托的固定块插入鼻托支架固定孔中。

3. 放入紧固用螺丝于鼻支架螺孔中并拧紧，将鼻托固定在鼻支架上。

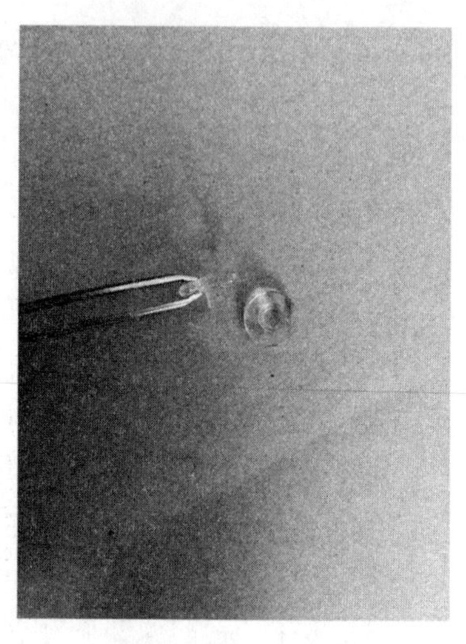

图4-1-35　实物样

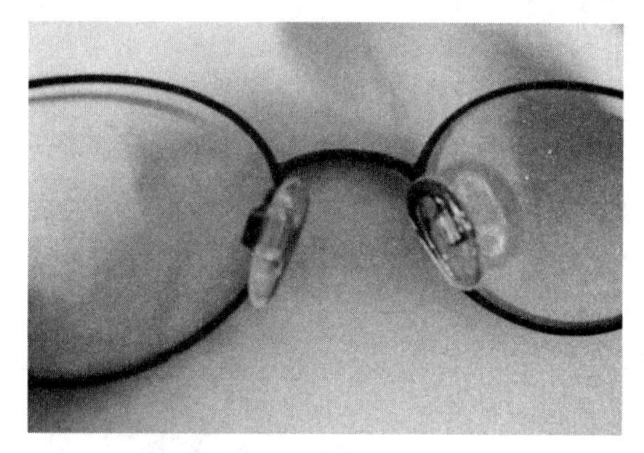

图4-1-36　装配实物样

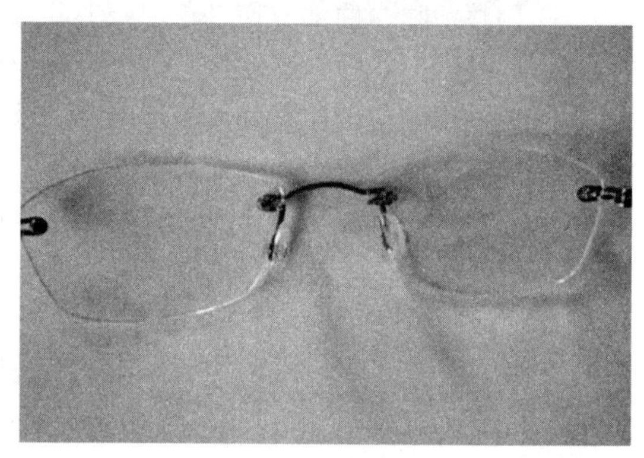

图4-1-37　装配实物样

4. 重复上述1～3步骤，更换另外一个鼻托。

5. 按整形要求用鼻托钳初步调整鼻支架与鼻托形态。

6. 通过试戴与调校达到调校标准及要求。

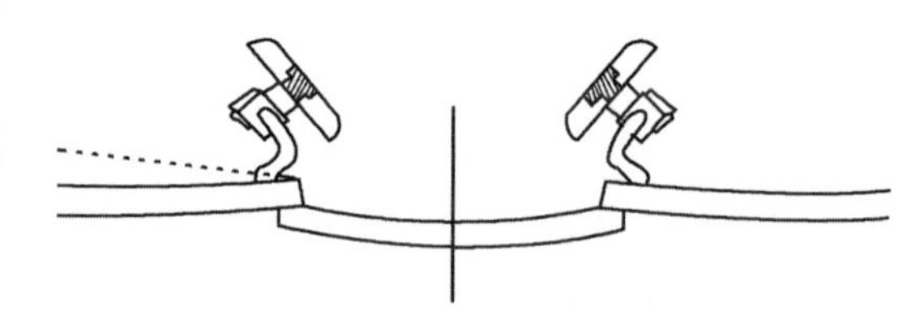

图4-1-38　插入式支架托叶图纸画法

目前鼻托有多种结构形式，除常规形式的鼻托外，还有能调整角度、高度、鼻梁间宽度等功能的鼻托，但就其基本更换操作的方法同上所述。

（四）半框镜架尼龙线更换

对于半框镜架的眼镜，在某些特殊情况下会造成上方鱼丝线损坏或下方尼龙线断裂或尼龙线过松造成镜片的不稳定。如眼镜在过大的外力作用下，造成的上方鱼丝线损坏或下方尼龙线断裂导致眼镜不能使用时，就需要更换新的上方鱼丝线或下方尼龙线，重新固定镜片。

1. 尼龙线操作步骤

（1）将损坏的上方鱼丝线或下方尼龙线从镜框上拆下。

（2）选择与镜架鱼丝边丝相配的上方鱼丝线或下方尼龙线（颜色与直径）。

（3）先将上方鱼丝线用专用工具安装在镜架鱼丝边丝槽内，然后将下方尼龙线一端固定在鼻侧一端的镜框上，其固定方式如图4-1-39所示。

（4）将镜片安放在镜框上，镜片与镜框的装配位置要调整好，将尼龙线沿镜片底端边缘拉至镜圈颞侧固定位置，确定尼龙线长度，留出固定用量。

（5）取下镜片，将另一端的尼龙线与颞侧镜框固定，其固定方式如图 4-1-40 所示。

图 4-1-39　半框架尼龙线一边固定

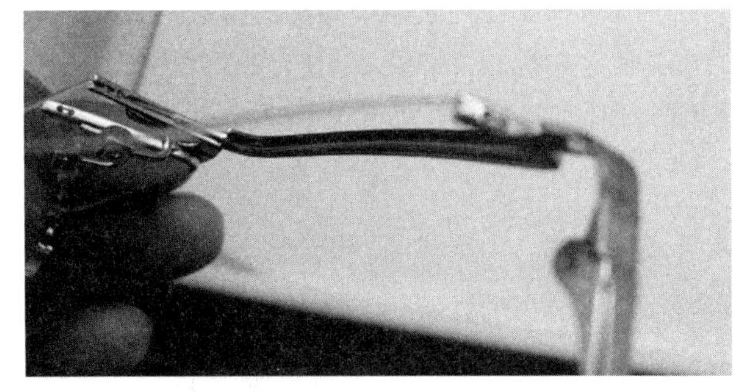

图 4-1-40　半框架尼龙线两边固定图

（6）将镜片再次放入镜框中，用一条 5～6mm 宽、长为 6～8cm 长的薄丝带套在尼龙线上，如图 4-1-41 所示。

（7）用左手示指和拇指握住镜框与镜片，保持两者相对位置不变，将尼龙线放入镜片颞侧边槽中，右手拉紧薄带，让尼龙线从颞侧向鼻侧沿着镜片槽逐步嵌入，如图 4-1-42 所示。

图 4-1-41　半框架镜片安装图一

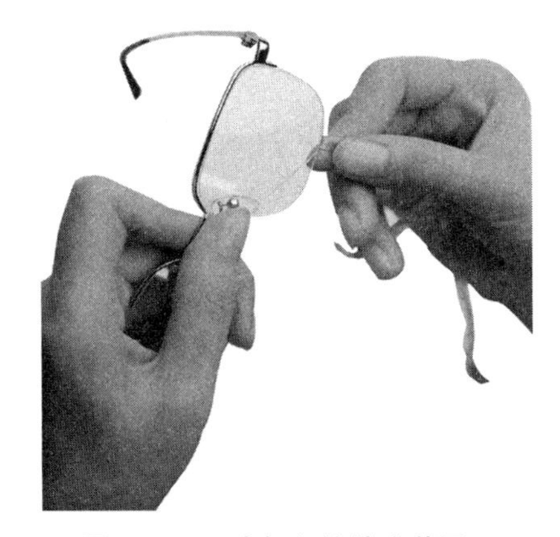

图 4-1-42　半框架镜片安装图二

（8）当尼龙线完全嵌入镜片槽后，右手向镜片下部拉紧薄带，要求尼龙线与镜片之间有 1.5～2mm 间隙。

（9）调整镜片于镜框与尼龙线中的位置，镜片在镜框中应稳定不能活动。

2. 检查尼龙线松紧程度操作步骤

（1）用左手握住眼镜框，右手示指与拇指捏紧被检镜片，给镜片一旋转力。嵌入镜片槽示意图。

（2）若镜片在旋转力作用下稳定不动，则说明尼龙线固定镜片的松紧度合适。

（3）若镜片在旋转力作用下有移动，则说明尼龙线固定镜片的力度不够，应重新进行固定。

注：步骤（2）、步骤（3）两点对圆形或椭圆形检验镜片松紧是合适的，但对于方形或长方形以及其他形状的圈型，镜片本身放在镜框中就不会转动，待镜片安装后要增加镜片上方在圈内前后摆动，看是否有摆动现象，如不摆动说明牢固，反之不牢固需重新锁紧下方尼龙线，直至合适为止。

（五）更换断裂的紧固螺丝

通常镜框锁紧、镜腿与镜框铰链的连接、无框眼镜鼻梁与镜片的连接以及镜腿与镜片的连接都需要用紧固螺丝锁紧。由于使用及维修不当，会出现螺丝断裂在被紧固的零件中或螺丝头损坏，导致螺丝不能拧下的情况，从而无法进行眼镜维修与零件更换操作。取出损坏的螺钉，是眼镜更换维修工作中经常遇到和需要掌握的技术。

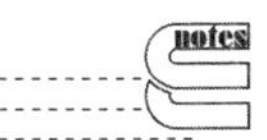

1. 取出断裂的紧固螺丝操作步骤

(1) 准确测量或判断坏损螺丝的螺纹的直径。

(2) 确定重新加工螺纹底孔钻头的直径。

(3) 在坏损螺丝的中心位置用尖头冲子(一种钳工工具)做出打孔定位标记。

(4) 利用小台钻在坏损螺钉处打孔,将坏损螺钉打掉,同时也为重新加工螺纹加工出螺纹底孔。

2. 加工新螺纹操作　用与原螺丝相同螺纹规格的丝锥(一种钳工加工内螺纹刀具)在已打好螺纹底孔处加工螺纹。

注意:在螺纹底孔处加工螺纹时,丝锥转动轴线一定要与螺纹底孔中心线保持一致。

3. 螺纹底孔尺寸计算　在坏损螺丝处打孔重新加工螺纹,其螺纹底孔尺寸是否合适,对修复成功与否起着重要的作用,常用螺钉螺纹底孔尺寸计算公式,如式(4-1-1)所示。

$$D=d-t \tag{4-1-1}$$

式中,D——加工米制普通螺纹底孔钻头直径;

d——螺纹公称直径;

t——螺距。

式(4-1-1)适用范围:①螺距 t<1mm;②被钻孔镜架材料塑性大;③孔扩张量适中。

(六) 更换眼镜片

由于眼镜配戴者不慎或长期使用后眼镜片损坏,或原有镜片镜度已不能满足眼睛屈光对镜度的要求,但眼镜架完好,眼镜配戴者要求用原有镜架重新加工配制一副眼镜。在此情况下,要根据不同类型的镜架有针对性地给予处理。

1. 全框镜架更换眼镜片的操作步骤

(1) 根据原有镜架制作模板(机械制作或手工制作)。

(2) 按处方(或原有镜片镜度)选择眼镜片。

(3) 按照模板加工镜片外形。

(4) 根据镜架的类型按相应的安装程序和操作规范进行镜片安装和调校。

(5) 检查更换镜片后的眼镜是否达到国家标准中相关要求及指标。

注:镜片的模板制作、镜片加工和镜片的安装的具体操作步骤,见本套教材《眼镜定配技术》一书相关章节。

2. 半框镜架更换眼镜片的操作步骤

(1) 拆卸下原眼镜上的镜片和尼龙线。

(2) 根据原有镜架制作模板(机械制作或手工制作)。

(3) 按处方(或原有镜片镜度)选择眼镜片。

(4) 按照模板加工镜片。

(5) 根据半框镜架的特点,按相应的安装程序进行镜片安装和调校。

(6) 检查更换镜片后的眼镜是否达到国家标准中相关要求及指标。

注:镜片的模板制作、镜片加工和镜片的安装的具体操作步骤,见本套教材《眼镜定配技术》一书相关章节。

3. 无框眼镜更换眼镜片的操作步骤　无框眼镜具有轻便、简洁的特点,镜片的造型可以加工成多种多样,其镜腿及鼻梁通常采用金属材料制作。利用原有镜腿及鼻梁更换镜片的操作步骤如下:

(1) 按照配戴者的要求,利用原有镜腿与鼻梁,按验光处方或原有镜片的镜度,选择一副镜片。

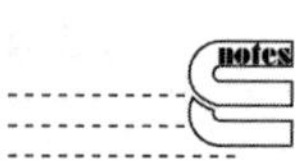

(2) 将原眼镜上的镜腿及鼻梁的螺丝用专用工具拧下,取下镜腿及鼻梁;

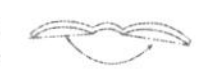

（3）按顾客要求的镜片外形，完成外形加工。

（4）按原有镜腿及鼻梁固定孔的形状、位置与大小，在完成外形的镜片上加工固定孔。

（5）用原有螺丝、垫片和螺母将鼻梁、镜腿与镜片连接固定在一起。

（6）试戴与调整达到调校标准及要求。

注：镜片加工和镜腿及鼻梁安装的具体操作步骤，见本套教材《眼镜定配技术》一书相关章节。

（七）游标卡尺测量技术

游标卡尺在眼镜架生产制造和眼镜维修中是不可缺少的测量工具，如圈型大小的测量，中梁距的测量，镜腿长度的测量，铰链大小的测量，铰链螺丝规格的测量以及零配件的测量等，因此在眼镜生产技术和维修技术中必须会正确使用游标卡尺。

在更换零件过程中，需要根据原有零件的尺寸规格来选配与之相匹配的新零件，这就需要对原有零件进行测量。例如当紧固用的螺丝丢失，导致镜腿掉下，需要选配与螺孔相匹配螺钉来进行安装。若螺丝规格选配不合适，不仅无法进行安装，而且还会损坏原有螺孔。进行线性尺寸测量常用的量具是游标卡尺。目前常用的游标卡尺有两种形式：机械式游标卡尺，测量精度可达 0.02mm，测量精度为 0.02mm 游标卡尺外形如图 4-1-43～图 4-1-45 数字式游标卡尺，测量精度可达 0.01mm。

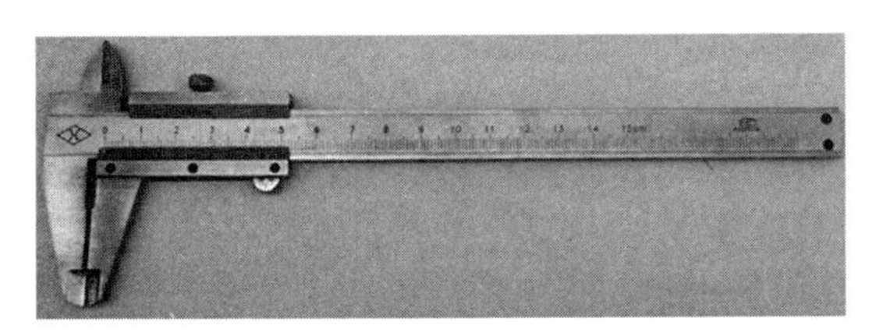

图 4-1-43　机械式游标卡尺外形图

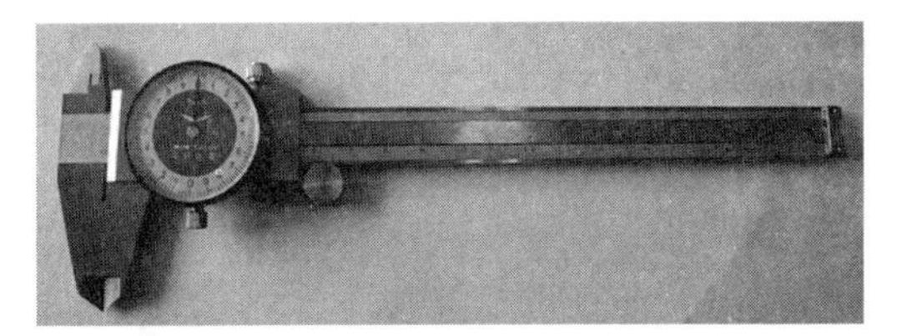

图 4-1-44　带表式游标卡尺外形图

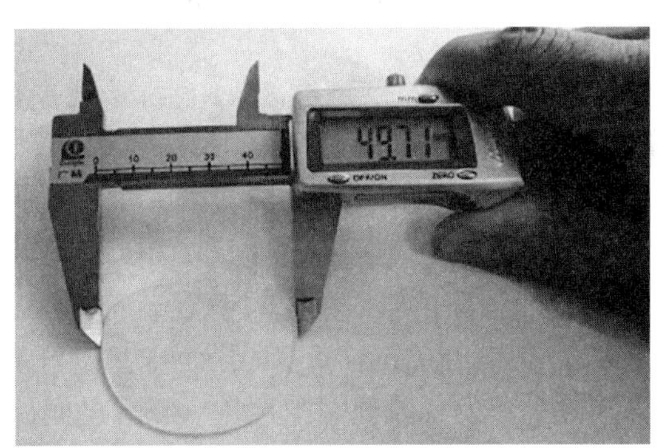

图 4-1-45　数字式游标卡尺外形图

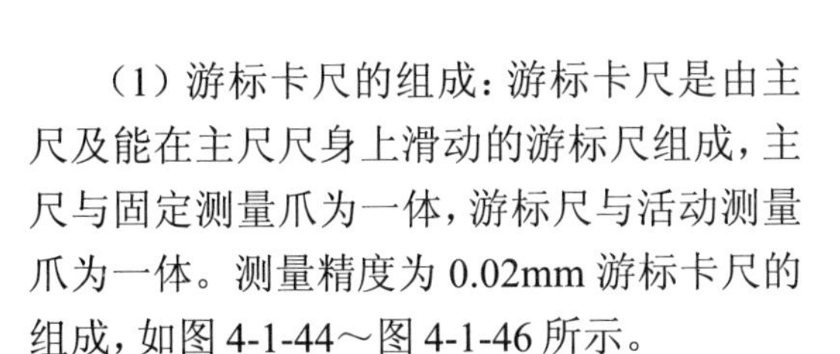

（1）游标卡尺的组成：游标卡尺是由主尺及能在主尺尺身上滑动的游标尺组成，主尺与固定测量爪为一体，游标尺与活动测量爪为一体。测量精度为 0.02mm 游标卡尺的组成，如图 4-1-44～图 4-1-46 所示。

1）内测量爪：用于内径（孔和槽）的测量。

2）锁紧螺丝：锁紧时可以将游标尺锁紧在主尺尺身上。

3）游标尺：游标尺尺身上刻有 50 条 0.98mm 间隔的刻度线，两条刻线示值为 0.02mm，测量时与主尺配合，实现 0.02mm 精度测量读数。

4）主尺：主尺尺身上刻有 1mm 间隔的刻度示值，用于指示毫米级的测量示值。

5）高度测量头：测量头与游标尺固定在一起，用于测量高度（或深度）尺寸。

6）外测量爪：用于测量外部尺寸。

7）推拉手柄：测量时用于调节游标尺的测量位置。

（2）游标卡尺的测量方法：测量前应检

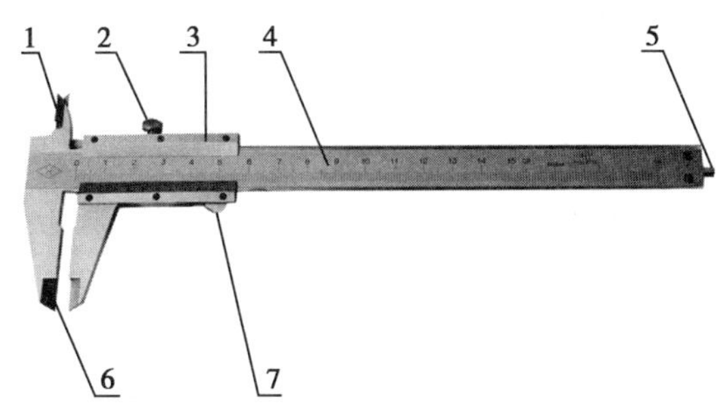

图 4-1-46　游标卡尺的组成示意图

1. 内测量爪；2. 锁紧螺丝；3. 游标尺；4. 主尺；5. 高度测量头；6. 外测量爪；7. 推拉手柄

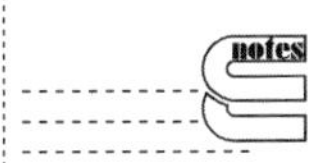

查卡尺测量面是否干净，当游标尺测量面与主尺测量面靠紧时，指标线应处于零位。测量时应保证卡尺测量面与被测量表面保持平行或垂直，测量爪卡紧被测量表面的力度适中，以测量爪刚好接触零件表面为妥，过松或过紧都会给测量结果的准确性带来影响。

1）用游标卡尺测量螺丝外径方法：测量螺丝外径时，右手持游标卡尺，左手持被测量零件，利用游标卡尺外测量爪的两测量面靠紧被测量螺钉螺纹外径（不能过分施加卡紧力），读取测量值。测量状态如图 4-1-47 所示。

图 4-1-47　测量螺丝外径

2）用游标卡尺测量螺丝螺纹长度方法：测量螺丝螺纹部分长度时，右手持游标卡尺，左手持被测量零件，利用游标卡尺高度测量爪及尺身底部测量面靠紧被测量螺丝螺纹两个端面，读取测量值。测量状态如图 4-1-48 所示。

3）游标卡尺测量垫片内径方法：测量垫片内径时，右手持游标卡尺，左手持被测量零件，利用游标卡尺内测量爪的两测量面靠紧被测量垫片孔子的内径，读取测量值。测量状态如图 4-1-49 所示。

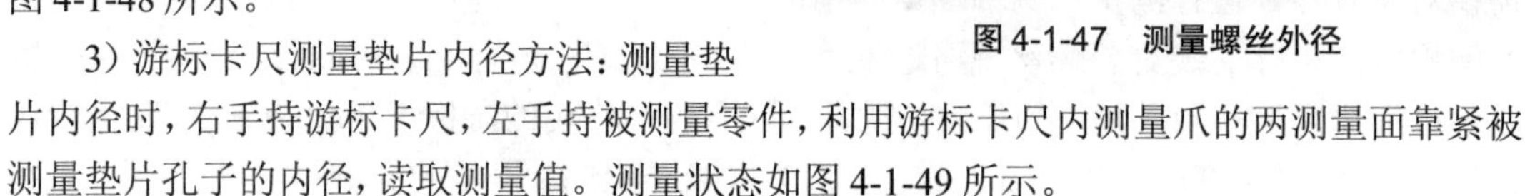

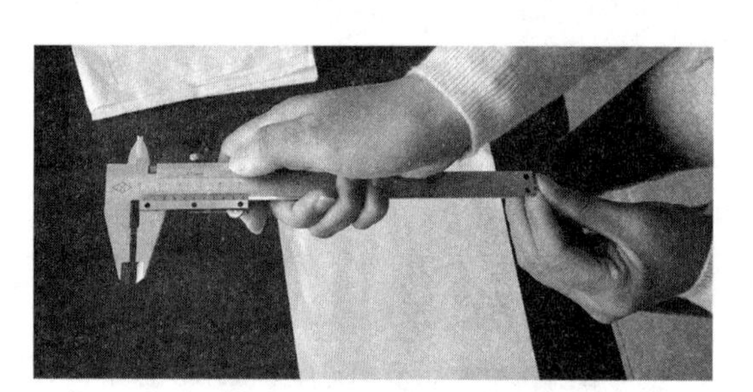

图 4-1-48　测量螺丝长度

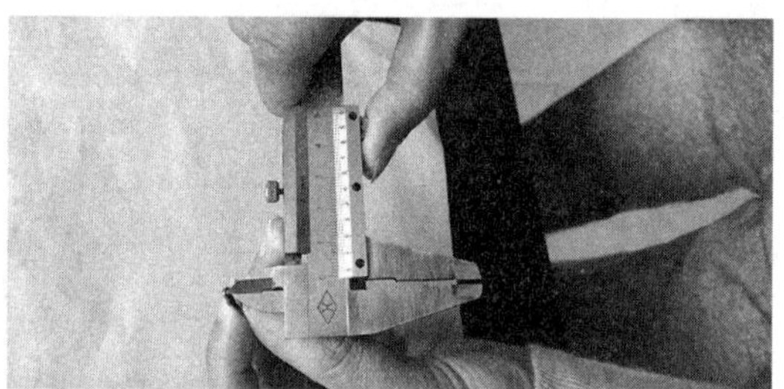

图 4-1-49　测量内孔直径

（3）游标卡尺的测量读数：游标卡尺是利用游标分度原理实现精密测量读数的，其测量读数可分为三个步骤进行。

1）先读取游标尺上零刻度线在主尺上对应的毫米整数值。

2）再读取游标尺上与主尺对齐那条刻线对应的刻度值，即为测量结果的小数部分。

3）将读取的整数部分与小数部分相加，即为测量最终结果。

例 1：用 0.02mm 精度的游标卡尺进行测量读数。测量结束后，游标尺与主尺对应的位置游标尺零位刻线处在主尺 7～8mm 之间，故取整数数值为 7mm；游标尺上刻度示值为 40 的刻线与主尺刻度线对齐，即小数部分示值为 0.40mm；将整数部分与小数部分相加，测量结果为 7.40mm。

例 2：用 0.02mm 精度的游标卡尺进行测量读数。测量结束后，游标尺零位处在主尺 10～11mm 之间，故取整数数值为 10mm；游标尺上刻度示值为 64 的刻线与主尺刻度线对齐，即小数部分示值为 0.64mm；将整数部分与小数部分相加，测量结果为 10.64mm。

四、实训项目及考核标准

（一）实训项目

顾客周某：男，46 岁，中学教师，因长期配戴眼镜，镜架托叶已经发黄，腿套已经发绿，看起来已经很旧，于是周先生就去眼镜店询问能否更换，眼镜店的师傅经过仔细查看，给出了周先生满意的答复，给周先生的眼镜架托叶和腿套进行了更换，在其他地方也帮助进行了清洗，使周先生的眼镜又重新换置一新。请你完成该眼镜架维修的详细操作步骤。

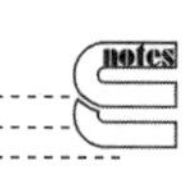

1. 实训目的

（1）会正确更换眼镜架托叶。

（2）会正确更换眼镜架腿套。

2. 实训工具　十字螺丝刀、一字螺丝刀、游标卡号、螺丝、托叶调整钳等。

3. 实训内容

（1）维修眼镜托叶螺丝的卸装。

（2）维修眼镜托叶支架的调整。

（3）维修眼镜的腿套更换。

（4）维修眼镜用游标卡尺测量螺丝的外径及长度。

（5）维修眼镜托叶螺丝冒出的正常长度。

（6）维修眼镜镜腿的弯曲。

（7）维修眼镜眼镜架的整形调整。

4. 实训记录单

序号	检测项目	单位	标准要求	检验结果		单项评价
				R	L	
1	托叶螺丝外径	mm	M1.0 或 M1.2			
2	托叶螺丝长度	mm	长度 4.0mm 或 3.8mm			
3	镜腿脚芯直径	mm	⌀1.4 或⌀1.2（公差 -0.02～-0.05）			
4	腿套内孔直径	mm	⌀1.4 或⌀1.2（公差 0～+0.05）			
5						
6						
7						
8						
备注	A 类：极重要质量项目　　B 类：重要质量项目					

5. 实训总结，撰写实训报告

（二）考核标准

实训 4-1-1　单光眼镜考核标准

项目		总分 100	要求	得分	扣分	说明
素质要求		5	着装整洁，仪表大方，举止得体，态度和蔼，符合职业标准			
操作前准备		5	环境准备：专业实训室 用物准备：游标卡尺、十字螺丝刀、一字螺丝刀、托叶、托叶螺丝、腿套，调整钳等 检查者准备：穿工作服			
操作过程	1. 正确选定托叶螺丝外径和长度	10	1. 能使用游标卡尺测量螺丝外径 2. 能使用游标卡尺测量螺丝的长度			
	2. 正确拆装托叶螺丝	10	1. 熟练使用十字螺丝刀或一字螺丝刀、螺丝 2. 能正确将托叶安装在支架上，注意有的托叶有左右之分			
	3. 正确拆装腿套、腿套弯曲	10	1. 使用游标卡尺正确测量脚芯直接和腿套内孔直径 2. 将要维修腿套先绞直，拆下需要更换的腿套，选择测量好的腿套替换上，然后弯曲			

续表

项目		总分100	要求	得分	扣分	说明
操作过程	4. 调整腿套弯度和角度	10	能正确调整腿套的弯度和角度，使配戴舒服			
	5. 维修好镜架的整形	10	能正确将维修好的镜架进行整形，调整			
	6. 修理好眼镜架的清洗，保养	10	能选择正确的清洗液，清洗维修好的镜架			
	记录	10	记录结果准确			
操作后		5	整理及清洁用物			
熟练程度		5	顺序准确，操作规范，动作熟练			
操作总分		90				
口试总分		10				
总得分		100				

ER 4-1-8 任务一：扫一扫，测一测

（董光平　高平平　杨砚儒）

任务二　镜架焊接技术

学习目标

知识目标

1. 掌握眼镜焊接的术语和基本原理。
2. 掌握眼镜焊接的基本内容与操作。
3. 了解眼镜架生产和维修的焊接技术，设备及基本操作方法、焊接的基本流程。

能力目标

1. 能看懂眼镜焊接的基本术语。
2. 能操作眼镜焊接的专业工具及熟悉焊接项目的基本流程。

素质目标

1. 培养学生独立思考、分析解决各类眼镜架焊接中的问题。
2. 培养学生的团队意识、组织协调能力、与人协作能力和表达能力。
3. 通过整个任务培养学生的自主分析、解决整个焊接工艺和创新精神。

ER 4-2-1 PPT 任务二：镜架焊接技术

任务描述

顾客刘先生，男，今年45岁，常年配戴眼镜，当每次眼镜出现断裂时总是很苦恼，为解决镜架的焊接问题，特此到眼镜店寻求解决的办法。到店后，店内的小张师傅对刘先生的问题给予了实质性的解释说明。

一、焊接工艺概述

（一）眼镜焊接工艺

眼镜焊接工艺主要包括氩弧焊、电阻焊、激光焊、气焊等。按照焊接的不同方式可以分为：电弧焊（氩弧焊、手弧焊、埋弧焊、钨极气体保护电弧焊、等离子弧焊、熔化极气体保护焊）；电阻焊；高能束焊（电子束焊、激光焊）；钎焊；以电阻热为能源：电渣焊、高频焊；以化学能为焊接能源：气焊、气压焊、爆炸焊；以机械能为焊接能源：摩擦焊、冷压焊、超声波焊、扩散焊。

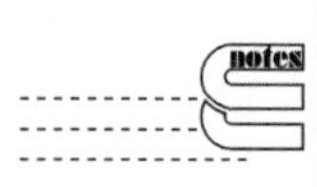

（二）电弧焊接

电弧焊是目前在眼镜行业应用最广泛的焊接方法。它包括有：氩弧焊、手弧焊、埋弧焊、钨极气体保护电弧焊、等离子弧焊、熔化极气体保护焊等。大部分电弧焊是以电极与工件间燃烧的电弧作为热源。在形成接头时，可采用也可以不采用填充金属焊接。所用的电极是在焊接过程中熔化的焊丝时，称为熔化极电弧焊，诸如常见的手弧焊、埋弧焊、气体保护电弧焊、管状焊丝电弧焊等；所用的电极是在焊接过程中不熔化的碳棒或钨棒时，称为不熔化极电弧焊，诸如钨极氩弧焊、等离子弧焊等。电弧焊在眼镜架加工与维修中是一种最常用的焊接方式，具有工艺成、焊点质量好和成本低的特点。如图 4-2-1、图 4-2-2 所示。

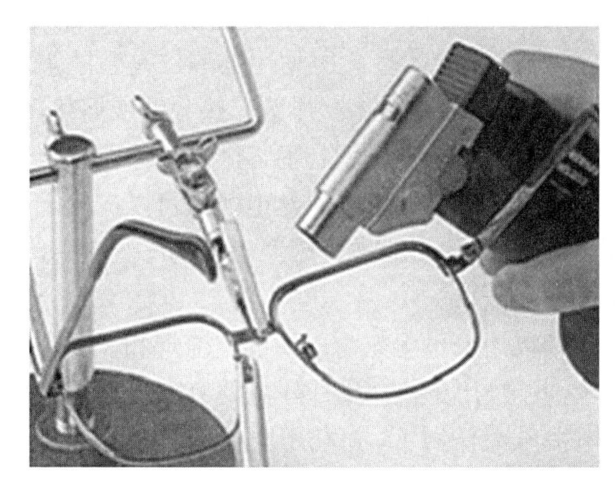
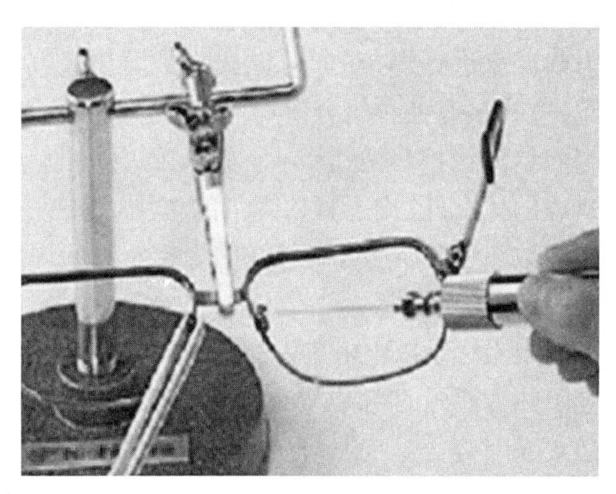

图 4-2-1　鼻支架焊接示意图

1. 手弧焊　手弧焊是各种电弧焊方法中发展最早、目前仍然应用最广的一种焊接方法。它是以外部涂有涂料的焊条作电极和填充金属，电弧是在焊条的端部和被焊工件表面之间燃烧。涂料在电弧热作用下一方面可以产生气体以保护电弧，另一方面可以产生熔渣覆盖在熔池表面，防止熔化金属与周围气体的相互作用。手弧焊配用相应的焊条可适用于大多数工业用的碳钢、不锈钢、铸铁、铜、铝、镍及其合金材料的焊接。

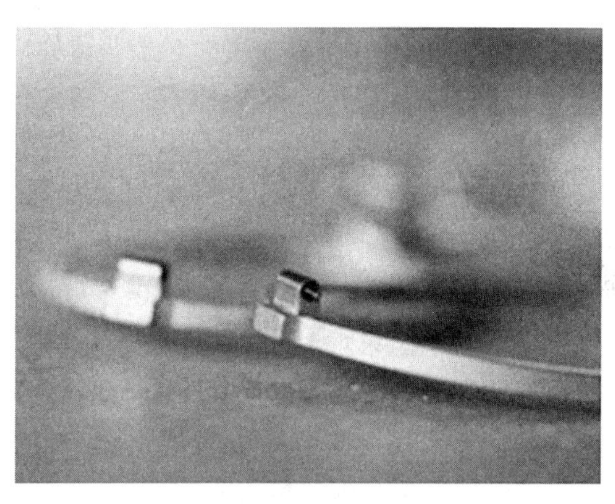

图 4-2-2　锁接管焊接示意图

2. 埋弧焊　埋弧焊是以连续送的焊丝作为电极和填充金属。特别适于焊接大型工件的直缝环缝。而且多数采用机械化焊接。焊接时，在焊接区的上面覆盖一层颗粒状焊剂，电弧在焊剂层下燃烧，将焊丝端部和局部母材熔化，形成焊缝。在电弧热的作用下，上部分焊剂熔化熔渣并与液态金属发生冶金反应。熔渣浮在金属熔池的表面，一方面可以保护焊缝金属，防止空气的污染，并与熔化金属产生物理化学反应，改善焊缝金属的性能；另一方面还可以使焊缝金属缓慢冷却。埋弧焊可以采用较大的焊接电流。与手弧焊相比，其最大的优点是焊缝质量好，焊接速度快。

3. 钨极气体保护电弧焊　钨极气体保护电弧焊是一种不熔化极气体保护电弧焊，是利用钨极和工件之间的电弧使金属熔化而形成焊缝的。焊接过程中钨极不熔化，只起电极的作用。同时由焊炬的喷嘴送进氩气或氦气作保护。这种焊接方法的焊缝质量高，但与其他电弧焊相比，其焊接速度较慢。

4. 等离子弧焊　等离子弧焊也是一种不熔化极电弧焊。它是利用电极和工件之间的压缩电弧（叫转发转移电弧）实现焊接的。所用的电极通常是钨极。产生等离子弧的等离

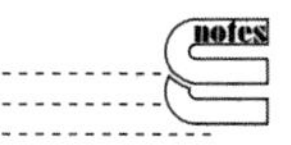

子气体可用氩气、氮气、氦气或其中两者之混合气。同时还通过喷嘴用惰性气体保护。因此，等离子弧焊的生产率高、焊缝质量好。但等离子弧焊设备（包括喷嘴）比较复杂，对焊接工艺参数的控制要求较高。对绝大多数金属材料来说，均可采用等离子弧焊接方式。

5. 熔化极气体保护电弧焊 熔化极气体保护电弧焊这种焊接方法是利用连续送进的焊丝与工件之间燃烧的电弧作热源，由焊炬喷嘴喷出的气体保护电弧来进行焊接的。熔化极气体保护电弧焊通常用的保护气体有：氩气、氦气、CO_2气或这些气体的混合气。熔化极气体保护电弧焊可适用于大部分主要金属，包括碳钢、合金钢。熔化极惰性气体保护焊适用于不锈钢、铝、镁、铜、钛、锆及镍合金。利用这种焊接方法还可以进行电弧点焊。

6. 管状焊丝电弧焊 管状焊丝电弧焊是利用连续送进的焊丝与工件之间燃烧的电弧为热源来进行焊接的，可以认为是熔化极气体保护焊的一种类型。所使用的焊丝是管状焊丝，管内装有各种组分的焊剂。焊接时，外加保护气体，主要是CO_2。焊剂受热分解或熔化，起着造渣保护溶池、渗合金及稳弧等作用。管状焊丝电弧焊除具有上述熔化极气体保护电弧焊的优点外，由于管内焊剂的作用，使之在冶金上更具优点。管状焊丝电弧焊可以应用于大多数黑色金属和各种接头的焊接。管状焊丝电弧焊在一些工业先进国家已得到广泛应用。

（三）电阻焊

电阻焊是以电阻热为能源的一类焊接方法，包括以熔渣电阻热为能源的电渣焊和以固体电阻热为能源的电阻焊。这里主要介绍几种固体电阻热为能源的电阻焊，主要有点焊、缝焊、凸焊及对焊等。电阻焊一般是使工件处在一定电极压力作用下，并利用电流通过工件时所产生的电阻热将两工件之间的接触表面熔化而实现连接的焊接方法。通常使用较大的电流。为了防止在接触面上发生电弧并且为了锻压焊缝金属，焊接过程中始终要施加压力。进行这一类电阻焊时，被焊工件的表面对于获得稳定的焊接质量是头等重要的。主要用于焊接厚度小于3mm的薄板组件。各类钢材、铝、镁等有色金属及其合金、不锈钢等材料的焊接。

（四）高能束焊

高能束焊接方法包括：电子束焊接和激光焊接。在眼镜维修中得到很好的应用。

1. 电子束焊 电子束焊是以集中的高速电子束轰击工件表面时所产生的热能进行焊接的一种方法。电子束焊接时，由电子枪产生电子束并加速。

常用的电子束焊有：高真空电子束焊、低真空电子束焊和非真空电子束焊。前两种方法都是在真空室内进行。焊接准备时间（主要是用于抽真空的时间）较长，工件尺寸受真空室大小限制。电子束焊与电弧焊相比，主要的特点是焊缝熔深大、熔宽小、焊缝金属纯度高。它既可以用在很薄材料的精密焊接，又可以用在很厚的（最厚达300mm）构件焊接。所有能用其他焊接方法进行熔化焊的金属及合金材料都可以用电子束焊接。电子束焊主要用于要求高质量的产品的焊接。还可用于异种金属、易氧化金属及难熔金属的焊接，但不适于大批量生产中的焊接。

ER 4-2-2 视频 激光焊接

ER 4-2-3 视频 激光焊接

2. 激光焊 激光焊是利用大功率相干单色光子流聚焦而成的激光束为热源进行的焊接。这种焊接方法通常有连续功率激光焊和脉冲功率激光焊。激光焊优点是不需要在真空中进行，缺点则是穿透力不如电子束焊强。激光焊时能进行精确的能量控制，因而可以实现精密微型器件的焊接。激光焊适用于很多金属，特别是能解决一些难焊金属及异种金属的焊接。目前激光焊接技术已在眼镜架生产上得到了广泛的应用。

（五）气焊

气焊是维修焊接主要的焊接方式之一，气焊主要是通过气体火焰为热源的一种焊接方法。应用最多的是以乙炔气作燃料的氧-乙炔火焰。设备简单，操作方便，但气焊加热速度及生产率较低，热影响区较大，且容易引起较大的变形。气焊适用于多种黑色金属、有色金属及合金的焊接和适用于镜架维修焊接及单件薄板焊接。

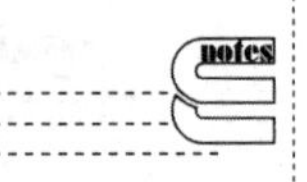

（六）钎焊

钎焊的能源可以是化学反应热，也可以是间接热能。钎焊是利用熔点比被焊材料的熔点低的金属作钎料，经过加热使钎料熔化，靠毛细管作用将钎料汲入到接头接触面的间隙内，润湿被焊金属表面，使液相与固相之间互扩散而形成钎焊接头。钎焊时由于加热温度比较低，故对工件材料的性能影响较小，焊件的应力变形也较小。但钎焊接头的强度一般比较低，耐热能力较差。钎焊可以用于焊接碳钢、不锈钢、高温合金、铝、铜等金属材料，还可以连接异种金属、金属与非金属。适于焊接受载不大或常温下工作的接头，对于精密的、微型的以及复杂的多钎缝的焊件尤其适用。

（七）其他焊接分类

其他有关的焊接方式有：电渣焊、高频焊、气压焊、爆炸焊、摩擦焊、超声波焊和扩散焊。

1. 电渣焊　如前面所述，电渣焊是以熔渣的电阻热为能源的焊接方法。焊接过程是在立焊位置、在由两工件端面与两侧水冷铜滑块形成的装配间隙内进行。焊接时利用电流通过熔渣产生的电阻热将工件端部熔化。根据焊接时所用的电极形状，电渣焊分为丝极电渣焊、板极电渣焊和熔嘴电渣焊。主要用于在断面对接接头及丁字接头的焊接。电渣焊可用于各种钢结构的焊接，也可用于铸件的组焊。

2. 高频焊　高频焊是以固体电阻热为能源。焊接时利用高频电流在工件内产生的电阻热使工件焊接区表层加热到熔化或接近塑性的状态，随即施加（或不施加）顶锻力而实现金属的结合。因此它是一种固相电阻焊方法。高频焊根据高频电流在工件中产生热的方式可分为接触高频焊和感应高频焊。高频焊是专业化较强的焊接方法，要根据产品配备专用设备。目前高频焊生产工艺在眼镜架生产工厂广泛应用于生产。

3. 气压焊　气压焊和气焊一样，气压焊也是以气体火焰为热源。焊接时将两对接的工件的端部加热到一定温度，后再施加足够的压力以获得牢固的接头。是一种固相焊接。气压焊时不加填充金属，常用于铁轨焊接和钢筋焊接。

4. 爆炸焊　爆炸焊也是以化学反应热为能源的另一种固相焊接方法。但它是利用炸药爆炸所产生的能量来实现金属连接的。在爆炸波作用下，两件金属在不到 1s 的时间内即可被加速撞击形成金属的结合。爆炸焊多用于表面积相当大的平板包覆，是制造复合板的高效方法。

5. 摩擦焊　摩擦焊是以机械能为能源的固相焊接。它是利用两表面间机械摩擦所产生的热来实现金属的连接的。摩擦焊的热量集中在接合面处，因此热影响区窄。两表面间须施加压力，多数情况是在加热终止时增大压力，使热态金属受顶锻而结合，一般结合面并不熔化。要适用于横断面为圆形的最大直径为 100mm 的工件。

6. 超声波焊　超声波焊也是一种以机械能为能源的固相焊接方法。进行超声波焊时，焊接工件在较低的静压力下，由声极发出的高频振动能使接合面产生强烈摩擦并加热到焊接温度而形成结合。超声波焊可以用于大多数金属材料之间的焊接，能实现金属、异种金属及金属与非金属间的焊接。可适用于金属丝、箔或 2～3mm 以下的薄板金属接头的重复生产。超声波焊接机外形如图 4-2-3 所示。

7. 扩散焊　扩散焊一般是以间接热能为能源的固相焊接方法。通常是在真空或保护气下进行。焊接时使两被焊工件的表面在高温和较大压力下接触并保温一定时间，以达到原子间距离，使接触面之间的原子相互扩散形成连接。

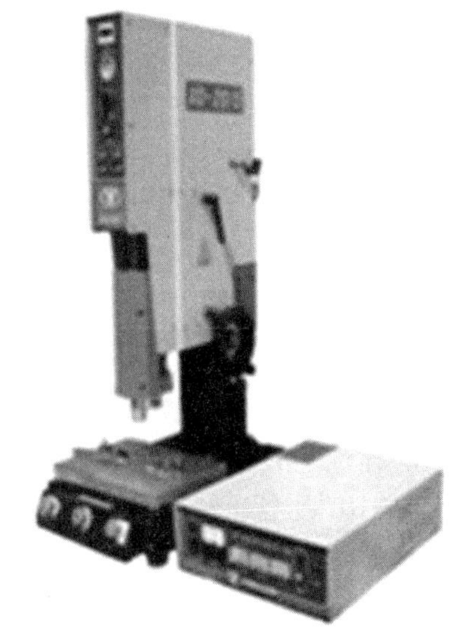

图 4-2-3　超声波焊接机示意图

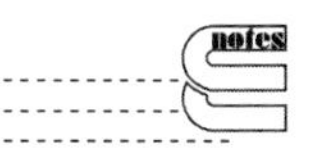

二、常用焊接技术

（一）高频焊接金属眼镜工艺与方法

1. 金属眼镜架生产工艺流程（图 4-2-4）

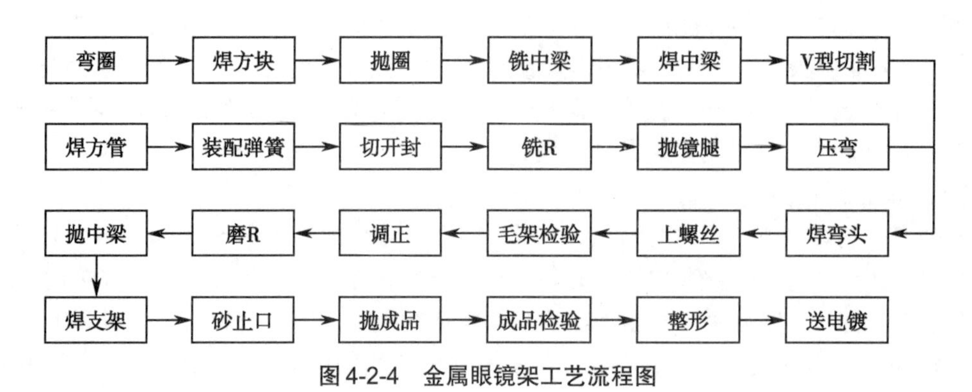

图 4-2-4　金属眼镜架工艺流程图

2. 眼镜架主要焊接工序

（1）焊接设备

1）GPH- 高频焊接机：如图 4-2-5 所示。

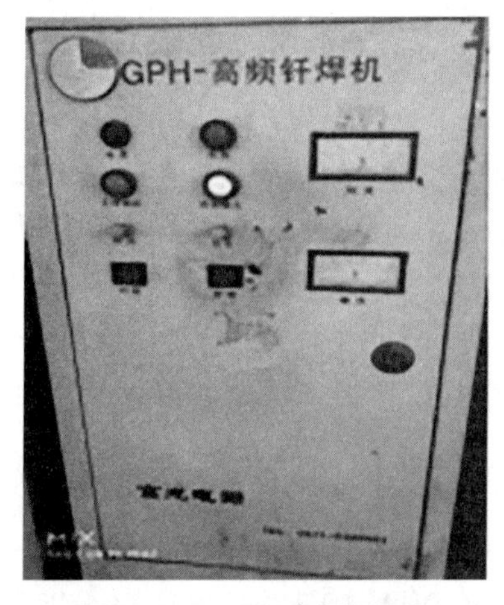

图 4-2-5　GPH 高频焊接机

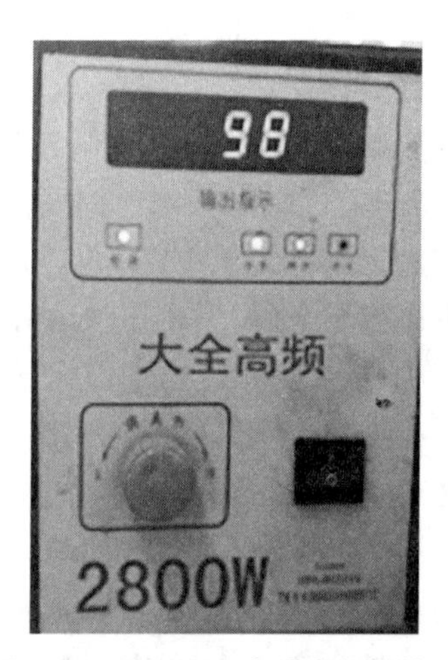

图 4-2-6　2 800W 大全高频焊接机

焊接温度控制在 750～900℃之间，即：阳流在 0.8～1.0A、栅流在 100～200MA 范围之内并试焊。

2）2 800W 大全高频焊接机：如图 4-2-6 所示。电流根据配件的大小控制在 75～98A 之间。

CPH 高频焊接机与 2 800W 高频焊接机的区别在于，CPH 高频焊接机高频头是固定的，而 2 800W 高频焊接机的高频头是可以移动的，目前 2 800W 高频焊接机用得较多，焊接比较方便。

（2）焊接辅料

1）焊接剂（银焊丝）：其规格尺寸如表 4-2-1 所示。

焊接剂的主要作用增加焊接工件结合力和强度，辅助工具融化，目前用量较多的为强力 GS107 质量比较稳定，焊接件强度较高不易产生气孔，其他两种焊接剂用量相对少一些，因其他两种焊接剂有时会产生少量的气孔，产生气孔已出现脱焊。

焊接剂尺寸规格的大小对焊接件的牢固度和强度有一定的影响，一般焊弹簧铰链的镜腿比较宽以及一些较宽焊普通铰链的镜腿都选用规格较大的银焊丝。

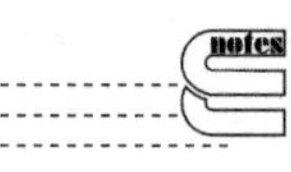

表 4-2-1　焊接剂（银焊丝）表

型号	规格 /mm	图片	适用范围
强力 GS107	0.1×1.0	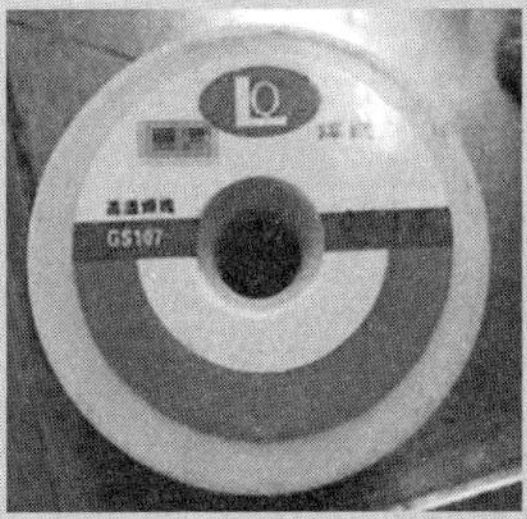	镜腿、鼻托支架、锁紧块
	0.1×1.7		弹簧镜腿、宽腿
中科 2K-107	0.15×1.0		桩头、中梁、锁紧块
浙江 50B	0.1×1.0		镜腿、鼻托支架
	0.1×1.7		弹簧镜腿、宽腿

2）银焊粉、银焊水、抗氧化水：表 4-2-2 是银焊粉、银焊水、抗氧化水的表格，银焊粉和银焊水配比按照工件的大小、厚薄等方面配比，银焊水是银焊粉的液态状，银焊粉和银焊水的主要作用是辅助银焊丝融化，保持工件不易氧化，抗氧化水的主要作用是减少焊接点的焊接斑。

表 4-2-2　银焊粉、银焊水、抗氧化水

名称	图片	配比
银焊粉	 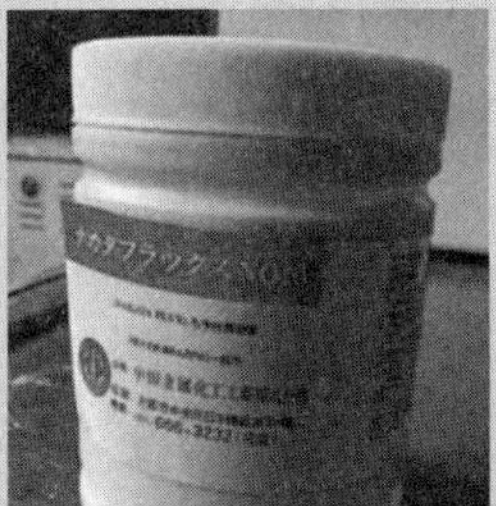	银焊粉和银焊水配比按照配件的大小、厚薄等方面进行
银焊水		

续表

名称	图片	配比
抗氧化水		作用：防止焊接面发黑

（3）焊接方法

1）金属眼镜架锁块焊接

①焊接前准备：模板、锁块、圈丝、焊接夹具、焊接机、焊剂、焊粉、图纸等（图4-2-7～图4-2-11）。在焊接过程和检验过程中，模板和图纸均使用一个进行操作。

图4-2-7　模板

图4-2-8　锁块

图4-2-9　圈丝

图4-2-10　夹具

②选择焊接剂（强力G207）及银焊粉、银焊水和抗氧化水如表4-2-1、表4-2-2所示。

③将需焊接的锁块和镜圈放在焊接夹具内，将涂有抗氧化水，银焊粉和银焊水的银焊丝放置在焊接部位，接通高频焊接机进行焊接。

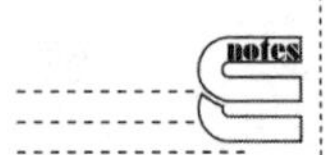

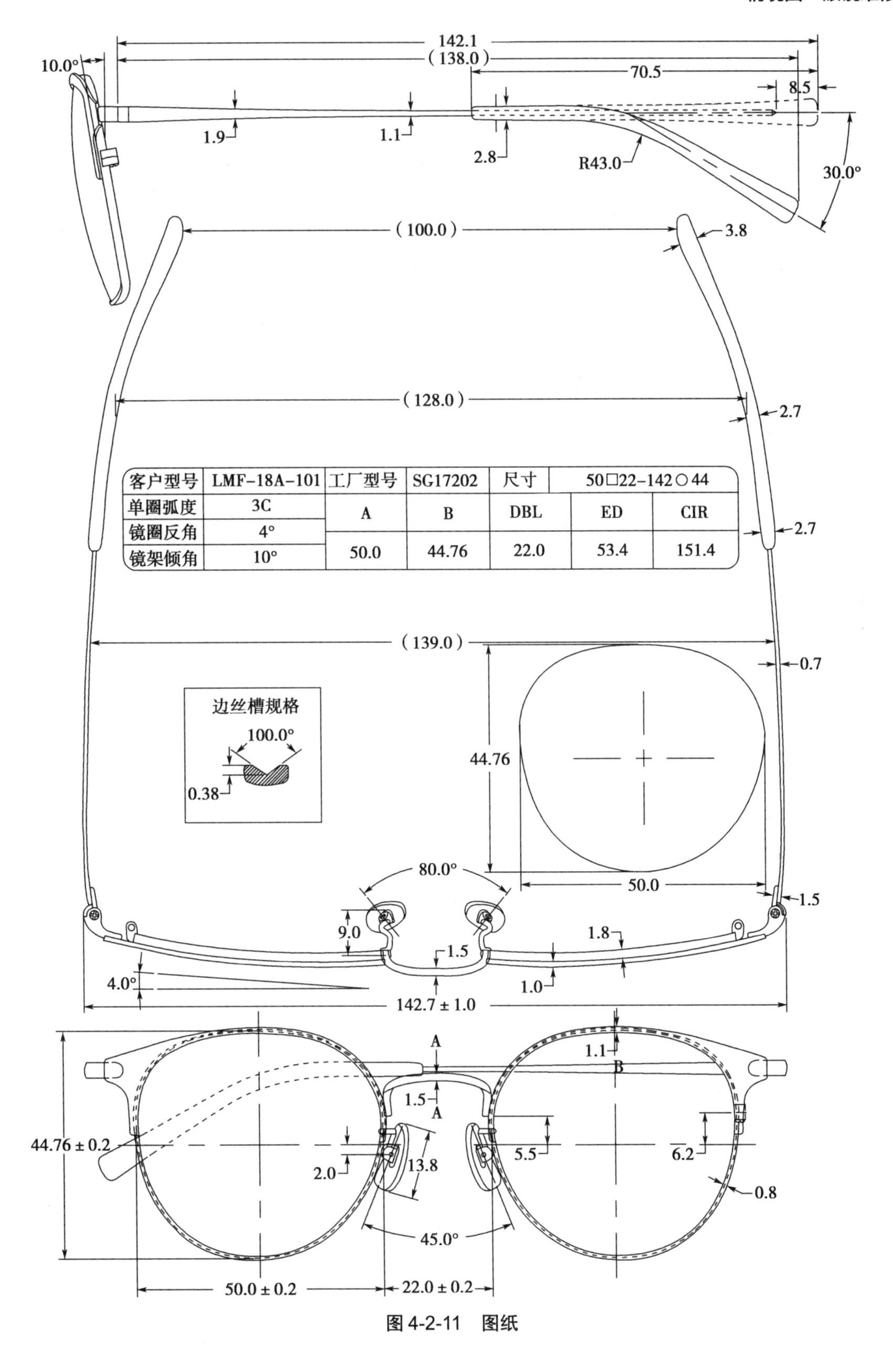

<table>
<tr><td>客户型号</td><td>LMF-18A-101</td><td>工厂型号</td><td>SG17202</td><td>尺寸</td><td colspan="2">50□22-142○44</td></tr>
<tr><td>单圈弧度</td><td>3C</td><td rowspan="2">A</td><td rowspan="2">B</td><td rowspan="2">DBL</td><td rowspan="2">ED</td><td rowspan="2">CIR</td></tr>
<tr><td>镜圈反角</td><td>4°</td></tr>
<tr><td>镜架倾角</td><td>10°</td><td>50.0</td><td>44.76</td><td>22.0</td><td>53.4</td><td>151.4</td></tr>
</table>

图 4-2-11 图纸

ER 4-2-4
视频 锁块焊接

④焊接试制样品按图纸检验，合格封存首检样品进行批量生产。

2）金属眼镜架中梁焊接

①焊接前准备：需焊接的镜圈（图 4-2-12）、模板（见图 4-2-7）、铣切加工好的中梁（图 4-2-13），图纸（见图 4-2-11）等。

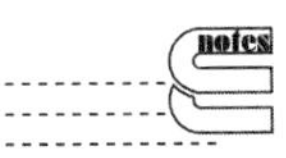

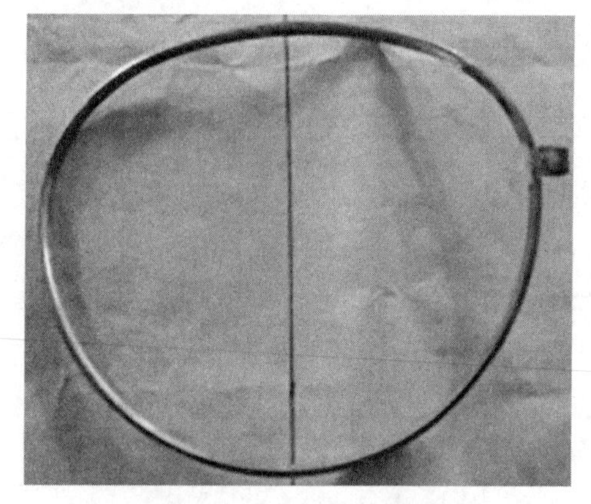

图 4-2-12　需焊接的镜圈

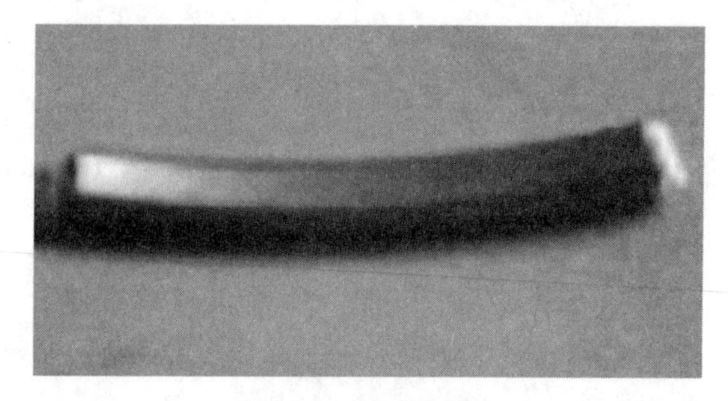

图 4-2-13　铣切

②选择焊接机安装夹具进行调试，焊接机调试温度同上设置。

③选择焊接剂及银焊粉、银焊水和抗氧化水同上列表 4-2-1、表 4-2-2。

④将需要焊接的镜圈、中梁固定在焊接夹具（图 4-2-14）上，将涂有抗氧化水，银焊粉和银焊水的银焊丝放置在焊接部位，接通高频焊接机进行焊接。

ER 4-2-5
视频　中梁焊接

⑤焊接试制样品按图纸检验，合格封存首检样品进行批量生产。

3）金属眼镜架镜腿铰链（弹簧铰链）的焊接

①焊接前准备：需焊接的镜腿（图 4-2-15）、铰链（弹簧铰链）（图 4-2-16）、铰链焊接夹具（图 4-2-17）、图纸（见图 4-2-11）等。

图 4-2-14　中梁焊接夹具

图 4-2-15　需焊接的镜腿

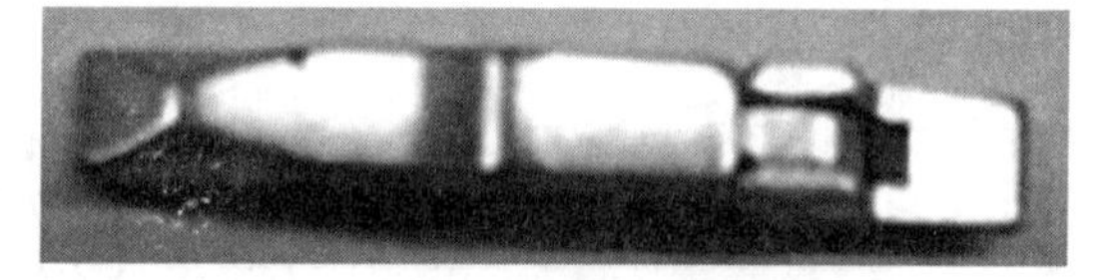

图 4-2-16　铰链（弹簧铰链）

②选择焊接机安装夹具进行调试，焊接机调试温度同上设置。

③选择焊接剂及银焊粉、银焊水和抗氧化水同上列表 4-2-1、图 4-2-2。

④将所要焊接的镜腿和铰链固定在焊接模具上，将涂有抗氧化水，银焊粉和银焊水的银焊丝放置在焊接部位，接通高频焊接机进行焊接。

⑤焊接试制样品按图纸检验，合格封存首检样品进行批量生产。

4）金属眼镜架弯头（桩头）的焊接：

①焊接前准备：需焊接的镜腿弯头（桩头）（图 4-2-18）、需焊接的前圈（图 4-2-19）、弯头（桩头）焊接夹具（图 4-2-20）、图纸（见图 4-2-11）等。

图 4-2-17　铰链焊接夹具

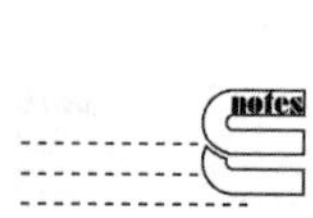

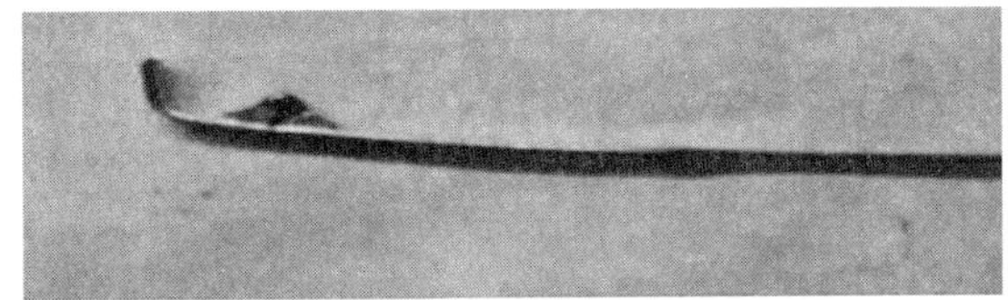
图 4-2-18　需焊接的镜腿弯头(桩头)

图 4-2-19　需焊接的前圈

②选择焊接机安装夹具进行调试，焊接机调试温度同上设置。

③选择焊接剂及银焊粉、银焊水和抗氧化水同上列表 4-2-1、图 4-2-2。

④将需要焊接的镜腿和镜圈固定在夹具上，将涂有抗氧化水，银焊粉和银焊水的银焊丝放置在焊接部位，接通高频焊接机进行焊接。

⑤焊接试制样品按图纸检验，合格封存首检样品进行批量生产。

5）金属眼镜架鼻托支架的焊接

①焊接前准备：需焊接的支架（图 4-2-21）、模板（见图 4-2-7）、需焊支架的镜圈（图 4-2-22）、焊支架的夹具（图 4-2-23）及图纸（见图 4-2-11）。

图 4-2-20　弯头(桩头)焊接夹具

ER 4-2-6
视频　桩头焊接

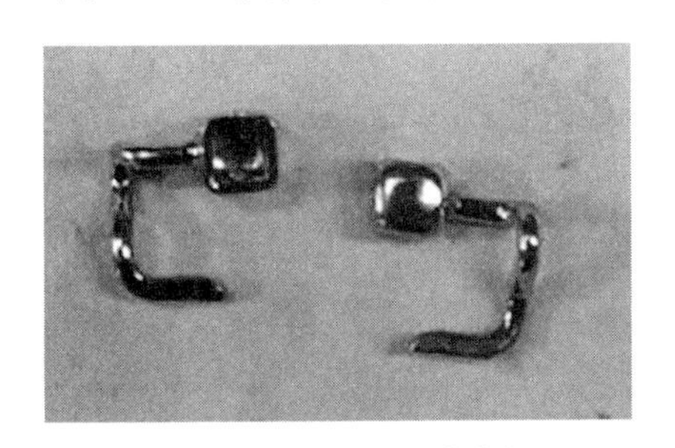
图 4-2-21　需焊接的支架

图 4-2-22　需焊支架的镜圈

②选择焊接机安装夹具进行调试，焊接机调试温度同上设置。

③选择焊接剂及银焊粉、银焊水和抗氧化水同上列表 4-2-1、图 4-2-2。

④将鼻托支架和眼镜架安装支架焊接夹具固定，将涂有抗氧化水，银焊粉和银焊水的银焊丝放置在焊接部位，接通高频焊接机进行焊接。

⑤焊接试制样品按图纸检验，合格封存首检样品进行批量生产。

(二)气焊技术与操作

1. 气焊分类

(1) 手焊枪焊接的技术特点：使用手焊枪进行焊接，操作灵便，便于电子打火，火焰稳定；顶点火力可达 1 300℃，火焰调整简单；易于握持，适用于各种合金及钛材镜架的焊接。在眼镜维修中经常采用的焊接方式，但不适合焊接技术要求较高的镜架。

图 4-2-23　支架焊接夹具

ER 4-2-7
视频　支架焊接

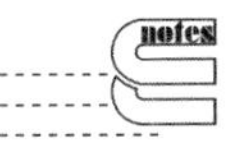

(2) 氢气式焊机焊接的技术特点：采用氢气式焊接机进行焊接，使用时用普通电源将水电分解，使之产生 3 000℃的超高温氢氧燃烧火焰。性能稳定，对焊点周边的损伤面极小，并且使焊点不易氧化。可以进行各种材质的焊接。

(3) 焊接名词

1) 焊剂：焊接时，能够熔化形成熔渣和（或）气体，对熔化金属起保护和冶金物理化学作用的一种物质。

2) 焊接：溶解金属、玻璃、合成树脂或者将半熔状态的物质进行接合，有熔焊、压焊和使用低熔点的金属的钎焊三大焊接法。

3) 焊接处：焊接面连接处，事先放置焊料后进行加热。

4) 焊接铰链：镜框的零部件，通过焊接将铰链固定在螺钉和镜架上。又叫折叠铰链和护甲铰链。

5) 焊枪：二氧化碳气体保护焊中，执行焊接的部分称焊枪，焊枪可分为：手焊式和鹅颈式。用于焊接金属框或维修时使用。

2. 气焊常用设备

(1) 手焊枪：手焊枪通常可采用握式或座式焊接方式，其结构如图 4-2-24 所示。

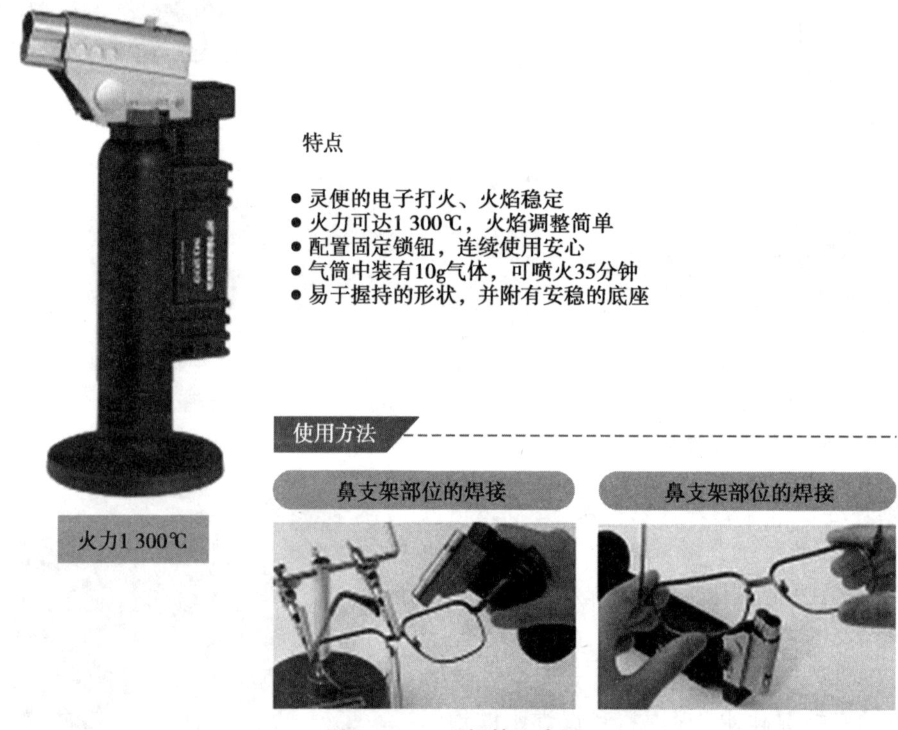

图 4-2-24　手焊枪示意图

(2) 氢气式焊机：氢气式焊的温度高、焊点小、无污染、操作简便的特点，适合合金镜架、纯钛镜架、包金及 K 金镜架的焊接。以 No.172 型号的氢气式焊机为例，焊接操作流程如下，No.172 型号的氢氧焊接机如图 4-2-25 所示。

1) 焊前准备：①将盖帽取下，导入一半左右电解液；②将玻璃制浮漂计轻轻插进注入口，测量电解液注入量；③漂计上端与注入口距离应为 4cm；④电解液注入量在 650ml 左右，其量多一点少一点问题不大。电解液具有强碱性，操作时应注意不要将其溅出。⑤拧紧注入盖帽，将针头插入焊枪；⑥本机内部装有散热电扇装置，为便于空气流通，保证在机械左右两侧留有 5cm 和 10cm 以上的距离。

2) 点火方法：①查盖帽是否拧紧，燃气出口连接情况以及针头是否插入焊枪；②打开电源，黄灯亮；③接着在10s内表示压力开关的绿灯也会亮，如果绿灯持续闪烁，表示压力正常，此时可以点火。如果绿灯不亮或没有闪烁，有可能是针头太粗，燃气量不足，燃气泄漏或电源电压下降等原因造成的，请不要点火。

3）灭火方法：①紧靠焊枪一端的软管，将焊枪针头浸入水中；②当确定火已经熄灭后再关掉电源。如果在点火过程中关掉电源会造成气压降低，引发回火现象，容易伤损焊枪针头。

4）添加蒸馏水：机器工作每5h（当浮漂计上端低于注入口时）需拧开盖帽注入适量蒸馏水（浮漂计上端高出注入口4cm合适）。注意，此时注入的是蒸馏水而不是电解液；添加蒸馏水一定要熄火和关掉电源后再拧开盖帽。若加入太多蒸馏水（超过4cm以上），会引起故障，应用塑料水泵将多余蒸馏水抽调。

特点
- 使用普通电源将水电分解，使之产生3 400℃超高温氢氧燃烧火焰
- 打开开关即可安全简便的使用焊机
- 装有自动压力调压装置，火焰稳定
- 同类产品中低价格

图4-2-25　氢氧焊接机外形示意图

5）管道中凝结液：机械长时间运转的时候，由于燃气温度很高，在细管中会有凝结液产生。要从燃气出口处拔下细管排出凝结液。

6）防回火装置的清洗：机器燃气出口和焊枪内部装有不锈钢的防止回火现象产生的装置。此装置表面多孔，容易被凝结液及尘埃堵塞，定期应对其用超声波清洗机进行清理。（打开燃气，在没有装焊枪针头的情况下，若出现绿灯瞬间闪亮现象，说明该装置已堵塞，需清理；在清理完成正确组装。）

7）注意事项：①开燃气在点火后，不要随意拔下针头或细管，也不能拧下盖帽；②注意不要将电解液或细管内残留的凝结液沾到皮肤上；③不要让焊枪上的火焰靠近细管，让细管远离燃气炉或香烟等火源；④电解液的更换。

8）电解液长期使用会慢慢老化，使用0.5mm焊枪针头但绿灯不亮时（除去燃气泄漏的情况），需要更换新的电解液。电解液更换程序：①用塑料水泵将电解液全部排出；②注入500～800ml的蒸馏水，清洗电解槽；③再用塑料水泵将电解槽中的蒸馏水全部排出；④将新的电解液注入，用浮漂计测量（浮漂计上端距离注入口上端4cm）（液量650ml）；⑤检查注入口的盖帽是否拧紧：由于长年使用，电解槽内会混入不纯净物，致使点解效率低下，因此在更换电解液时有必要对电解槽进行清洗。同时分解燃气系统的各个部分替换“O”形圈，内部配管等。

（3）小型电钻：小型电钻主要用于焊接后的抛光、打磨及维修。小型电钻外形如图4-2-26所示。

磨棒及抛光布轮的安装：根据操作的工艺流程将维修的工具磨头分别装在手电钻上。

打磨：先用磨石对维修部位进行打磨处理，去除掉多余的焊垢。

抛光：换好抛光布轮，对焊接处进行打磨，以上操作可根据镜架的实际情况及焊点位置进行调速打磨。

维修打孔：可用于在镜架上进行维修打孔处理。

图4-2-26　手电钻示意图

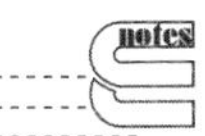

3. 所需工具、焊料

(1) 合金镜架手焊套件，如图 4-2-27 所示。

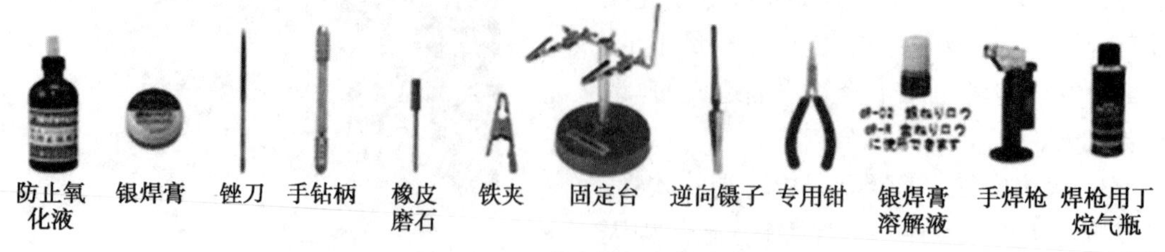

图 4-2-27 合金镜架手焊套件

(2) 纯钛镜架手焊套件，如图 4-2-28 所示。

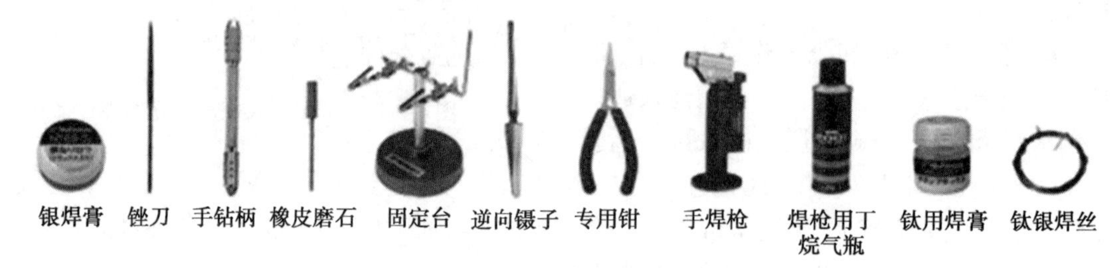

图 4-2-28 纯钛镜架手焊套

4. 焊接分类

(1) 按材质分类：合金焊接、纯钛焊接、K 金焊接、板材架焊接。

(2) 按断点分类：鼻支架焊接、鼻梁焊接、铰链部分的焊接、镜腿铰链部分焊接、镜圈结合部焊接。

5. 焊接操作流程 图 4-2-29 为焊接流程示意图。

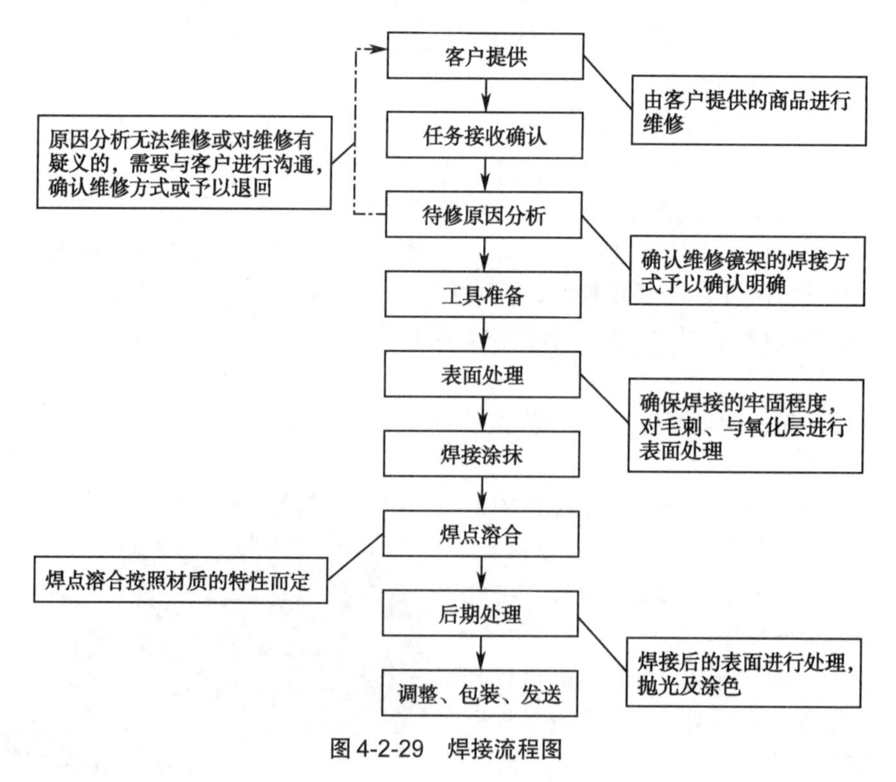

图 4-2-29 焊接流程图

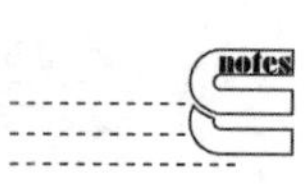

(1) 合金镜架焊接

1) 查看镜架的断面情况：金属镜架断裂的原因，除焊接点焊接本身的缺陷外，一般有两

种情况：一是强力断裂，二是疲劳断裂。强力断裂一般伴随镜架的变形，断口一般崭新；疲劳断裂一般无镜架变形伴随，断口一般有新旧区分。

2）焊接前准备：用小锉刀将断口及其周围适当区域的污物及氧化层处理干净。以增加焊点的面积及焊接材料的附着力。将焊接点附近的加热容易损坏的零部件，如鼻托、镜片、半框的拉丝等，拆卸避免损坏。用小刷子将氧化防止液涂刷到需焊接部位附近，注意焊接处不要涂刷，以防止焊接不牢。

3）将要焊接的镜架固定在事先准备好的固定台上。

4）在断口涂抹专门的银焊膏，根据焊点的大小，确定焊膏的量的大小。

5）将需要焊接的两部分，位置、角度等对正，在焊枪火焰外焰部分加热，待焊膏熔化并在镜架焊接断口铺开包围，保持两部分的相对位置不动，熄灭焊枪火焰，保持原状冷却数秒钟，使焊接点焊接材料凝固。尽量缩短加热时间，尽量减轻镜架变色程度。

注意安全：避免火焰及炽热的镜架伤及皮肤；更换铰链、鼻托支架等零件时注意型号和左右方向。

6）对焊接的镜架进行冷却，在焊接点滴水或将焊接点浸入水中，完全冷却到常温。

7）用组锉将焊接点处理干净，尽量与原镜架形状尺寸一致，用布轮抛光机抛光，并对变黑部分须抛磨干净。安装调整整理：将拆卸的零部件重新安装，并进行必要的调整，清洗擦拭干净。

上述七个过程如图 4-2-30 所示。

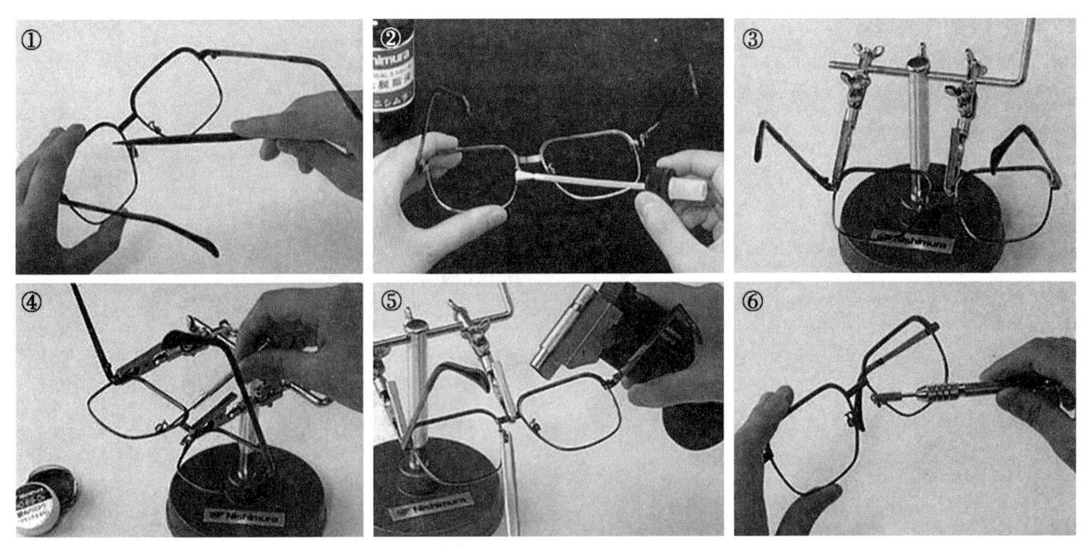

图 4-2-30　支架焊接操作过程

（2）纯钛镜架焊接

1）用锉刀除去镜架及部件的污点和氧化层。

2）选择一个金属棒，可以用旧合金镜腿替代，称这个合金的金属棒为“过渡棒”。将纯钛焊膏和纯钛焊丝在金属棒上做一个焊球。

在镜架的断裂处涂上尽量多一点的纯钛焊膏，将金属棒上的焊球转移到镜架的断裂处。

3）用橡皮磨石对氧化变黑的部分抛光磨干净，保证焊接过程中无杂质。

4）将金属的焊接处涂上普通镜架焊接的焊膏，进行焊接，焊接后的镜架进行冷却，并对镜架进行抛光打磨，处理干净。纯钛镜架焊接操作，如图 4-2-31 所示。

（3）特殊部位焊接方法

1）鼻支架部的焊接：用逆向镊子夹住鼻支架，将其固定至鼻托位置后进行焊接，如图 4-2-32 所示。

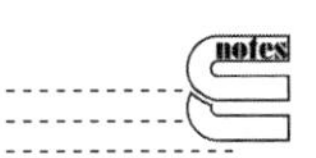

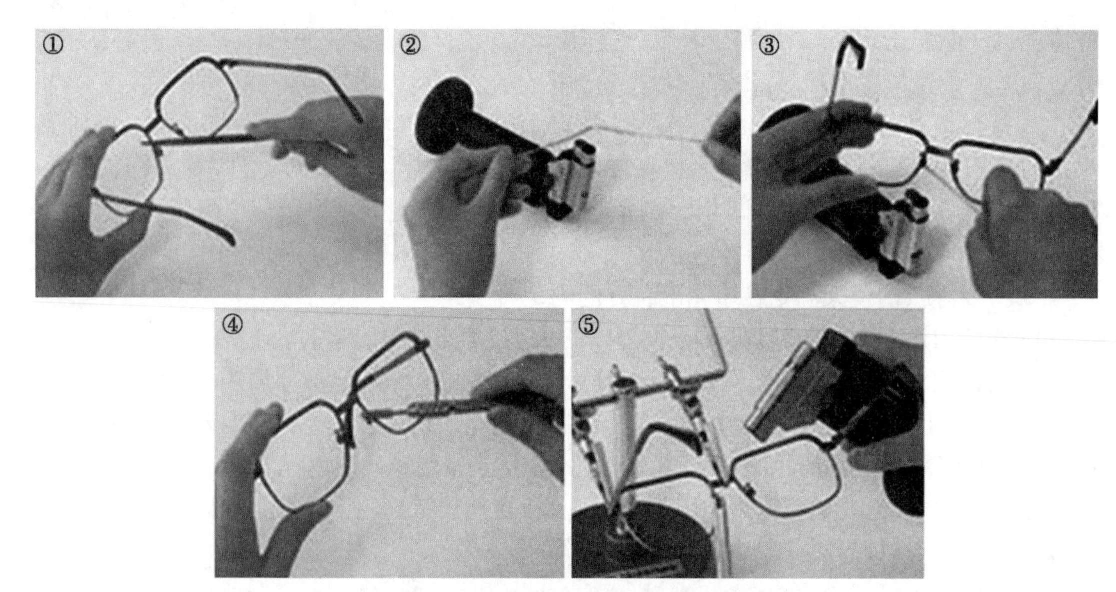

图 4-2-31　纯钛镜架支架焊接操作过程

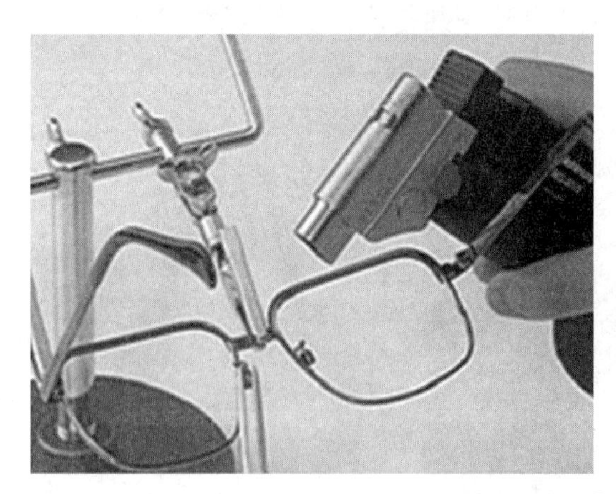
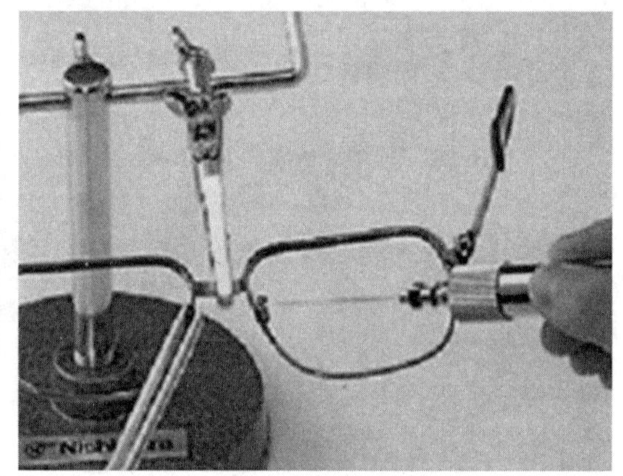

图 4-2-32　鼻支架部的焊接

2）鼻梁处的焊接：手持镜架将其固定至正确的位置，置于焰火之上进行焊接。其操作方式如图 4-2-33 所示。

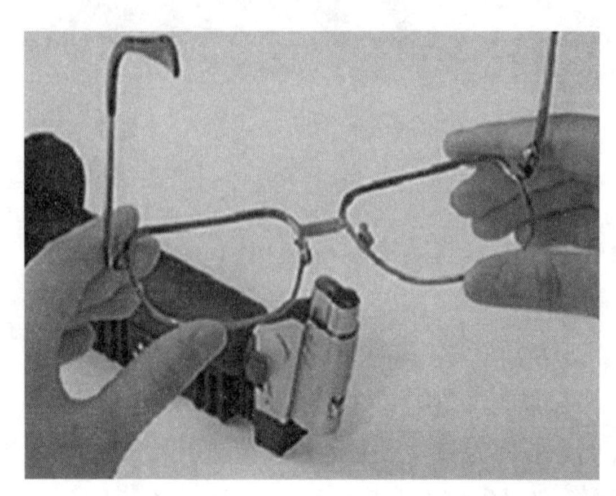
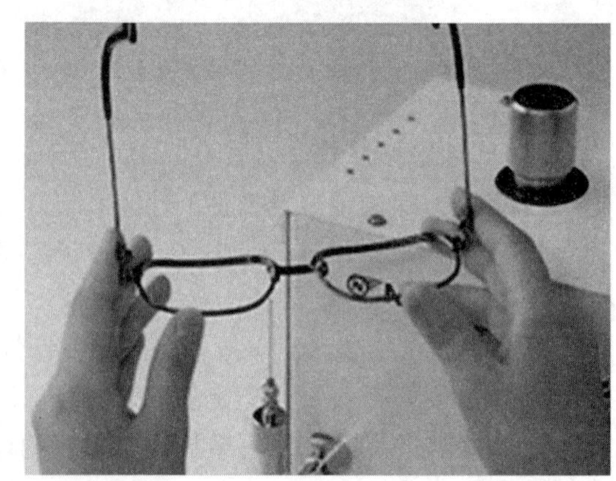

图 4-2-33　鼻梁处的焊接

3）桩头部分的焊接：用焊接专用钳将桩头固定，置于火焰之上进行焊接。其操作方式如图 4-2-34 所示。

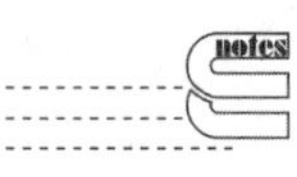

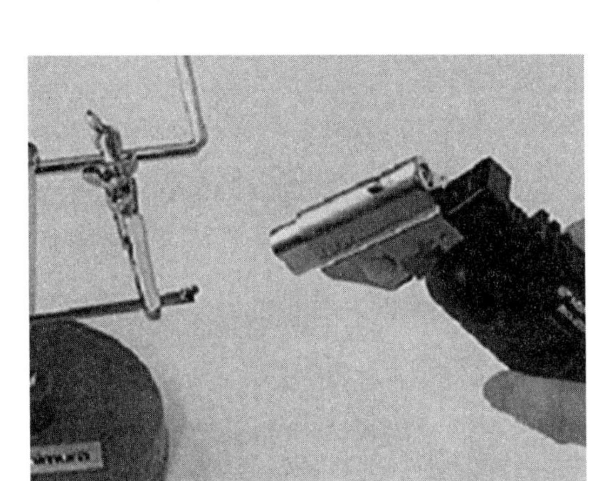

图 4-2-34　桩头部分的焊接

4）镜腿铰链部分的焊接：将镜腿水平放置，使铰链附于正确的位置后进行焊接。其操作方式如图 4-2-35 所示。

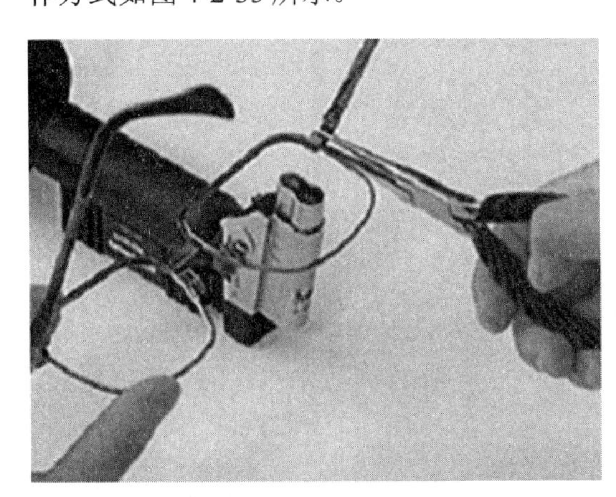

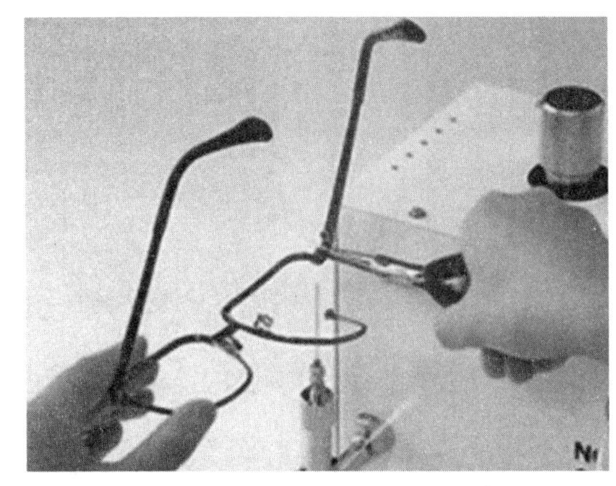

图 4-2-35　铰链焊接示意图

5）镜圈结合部的焊接：用铁夹固定镜圈，用焊接专用钳夹住镜圈紧合部，在正位置上进行焊接。其操作方式如图 4-2-36 所示。

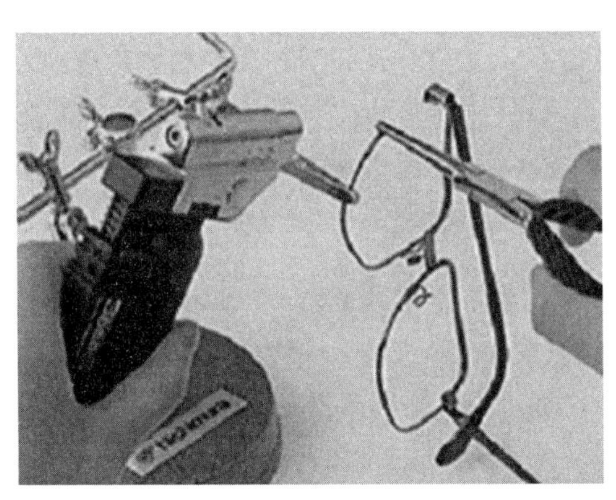

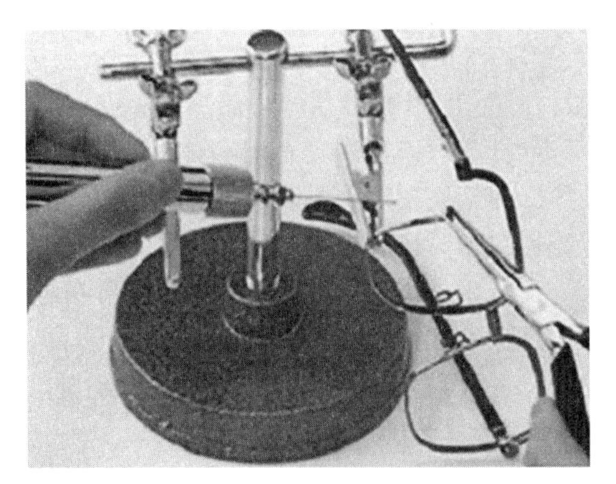

图 4-2-36　镜圈结合部的焊接

（4）板材镜架焊接：一般以更换铰链等零件为多，使用的工具为电烙铁。

1）加热电烙铁把损坏零件加热，从而使金属件附近的板料软化，以便把金属件从镜架塑料中取出，注意电烙铁谨防接触镜架部分，应做适当防护遮挡措施。温度过高易烧焦镜架。

2）查找与损坏零件规格型号一致的配件，按原位置、角度、深度，用电烙铁把新零件加

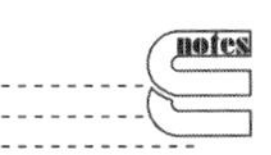

热并使板料软化，从而将更换的维修部件镶嵌在镜架塑料中。

3）调整好零件的安装位置，进行水冷降温。

4）恢复零件周边变形的塑料表面。

5）后处理：将多余的焊接材料，用组锉处理干净。并将焊点附近燃烧过的黑色残留物处理干净，再将焊点附近抛光。

安装调整：将拆卸的零部件重新安装，对镜架进行调整，清洗干净。

6. 修复工作

（1）抛光打磨：用小型电钻对焊接表面进行修整，进行抛光修复，用金属磨石、抛光棒等工具进行最后的修整打至光滑，对镜圈内的多余焊料用小金属砂轮进行清理作业，为了镜片能很光滑地镶入槽内，这是非常有效的工具之一。最后进行检查确认完成。如图 4-2-37 所示。

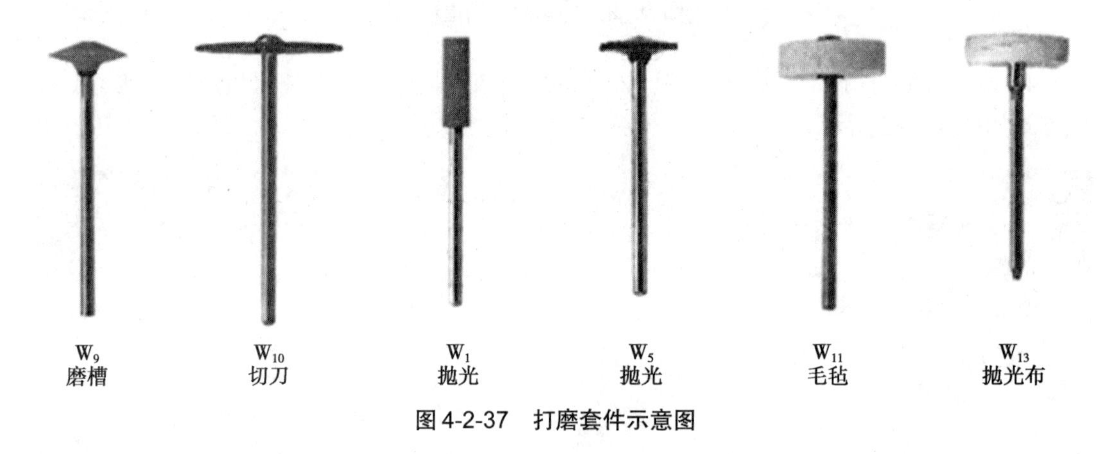

图 4-2-37　打磨套件示意图

（2）镀层修补：对焊接过的镜架进行彩色涂层修补，选用眼镜颜色相同或近似的进行涂层修补。

（3）镜架包装：将维修好的眼镜进行全面清洗，用镜布擦干；再将镜架用镜布包裹好，放入镜盒内；通过客户自提或快递的性质将镜架寄出。在发货时一定要确认客户的地址及联系方式以及对镜架外包装的防护处理。

（三）光焊技术与操作

1. 光焊参数

（1）功率密度：功率密度是激光加工中最关键的参数之一。采用较高的功率密度，在微秒时间范围内，表层即可加热至沸点，产生大量汽化。因此，高功率密度对于材料去除加工，如打孔、切割、雕刻有利。对于较低功率密度，表层温度达到沸点需要经历数毫秒，在表层汽化前，底层达到熔点，易形成良好的熔融焊接。因此，在传导型激光焊接中，功率密度范围在 104～106/cm^2。

（2）激光脉冲波形：激光脉冲波形在激光焊接中是一个重要参数，尤其对于薄片焊接更为重要。当高强度激光束射至材料表面，金属表面将会有 60%～98% 的激光能量反射而损失掉，且反射率随表面温度变化。在一个激光脉冲作用期间内，金属反射率的变化很大。

（3）激光脉冲宽度：脉宽是脉冲激光焊接的重要参数之一，它既是区别于材料去除和材料熔化的重要参数，也是决定加工设备造价及体积的关键参数。

（4）离焦量对焊接质量的影响：激光焊接通常需要一定的离焦量，因为激光焦点处光斑中心的功率密度过高，容易蒸发成孔。离开激光焦点的各平面上，功率密度分布相对均匀。离焦方式有两种：正离焦与负离焦。焦平面位于工件上方为正离焦，反之为负离焦。按几何光学理论，当正负离焦平面与焊接平面距离相等时，所对应平面上功率密度近似相同，但

实际上所获得的熔池形状不同。负离焦时，可获得更大的熔深，这与熔池的形成过程有关。实验表明，激光加热 50～200μs 时材料开始熔化，形成液相金属，出现汽化，并以极高的速度喷射，发出耀眼的白光。与此同时，高浓度气体使液相金属运动至熔池边缘，在熔池中心形成凹陷。当负离焦时，材料内部功率密度比表面还高，易形成更强的熔化、汽化，使光能向材料更深处传递。所以在实际应用中，当要求熔深较大时，采用负离焦；焊接薄材料时，宜用正离焦。

2. 激光焊接操作流程

（1）激光焊接机处于常态，打开激光焊机电源开关，观测显示状态无误予以操作。如图 4-2-38 所示。

（2）开启氩气瓶开关，调整减压阀流量旋钮，将氩气的出气量调至适量。如图 4-2-39 所示。

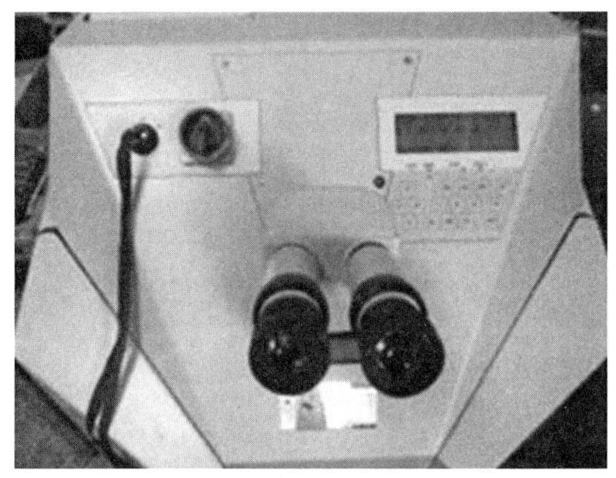

图 4-2-38　打开激光电源

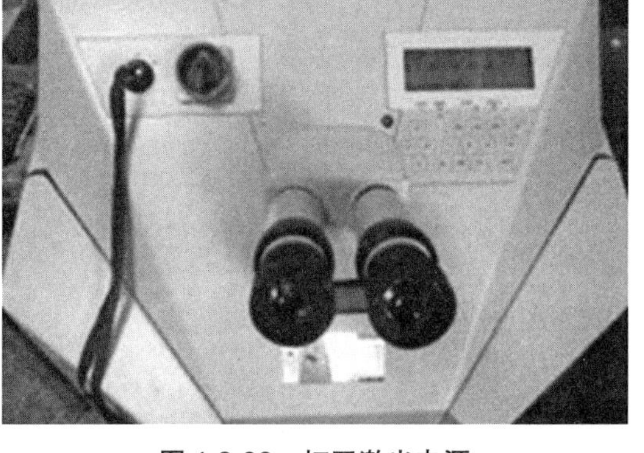

图 4-2-39　打开氩气

（3）判断断裂镜架的材质，对断裂镜架进行调整、断点表面进行去污处理，以断点两端接合后完全吻合、无缝隙为原则进行焊接。

（4）根据镜架材质确定使用的焊丝有：合金材质焊材、钛材质焊材、K 金材质焊材。

（5）根据激光焊接基本数据表的规定和要求，将激光焊机所用电压、速度、强度、直径调整至适当位置。如表 4-2-3 所示。

表 4-2-3　激光焊接基本数据表

材质	电压 /V	速度 /ms	频率 /Hz	焊接直径 /mm	修复直径 /mm
K 金	260	2.0～3.0	2.0～2.5	0.5～1.0	1.5
包金	230	2.0～2.5	2.0～2.5	0.5～1.0	1.5
纯钛	230	2.0～2.5	2.0～2.5	0.5～1.0	1.5
合金	240	2.0～2.5	2.0～2.5	0.5～1.0	1.5

（6）状态调整完毕，对焊接镜架进行启动焊接；焊点取位要精确，保证焊接无误。

（7）焊接后确认坚固度，将焊接强度调整至弱，进行光泽度处理。

（8）焊接后的镜架进行超声波清洗，将污垢处理干净。

（9）镀层修补。

3. 激光焊接部位及效果说明

（1）桩头焊点开焊处焊接桩头焊点开焊，修复前状态如图 4-2-40 所示。

如图 4-2-41 所示为激光焊接修复后的桩头，修复后正面效果图。

如图 4-2-42 所示为激光焊接修复后的桩头，修复后上面效果图

如图 4-2-43 所示桩头开焊修复下面示意图

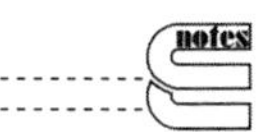

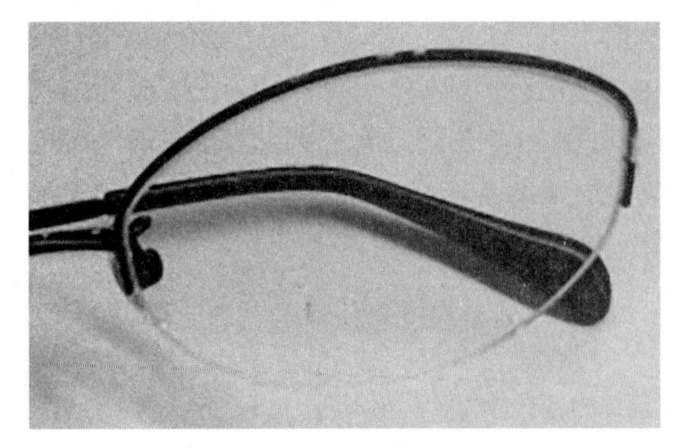

图 4-2-40　桩头脱焊

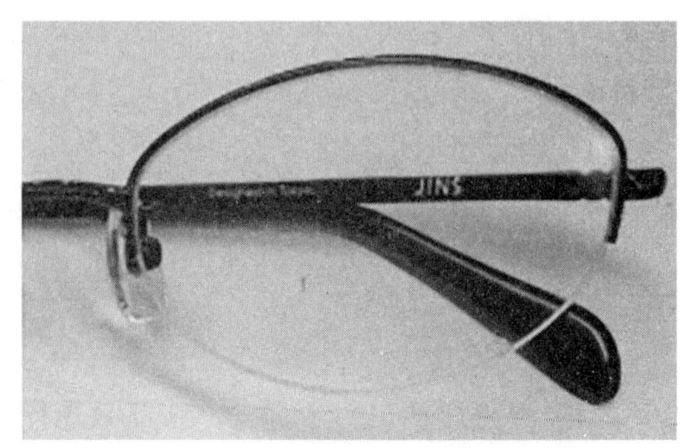

图 4-2-41　激光焊接修复正面效果

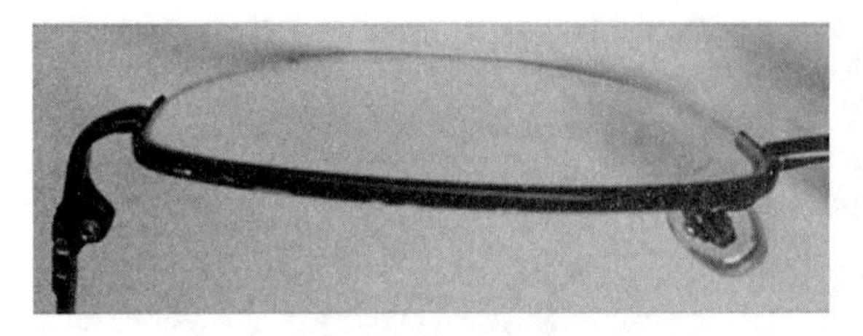

图 4-2-42　激光焊接修复上面效果

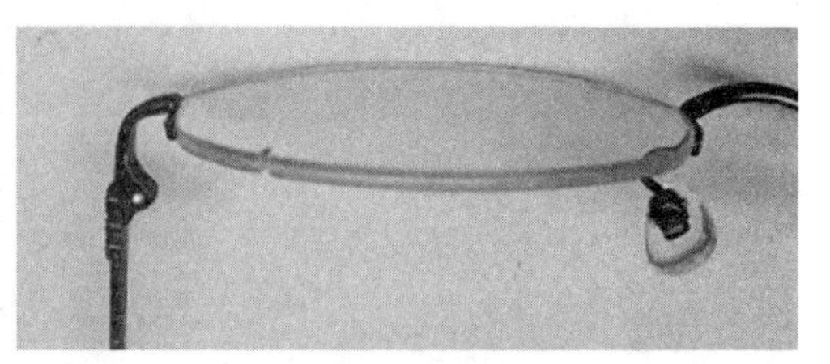

图 4-2-43　桩头开焊修复下面效果

(2) 桩头断裂处焊接：桩头断裂状态如图 4-2-44 和图 4-2-45 所示。

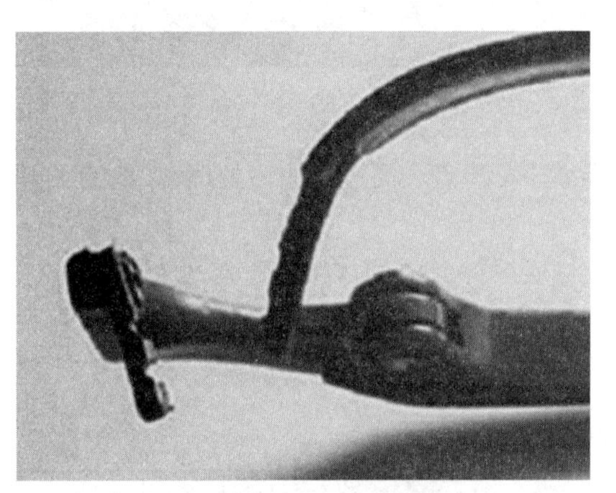

图 4-2-44　桩头断裂效果

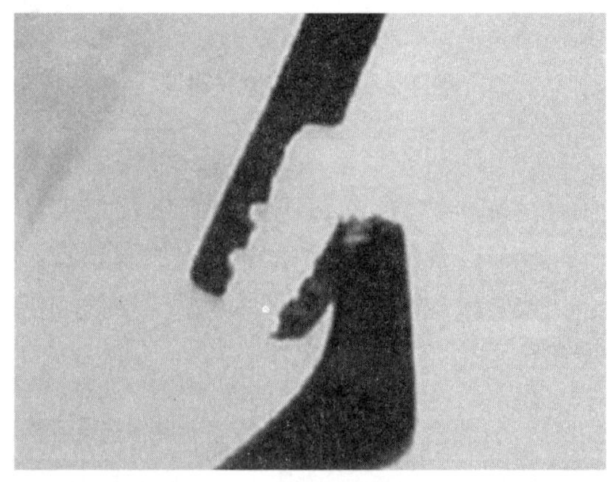

图 4-2-45　桩头断裂效果

用激光焊接方式修复桩头断裂处，修复后的效果如图 4-2-46 和图 4-2-47 所示。

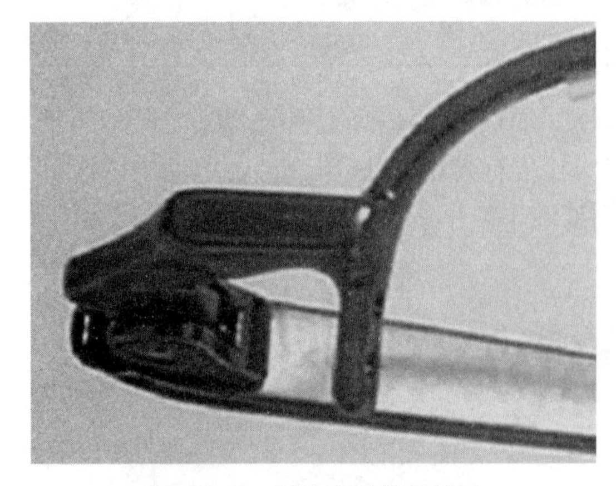

图 4-2-46　桩头断裂修复效果

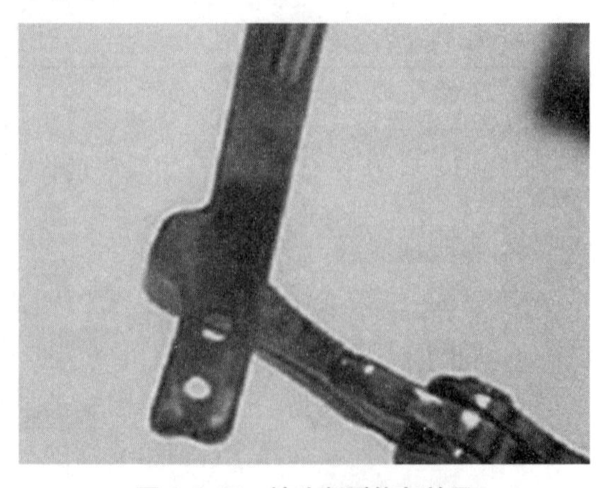

图 4-2-47　桩头断裂修复效果

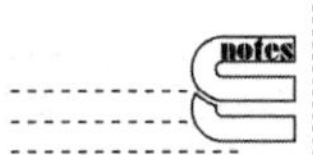

（3）镜圈开裂处焊接：镜圈开裂状态如图 4-2-48 和图 4-2-49 所示。

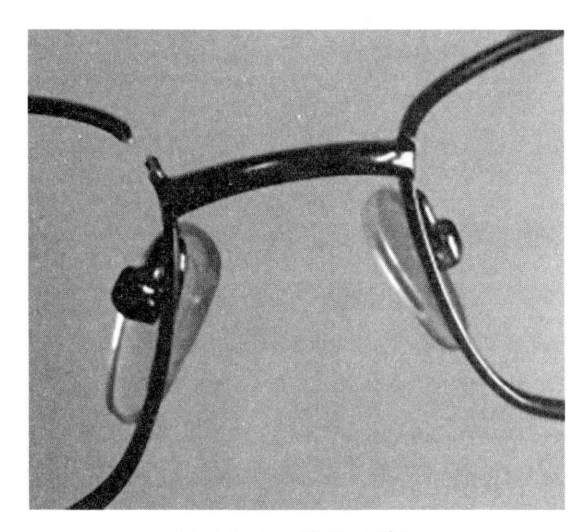

图 4-2-48　镜圈开裂图

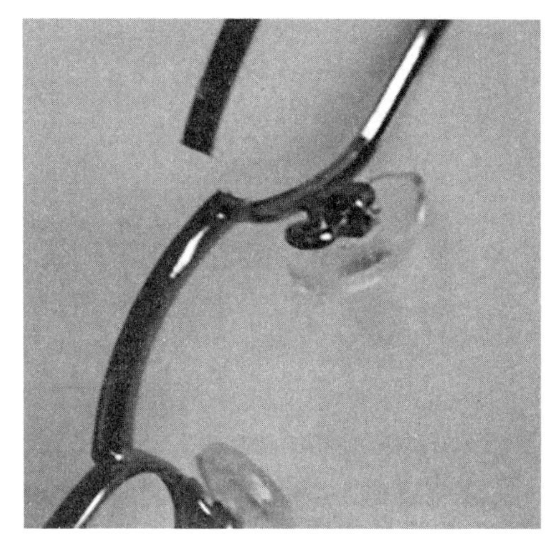

图 4-2-49　镜圈开裂图

用激光焊接方式修复镜圈断裂处，修复后的效果如图 4-2-50 和图 4-2-51 所示。

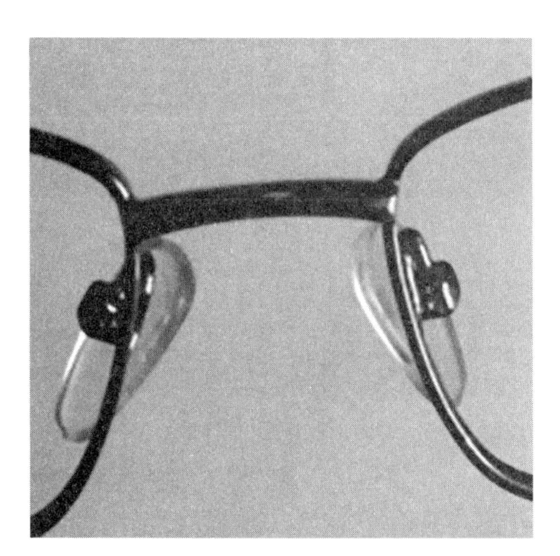

图 4-2-50　修复效果图

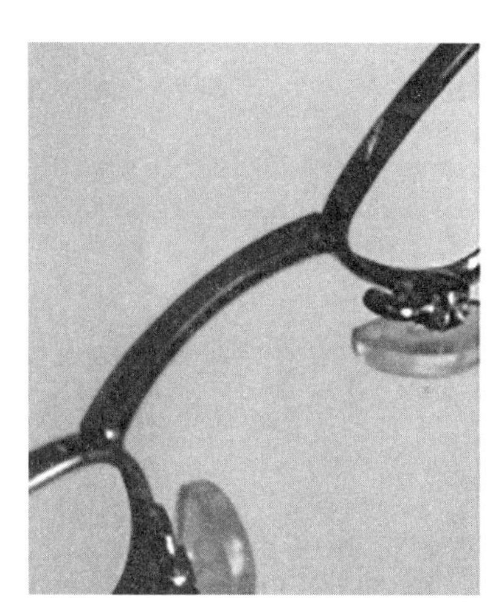

图 4-2-51　修复效果图

（4）激光焊接机在镜架维修方面有很好的焊接效果，但在眼镜架生产上应用更加广泛，不仅解决了眼镜架生产上的焊接难点，而且批量生产效果更加广泛，尤其是不锈钢与不锈钢之间的焊接效果尤其突出。

4. 板材镜架修复　运用激光焊接技术对板材镜架的金属连接部分损坏进行焊接修复，有效地控制了焊点周边的温度。

修复部位破损状况如图 4-2-52 所示。

修复后状况如图 4-2-53～图 4-2-55 所示。

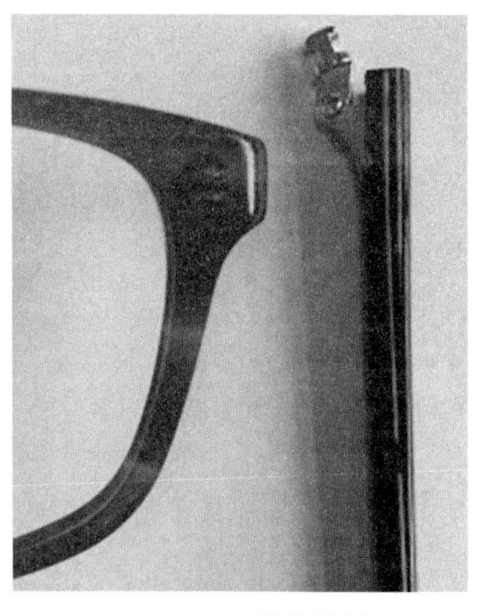

图 4-2-52　铰链脱焊

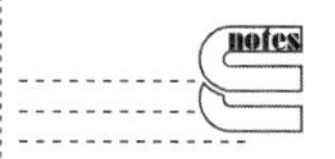

ER 4-2-8 视频 （氩气保护）钛桩头焊接

ER 4-2-9 视频　板材叶子部分自动焊接（拼料）

ER 4-2-10 视频　中梁部分自动压弯

ER 4-2-11 视频　板材架自动钉铰链（打孔、加热、钉铰）

ER 4-2-12 视频　板材圈型自动加工

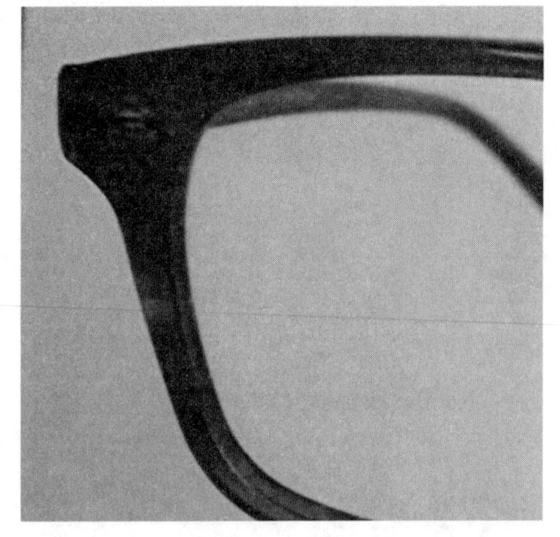

图 4-2-53　正面图

图 4-2-54　上面图

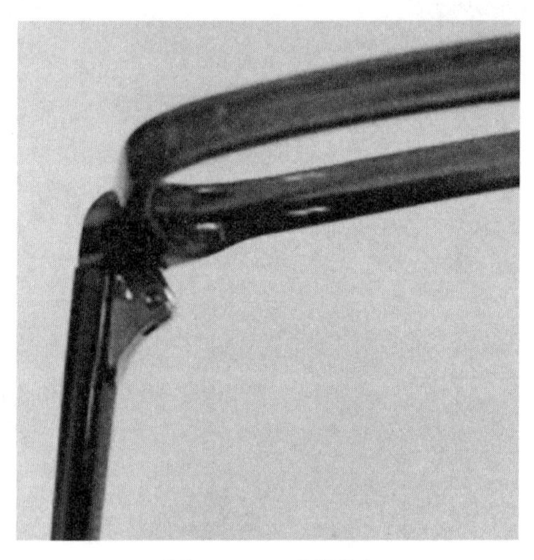

图 4-2-55　下面图

三、实训项目及考核标准

（一）实训项目——镜架焊接操作

1. 实训目的

（1）了解合金镜架、钛架的材料特性。

（2）了解合金、纯钛焊接原理及焊接方法。

（3）熟悉操作流程，熟练操作焊接设备。

2. 实训工具　教学课件、教学录像、任务工单、测试习题、动画、焊接机、焊接材料、眼镜等。

3. 实训内容

（1）老师亲自演练对合金镜架、钛架的焊接维修方法。通过老师在真实场景案例中对镜架进行焊接维修操作，主要包含以下内容：

1）掌握合金镜架、钛架的焊接维修方法。

2）掌握合金镜架、钛架的焊接维修操作步骤。

（2）老师指导学生对合金镜架、钛架的焊接维修，在这期间强调其操作注意事项：

1）点评某学生的操作过程。

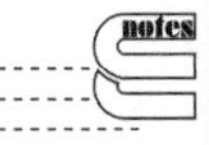

2）学生分组进行操练。

4. 实训记录单

序号	检测项目	单位	标准要求	检验结果	单项评价
1	选定鼻支架焊接位置				
2	固定需修理镜架丝				
3	断口涂抹专门的银焊膏				
4	维修支架焊接与原支架不需修理支架对称				
5	焊接的镜架冷却				
6	焊接好眼镜架正确修正、清洗，保养				

（二）考核标准

项目		总分100	要求	得分	扣分	说明
素质要求		5	着装整洁，仪表大方，举止得体，态度和蔼，符合职业标准			
操作前准备		5	环境准备：专业实训室。 用物准备：眼镜架 焊接设备 焊接剂 焊接水等 检查者准备：穿工作服			
操作过程	1. 正确选定鼻支架焊接位置	10	1. 能正确用小锉刀修正 2. 能正确处理焊接处周围污物及氧化层处理干净			
	2. 正确固定需修理镜架丝	10	1. 能正确使用维修镜架夹具 2. 将焊接的镜架固定在事先准备好的固定台上			
	3. 断口涂抹专门的银焊膏	10	1. 根据镜架材料选用正确的银焊膏。 2. 能正确根据焊点的大小选择银焊膏的大小			
	4. 确保维修支架焊接与原支架不需修理支架对称	10	1. 能将支架焊接在正确的位置 2. 能保证支架左右对称			
	5. 焊接的镜架冷却	10	1. 能正确焊接点滴水或将焊接点浸入水中，完全冷却到常温			
	6. 焊接好眼镜架正确修正、清洗，保养	10	1. 能用锉刀将焊接点处理干净 2. 选择正确的清洗液，清洗维修好的镜架			
	记录	10	记录结果准确			
操作后		5	整理及清洁用物			
熟练程度		5	顺序准确，操作规范，动作熟练			
操作总分		90				
口试总分		10				
总得分		100				

（董光平　高平平　杨砚儒）

ER 4-2-13
扫一扫，测一测

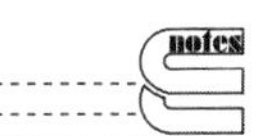

任务三　眼镜美容技术

学习目标

知识目标

1. 掌握眼镜美容的术语和基本原理。
2. 掌握眼镜美容的基本内容。

能力目标

1. 能看懂眼镜美容的基本术语。
2. 能操作眼镜美容的专业工具及熟悉美容项目的基本流程。
3. 掌握眼镜美容的操作方法。

素质目标

1. 培养学生独立思考、分析解决眼镜美容中出现的问题与再学习的能力。
2. 培养学生的团队意识、组织协调能力、与人协作的能力和表达能力。
3. 通过整个任务培养学生自主分析问题、解决问题的能力和创新精神。

任务描述

顾客赵××，配戴金属全框眼镜1副，来店调整眼镜，反映右镜片经常脱落，请调整师给调整一下。

顾客孙××，配戴板材全框太阳镜1副，来店调整眼镜，问题是镜圈触脸，而且镜片触睫毛，请调整师给调整一下。

顾客李××，配戴合金半框眼镜1副，来店调整眼镜，问题是皮肤与镜腿接触处出现金属过敏反应，而且眼镜总下滑，请调整师给调整一下。

顾客王××，配戴合金全框眼镜1副，眼镜已焊接过，焊点周围有脱色，请维修美容师给美容一下。

作为一名眼镜维修人员在接到顾客的眼镜后，如何完成以下工作任务？

1. 能向顾客说明导致配戴不适的原因，并说明解决方案。

2. 能运用适当的眼镜美容项目为顾客解决眼镜维修后的美观问题，并为顾客创造出个性化的眼镜。

ER 4-3-1 PPT　任务三：眼镜美容技术

一、眼镜架美容技术

眼镜架美容技术主要包含眼镜变形技术，眼镜隆鼻技术，镜腿改装技术，镜架刻字技术，镜架漆宝技术，镜表面修复技术（抛光、烤漆、喷涂、电镀）。

眼镜变形技术：指对眼镜镜圈的形状做变形调整技术。

眼镜隆鼻技术：包括对板材镜架的鼻托位置垫高、更换可实现隆鼻效果的配件，以解决配戴时镜片离眼睛过近、镜圈触脸、鼻梁悬空等问题。

镜腿改装技术：指在镜腿上加装防金属过敏套、焊接吊坠、镶钻、更换角套、安装防滑套等。

镜架刻字技术：可以将眼镜配戴者需要的信息及眼镜本身的信息记录在眼镜镜架上。

镜架漆宝技术：可以提升镜架的美感和艺术效果。

镜架表面修复技术：包括抛光技术、烤漆技术、喷涂技术、电镀技术等。

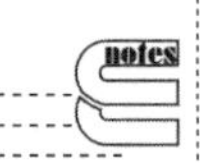

（一）眼镜变形技术

眼镜变形技术主要是对金属眼镜架的圈型进行变形，是利用专用的镜圈调整钳，对全框、半框眼镜的镜圈做变形调整，实现眼镜形状变形。

1. 全框金属眼镜架眼镜镜圈的变形　当全框眼镜出现镜片形状与镜圈形状不符（出现有缝隙、应力不均匀的现象）；镜片弧度与镜圈弧度不符（出现镜片装不上或易脱落的现象），顾客要求改变镜圈的形状时，则需对全框眼镜的镜圈进行变形调整。

镜圈调整钳A可对全框眼镜的镜圈弧度做变形调整。镜圈调整钳A的钳头是由一对宽24mm、弧度相同、凸凹互补的塑料钳头组成。当钳头的凸面在后、凹面在前时，用力夹紧调整钳可加大镜圈的弯度；反之当凹面在后、凸面在前时，用力夹紧调整钳可减小镜圈的弯度。如图4-3-1所示。

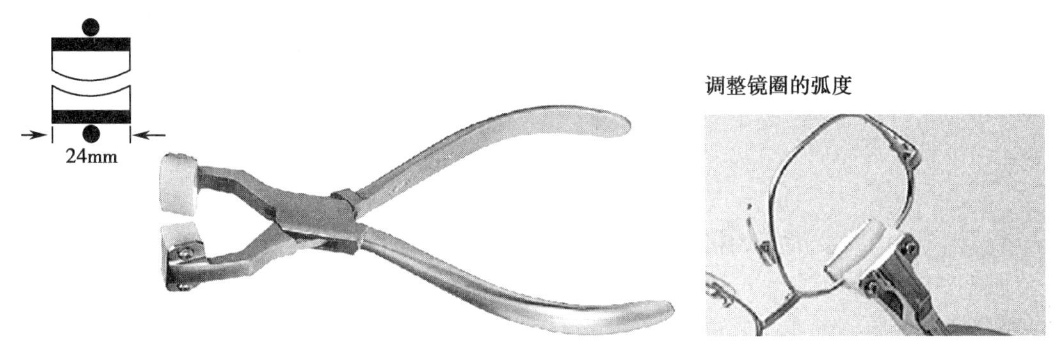

图4-3-1　镜圈调整钳A

镜圈调整钳B可对镜圈的弯度做变形调整。调整钳的钳头是由一面是凸面，一面是平面的一组塑料钳头组成。使用时将凸面放在镜圈内，平面放在镜圈外，用力夹紧调整钳并扭动手腕可调整镜圈的形状。如图4-3-2所示。

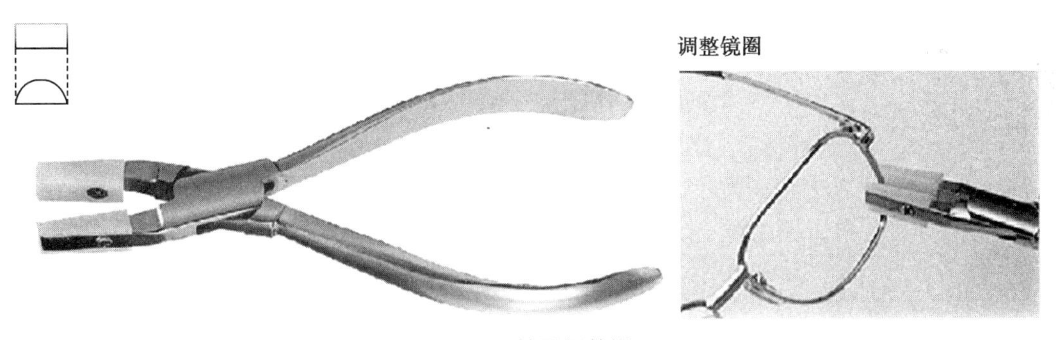

图4-3-2　镜圈调整钳B

镜圈调整钳C也是用来调整镜圈形状的专业工具。镜圈调整钳C的钳头一端是平面的塑料头，一端是能卡入镜圈V形槽结构的金属头。可以使用钳头的不同部位来完成对镜圈形状的改变。如图4-3-3所示。

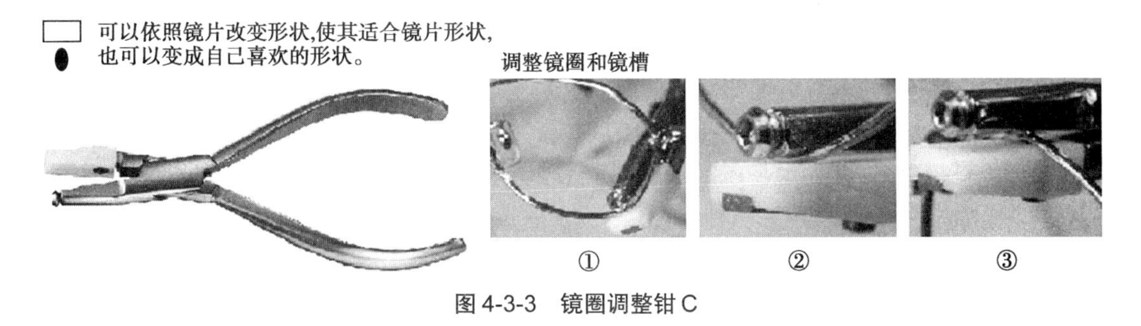

图4-3-3　镜圈调整钳C

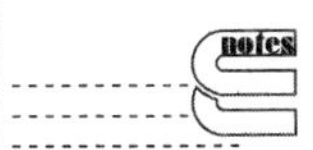

2. 半框金属眼镜架眼镜镜圈的变形 半框眼镜当出现镜片形状与镜圈形状不符，出现露出上拉丝、应力不均匀的现象；镜片弧度与镜圈弧度不符，出现镜片装不上或易脱落的现象；顾客要求改变镜圈的形状时，则需对半框眼镜的镜圈进行变形调整。半框眼镜镜圈可通过使用镜圈调整钳D来进行调整。

镜圈调整钳D的一端是平面的塑料头，一端是带有凹槽的金属头。将钳子的槽部置于半框眼镜的镜圈处，可在不损坏拉丝部的情况下达到改形的目的。如图4-3-4所示。

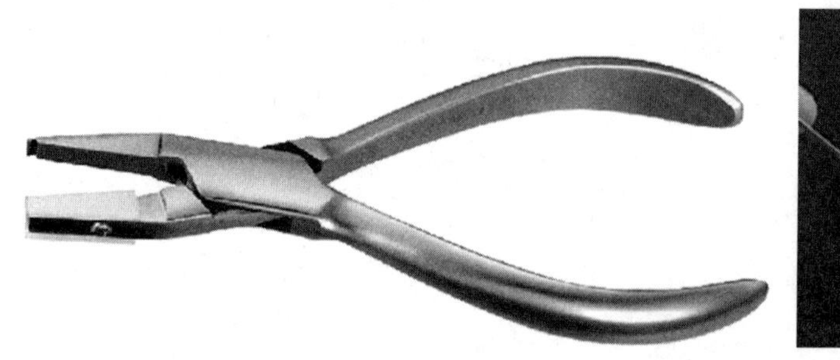

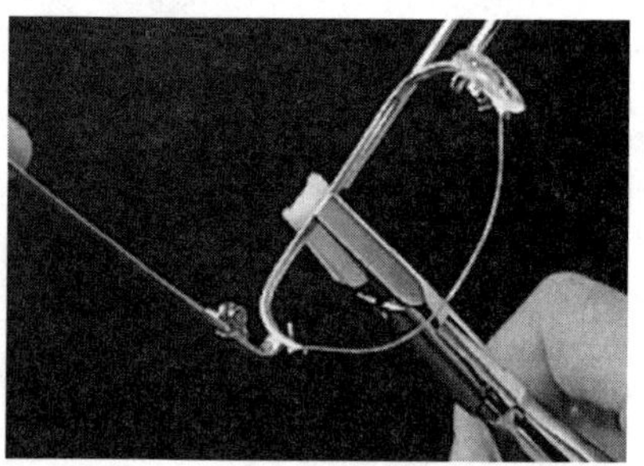

图4-3-4 镜圈调整钳D

3. 无框眼镜的变形 无框眼镜的变形相对简单，直接更换想要的片形装到镜腿上即可。但需要注意的是部分款式的无框镜架在改形过程中也要对镜腿进行调整，因片形有变动，所以要对镜腿固定爪的弧度也需调整到与变动后的片形相吻合。另外，当打孔外偏时，为了避免镜片松动，也要把镜腿固定爪向内调整。

使用两把镜圈调整钳可以对无框眼镜的镜腿固定爪的弧度进行调整。镜圈调整钳及操作状态，如图4-3-5所示。

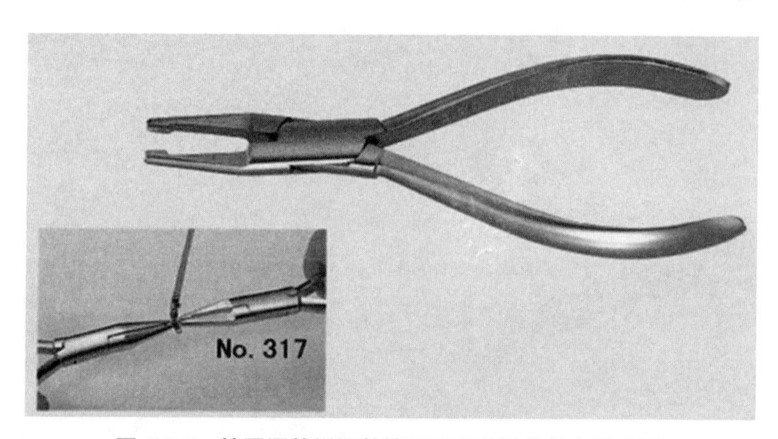

图4-3-5 镜圈调整钳调整镜腿固定爪操作状态示意图

（二）眼镜隆鼻技术

许多人的眼镜因眼镜的款式与其面部不匹配，常出现镜片距离眼睛过近、镜圈触脸、鼻梁悬空等现象，使配戴极为不适。眼镜的隆鼻技术是通过粘贴和切削方式，将鼻托部分垫高，从而解决上述问题。

1. 粘贴式隆鼻技术 粘贴式眼镜隆鼻技术顾名思义就是在原有镜架鼻托上，再粘贴一对塑料鼻托配件——鼻垫，从而达到隆鼻的效果。

（1）鼻垫：鼻垫通常由透明的硅胶材料制成，多用于板材镜架，具有柔软、防滑、耐腐蚀的特点。目前市场上的鼻垫有三种不同尺寸，分别为小型（S），厚度1.3mm；中型（M），厚度1.8mm；大型（L），厚度2.5mm。可根据需要垫高的高度来选择相应尺寸的鼻垫。板材镜架鼻垫如图4-3-6所示。

透明的,能正好地贴在鼻梁上

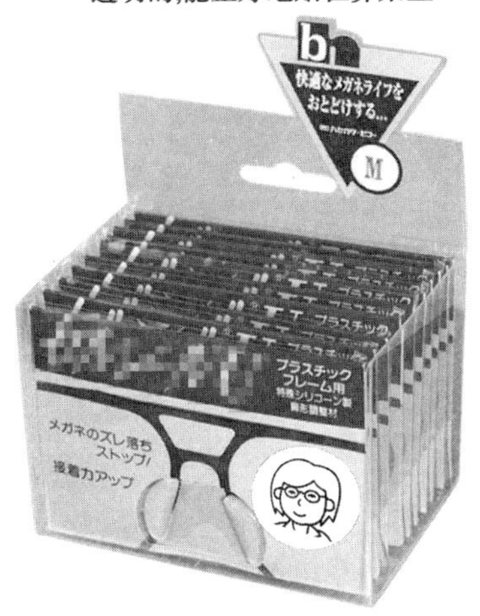

1盒10对装

图 4-3-6　板材镜架鼻垫商品示意图

（2）缩窄镜架鼻托间距操作方法

1）先用乙醇擦洗镜架粘贴处。

2）将鼻垫的补强部剪下，然后撕下鼻托后面的背胶，将鼻托部贴于镜架鼻托内侧。

3）另一侧鼻托的粘贴方法同步骤 2）。

注意：粘贴时要保证粘贴位置与另一侧对称。

（3）垫高鼻梁的操作方法

1）撕下鼻垫后面的背胶，将鼻垫贴于镜架鼻托内侧。

2）将补强部折贴于镜架鼻托的后侧。

3）另一侧鼻托的粘贴方法同步骤 2）。

注意：粘贴时要保证粘贴位置与另一侧对称。

缩窄镜架鼻托间距操作方法和垫高鼻梁的操作方法，如图 4-3-7 所示。

使用方法

● 想要缩窄鼻幅时

補剪断补强部,粘贴

● 想要垫高鼻子时,
就贴在鼻子处

剪断

鼻托部

补强部

图 4-3-7　板材镜架鼻垫使用方法

（4）使用粘接鼻托套件进行粘贴式隆鼻操作

1）粘接鼻托套件：粘接鼻托套件由固定台、板材专用黏着液、白化防止喷剂、瞬间胶、塑料鼻托组成。粘接鼻托套件如图 4-3-8 所示。

2）板材、塑料材质镜架的操作方法：①选择与镜架尺寸相符的隆鼻用鼻托部件，如果选用鼻托尺寸过大，就要用剪刀对其进行适当修剪；②用锉刀进行修整做成鼻托形状，并注意左右对称且与板材镜架鼻托形状相符；③修整鼻托的弧度，使用烤灯加温来修整鼻托弧度，使之与镜架鼻托弧度相吻合；④用抛光机进行抛光处理；⑤用乙醇将镜架的鼻托部表面清洗擦干；⑥用刷子涂抹板材专用黏着液在鼻托上，2min 后变软，便可粘接到镜架上；⑦用固定台将粘贴有鼻垫镜架的表面朝上固定，保持 2h 左右；⑧最后用橡胶磨棒研磨掉溢出的黏着液，用抛光布抛光。

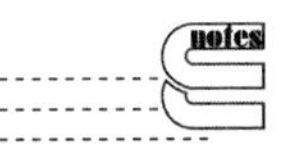

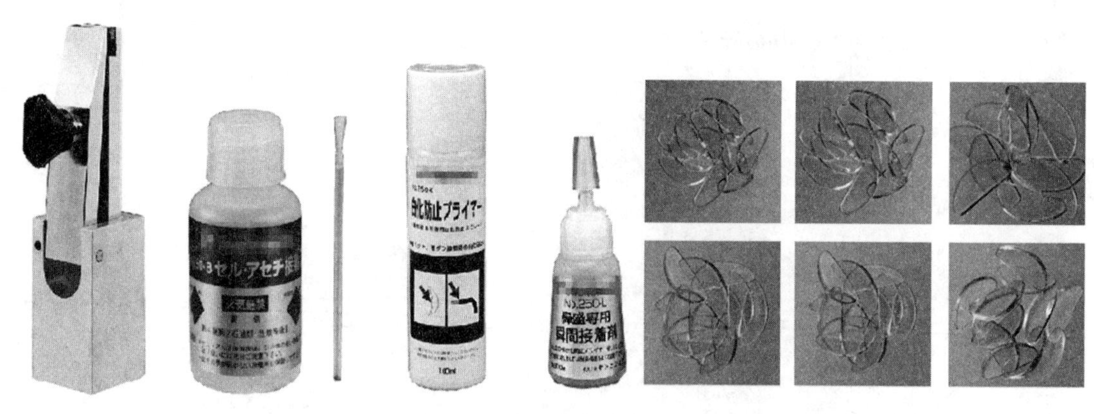

图 4-3-8　粘接鼻托套件图示

上述操作如图 4-3-9 所示。

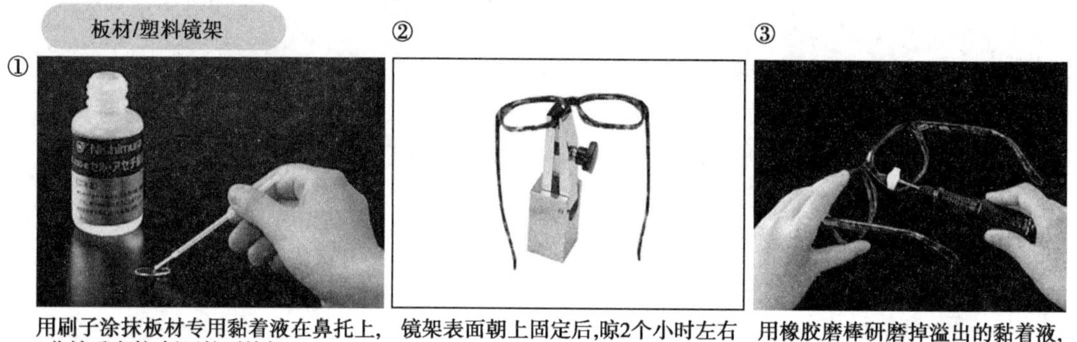

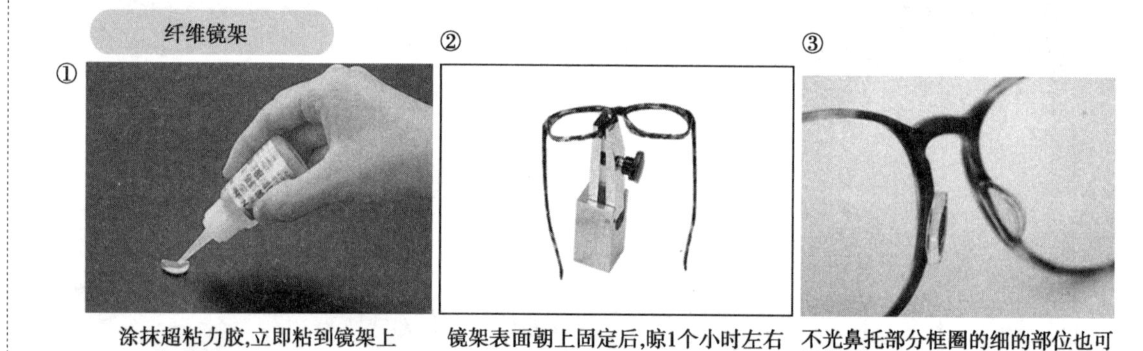

图 4-3-9　板材、塑料材质镜架增高操作

3）纤维材质镜架的操作方法：①选择与镜架尺寸相符的隆鼻用鼻托部件，如果选用鼻托尺寸过大，就要用剪刀对其进行适当修剪；②用锉刀进行修整做成鼻托形状，并注意左右对称且与板材镜架鼻托形状相符；③修整鼻托的弧度，使用烤灯加温来修整鼻托弧度，使之与镜架鼻托弧度相吻合；④用抛光机进行抛光处理；⑤用乙醇将镜架的鼻托部表面清洗擦干；⑥用刷子将瞬间胶涂抹在修整好的鼻垫上，迅速粘接到镜架上；⑦用固定台将粘贴有鼻垫镜架的表面朝上固定，保持 1h 左右；⑧最后用橡胶磨棒研磨掉溢出的黏着液，用抛光布抛光。

上述操作如图 4-3-9 所示。

用粘贴法鼻托套件技术隆鼻后的效果如图 4-3-10 所示。

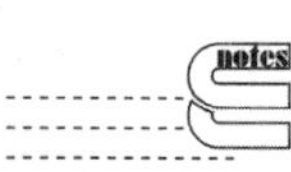

2. 切削式眼镜隆鼻技术　切削式眼镜隆鼻技术是将镜架原有的鼻托部分切掉，再重新粘贴比原有鼻托高的塑料鼻托配件，达到镜架隆鼻的效果。

图 4-3-10　鼻托套件隆鼻后效果图

（1）切削式眼镜粘接鼻托套件：切削式眼镜隆鼻技术所使用的粘接鼻托套件由板材专用黏着液、白化防止喷剂、瞬间胶、塑料鼻托、镊子组成。如图 4-3-11 所示。

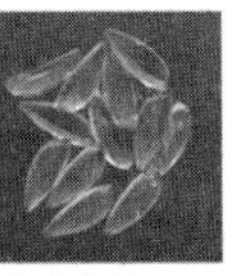

套件内容
- NO.250-B板材专用黏着液
- NO.250-K白化防止喷剂
- NO.250-L瞬间胶
- NO.675镊子
- N70688-C、D隆鼻托各一袋

图 4-3-11　切削式粘接鼻托套件示意图

（2）切削式粘接鼻托套件的操作方法

1）板材镜架的操作方法：①把板材镜架上原鼻托切削掉磨平、抛光至恢复镜架表面光泽；②根据镜架尺寸、弧度、需增高的尺寸等因素选择合适的塑料鼻托配件；③涂板材专用黏着液于鼻托配件上；④ 2min 后鼻托配件变软，用镊子夹住鼻托，黏着于镜架上，保持 2h。

2）塑料材质镜架的操作方法：①把塑料镜架上原鼻托切削掉磨平、抛光至恢复镜架表面光泽；②根据镜架尺寸、弧度、需增高的尺寸等因素选择合适的塑料鼻托配件；③涂塑料专用瞬间胶于塑料鼻托配件上；④用白化防止剂喷抹；⑤用镊子夹住鼻托，黏着于镜架上，保持 1h。

步骤 1）和步骤 2）操作方法如图 4-3-12 所示。

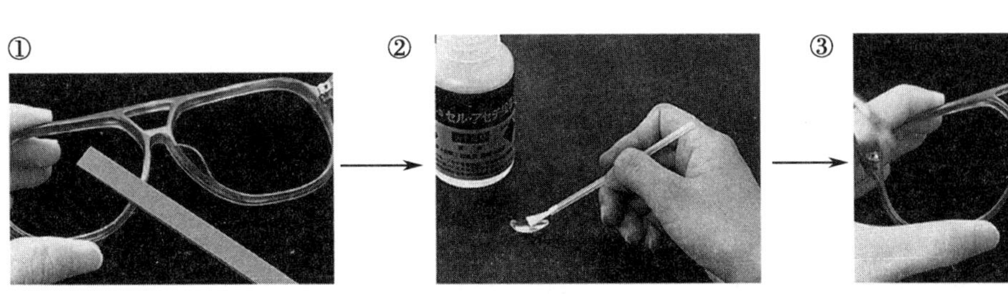

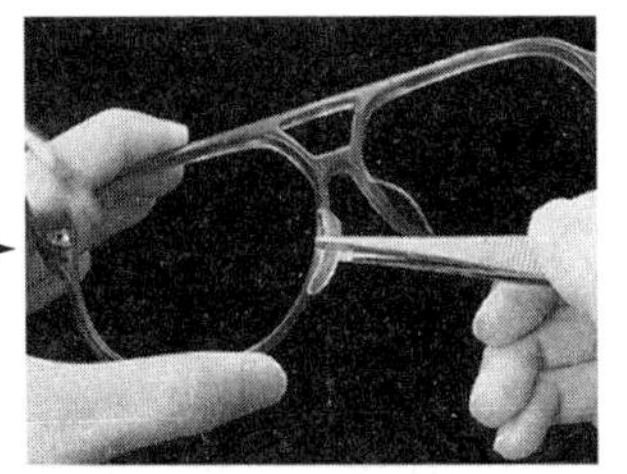

① 把镜架上原鼻托切削掉磨平

② 用刷子涂抹板材专用黏着液在鼻托上，2分钟后变软

③ 用镊子夹住鼻托，粘着镜架上，晾干2小时

图 4-3-12　板材鼻托增高操作过程

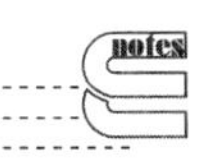

用切削法鼻托套件技术隆鼻后的效果如图 4-3-13 所示。

3．嵌入式眼镜隆鼻技术　嵌入式眼镜隆鼻技术是将镜架原有的鼻托部分切掉，再重新嵌入专用的鼻支架配件，从而达到镜架隆鼻的效果。

图 4-3-13　切削法鼻托套件技术隆鼻后的效果

（1）嵌入式鼻支架配件：嵌入式眼镜隆鼻技术是使用专用的鼻支架配件来实现眼镜隆鼻。鼻支架配件通常由合金材料制作，具有高延展性的特点，适用于板材镜架。目前市场上嵌入式鼻支架配件一般有三种不同规格尺寸，分别为小型 9.5mm×6.2mm；中型 12.5mm×6.2mm；大型 15.5mm×6.2mm。可根据实际需要的高度来选择相应尺寸的鼻支架配件。鼻支架配件外形如图 4-3-14 所示。

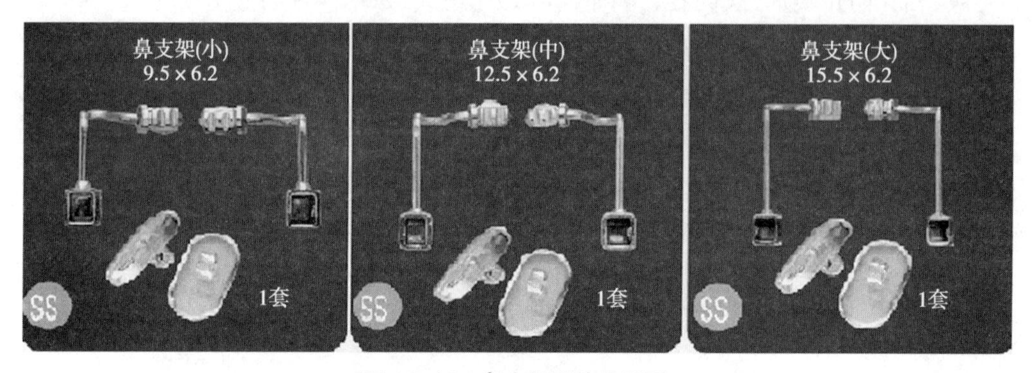

图 4-3-14　鼻支架配件外形图

（2）嵌入式鼻支架件安装工具：嵌入式鼻支架件安装工具包括：钻头、手柄、调整钳。如图 4-3-15 所示。

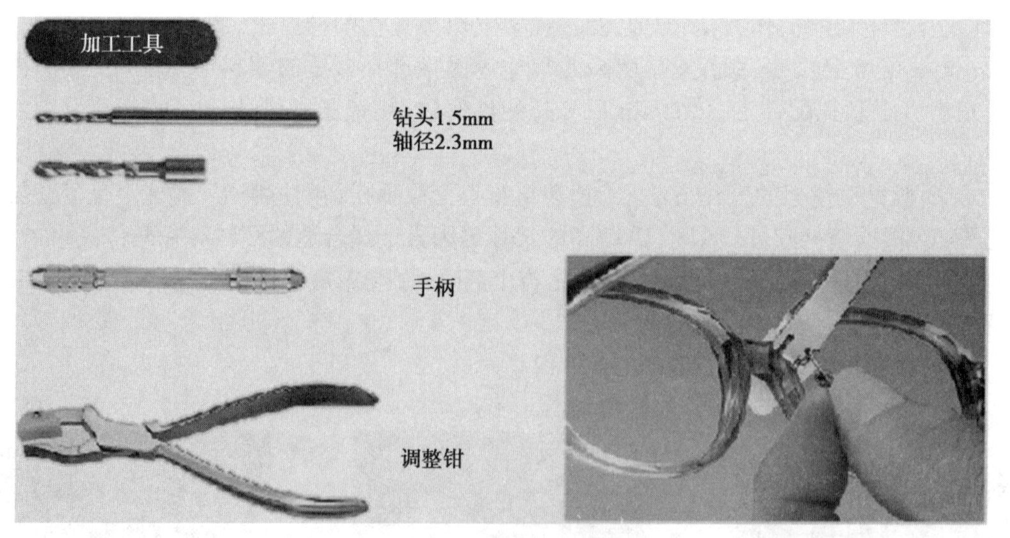

图 4-3-15　嵌入式鼻支架件安装工具

（3）嵌入式鼻支架件安装操作

1）把镜架上原鼻托切削掉磨平，并抛光至恢复镜架原有光泽。

2）根据镜架尺寸等因素选择合适的鼻支架。

3）根据镜架款式、配戴者的面部特征等因素确定安装打孔位置。

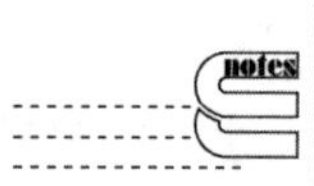

4）将套钻头装于手柄上，在镜架已确定的孔位打 3mm 深的孔。

5）使用调整钳将嵌入式鼻支架嵌入镜架孔中固定。

用嵌入式套件技术隆鼻后的效果如图 4-3-16 所示。

4. 使用上下可调节鼻托隆鼻技术　上下调节接点的鼻托可以进行眼镜配戴高度调整。总调节量为 6.6mm，可进行向上或向下各 3.3mm 的调节，可调节鼻托的外形与结构，如图 4-3-17 所示。

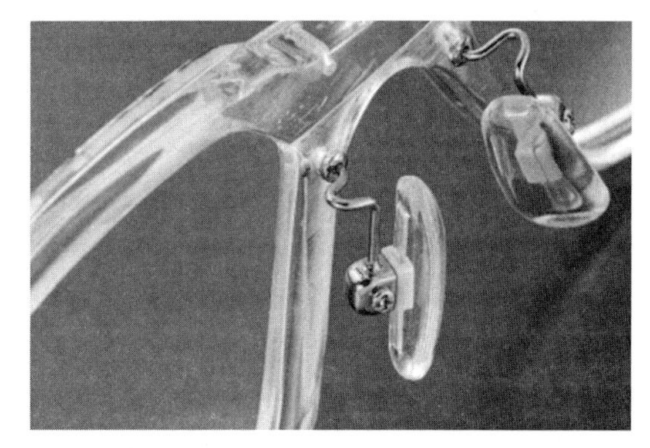

图 4-3-16　嵌入式套件技术隆鼻后的效果

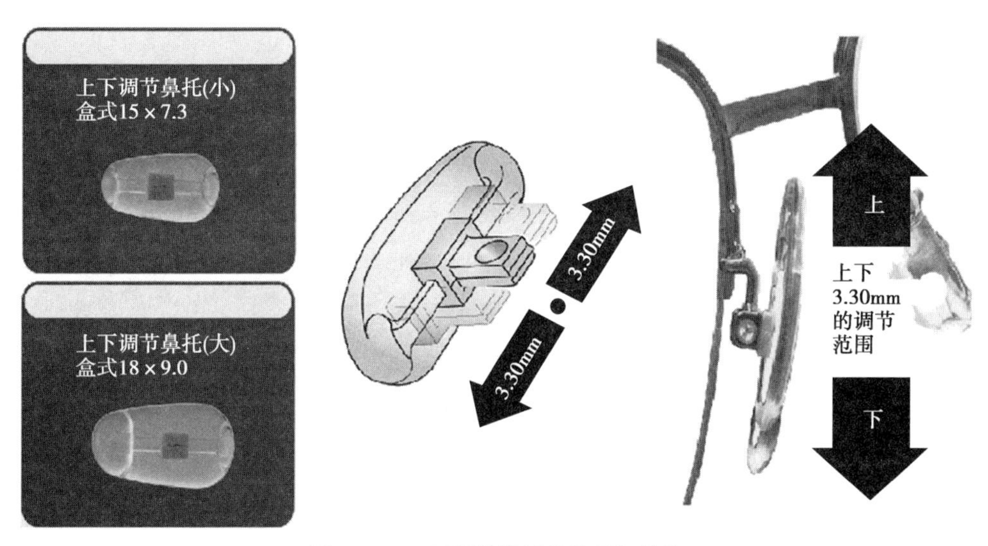

图 4-3-17　可调节鼻托的外形与结构

上下调节鼻托除具有可调节眼镜高低的功能外，特别适用于渐变焦眼镜的镜架。通过鼻托位置的上下调节，可以将渐变焦眼镜的配戴位置调整到最佳的位置。

5. 以上为板材镜架或塑料镜架的鼻托隆鼻技术，但对于金属眼镜架的隆鼻技术，我们可以用支架整形钳进行调整，因为眼镜架在生产时所选用的支架材料一般都是有一定的软性的材料，所以我们可以按照客户的需求，将支架适当地调高或者降低，使得客户配戴时感到舒服，充分解决镜架紧贴在脸上或鼻梁悬空的情况。

（三）眼镜腿改装技术

眼镜镜腿的改装技术是伴随着眼镜材料的发展、工艺的改进和眼镜配戴者对眼镜时尚的需求而发展的一项新技术，眼镜镜腿的改装技术包括：镜腿加装防过敏套、在眼镜镜腿上焊接吊坠和在眼镜镜腿上镶钻。

1. 镜腿加装防过敏套　根据顾客的皮肤的过敏性差异及镜架的材质等因素，常会出现因戴眼镜而导致的镜腿与皮肤接触处出现过敏反应。表现为皮肤痒、发红和发肿，导致眼镜配戴者十分不舒适，过敏严重者会导致眼镜不能继续配戴需更换眼镜架。随着防过敏套管的应用，通过在镜腿上加装一防金属过敏的保护管，上述因镜架过敏的问题便可得到有效的解决。

目前防过敏套管有四种不同宽度规格，适合不同宽度眼镜腿的安装。防过敏套管的外形如图 4-3-18 所示。

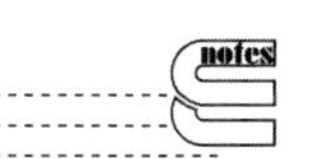

（1）安装防过敏套的工具：安装防过敏套的工具包括：烤灯、瞬间胶、白化防止喷剂等。

（2）安装防过敏套的操作方法

1）根据眼镜腿的宽度选择合适规格的防过敏套管，并按镜腿要求截取适当长度。

2）取下镜腿原有腿套。

3）套装上防过敏套管。

4）用烤灯加热，使防过敏套管收缩在镜腿上。

5）用瞬间胶涂抹过敏套管两端。

6）用白化防止喷剂喷涂。

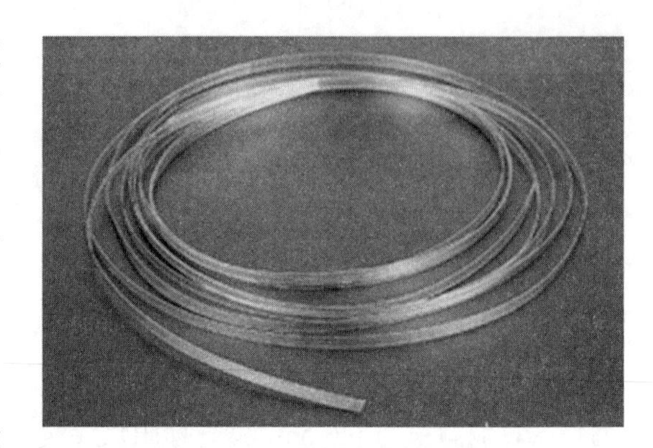

图 4-3-18　防过敏套管外形图

防过敏套管安装方法示意图，如图 4-3-19 所示。

图 4-3-19　防过敏套管安装方法示意图

2. 眼镜腿焊接吊坠技术　为了增加眼镜配戴的装饰性，使用激光无痕焊接技术在镜腿上焊接漂亮的吊坠，既提高了眼镜的装饰性，又保持了眼镜原有的使用性能。焊接吊坠改装技术限定金属架眼镜。装有吊坠改装后的眼镜，如彩图 4-3-20 所示。

焊接吊坠操作方法：

（1）选择适合激光焊接的装饰部件，并注意吊坠应轻巧。

（2）用激光无痕焊接技术将装饰部件焊到镜腿上。具体焊接步骤及要求见激光无痕焊接章节。

3. 眼镜腿镶钻技术　在眼镜腿上镶钻是增加眼镜配戴装饰性的另一种方法，其特点是在不改变原有眼镜使用性能情况下，提升装饰效果和价值。经镜腿镶钻技术改装后的眼镜，如彩图 4-3-21 所示。

眼镜腿镶钻方法：

（1）选择合适的装饰部件。

（2）用宝石镶嵌台钻工具在要镶钻的位置打 2mm 深的孔。

（3）将宝石台座嵌入镜架内。

4. 更换弯形腿套技术　将传统的腿套更换为弯形腿套，这一技术可以避免眼镜滑落，

适用于爱好运动的眼镜配戴者及儿童。弯形腿套是用硅胶材料制作，其形状不同于一般的眼镜腿套，能够有效地防止眼镜在运动中滑落，并有多种颜色供选择。其形状如图 4-3-22 所示。

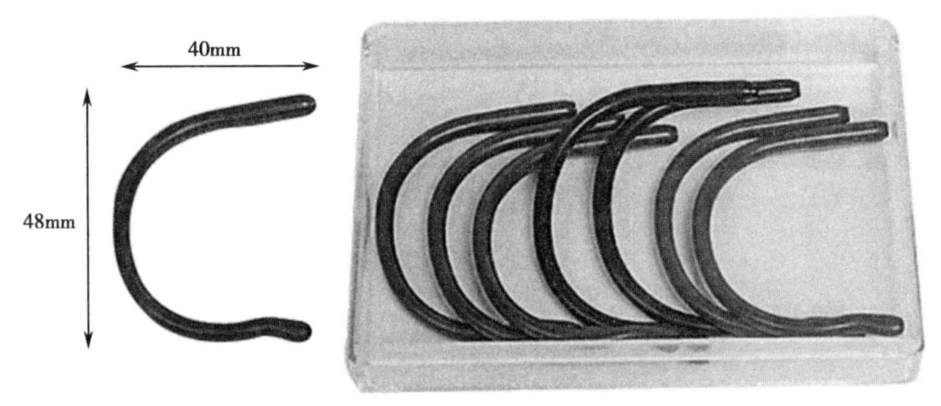

图 4-3-22　弯形腿套

更换弯形腿套方法：

（1）将需要更换弯形腿套眼镜镜腿从距腿套前端 10mm 处剪断。

（2）在镜腿末端用锉刀做防滑齿，以便弯形腿套能够更牢固地与其连接。

（3）将弯形腿套部件插入镜腿末端后，用烤灯进行加热，弯形腿套就会收缩，紧紧地套在镜腿上。

上述操作要求，如图 4-3-23 所示。

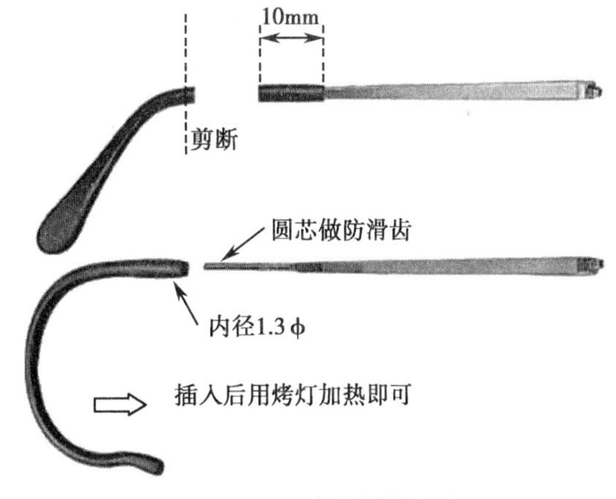

图 4-3-23　安装操作方法

5. 安装防滑套技术　安装防滑套是在眼镜腿原腿套上套一对防滑套，实现防止眼镜滑落的作用，可柔软而稳定地固定眼镜。有三种颜色供选择，同时还有为纤细镜腿配备的纤细套件，如图 4-3-24 所示。

安装防滑套方法比更换弯形角套方法更简单、更灵活。可以根据需要灵活地安装和拆下。安装时需根据眼镜角套的粗细来选择相对应尺寸的防滑套，对于细镜腿，需在防滑套上装好对应细镜腿镜架的套件后再进行安装。

6. 安装细镜腿防磨护套　当今眼镜款式设计多样化，有的款式为追求简单、轻便而将镜腿设计得较细，如用金属丝制作的镜腿。在配戴金属丝制作的镜腿时，常会给配戴者耳部带来压痛的感觉。为了解决此类问题，选用细镜腿防磨护套可以方便地安装在细镜腿末端，从而解除配戴者耳朵疼痛不适的感觉，如图 4-3-25 所示。

安装方法示意图安装细镜腿防磨护套解决配戴者耳部不适的方法，适用于无腿套的金属细眼镜腿。细镜腿防磨护套是由柔软材料制作，柔软的材质会有效改善耳部的不适感觉。材料的半透明性不会破坏原有镜腿材料的装饰性能。

安装方法：细镜腿防磨护套呈带有切口的套管状，可以简洁方便地套在细丝镜腿上。安装方法如图 4-3-26 所示。

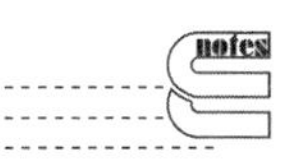

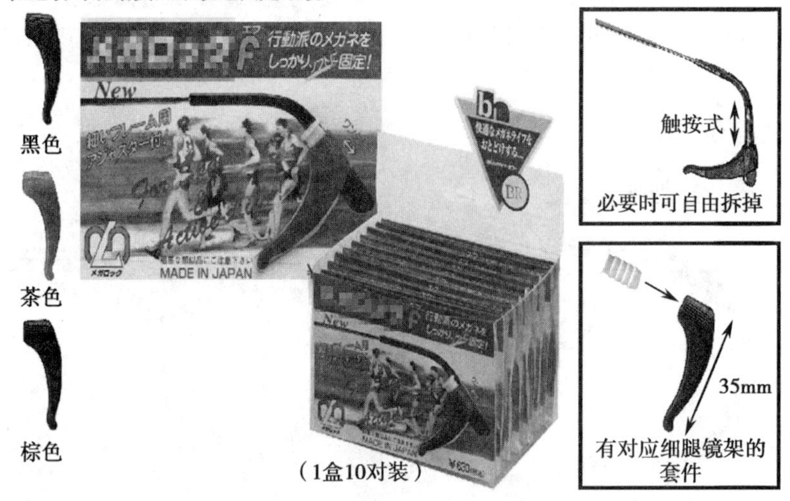

图 4-3-24　镜腿防滑套商品示意图

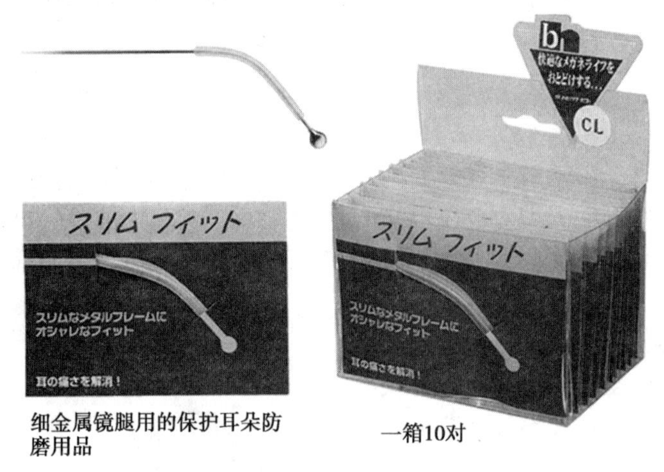

图 4-3-25　细镜腿防磨护套商品示意图

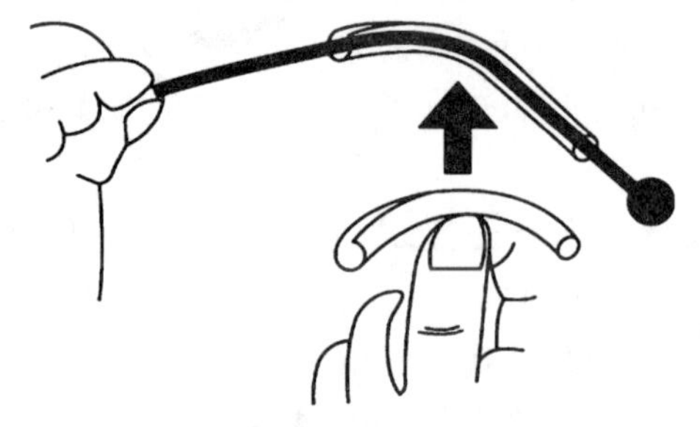

图 4-3-26　细镜腿防磨护套安装图示

（四）镜架刻字技术

镜架的刻字技术随着相关技术的发展，目前已实现美观、高效和无污染的标记制作效果。目前镜架刻字技术主要分为机械雕刻技术和激光打标技术。

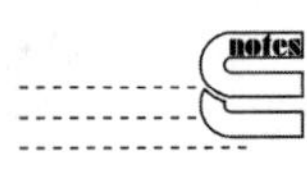

1. 机械雕刻技术　使用眼镜雕刻机完成对镜架刻字工作，是目前常用的加工方式。眼镜雕刻机的是通过前端顶针在刻有英文字母和阿拉伯数字的凹槽模板内滑动，后端的顶针便会在镜腿上以同比缩小的方式刻上相应的字母和数字，其工作状态如图 4-3-27 所示（仿形铣或靠模铣加工）。

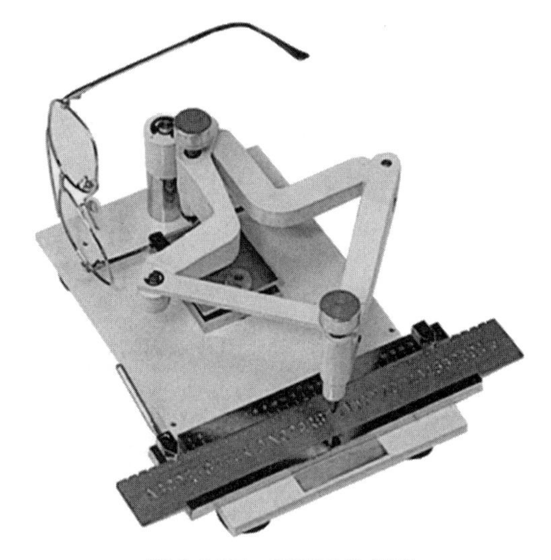
图 4-3-27　刻字工作状态

（1）眼镜雕刻机的特点

1）在金属镜架和板材架上雕刻。

2）可以雕刻数字和英文。

3）可能实现美观刻字。

4）字的高度为 1.2mm。

（2）雕刻机的操作方法：将眼镜镜腿内侧向上固定于刻字机上，根据刻字内容及字间距对模板和标尺的相对位置进行固定。如选择标准字间距时刻字内容为“mike”，则松开固定装置，将模板上的“m”字母移到标尺“1”的刻度上，用固定装置将模板固定，将前顶针放入“m”字母的凹槽内并沿凹槽滑动，此时镜腿上就已刻好“m”字母。再松开固定装置，将模板上的“i”字母移到标尺“2”的刻度上，用固定装置将模板固定，将前顶针放入“i”字母的凹槽内并沿凹槽滑动，此时镜腿上就已刻好“i”字母。依此类推，“k”字母对应刻度“3”，“e”字母对应刻度“4”，即可完成“mike”的雕刻。

如要增大字间距，可将“mike”的四个字母分别对应刻度 1、3、5、7，这样字间距将增大一倍。依此类推，可以将字间距增大 2 倍、3 倍……

（3）具体使用实例

1）在顾客眼镜上雕刻顾客编号，客人再来店时，不用询问其姓名，就可以找出顾客登记表。

2）把顾客登记表按顾客编号顺序整理好，就可以迅速不误地找出相关信息。

3）可以雕刻顾客的英文姓名。

刻字实例如图 4-3-28 所示。

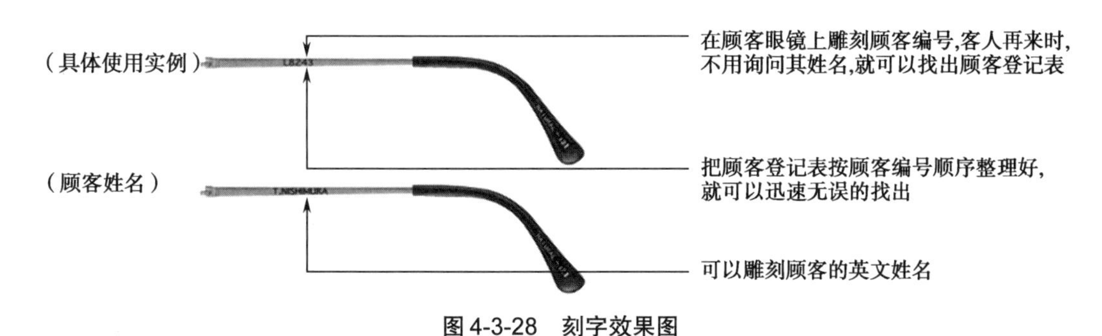

图 4-3-28　刻字效果图

2. 激光打标技术　激光打标机是利用激光实现刻字的新刻字设备，具有工作效率高、标记刻制效果精美等显著的优点。

（1）激光打标机原理：激光打标机的原理是通过表层物质的蒸发露出深层物质；或者是通过光能导致表层物质的化学或物理变化而“刻”出痕迹；或者是通过光能烧掉部分物质，显出所需刻蚀的图案、文字。其设备外形如图 4-3-29 所示。

（2）激光打标机开机工作操作方法

1）检查水路、电路无误后方能开机。

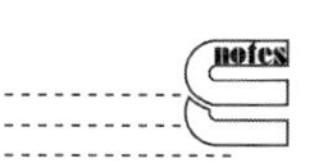

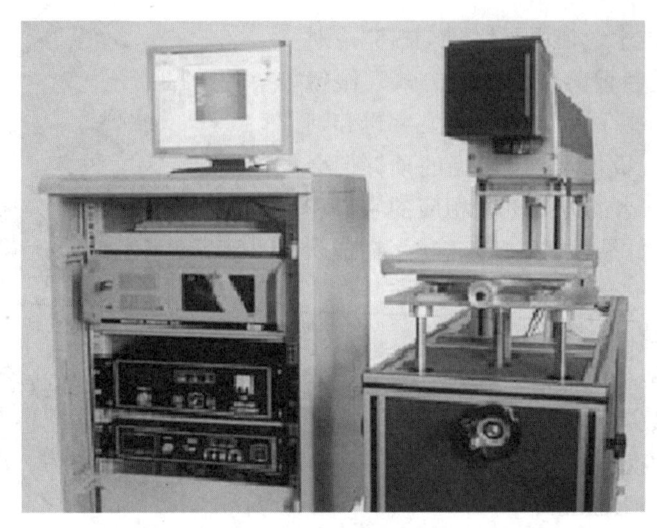

图 4-3-29　激光打标机

2）接通电源，打开钥匙开关。此时机器抽风及制冷系统通电，电流表显示数值 7A 左右。

3）等待 5～10s，按动控制面板上触发按钮，电流表显示数值为零，3～5s 之后，氪灯点燃，电流表显示数值 7A（参照激光电源操作说明书）。

4）打开振镜电源。

5）打开计算机，调出所需打标文件。

6）调节激光电源到工作电流（10～18A），即可开始刻字。

（3）激光打标机使用结束后，按以上顺序逆向关闭各组件电源。

1）将激光电源工作电流调至最小（7A 左右）。

2）关闭计算机。

3）关闭振镜电源。

4）按动停止按钮。

5）关闭钥匙开关。

6）断开进线电源。

目前精雕技术和激光打标技术在眼镜架生产上已得到了广泛的应用，精雕技术主要应用在眼镜架模具工艺模制作上，而激光打标技术主要应用在眼镜架上激光打字商标等。

（五）镜架漆宝技术

目前较高端的镜架装饰是采用漆宝烧技术进行美容制作。漆宝烧具有胎骨轻薄，器型规整，珐琅釉料细腻，光泽闪耀，色调艳丽明快等特点。漆宝是传统工艺方法中的一种，是以贵金属为胎，外饰以石英为主体的原料及各种色料，经 800℃的高温烧制而成。漆宝烧是日本的传统工艺品，与我国的景泰蓝、珐琅一样，为世界金属珐琅器工艺中优秀的艺术财富。

（六）抛光技术

1. 镜架抛光技术　镜架抛光技术是将有划伤或陈旧无光泽的镜架通过抛光得以翻新的技术。抛光使用的主要设备是抛光机。抛光机如图 4-3-30 所示。

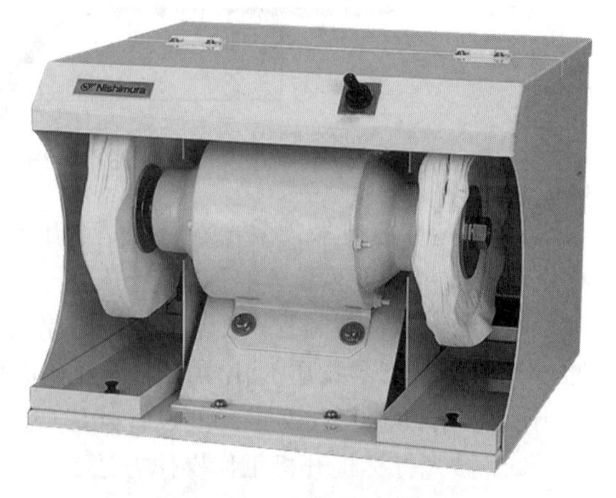

图 4-3-30　抛光机设备图示

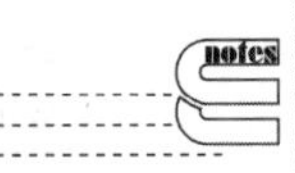

（1）抛光机工作原理：利用抛光机加柔性抛光布轮和抛光膏对镜架表面进行的修饰加工。抛光是以得到光滑表面或镜面光泽为目的，有时也用以消除光泽（消光）。抛光轮一般用多层帆布、毛毡或皮革叠制而成，两侧用金属圆板夹紧，其轮缘涂抛光膏。抛光时，高速旋转的抛光轮（圆周速度在20m/s以上）压向工件，使磨料对工件表面产生滚压和微量切削，从而获得光亮的加工表面，表面粗糙度一般可达Ra 0.63～0.01μm。

（2）不同材质的抛光技术：针对镜架材质的不同对抛光轮及抛光膏选择也不同。一般分为板材架抛光技术和金属架抛光技术两类。

1）板材架的抛光：在抛光机上安装板材专用抛光轮，打开抛光机，在旋转的抛光轮上涂抹板材专用抛光膏，即可进行板材镜架的抛光。注意抛光时要避免镜架的同一抛光部位在抛光轮上停留时间过长，否则镜架会因过热而损坏。

2）金属架的抛光：在抛光机上安装金属专用抛光轮，打开抛光机，在旋转的抛光轮上涂抹金属专用抛光膏，即可进行金属镜架的抛光。

板材架和金属架所用抛光轮和抛光膏，如图4-3-31所示。

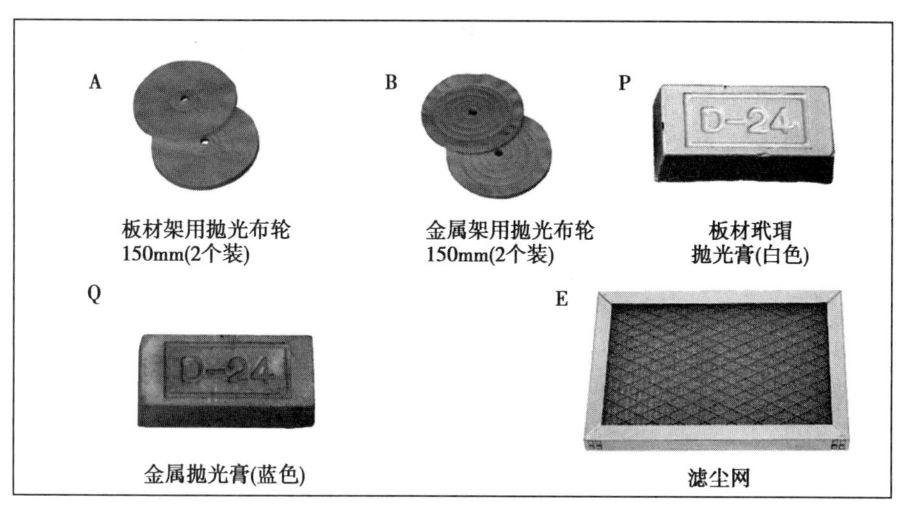

图4-3-31　抛光轮、抛光膏

（3）边角部位的抛光：对于边角部位等不易抛到的部位，用抛光机处理不到的部位，可用小型电钻装上小抛光轮进行抛光。用小型电钻抛光状态，如图4-3-32所示。

（七）烤漆镜架修复技术

1. 烤漆分类　烤漆分为两大类，一类低温烤漆固化温度为140～180℃，另外一类就称为高温烤漆，其固化温度为280～400℃。

高温烤漆又名特氟龙（telon），英文全称为polytetrafluoroetylene，简称Teflon、PTFE、F4等。特氟龙高性能特种涂料是以聚四氟乙烯为基体树脂的氟涂料，英文名称为Teflon。特氟龙（铁氟龙）涂料是一种独一无二的高性能涂料，结合了耐热性、化学惰性和优异的绝缘稳定性及低摩擦性，具有其他涂料无法抗衡的综合优势，它应用的灵活性使得它能用于包括眼镜在内的几乎所有形状和大小的产品上。

2. 高温烤漆的性能

（1）不黏性：几乎所有物质都不与特氟龙涂膜黏合。很薄的膜也显示出很好的不黏附性能。

（2）耐热性：特氟龙涂膜具有优良的耐热和耐低温特性。短时间可耐高温到300℃，一般在240～260℃之间可连续使用，具有显著的热稳定性，它可以在冷冻温度下工作而不脆化，在高温下不熔化。

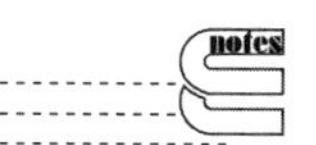

图 4-3-32 小型电钻

（3）滑动性：特氟龙涂膜有较低的摩擦系数。负载滑动时摩擦系数产生变化，但数值仅在0.05～0.15之间。

（4）抗湿性：特氟龙涂膜表面不沾水和油质，生产操作时也不易沾溶液，如沾有少量污垢，简单擦拭即可清除。停机时间短，节省工时并能提高工作效率。

（5）耐磨损性：在高负载下，具有优良的耐磨性能。在一定的负载下，具备耐磨损和不黏附的双重优点。

（6）耐腐蚀性：特氟龙几乎不受药品侵蚀，可以保护零件免于遭受任何种类的化学腐蚀。

3. 眼镜架烤漆技术生产工艺

（1）设备工器具、材料零部件：注射器，烘箱，镊子，锯条刀，无水乙醇、干净的棉布、棉花棒、烤漆（力加油）、丙酮、裁刀、花纸、尺。

（2）环境与安全

1）油漆成分、力加油是有机溶剂，不论是否在使用中或不使用时都应随手将瓶口用瓶盖盖紧，尽可能避免用手或使皮肤直接接触有机溶剂。

2）严禁烟火、防爆。

3）防止发生急性中毒，一旦发生应立即将中毒者移到空气流畅处，并立即通知现场负责人及安全管理人员。

（3）工作程序：烤漆工艺流程见图4-3-33。

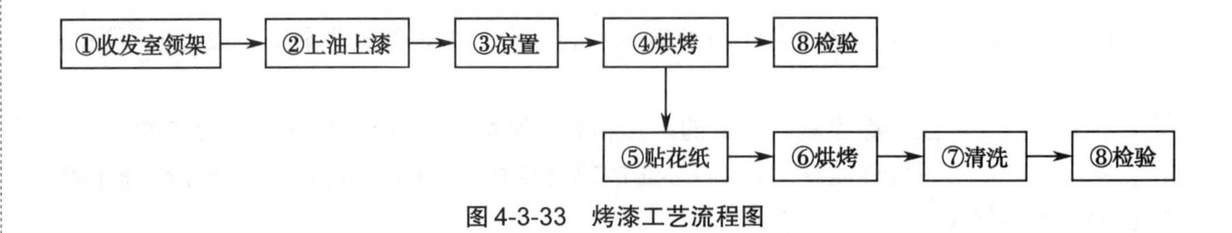

图 4-3-33 烤漆工艺流程图

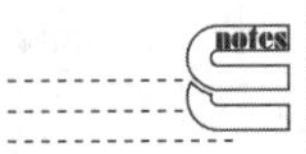

（4）工艺过程说明

1）领取眼镜架。

2）上油上漆：①包花纸时采取上油工艺，普通烤漆采取上漆工艺；②用无水乙醇或丙酮洗去注射器中的杂质，反复多次，洗干净为止；③用注射器吸取烤漆（上油时吸取力加油），其余部分用盖盖住，以防弥漫挥发，烤漆用完再吸；④在镜架上规定的范围内涂上烤漆。

3）凉置：①涂好后隔开放置在长方盘中，不能相互碰撞，影响质量；②端进贮存室铁架上，凉置10min左右。

4）烘烤：①烘箱烘烤人员必须每天清理烘箱，保持烘箱内外干净；②检查烘箱运转是否正常：a. 加热情况；b. 风机循环是否正常；c. 各仪表是否正常；③镜架放入烘箱烘烤时设定所需温度、时间，并做好记录；④一次上油上漆后正常烘烤温度为150℃±10℃，时间30min；⑤烘烤结束后冷却，将镜架摆放在干净、合适的镜架盘中。

5）贴花纸：①设备工器具：裁刀、花纸、尺；②操作工领取镜架和花纸，需包花纸的部分已加好膜；③裁花纸，依照镜架生产要求，裁刀依照尺来划，花纸裁得要均匀，规则，宽度要基本一致；④包花纸，操作工把花纸展开，包花纸要包紧，包平，不起皱；⑤检查包好的花纸质量，确保镜架进入烘箱花纸不会松散或脱落。

ER 4-3-2
视频　手工上烤漆

6）烘烤：①接包好花纸的镜架，检查花纸是否包紧，合格后放入烘箱，按不同类型花纸，温度，时间严格按照规定进行烘烤（专职人员烘烤）；②烘烤结束后冷却，将镜架摆放在干净、合适的镜架盘中；③注：一般包花纸烘烤温度：150℃±10℃，时间：30分钟。

7）清洗：包花纸烘烤结束，冷却后，用干净专用擦拭布蘸取丙酮对镜架进行清洗。

8）检验。

ER 4-3-3
视频　包花纸

（5）上烤漆注意事项

1）在吸取烤漆前，注射器中无杂质，也无水分。不要忘记用盖盖住未吸完的烤漆部分。

2）涂烤漆时，一般是先涂交界处，即需涂和不需涂接触处，或者说先涂边缘，再中间。

3）操作时一定要细心，谨慎，注意不要遗漏。或不该涂的地方涂上或粘上时，要利用工具除去。

ER 4-3-4
视频　拆花纸

4）换另一种烤漆溶液时，应用丙酮洗去注射器中的溶液和杂质。

5）定期检查和维护干燥箱，易损部件及时更换，使其正常工作。

（八）眼镜架喷涂技术

1. 设备工器具　超声波清洗机、自动喷漆机、水帘柜、手持喷枪、烘箱、电子天平、量杯、JJ-1型定时电动搅拌器（1座）。

2. 环境与安全

（1）喷漆环境基本上封闭式操作室，每日用水冲洗或干净的湿布擦拭清洁天花板、墙面、地面、设备设施，不能有灰尘、杂质，否则拨风时会影响架子喷漆质量。

（2）进入喷漆车间，应穿防尘服、换工作鞋。

（3）油漆成分是有机溶剂，不论是否在使用中或不使用时都应随手将瓶口用瓶盖盖紧，尽可能避免用手或使皮肤直接接触油漆。

（4）严禁烟火，防毒、防爆。一旦发生急性中毒应立即将中毒者移到空气流畅处，并立即通知现场负责人及安全管理人员。

3. 工作程序

（1）喷漆工艺流程图（图4-3-34）

（2）工艺过程说明：①操作前必须先洗手，套布手套（防止手上的油垢粘到镜架上）；②上挂具前清点数量，检查标识卡颜色应与电镀底色相吻合；③上挂具时必须检查镜架电

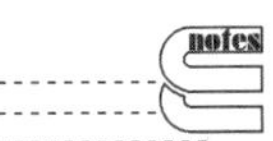

镀表面是否有病疵、水斑、变色、擦伤等；④根据镜架结构，选用适当的挂具进行上挂；⑤上挂完成后，清点数量，核对后交清洗。

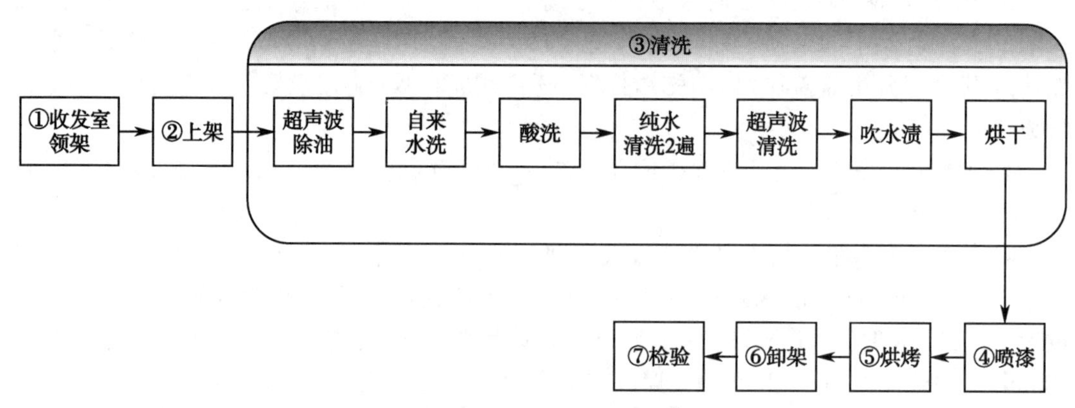

图 4-3-34　喷漆工艺流程图

（3）清洗：①超声波除油每次加 8～10kg 除油粉，水温在 70℃左右，清洗时间 1min 左右。每周更换一次除油水。②自来水清洗（流动水）。每天将清洗池中的水放空，并做好清洗池的清洁。③酸洗按 3% 硫酸比例加入清洗槽内，每周更换一次酸洗液。④两道纯水（流动水）清洗（洗酸）。每天将清洗池中的水放空，并做好清洗池的清洁。⑤纯水超声波清洗，每天更换水温 60℃1min 以上。⑥超声波清洗，温度在 60℃左右。每天更换清洗液。注意清洗后镜架表面的水印是平铺在镜架上，不能有水滴状，如果有，证明镜架没有清洗干净。⑦用风枪吹干镜架表面水渍。检查清洗是否干净、是否有变色擦伤或其他病癖。⑧烘干：确认后放入烘箱烘烤 130～150℃，烘烤 25～30min，原则上烘干就可以。

ER 4-3-5
视频　机械喷漆

（4）喷漆：①每日对喷漆设备清洗；②检查喷枪是否完好；检查过滤网是否破损；③按照清洗好的镜架上的标识卡上的颜色要求到配漆处取配好的油漆；④按照标识卡上的颜色要求到检验处领取颜色样；⑤按照颜色样和取来的油漆相比对；⑥确认无误后拿一两副镜架进行试喷；与色样比对，查看颜色是否有差异；如不能确定，可先拿一副进行烘烤（直接放入高温烘箱 25～30min 即可），确认后开始喷漆；⑦在喷漆过程中如发现镜架表面粘有颗粒、毛絮、杂质、油斑或镜架上的病癖，应及时取出清洗掉，查明原因，解决问题后重新喷漆。

（九）电镀技术

1. 电镀的基础性能　电镀即为在眼镜架表面镀上一层极薄的金属膜层，以此延长镜架寿命并起装饰作用，使之耐腐蚀、耐磨。一般为镀金、镀钛、镀黑铬等。

电镀分为底层电镀（电镀底色）和表层电镀。

镜架的电镀质量决定于电镀工艺、镀层材料和镀层厚度。

光泽度：当镜架表面的微小凹凸小于可见光波的波长时，看上去就是光泽面。

2. 电镀方法分类

（1）电解炉内电镀——电脉涂装（湿式电镀）。

（2）负离子真空电镀——IP 电镀（干式电镀）。

后者成本高、电镀纯度高、镀层均匀牢固、但颜色没有湿式电镀鲜艳。

镜架电镀的厚度一般以 μm 为单位，普通镜架电镀厚度为 0.5～1.0μm；高级镜架电镀厚度在 3.0μm 以上，有些镜架会在镜腿上标明 3.5μm、4.0μm，此类镜架耐用度就非常高。

3. 电镀材料

（1）铬：灰白色、抗腐蚀性好。

（2）钛：银灰色、抗腐蚀性优异。

(3) 铑：白色金属、附着性能很好。

(4) 金：黄色、耐腐蚀性、耐酸性、耐热性好、不易褪色。

4. 电镀着色

(1) 环氧树脂法：将制成粉末的环氧树脂喷涂到电镀后的镜架上，然后上色，再利用高温蒸着，即可进行着色。

(2) 干式电镀法：将电镀后的镜架反复上色、热烤。

(3) 电镀塑胶膜法：在电镀后的镜架表面涂一层薄而透明的合成树脂进行上色。

5. 镜架镀层的质量检测

(1) 光洁量(粗糙度)：用粗糙度样板进行比对。

(2) 镀层的牢靠程度：将镜架的任一部分折成120°，用显微镜观察其龟裂的程度。

(3) 镀层厚度及耐腐蚀性：放入中性盐雾或酸性环境中，观察镀层的受损情况。

(4) 镀层的附着质量：在特定温25℃±5℃放6h后观察其光洁度及镀层的脱落情况。

(十) 镀层涂料修补技术

眼镜在使用中的磨损及焊接维修会导致镜架出现部分镀层脱落现象，但又不具备重新烤漆或电镀的条件时，则可以考虑使用镀层涂料修补技术来对脱落部分的镀层进行修补。此方法适用于眼镜零售店的维修工作。

1. 镀层涂料修补技术　使用工具为日本工具镀层修补涂料，如图4-3-35所示。

既可以用作修补彩色金属，也可以用作基色涂料。可混色，轻松进行微妙的颜色调整

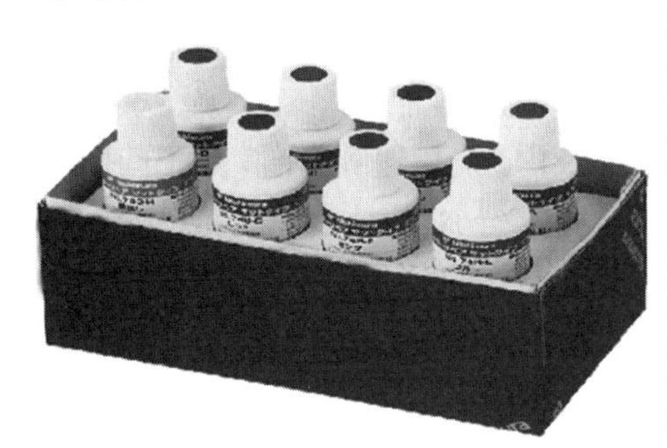
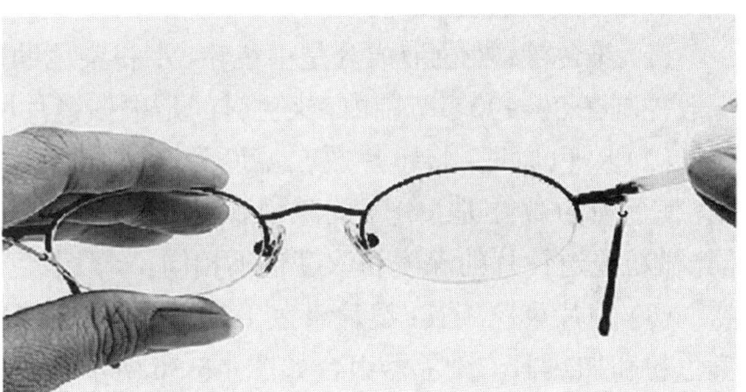

图4-3-35　镀层修补涂料

2. 修补涂料特性　镀层修补涂料套装由八种颜色组成：棕色、深棕色、灰色、深灰色、蓝色、粉色、红色、抛光。镀层修补涂料不受镜架材质的影响，用镀层修补涂料涂抹后的颜色相比原有的镀层首先色泽上略有差异，差异的大小因技师的调色技术高低而定；其次在牢固程度上也不比电镀，一般可维持半年左右，如脱色需重新涂抹。

3. 涂料修补方法　工具镀层修补涂料使用方法为选择与受损镀层相对应的颜色，用涂料刷涂在受损部位即可。如果镀层颜色不在上述八种颜色之内，可按调色原理从八种颜色中选择几种调制成需要的颜色，然后涂刷到受损部位。

具体流程如下：

(1) 清洗镜架。

(2) 选择与受损镀层颜色相符(或相近)的涂料。

(3) 将涂料刷涂在受损部位。

(4) 涂抹时需沿一个方向一次性完成，不可来回涂抹。

注：如果这八种涂料都与镀层颜色不符，可按调色原理从八种颜色中选择几种调制成需要的颜色，然后涂刷到受损部位。

(5) 镀层修补涂料与修复状态，如图4-3-35所示。

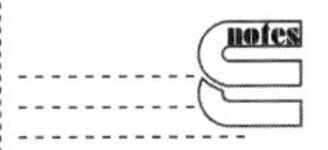

二、眼镜片美容技术

眼镜片美容技术主要包含镜片染色技术，镜片雕花、镶钻、钻石切边技术，镜片抛光技术。

（一）镜片染色技术

1. 树脂镜片的染色特性　近年来树脂太阳镜片成为时尚的流行趋势。由于具有独特的光学性能、质量轻、耐冲击、易染色和不易打碎等特点，深受欢迎。树脂镜片极易染色，且染色后的镜片能有效地滤掉99%以上的紫外光和蓝光。因此，对人眼能起到很好的保护作用。

目前常用于制作树脂太阳镜镜片的材料型号是CR-39树脂。CR-39树脂镜片对疏水性的颜料有很好的亲和力。当片基浸入高温染液中，颜料开始吸附在其表面。随着温度的上升，其大分子的网状结构逐渐松动，在热的作用下，大分子网状间振动频率增大，其结构内出现了许多可以容纳颜料分子的微观孔隙。与此同时，染液的热量增加了溶解于水的颜料单分子的动能，加快了其向片基的扩散。同时，在高温下，颜料的动能增加，活化分子数量增加，提高了水溶解度，随着颜料单分子不断扩散进入片基后，使接近片基周围的染液浓度降低，产生了浓度差，成为不饱和溶液，但立即又会由稍远处的分散在水中的颜料再溶解成单分子，因分子的不断运动，自动向片基表面补充，并扩散渗透进入片基中。如此自动进行，直到染色达到平衡为止，即染色完成。经过降温，颜料分子逐渐被凝结在片基固体中，不再溶出，从而获得很高的染色牢度。

2. 染色液及染色原理

（1）染色液：染色液成分是由色粉、水和染色助剂构成。树脂镜片染色时染色液的温度一般控制在80～90℃范围内，染色时间是根据镜片所需的颜色浓度而定。

（2）染色原理：将镜片放在温度为80～90℃的染色液内，镜片遇到高温，分子间隙扩张，使色粉的微粒进入分子间隙内。当镜片冷却后，分子间隙缩小，完成着色。染色时间不同，微粒浸透镜片的深度和浓度也不相同，一般着色深度在0.03～0.1伽。

（3）镜片染色工具：镜片染色工具采用染色器组合。染色器组合包括：染色杯、染色夹、染色粉和加热器。染色器组合如图4-3-36所示。

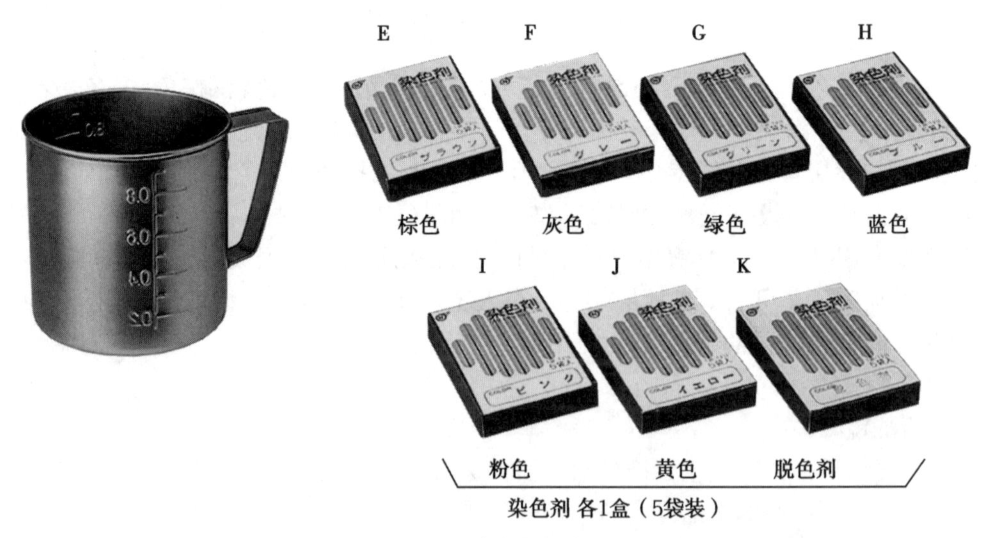

图4-3-36　染色器组合图示

（4）调色：在染色器组合中染色剂的基本颜色有棕色、绿色、蓝色、红色、黄色、灰色、脱色剂等。染色剂的调色原理与绘画中的调色原理相同，是用三原色来进行调色，即用红、

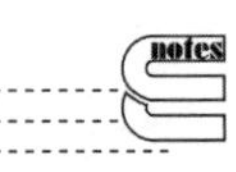

蓝、黄三原色调配出各种颜色，也称拼色。

在染色应用中，人们习惯把红、黄、蓝三色称为三原色，即基本色。其他所有的颜色都可以用红、黄、蓝三色以不同的比例混合拼成；等量的三原色相混合可以得到黑色。原色与原色相混合可以得到二次色。两个二次色混合或者以任何一种原色和黑色拼合所得的颜色称为三次色。最主要的二次色和三次色可以以下式表示：三原色（基本色）：红 黄 蓝；二次色：橙 绿 紫；三次色：黄灰 蓝灰 红灰。由于染料的比例大小和颜色的混合关系比较复杂，现有染料反射出的光谱带相当宽（即染料的饱和度低）。用这纯度不高的三原色染料进行拼色，大大削减了它们的混合范围。

拼色过程中，会遇到一些本身的色相是属三次色，而且色光较难掌握的情况，这种情况最好是立足三原色拼色，或者用一种原色加一种二次色（或三次色）的染料，一般不允许用全部是三次色的染料来拼色，例如：来样要求；采用拼混染料的色光要求；色光鲜艳的大红；带黄光的红 + 少量的橙；偏蓝光的红色；带蓝光的红 + 蓝或紫；海军蓝；红 + 带绿光的蓝。如彩图 4-3-37 所示。

3. 镜片染色的操作方法

（1）在镜片染色之前，须用乙醇等溶剂或超声波清洗方式清洗掉镜片表面的污物、油脂等。

（2）将镜片固定在染色夹上，放入染色机的染色槽内。

（3）根据镜片的着色浓度控制染色时间，染色过程中需要及时取出染色镜片与颜色样板进行对比，以保证颜色达到要求。

（4）染色达到要求取出染色镜片时，要立即用清水冲洗镜片，否则会导致镜片着色不均。

（5）将染色镜片和样品放在白纸上进行颜色和浓度的比较。

（6）如不一致则按三原色拼色原理进行拼色，直到与样板一致。

4. 渐变太阳镜染色方法　渐变太阳镜是指在同一镜片内颜色由深至浅是连续变化的，如镜片颜色上深下浅连续变化。

渐变太阳镜是通过控制镜片在染色液里的上下运动时间，获得镜片颜色的渐变效果。

5. 染色注意事项

（1）要控制好色粉量、染色助剂量和水量。

（2）染色前用乙醇等溶剂或超声波将镜片上的油脂、指纹、污物等清洗干净，防止染色不均或者色不牢。

（3）影响镜片染色的因素有：①染色液的浓度；②镜片染色的时间；③染色液的温度；④镜片的生产时间。

6. 边缘染色技术　为突显个性，使眼镜更加美观，可对镜片的边缘进行染色，即边缘染色技术。边缘染色技术是使用专用的边缘染色笔对镜片的边缘上色。边缘染色效果如彩图 4-3-38 所示。

边缘染色操作流程：

（1）在镜片染色之前，须用乙醇等溶剂或超声波清洗方式清洗掉镜片表面的污物、油脂等。

（2）染色笔在使用前要摇晃染色笔，将笔内的染色剂摇晃均匀。

（3）在纸上按压染色笔头，使笔内染色剂流出。

（4）在镜片边缘均匀平缓移动染色笔，使之着色。要注意在染色过程中，染色笔应沿着镜片边缘向一个方向平缓移动，不要来回或重复染色。以鼻侧和桩头不明显处作为起始连接点。

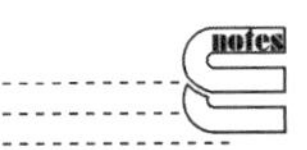

(5) 完成染色，待染色剂干燥后，用褪色笔清理镜片边缘多余颜色。

上述边缘染色过程，如图 4-3-39 所示。

使用方法

① 清洁眼镜

② 准备染色笔，使用前摇晃染色笔

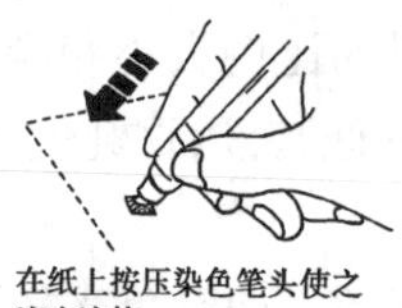

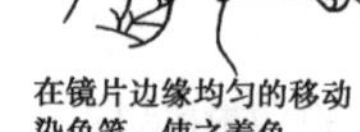

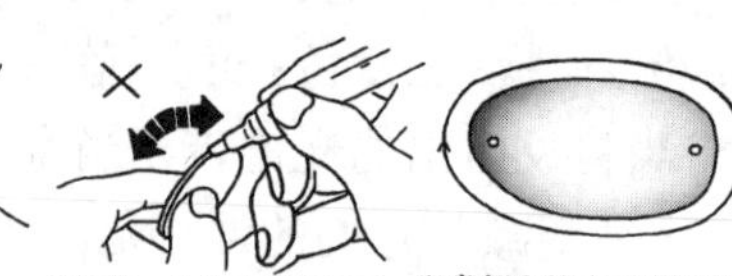

③完成

干燥后，用褪色笔清理镜片边缘多余颜色

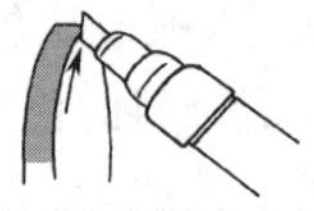

※清理时，将笔尖垂直于镜片表面或使用清洁液

图 4-3-39　边缘染色操作流程图示

（二）镜片雕花、镶钻、钻石切边技术

镜片雕花镶钻技术是在已经加工好的眼镜镜片上进行雕花、镶钻加工。镜片美容能够提升眼镜的配戴效果，以满足眼镜配戴者的心理需求，镜片美容是眼镜美容技术中的一部分。

1. 镜片镶钻技术　镜片镶钻技术是将专用的天然宝石配件镶于镜片上的技术。镜片镶钻后的效果，如彩图 4-3-40 所示。

(1) 用于镶钻宝石种类：镜片镶钻所用宝石是专为眼镜镶钻提供的专用宝石，并且已将宝石置于宝石座中。镜片镶钻所用宝石具有不同的造型和色彩，分为天然石和合成石两类。如彩图 4-3-41 所示。

(2) 镜片镶钻使用的工具：镜片镶钻使用的工具包括专用台钻、专用钻头、记号笔。专用台钻和专用钻头，如图 4-3-42 所示。

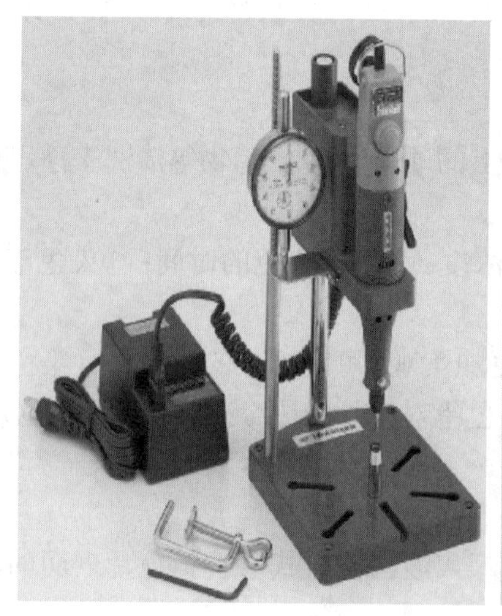

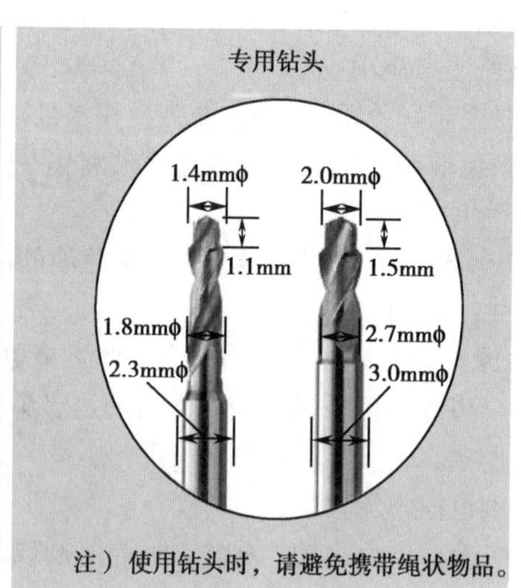

图 4-3-42　镜片镶钻专用工具图示

(3) 镜片镶钻操作方法：①将专用千分表安装在台钻支架上；②调整千分表至千分表两指针归零，千分表测杆成缩回状态，并与测量板中心接触；③用记号笔标确定镶钻位置（也可用网格贴确定镶钻位置）；④根据选择宝石的规格，安装钻头到台钻上；⑤将作有位置标记的镜片放在专用台钻支架上，作钻孔准备；⑥钻头要垂直于镜片表面，目视千分表，大指

针走一圈为 1mm，小指针走一格为 1mm。镶嵌 1.5mm 的宝石，采用直径为 2.0mm 钻头进行镜片打孔；镶嵌 2.25mm 的宝石，用直径为 2.6mm 钻头进行镜片打孔；⑦将钻石台座向上置于桌面，镜片孔对准钻石台座位置，用手指下按；⑧检查镶钻是否牢固安装于镜片中。

2. 镜片雕花技术　镜片雕花技术是在镜片上用专用设备雕刻美丽的花纹，使得整副眼镜彰显出华丽的个性特点。如彩图 4-3-43 所示。

图 4-3-44　全自动磨边机

镜片雕花所使用的设备为全自动磨边机，如图 4-3-44 所示。

具体使用方面参照全自动磨边机使用手册。

3. 镜片钻石切边技术　将无框眼镜依照独特的设计，在镜片的前、后表面边缘作钻石切边加工，同样使得整副眼镜彰显出华丽的个性特点。镜片钻石切边后的效果，如图 4-3-45 所示。

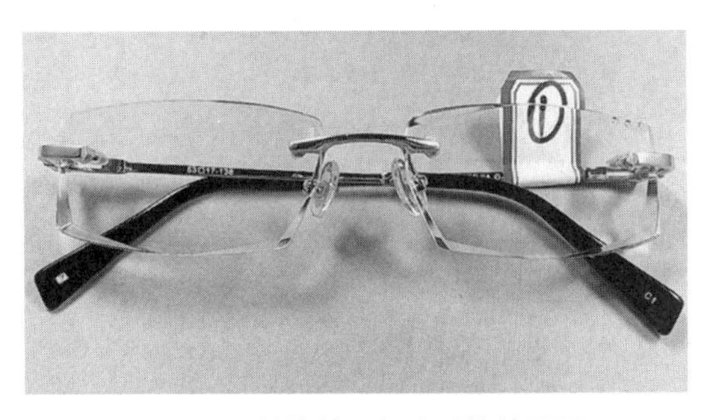

图 4-3-45　镜片钻石切边后的效果图示

镜片切边所使用的设备为全自动磨边机，如图 4-3-44 所示。具体使用方面参照全自动磨边机使用手册。

（三）镜片抛光技术

镜片抛光技术即对磨边后的镜片的切面进行抛光，从而达到光亮、透明的效果。

1. 镜片抛光设备　镜片抛光设备主要是镜片抛光机、镜片抛光轮和镜片抛光膏。镜片抛光机及附件如图 4-3-46 所示。

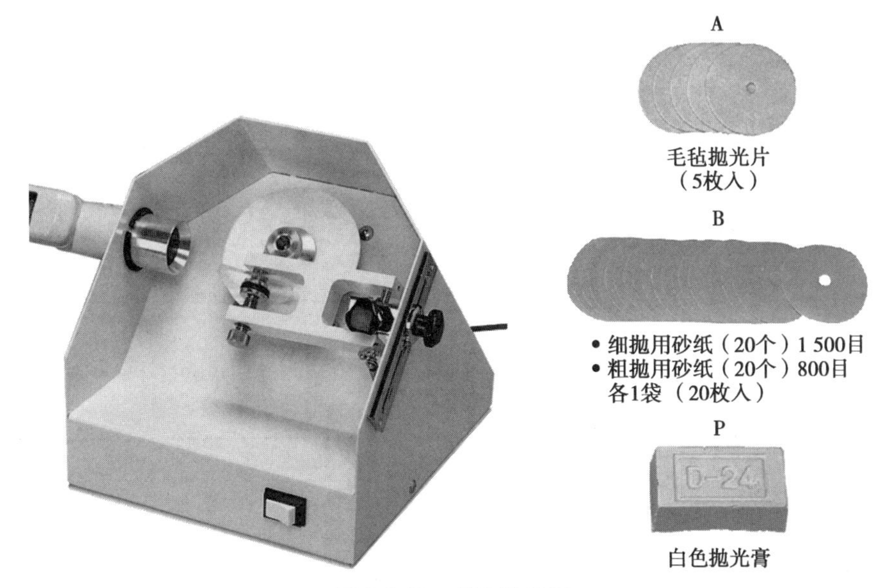

图 4-3-46　镜片抛光机

2. 镜片抛光机的操作步骤与方法：①把抛光毛毡铺到圆板上，再在其上放上砂纸；②用上下旋钮把镜片固定到圆板中央；③用角度旋钮调好镜片角度；④调整好深度，打开抛

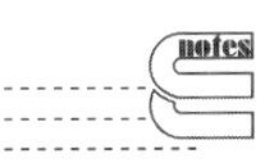

光机及吸尘装置，旋转镜片进行抛光；⑤用砂纸粗抛后，再用毛毡进行细抛；⑥镜片倒边处的抛光要换成圆锥形圆板后再抛光；砂纸要用剪刀在径向剪出切口后，敷在锥形圆板上使用。

上述操作如图 4-3-47 所示。

使用方法

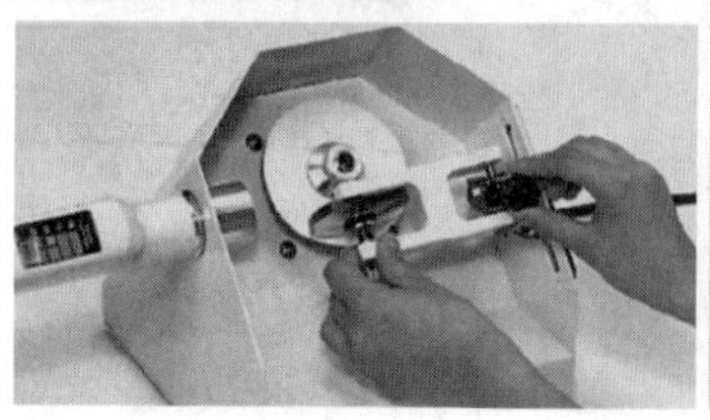
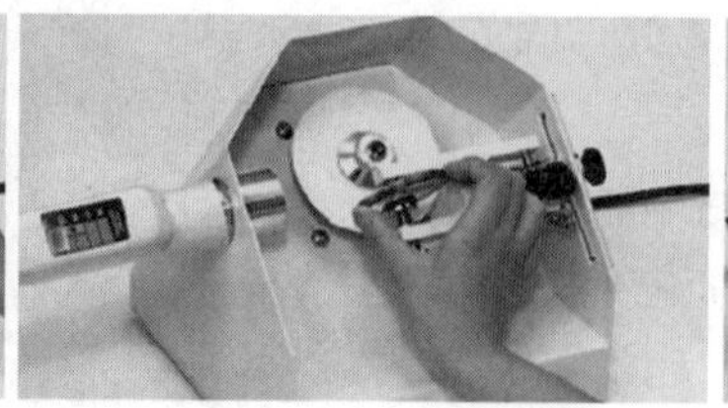
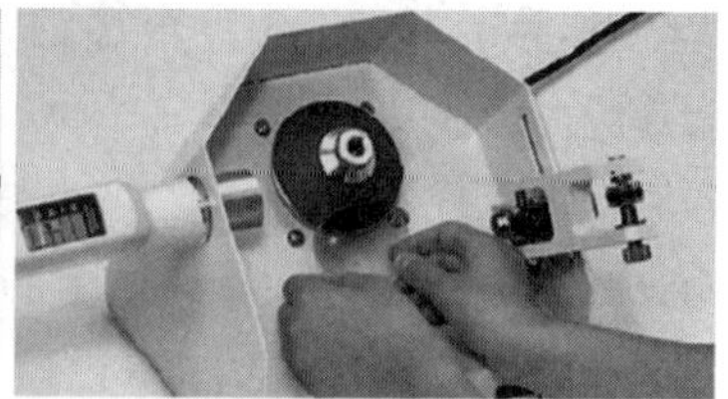

图 4-3-47　抛光机的操作步骤示意图

三、实训项目及考核标准

（一）实训项目——眼镜美容

1. 实训目的

（1）掌握眼镜美容的基本内容。

（2）掌握眼镜美容的术语和基本原理。

2. 实训工具　眼镜美容各项目所涉及的设备、工具。

3. 实训内容

（1）掌握眼镜美容的基本内容。

（2）掌握眼镜美容中的美容项目及方法。

4. 实训记录单

序号	检测项目	单位	标准要求	检验结果	单项评价
1	正确使用工具对眼镜镜圈的形状进行变形调整				
2	能用粘贴式隆鼻技术垫高鼻托				
3	能完成镜腿加装防过敏套操作				
4	能完成眼镜片镶钻操作				
5	能完成用涂料修补镀层操作				
6	了解眼镜架喷漆技术				
7	眼镜架烤漆技术				

5. 总结实训内容，撰写实训报告

（二）考核标准

项目	总分 100	要求	得分	扣分	说明
素质要求	5	着装整洁，仪表大方，举止得体，态度和蔼，符合职业标准			
操作前准备	5	环境准备：专业实训室 用物准备：焦度计、瞳距尺或游标卡尺、镜片测厚仪、塞尺、量角器等 检查者准备：穿工作服			

notes

续表

项目		总分 100	要求	得分	扣分	说明
操作过程	1. 能正确使用工具对眼镜镜圈的形状进行变形调整	10	1. 熟练使用各种类型的整形钳及各类整形钳的作用 2. 能按要求进行金属架圈型变形			
	2. 能用粘贴式隆鼻技术垫高鼻托	5	1. 了解板材架粘贴式隆鼻技术垫高鼻托基本操作 2. 粘贴式隆鼻技术垫高鼻托主意左右鼻托左右对称			
	3. 能完成镜腿加装防过敏套操作	5	1. 了解镜腿防过敏套的种类及不同尺寸镜腿防过敏套的选择 2. 能正确进行配装各类防过敏套的操作			
	4. 能完成眼镜片镶钻操作	5	1. 能正确选择镶钻使用的各类配套钻头，及钻孔深度 2. 镶钻前必须清洁好需镶钻的孔然后加黏合剂			
	5. 能完成用涂料修补镀层操作	10	1. 能在涂料修补前进行清洁 2. 在需修补处完成用涂料修补操作			
	6. 了解眼镜架喷漆技术	10	1. 了解喷漆的操作工具喷枪，喷漆架，烘箱等 2. 了解喷漆加工的全过程			
	7. 了解眼镜架烤漆技术	10	1. 使用工具针管，棉花棒，乙醇，丙酮，烘烤箱等 2. 了解眼镜架烤漆的全过程			
	8. 了解眼镜架花纸加工工艺	5	1. 能正确裁剪各类眼镜架需要花纸大小 2. 使用工具直尺，剪刀，花纸等 3. 了解花纸上色的全过程加油晾干，包花纸，烘烤和晾干，拆花纸等			
	记录	10	记录结果准确			
操作后		5	整理及清洁用物			
熟练程度		5	顺序准确，操作规范，动作熟练			
操作总分		90				
口试总分		10				
总得分		100				

（董光平　高平平　杨砚儒）

ER 4-3-6 任务三：扫一扫，测一测

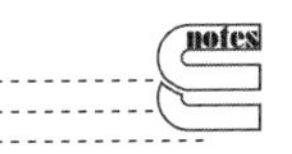

参考文献

1. 中华人民共和国国家标准. 配装眼镜 . 第 1 部分 单光和多焦点: GB 13511.1—2011[S/OL].[2018-12-08].http://www.gb688.cn/bzgk/gb/newGbInfo?hcno=CB2E0A7A2899E17DAA53AFDFB8DEDF7B
2. 中华人民共和国国家标准 . 眼镜镜片. 第 1 部分 单光和多焦点镜片: GB 10810.1—2005[S/OL].[2018-12-08]. http://www.gb688.cn/bzgk/gb/newGbInfo?hcno=BAD5218DB585E41F9B748802D3446945
3. 全国光学和光学仪器标准化技术委员会眼镜光学分技术委员会. 眼镜镜片 第 2 部分 渐变焦镜片: GB 10810.2—2006. 北京: 中国标准出版社, 2007
4. 中华人民共和国国家标准. 眼镜架 - 通用要求和试验方法: GB/T 14214—2003 [S/OL].[2018-12-08].http://www.gb688.cn/bzgk/gb/newGbInfo?hcno=5C2346E1B8552F36057D36796CC4F05C
5. 中华人民共和国国家标准. 配装眼镜 第 2 部分 渐变焦: GB 13511.2—2011[S/OL].[2018-12-08].http://www.gb688.cn/bzgk/gb/newGbInfo?hcno=AE8F10E66469FBCE91DFB1E8CE675877
6. 中华人民共和国国家标准. 太阳镜: QB 2457—99[S/OL].[2018-12-08]. http://www.gb688.cn/bzgk/gb/index
7. 中华人民共和国国家标准. 普通螺纹. 基本尺寸: GB/T 196—2006[S/OL]. [2018-12-08]. http://www.gb688.cn/bzgk/gb/index
8. 吕帆. 眼视光器械学. 北京: 人民卫生出版社, 2005
9. 邱新兰. 眼镜定配工(初级). 北京: 中国劳动社会保障出版社, 2011
10. 邱新兰. 眼镜定配工(中级). 北京: 中国劳动社会保障出版社, 2011
11. 邱新兰. 眼镜定配工(高级). 北京: 中国劳动社会保障出版社, 2011
12. 唐秀荣. 实用眼镜加工学. 北京: 人民卫生出版社, 2002
13. 林静, 娄海闽. 太阳镜检测的几点探讨. 质量技术监督研究, 2010, 4: 31-33

索　引

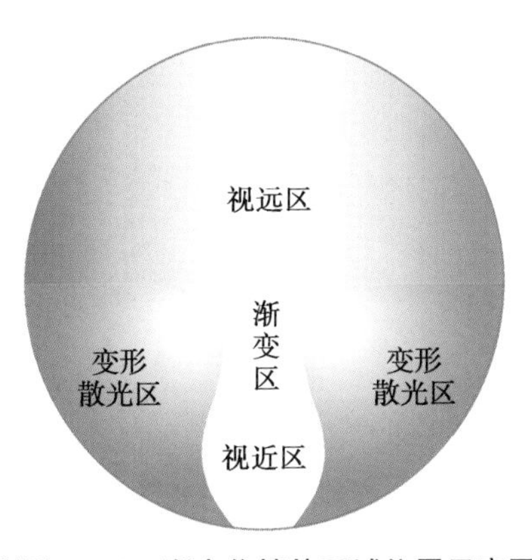

彩图 1-3-1　渐变焦镜片区域位置示意图

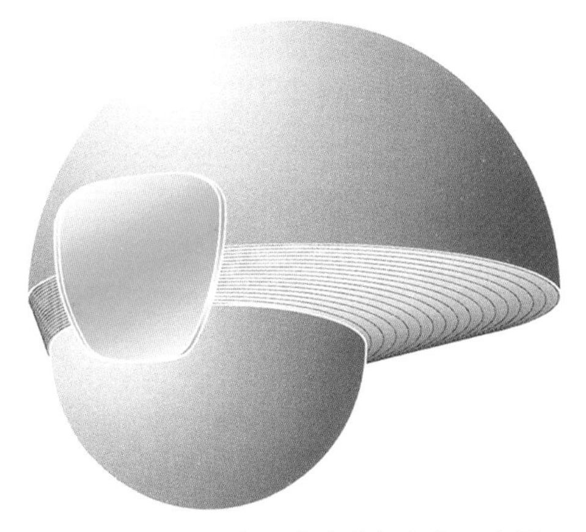

彩图 1-3-2　渐变区曲率半径变化示意图

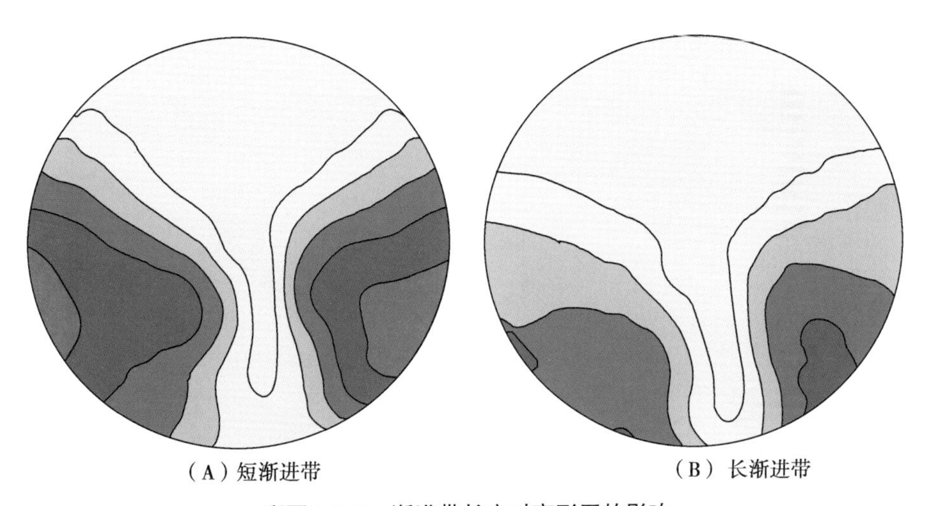

（A）短渐进带　　（B）长渐进带

彩图 1-3-8　渐进带长度对变形区的影响

彩图 1-3-13　前渐进面近用顶焦度测量

彩图 1-3-14　前渐进面远用顶焦度(后顶焦度)测量

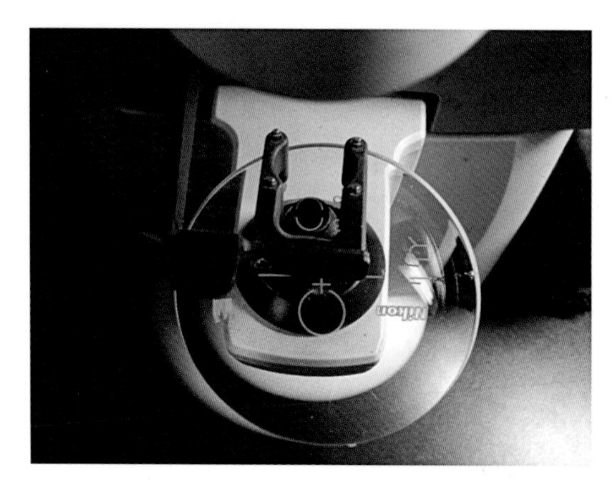

彩图 1-3-16　后渐进面(近用顶焦度)测量

彩图 1-3-17　后渐进面(远用顶焦度)测量

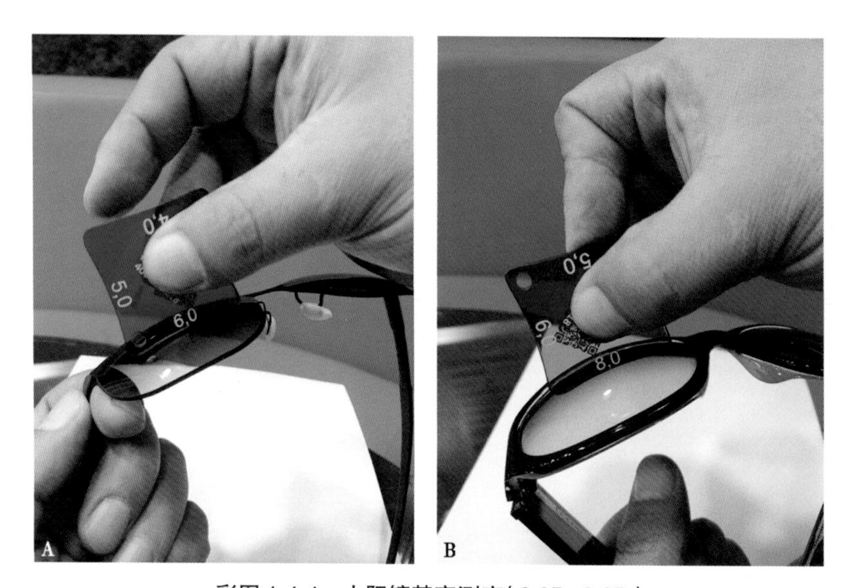

彩图 1-4-4　太阳镜基弯测定(6.0B、8.0B)

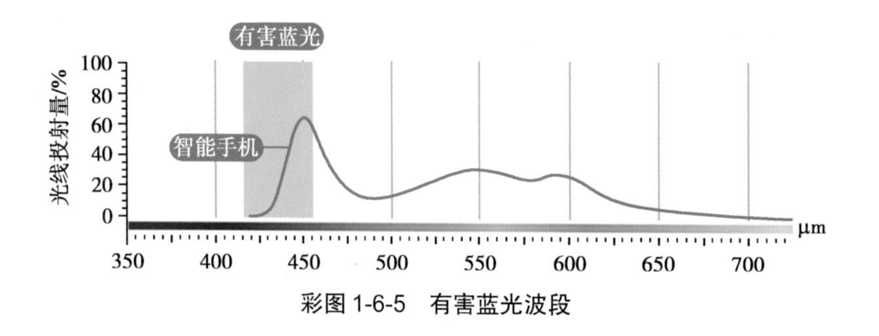

彩图 1-6-5　有害蓝光波段

彩图 1-6-6　外观目测镜片

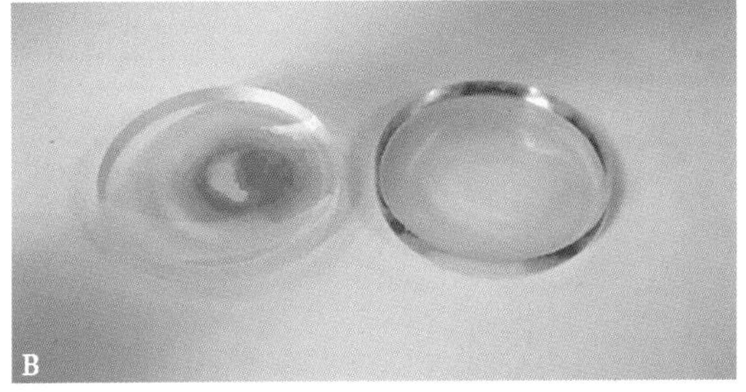

彩图 1-6-7　防蓝光作用

A. 无防蓝光作用；B. 有防蓝光作用

彩图 1-6-8　蓝光镜片专用测试卡

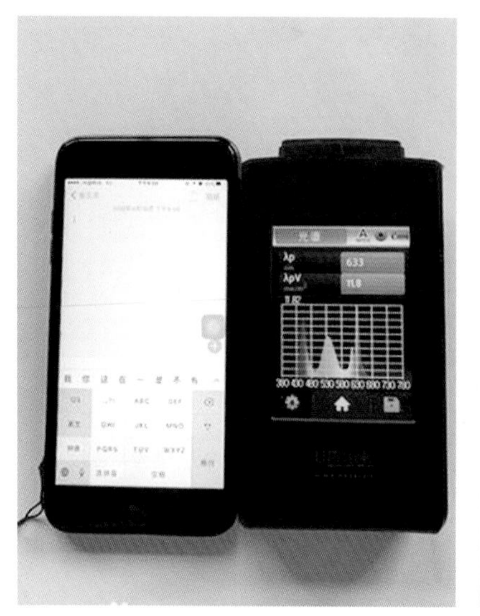

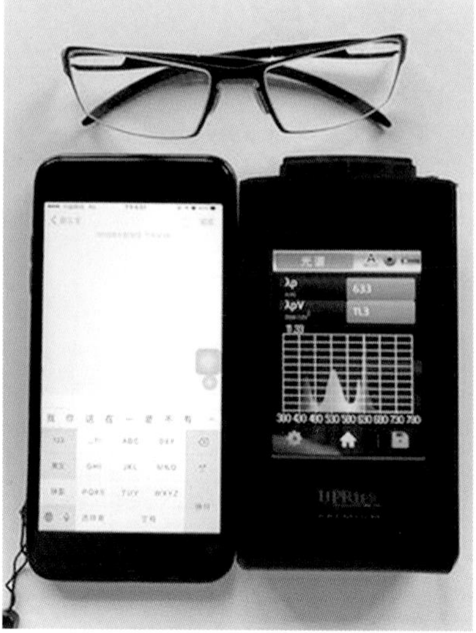

彩图 1-6-9　分光光度计检测眼镜防蓝光作用

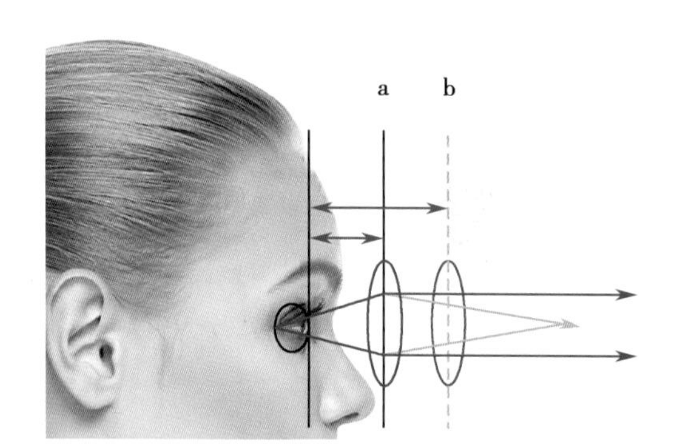

彩图 3-2-1　远视镜的有效镜度变化

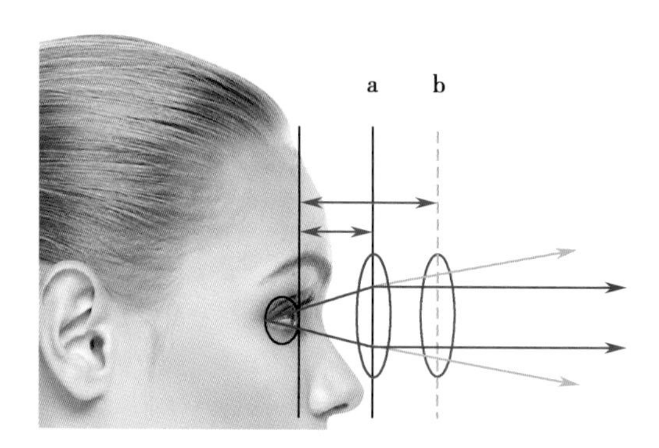

彩图 3-2-2　近视镜的有效镜度变化

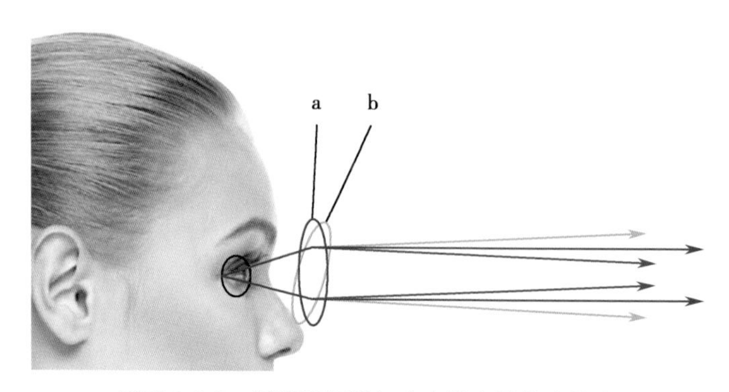

彩图 3-2-6　眼镜架倾斜角改变带来的散光效应

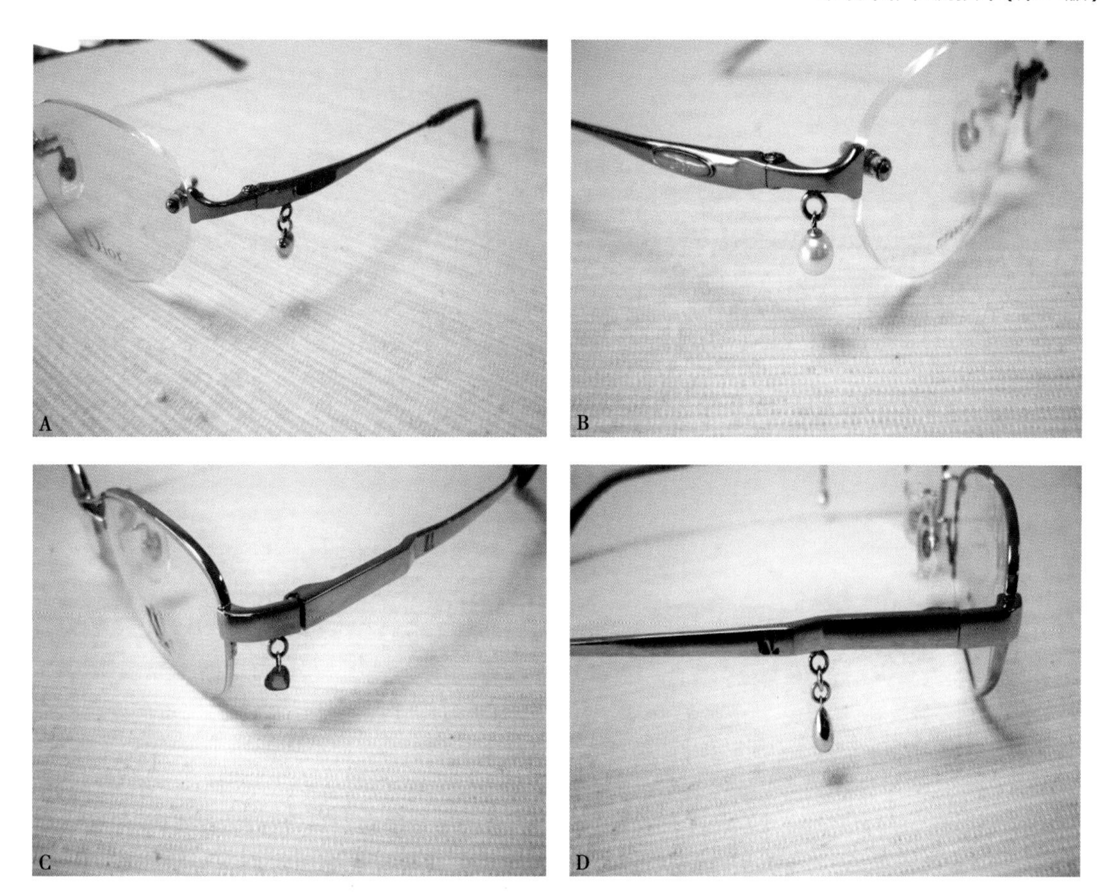

彩图 4-3-20　装有吊坠的镜腿

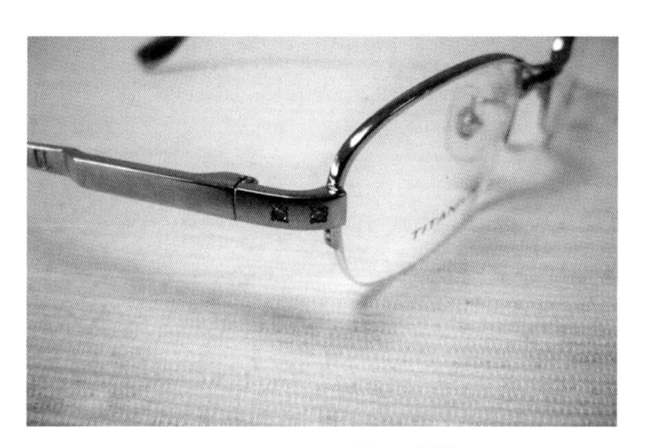

彩图 4-3-21　镜腿镶钻

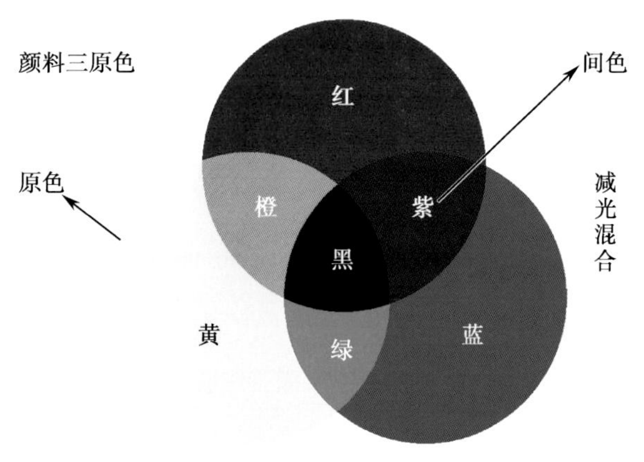

彩图 4-3-37　调色

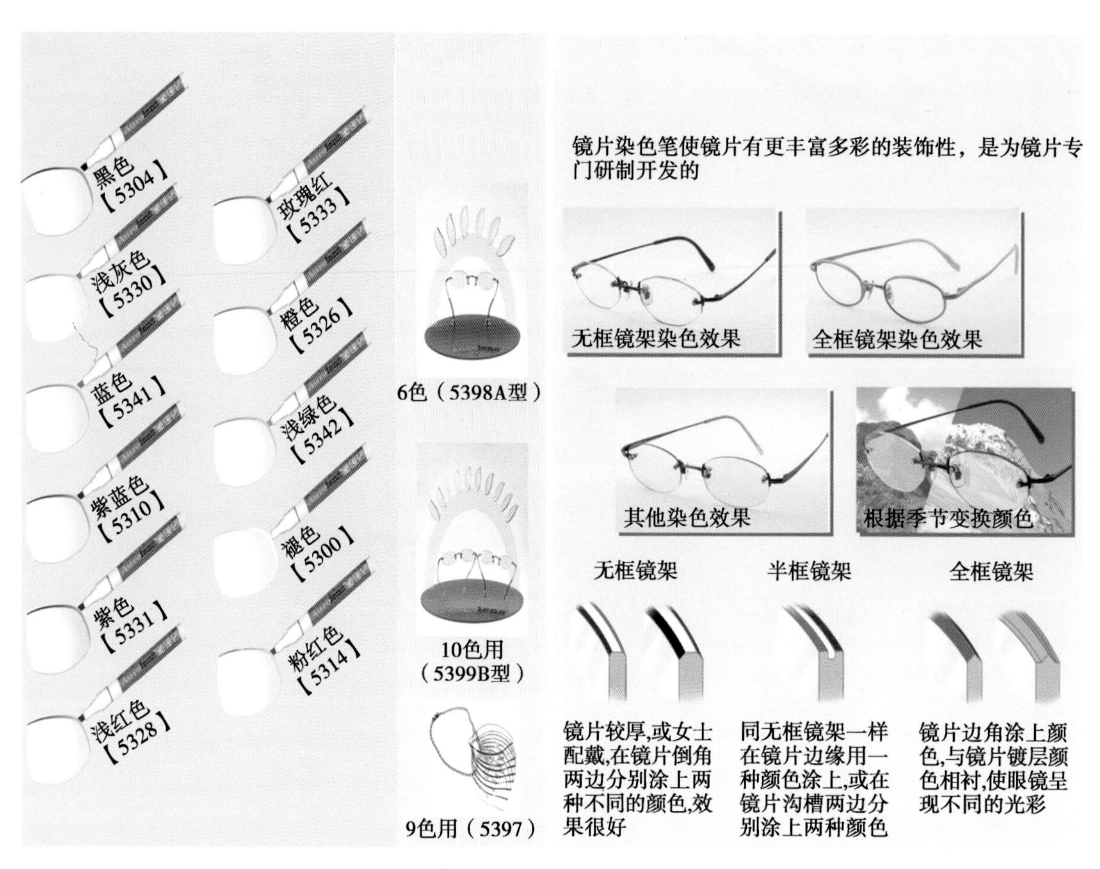

彩图 4-3-38　边缘调色

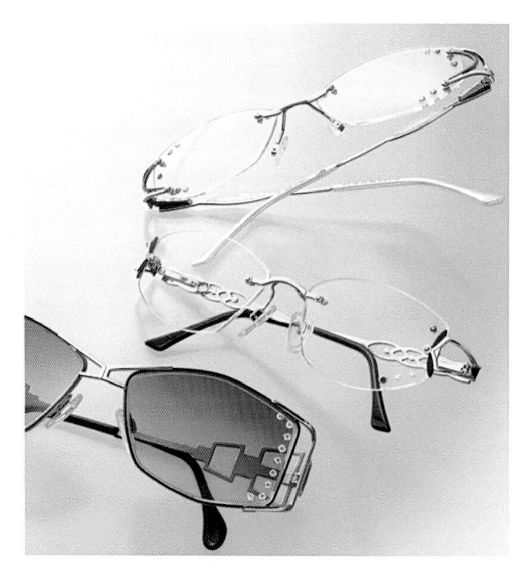

彩图 4-3-40　镜片镶钻

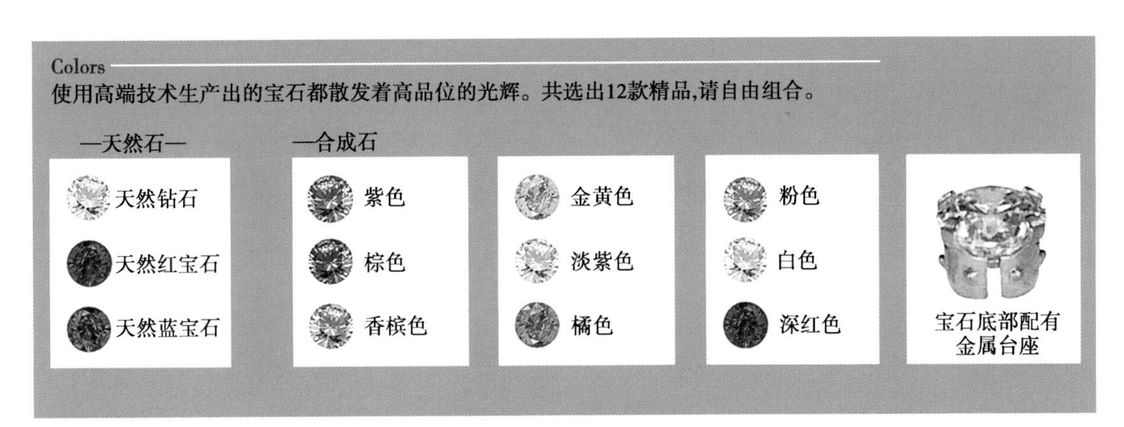

彩图 4-3-41　宝石分类

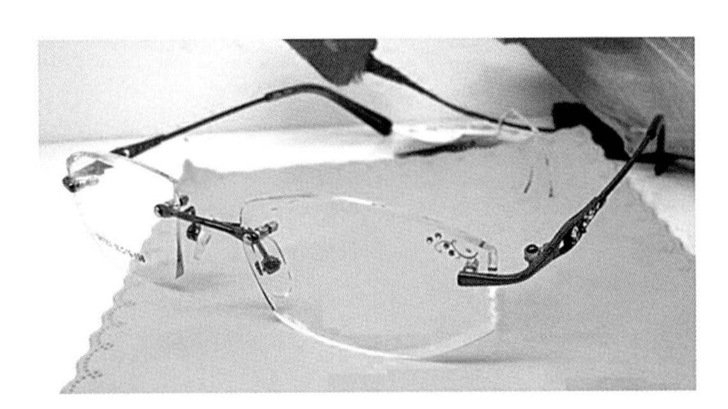

彩图 4-3-43　镜片雕花

29